KB191052

MICHAEL JACKSON'S

MALT
WHISKY
COMPANION

: 몰트 위스키 컴패니언 :

YoungJin.com Y.
영진닷컴

마이클 잭슨의
몰트 위스키 컴패니언

Original Title: Malt Whisky Companion (8th edition)
Copyright © 1989, 1991, 1994, 1999, 2004, 2010, 2015, 2022,
Dorling Kindersley Limited
A Penguin Random House Company

ISBN 978-89-314-6938-7

독자님의 의견을 받습니다.

이 책을 구입한 독자님은 영진닷컴의 가장 중요한 비평가이자 조언가입니다. 저희 책의 장점과 문제점이 무엇인지, 어떤 책이 출판되기를 바라는지, 책을 더욱 알차게 꾸밀 수 있는 아이디어가 있으면 팩스나 이메일, 또는 우편으로 연락주시기 바랍니다. 의견을 주실 때에는 책 제목 및 독자님의 성함과 연락처(전화번호나 이메일)를 꼭 남겨 주시기 바랍니다. 독자님의 의견에 대해 바로 답변을 드리고, 또 독자님의 의견을 다음 책에 충분히 반영하도록 늘 노력하겠습니다.

주 소 : (우)08512 서울특별시 금천구 디지털로9길 32 갑을그레이트밸리 B동 10층 (주)영진닷컴
이메일 : support@youngjin.com
※ 파본이나 잘못된 도서는 구입처에서 교환 및 환불해드립니다.

STAFF

저자 Michael Jackson, Dominic Roskrow, Gavin D. Smith | **총괄** 김태경 | **진행** 윤지선
내지 디자인·편집 곽은슬 | **영업** 박준용, 임용수, 김도현, 이윤철
마케팅 이승희, 김근주, 조민영, 김민지, 김진희, 이현아 | **제작** 황장협 | **인쇄** 예림

www.dk.com

목차

서문

첫 출판 이후 30년이 지나고 8번째 개정판이 출간된 현재, 이 시기는 위스키 역사상 가장 역동적이고, 다양하고, 그야말로 열광적인 시기와 맞물려 있다. 스카치위스키 산업이 붐을 맞이하며 기존의 많은 증류소들이 확장했고, 신생 벤처 증류소들도 다양한 곳에서 생겨나고 있다.

과거에도 스카치위스키는 호황을 누린 적이 있었다. 아이리시, 버번과 라이위스키도 마찬가지였다. 과거의 호황과 다른 점은 이번 위스키붐은 전 세계에 퍼져서, 이제까지 위스키를 소량으로 생산했거나 혹은 전혀 생산하지 않았던 국가까지도 다양한 설비로 위스키 산업을 발전시켜 가고 있다는 것이다. 과거 단순히 위스키를 소비만 했던 국가들이 이제 자신들의 위스키를 만들고 있다. 그리고 싱글몰트도 있다. 이번 개정판에서는 스카치 싱글몰트 위스키와 마찬가지로 최고의 싱글몰트와 흥미로운 싱글몰트를 함께 다루었다.

지난 10년 동안 이 책에서 다루었던 신생 신세계 위스키들은 손에 꼽을 정도였지만 이번 개정판에는 100페이지의 분량으로 다룰 정도로 늘어났다. 게다가 새로운 소규모 증류소들이 만든 몰트 위스키들은 스코틀랜드에서 만들어진 몰트 위스키와 매우 다르다. 뿐만 아니라 그들은 더 젊고, 더 다문화적인 사람들, 그리고 더 많은 여성들을 위스키 세계로 끌어들이고 있다.

너무 많은 위스키들이 출시되고 있어 전부 다루지는 못하지만, 이 책은 독자들이 구할 수 있는 위스키들 중에 대표적인 제품들을 다루는 걸 목표로 했다.

마이클 잭슨이 오늘날까지 살아 있었다면 과거 그가 신세계 위스키들에 대한 새로운 지식과 경험에 대한 갈증으로 에버딘, 스페이사이드, 루이빌과 켄터키의 위스키 보물을 찾아 떠났던 것처럼 테즈매니아나 대만행 비행기에 몸을 실었을 것이다.

마이클 잭슨의 유산

위스키 업계는 겸손한 태도만큼이나 뛰어난 재능을 가진 훌륭한 인물들로 가득하다. 마이클 잭슨은 많은 청중들에게 그가 만나 인터뷰했던 꾸밈없고 겸손한 인물들의 재능을 소개하기에 완벽한 사람이었다. 그는 위스키 산업의 제조자들과 전 세계에 퍼져 있는 위스키 애호가들을 연결하는 다리를 만들었다. 그리고 세계적인 위대한 증류소들과 그곳에서 위대한 위스키를 만들고 있는 사람들에게 우리들을 데려다주었다.

사실 마이클 잭슨은 전통주의자이다. 그가 소중히 여기는 가치는 삶의 속도가 느리고, 신중했던 시대로 거슬러 올라간다. 그는 존재를 위협받고 있는, 사랑하는 것들을 위해 조용히 결의를 다지며 싸워왔다. 그는 슬로우푸드 매거진에 글을 기고하면서, '브랜드'와 '제품'이라는 용어를 사용하지 않았다. 그리고 현대소비주의의 불성실함과 일회성에 대해 전혀 시간을 할애하지 않았다.

10년이면 강산도 변한다고 했던가. 시간이 지남에 따라 마이클 잭슨의 작업물들을 처음으로 발견하는 젊은 세대들이 생겨나고 있다. 그래서 이 젊은 세대들을 위해 책의 이름을 장식하고 있는 이 남자에 대한 간단한 생애 기록을 읊어주는 것이 적절할 것으로 보인다.

우선 딱딱한 정보부터 시작하자면, 그는 1942년 3월 27일 요크셔 웨더비에서 태어났고 리즈 인근에서 성장했다. 그의 아버지는 리투아니아 유대인 출신으로, 1차 세계대전이 발발하자 그의 가족들은 요크셔로 이주하였고 이름을 자코비츠에서 잭슨으로 바꿨다. 마이클은 허드슨 필드 엑그제미너(Huddersfield Examiner)에서 저널리스트로 시작하였으며, 이후 맥주 저널리스트 로간 프로츠(Roger Protz)는 2007년 가디언지의 마이클의 부고란에 미사여구를 걷어낸 마이클의 짧은 글쓰기 스타일이 자신의 초기 저널리즘 글쓰기에 영향을 주었다고 밝혔다.

런던으로 자리를 옮긴 마이클은 1976년 자신의 첫 책이었던 〈더 잉글리시 펍(The English Pub)〉을 썼으며, 다음 해에는 맥주를 주제로 한 책의 기준이 되었고 여러 번 재출간되며 고전의 반열에 오른 〈더 월드 가이드 투 비어(The World Guide to Beer)〉를 출간했다. 위스키의 세계로 접어든 후에는 베스트셀러인 이 책의 첫 번째 판이 1989년 출간되었고, 그 이후로도 계속해서 다양한 책들을 출간했다.

마이클은 맥주와 위스키 두 주제에 있어 풍미와 다양성의 문제를 최초로 다룬 사람이었고, 이후 술에 관한 많은 저술의 토대를 마련한 사람이었다. 그는 몰트 위스키를 지역별로 분류하는 작업을 시작했으며, 그 분류된 기준 속의 증류소들에 관하여 처음으로 광범위하고 통찰력 있게 글을 썼다. 그의 명성과 영향력은 실로 세계적이었다. 10년 동안 파킨슨병으로 고생하던 그는 2007년 8월 30일 심장마비로 세상을 떠났다.

8번째 개정판

7판과 마찬가지로 우리는 마이클의 전통적인 가치와 겸손함 그리고 긍정적인 사고방식에 충실하려고 노력하였다. 그는 정중하고 신중하게 말과 행동에 주의를 기울였다. 그는 세상에 나쁜 몰트 위스키는 거의 없다는 견해를 가졌으며, 극소수의 나쁜 몰트 위스키에 대해서도 긍정적인 부분을 찾으려 노력하거나 차라리 아예 아무 말도 하지 않았다. 그는 상당히 과학적인 정확성으로 테이스팅 노트를 작성하여 주관적인 감상을 피하면서 자신이 경험했던 풍미를 묘사했다.

우리는 마이클이 최초 작업했던 스카치위스키 부분에 있어서 마이클의 정확하고 간결한 글쓰기 스타일에 최대한 충실하려고 노력했으며, 위스키 점수를 매기는 방식 또한 마이클이 했던 방식을 따랐다. 하지만 위스키에 점수를 매기는 일은 매우 주관적인 일이고, 또한 마이클이 지난 책에서 점수를 주었을 때와 다른 몰트 위스키를 발견했기에 이 작업은 굉장히 쉽지 않은 일이었다. 동일한 증류소에서 생산된 다른 몰트 원액을 채점할 때, 우리가 정당하다고 생각하는 점수를 줘야 할까? 아니면 마이클의 다른 점수에 맞춰야 할까? 우리는 후자의 방식을 선택했다.

신세계 위스키의 경우 조금 다르게 접근했다. 말 그대로 수천 개의 새로운 위스키가 있는데 그중 많은 제품들이 아주 좋지는 않았다. 그런 위스키들을 이 책에 수록하는 건 의미가 없었다. 대신 이 책에 선택된 위스키들은 매우 추천할 만하며 점수도 스카치위스키보다 높다. 그렇다고 이들이 스카치위스키들보다 품질이 좋다고 말하는 건 아니다. 그것은 순전히 다른 작가에 의해 다른 방식으로, 독자들에게 흥미를 유발하고 그 위스키들을 찾도록 유도하기 위해 점수가 매겨졌을 뿐이다.

이 책을 업데이트 하면서 우리는 업계에 종사하는 수많은 분들로부터 도움을 받았으며, 우리가 하는 일에 대해 지지해 주는 분들께 말로 다 표현할 수 없을 정도로 감사함을 느끼고 있다. 그분들의 믿음을 이 책으로 보답하며, 마이클을 상징하고 대변하는 이 책을 출간함으로써 이 책 안에서 마이클의 품격과 가치는 밝게 빛날 것이다. 〈몰트 위스키 컴패니언〉은 마이클 잭슨의 책이며, 언제나 그렇게 남아 있을 것이다.

도미닉 로스크로우
개빈 디 스미스

도미닉 로스크로우(Dominic Roskrow)

도미닉은 신문사 출신으로 NCTJ(영국 저널리즘 스쿨, National Council for The Training of Journalists)에서 저널리즘을 배웠다. 1992년 잡지사 에디터로 활동을 시작하였으며, 접객업 영역에서 주로 글을 써왔다. 나중에는 위스키 매거진(Whisky Magazine), 위스키리아(Whiskeria), 펍 비즈니스(Pub business) 그리고 스피릿 비지니스(The Spirits Business)에서 글을 썼다. 그는 프레스 가제트 트레이드 작가상(Press Gazette Trade Writer)과 포트넘 앤 메종드링크 작가상(Fortnum and Mason Drinks Writer of the Year)을 수상하였다. 그는 현재 온라인 잡지 스틸 크레이지(Still Crazy)를 갖고 있으며 3개의 위스키 비즈니스에 종사 중이다. 도미닉은 스카치위스키 업계의 훈장 타이틀인 키퍼 오브 케이치(Keeper of The Quaich)와 버번계에서의 훈장인 켄터키 커널(Kentucky Colonel)을 수여받았다.

개빈 디 스미스(Gavin D. Smith)

개빈 디 스미스는 전문적인 프리랜서 저널리스트로 술, 특히 위스키를 주제로 글을 쓰는 전문 작가로 활동 중이다. 그는 단독 혹은 공저로 약 30여 권의 위스키에 관한 글을 썼으며 다양한 출판물에 기고를 하고 있다. 그는 스코틀랜드 보더스주에 살고 있으며 스카치위스키 업계의 가장 영예로운 호칭인 마스터 오브 케이치(Master of the Quaich) 타이틀을 지니고 있다.

코의 중요성

위스키의 향은 위스키 맛의 중요한 단서를 제공한다.
이 향기들은 땅딸한 튤립 모양의 유리 안에 완벽하게 가둬져 있다.

왜 몰트 위스키인가?
위스키 보석 찾기

가장 단순한 위스키는 놀라울 정도의 순수함을 지니고 있다. 산에서 눈이 녹아내린 물은 수십 년, 아니 수세기 동안 바위 필터를 통과하고 샘으로 솟아나 언덕 위에서 시작해 마침내 보리가 자라기에 충분히 평평하고 따뜻한 대지를 찾아낼 때까지 흐른다. 물은 밭에 있는 보리를 자라게 하고, 몰팅 과정에서 싹이 나도록 하며, 당화조(매쉬툰, mash tun)에서 천연 당분을 녹여내며, 이스트가 첨가되면 맥주로 변하고, 증류기에서 증기가 되고, 응축기에서 다시 액체로 변하고, 오크통으로 들어가 위스키로 남는다.

풍미

몰트는 언제나 깨끗하고 달콤하며 원기회복 능력이 있지만 한편으로는 풍미에 영향을 주는 많은 성분들도 가지고 있다. 부분적으로 발아된 곡물은 가끔씩 피트(peat, 이탄) 위에 건조해서 훈연향을 가지게 된다. 발효 시 이스트를 통해 과일향을 만들어내거나 스파이시한 풍미를 만들어 낸다. 비슷한 경우로 증류기의 크기와 모양은 증류액의 풍부함과 무게감에 영향을 준다. 거기에 오크통에서 숙성되는 동안 오크통을 만들 때 사용된 나무, 이전에 담았던 내용물과 오크통이 호흡하는 대기 특징이 아로마와 풍미로 추가된다.

스피릿의 풍미를 즐기는 사람들에게 몰트 위스키는 가장 견고한 풍미의 세계챔피언이다. 블렌디드 위스키의 풍미는 다소 제한적이고 코냑도 마찬가지이다. 술의 풍미에 두려움을 겪고 있는 사람이라면 화이트럼이나 보드카가 더 안전하게 느껴질 수 있을 것이다.

맥아

15세 혹은 이전의 원조 위스키 혹은 우스게바하(uisge beatha, 게일어로 생명의 물)는 싱글몰트 위스키였을 것이다. 싱글몰트 위스키는 보리만을 이용해 증류시켰으며, 다른 위스키 종류 혹은 출처가 다른 위스키를 블렌딩 하거나 혼합하여 만들지 않고 한 증류소에서 생산된 위스키이다. 하지만 오늘날 우리가 알고 있는 몰트 위스키와는 다르다. 그 위스키는 오크통으로 숙성하지 않고 증류기에서 나온 뜨거운 상태로 마셨을 것이다.

개성 몰트 위스키의 개성은 각기 다르다. 당연히 각기 다른 개인들에게 매력을 주기에 충분하다. 훈연향, 흙내음, 해초향, 소독약 냄새를 지닌 스코틀랜드 섬 지역 혹은 해안 지역에서 만들어진 몰트 위스키는 입안에서 독보적인 힘을 발휘하는 증류주이다. 셰리 캐스크에서 숙성된 위스키는 벌꿀향, 꽃향기 그리고 때로는 복합적인 풍미를 지녔다. 곧 살펴보겠지만 다른 나라에서 만들어진 몰트 위스키는 스코틀랜드에서 만들어진 몰트 위스키와 전혀 다른 풍미를 만들고 있다.

자리 몰트 위스키를 마시는 순간은 단순히 사교적인 술자리일 수도 있다. 그러나 어떤 경우, 예를 들어 시골길 산책 후 또는 골프 게임 후 원기 회복을 위한 한 잔, 식전주로 심지어 몰트 위스키와 함께 하는 식사자리에서 한 잔, 식후주로 시가를 곁들인 몰트 위스키 또는 취침 시간에 책과 함께 하는 한 산 등 좀 더 특별한 즐거움들도 있다.

음식 몰트 위스키는 일반적으로 음식을 먹을 때 식전주와 식후주로 마시는 것이 일반적이지만, 요리에 따라 음식과 곁들이는 경우도 있다. 일부 몰트 위스키를 사랑하는 셰프들은 좋아하는 위스키를 식재료로 요리에 활용하는 경우도 있다.

탐험 모험심이 많은 몰트 위스키 애호가들은 한 증류소에 머무르지 않는다. 다른 지역에서 생산된 다양한 몰트 위스키를 비교하는 즐거움과 각각의 위스키에서 나는 향과 풍미에 익숙해지는 즐거움을 즐긴다. 이 위스키 세계의 탐험은 노징 글라스(위스키 향을 맡기 위해 만들어진 잔)를 이용해 이루어진다. 안락의자에 앉아 이루어지는 이 탐험은 가끔은 실제 탐험으로 이어진다.

증류소 증류소는 대개 아름다운 곳에 위치해 있다. 일부는 독특한 건축물을 가지고 있기도 하다. 대부분 규모가 작기 때문에 몰트 애호가들이 증류소 관리자나 직원들과 오랜 우정을 쌓는 경우도 드문 일이 아니다.

방문 위스키 관광은 증류소를 방문하는 것에서 그치지 않는다. 많은 증류소는 아름다운 주변환경 속에서 훌륭한 음식을 즐길 수 있을 뿐만 아니라 위스키를 시음하고 구매할 수 있는 인상적인 방문자센터를 가지고 있다. 스코틀랜드뿐만 아니라 많은 증류소들이 교외에 위치하고 있어 방문객들에게 산책, 등산, 조류 관찰, 낚시하기에 좋은 공간을 제공해 준다.
최근 몇 년 위스키 증류소를 방문하는 형태가 크게 바뀌었다. 방문자센터를 만들기에는 작은 규모의 많은 신생 위스키 국가의 증류소들은 그들의 위스키를 사려는 고객들과 가깝게 교류할 수 있는 위치에 자리 잡고 있다. 소비자들은 증류소를 방문하는 것뿐만 아니라 하루, 주말, 심지어 일주일 동안 증류팀에 합류하여 전체 위스키를 만들어 보는 경험에 흠뻑 빠져들 수 있는 기회를 얻고 있다.

증류소들은 라이브 음악을 위한 대중적인 장소가 되었고, 특히 미국에서는 주말 오후의 칵테일 이벤트가 굉장히 인기가 많다.

전문가 와인 전문가와 애호가들이 포도밭 혹은 샤토의 다른 빈티지를 비교하듯이, 몰트 위스키 애호가들도 자신들의 감정 능력을 발전시켜 가고 있다. 싱글몰트 위스키를 생산하는 증류소들은 다른 숙성년수, 다른 빈티지, 여러 가지 도수와 다양한 우드 피니쉬 제품들을 선보인다. 새로운 제품이 계속 출시되므로 이 즐거움에는 끝이 없다.

수집 사람마다 정도의 차이는 있겠지만, 몰트 위스키 애호가는 모두 수집가라고 할 수 있다. 자신이 의식적으로 그렇게 행동하지 않더라도 우연한 구매나 갑작스러운 선물 등으로 자연스럽게 수집가가 될 수 있다. 이러한 수집가의 친구들 입장에서는 크리스마스나 생일 선물을 고르는 것이 매우 쉬운 일이 된다.

어떤 수집가들은 거래의 경험을 가지고 있다. 일부는 두 병을 사서 한 병은 마시고, 한 병은 보관한다. 이러한 수집가들은 위스키를 전혀 마시지 않는 사람을 경멸하고 심각한 정도의 수집가는 남성클럽, 가죽시트의 벤틀리, 럭비클럽에 대한 향수를 지닌 영국에서 종종 발견된다. 브라질, 이탈리아 그리고 일본에도 유명한 콜렉터가 있다.

투자로써의 위스키

위스키 투자에는 여러 단계가 있다. 집 선반에 놓을 특별한 위스키를 몇 병 원할 수도 있고, 혹은 좀 더 진지한 투자로 당신 소유의 위스키가 담긴 오크통에 투자를 결정할 수도 있다. 많은 회사들이 위스키로 가득 채워진 오크통들을 제공하고 있는데, 신중해져야 한다. 훌륭한 위스키로 숙성될 수 있는 증류액이 담긴 통을 골라야 한다. 또한 위스키를 병에 담을 때의 모든 비용, 특히 당신이 지불해야 할 관세, 병과 라벨의 비용에 대해서도 알아야 한다.

비록 그런 목적으로 구매하지는 않았더라도 수집품들은 곧 가치 있는 자산으로 변모하기 시작했다. 2차 세계대전 이후의 수집품들이 1980년대에 판매가 되기 시작하였고, 이후 위스키 경매시장이 점점 더 크게 성장했다. 불확실한 금융시장으로 인해 위스키는 위스키에 대한 사랑보다는 금전적 이득을 추구하는 새로운 투자자들을 유혹했다. 위스키 한 병이 수천 파운드에 거래되기도 하고, 한 병이 10만 파운드에 팔릴 가능성도 전혀 없는 것은 아니다. 소수의 그랑 크뤼(grand cru, 프랑스 와인에서 높은 등급을 받은 와인)급 증류소가 있으며, 그 증류소에서 나온 희귀한 제품들은 항상 큰 투자를 이끌어 냈다.

산의 순수한 물
아란 섬의 계곡을 타고 흘러내리는 수질은 초기 스코틀랜드 증류소가
하이랜드와 섬 지역에 자리잡은 이유 중 하나였다.

만약 당신이 나만의 컬렉션 만들기를 고려하고 있다면 특정 증류소나 지리적 지역을 기반으로 한 테마를 생각하거나 한정판 제품을 선택할 수 있다. 위스키는 와인보다 도수가 높지만, 고온과 직사광선을 피해야 하고 병을 와인처럼 눕히지 않고 똑바로 보관해야 한다.

몰트 위스키의 기원

와인은 선사 시대에 뿌리를 두고 있지만, 보리는 문명의 시작과 함께 출현했다. 수렵 채집 시대에 인간들은 포도와 같은 야생 과일을 채집했다. 그러나 원기와 영양분의 공급원인 과일은 채취할 수 있는 기간이 짧고, 저절로 썩거나 혹은 발효가 되어 와인으로 변하는 경향이 있었다. 과일은 흙에 있는 빗물에 의해 과육이 무르고 발효하기 쉬운 주스 형태로 변한다. 야생 효모가 발효를 유발하고 그 과정에서 알코올이 생성된다. 아마 수렵 채집시대의 인간들은 이런 결과물들을 즐겼겠지만, 야생 와인은 그들에게 충분한 단백질을 공급해 주지는 못했다.

인류는 유목 생활을 중단하고 작물을 재배하기 위해서 조직화된 사회로 정착하였다. 그 증거로 중동에 위치한 비옥한 초승달 지역에서 13,000~8,000년 전 이러한 흔적들이 여러 곳에서 발견되고 있다. 최초의 농작물은 원시 보리였으며, 이러한 보리의 이용에 대한 최초의 기록을 수메르인들이 점토판에 새긴 맥주 제조법에서 볼 수 있다. 이 기록은 어떤 의미에서는 세계 최초의 제조법이라고 묘사되기도 한다.

위스키로 가는 중간 단계

보리를 재배하고 그것의 싹을 틔워 몰트(Malt, 맥아 혹은 엿기름)로 만들고 다시 맥아를 맥주로 발효시키는 것이 위스키를 만드는 과정의 큰 단계이다. 과일에서 당을 얻기는 쉽다(포도 껍질을 벗기거나, 사과를 한 입 베어 물면 된다). 그러나 곡류에서 당을 얻기는 쉽지 않다. 보리와 그 밖의 곡물류 속의 당을 얻어내기 위한 첫 번째 단계는 바로 몰팅(Malting, 맥아 제조)이다. 맥아 제조의 의미는 곡류를 물에 담가 부분적으로 발아를 시킨 다음에 건조하는 것을 말한다. 지금의 이라크 지역이 과거 수메르 지역이었는데, 홍수가 나고 물이 빠질 때 밭에 있던 보리가 자연스럽게 몰팅이 되었다. 이러한 내용은 'A Hymn to Ninkasi'라는 점토판에 시적으로 잘 기록되어 있다. 이 단계에서 수메르인들은 곡식을 먹을 수 있는 것으로 만드는 일 외에는 그다지 가치를 두지 않고 있었다. 그들은 맥주 형태의 음료를 만들었지만 픽토그램 (Pictogram, 원시 그림)과 유물로 추정하건대 짚으로 만든 빨대로 섭취하는 곡식 알갱이가 남아 있는 죽처럼 생긴 음료 정도로 생각된다. 이러한 설명은 아프리카이 몇몇 지역에서 양조되고 있는 전통적인 맥주와도 놀랄 만큼 유사점을 보여주고 있다. 초기 알코올의 주요 생산 목적은 향수와 의료용이었다. 그래서 현재 세계의 많은 건배 용어들이 건강과 관련되어 있다.

곡물 혹은 포도

곡식의 재배법은 최초의 고대 문명에서 퍼져 나갔지만 지역에 따라 각기 다른 곡식의 재배법으로 변형되었다. 동쪽의 중국과 일본은 쌀을 재배했고 그것을 발효시켜 청주를 만들었다. 북쪽의 러시아인들은 호밀을 이용하여 크바스(kvass, 호밀로 만든 알코올음료)를 만들었다. 서유럽에서는 보리를 이용해 양조했다. 양조(Brewed)와 빵(Bread)은 같은 어원에서 나왔다. 독일에서는 맥주를 때로는 액체 식빵(liquid bread)으로 부르기도 한다.

부드럽고, 감각적이고, 섬세하고, 변화가 심한 포도와 크고 뾰족하고 탄력적인 곡류는 발효와 증류 과정을 거치며 세계에서 가장 훌륭한 술이 되기 위해 서로 경쟁한다. 기후에 따라 온화한 날씨의 유럽은 와인지대와 맥주지대로 구분된다. 와인은 그리스, 이탈리아, 프랑스, 이베리아 등 남쪽의 포도 재배 지역에서 만들어진다. 반면 맥주는 체코, 독일, 벨기에, 그리고 영국 등 북쪽의 곡식 재배 지역에서 생산된다. 이들 국가 모두 한편으로는 증류주도 생산하고 있지만, 증류주에 대해 가장 강세를 보이는 지역은 기후가 추운 나라이다. 이 증류주의 주요 생산 지역은 러시아, 폴란드, 발틱, 노르딕 지역 그리고 스코틀랜드이다. 그러나 점점 이런 추세가 변하고 있다. 증류와 숙성 과정에 대한 기술과 지식의 발전으로 인도, 대만, 아르헨티나, 호주 그리고 이스라엘과 같은 나라들이 훨씬 짧은 기간에 세계적인 위스키를 만들 수 있게 되었다.

보리물(BARLEY WATER)

현대의 이라크는 아르메니아의 남부에 위치하고 있는데, 그리스 역사학자 헤로도토스(Herodotus)는 아르메니아인들이 보리물을 만들었다고 말했다. 그것은 아마 맥주 양조가 아르메니아, 그루지아, 그리고 우크라이나로 전파되었음을 암시한다. 그리스 인들은 모든 이방인들을 켈트족이라 불렀다. 로마인들은 그들을 갈리아인이라 불렀고, 튀르키예의 일부는 갈라티아(Galatia)로 알려졌다. 또한 갈라티안(Galatian)라는 용어는 로마의 작가인 콜루멜라(Columella)에 의해서 두줄 보리를 지칭할 때 사용되었으며, 현재 맥주 제조 업자들 사이에서 가장 선호되는 품종이다.

켈트족의 정착지들은 오늘날 맥주 양조 지역으로 알려져 있으며 특히 유명한 곳은 보헤미아, 바바리아, 그리고 벨기에다. 이 중의 많은 곳에는 맥주 양조장을 겸한 수도원이 생겨났다. 잉글랜드, 스코틀랜드, 아일랜드에 있는 많은 맥주 양조장들이 과거 수도원 자리에 위치하고 있다. 아일랜드의 코크(Cork)와 미들톤(Midleton) 증류소가 있는 도시들도 마찬가지다.

아일랜드 북동쪽 지역과 스코틀랜드 서쪽 섬들은 성 콜롬바(St. Columba)와 연관이 있는데, 그는 자신이 살던 지역 사회였던 이오나(Iona) 지방에 보리를 재배하도록 주장했던 사람이다. 스코틀랜드 재무부의 문서 기록에 따르면 1494년 파이프(Fife)의 린도레스(Lindores) 수도원의 수도승인 존 코어(John Cor)가 아쿠아비타(Aqua Vitae, 생명의 물, 증류주)를 만들기 위해 맥아를 구입했다는 내용이 기록되어 있다. 그는 최초의 몰트 위스키 증류자가 아니더라도 증류에 관한 최초의 증거를 우리에게 남겨 줬다.

증류 기술

자연 발효가 최초의 양조업자들에게 발효에 대한 자연적인 모델을 어떻게 제공했는지는 쉽게 알 수 있다. 증발과 응축도 자연 속에서 발생하지만, 최초의 증류가 언제 어디서 처음 실시되었는지는 명확하지 않다. 증류는 물, 와인, 맥주를 끓여 증기를 모으고 그것을 다시 응축시켜서 액체로 만드는 것을 말한다. 이 과정에서 어떤 물질(예를 들어 물에 함유된 염분)은 없어지고 또 일부 물질들(예를 들어 와인과 맥주에 함유된 알코올)은 농축된다.

이 방법은 페니키아 선원들이 바닷물을 먹을 수 있는 식수로 만드는 과정에 사용되었으며, 연금술사, 향수 제조자들도 사용하였고 마침내 의약품과 술을 제조하는 데도 사용되었다. 어떤 학설에 따르면 페니키아인들이 지중해와 스페인을 거쳐 서유럽으로 증류 기술을 전파하였고, 그곳으로부터 바다를 건너 다시 아일랜드로 전파되었다고 한다. 또 다른 학설에 의하면 증류 기술은 러시아, 북유럽의 국가들을 거쳐 스코틀랜드로 전파되었다고도 한다.

생명의 물

와인과 맥주 등 발효된 원료를 끓여서 증기로 변하였다가 다시 응축되어 본래의 모습으로 돌아오는 것에서 연유하여 나온 단어로, 유령 혹은 귀신과 같다고 하여 영어에서는 'Spirit(영혼)'이라는 용어가, 독일어에서는 'Geist(유령)'이라는 용어가 생겨났다. 또한 생명의 물(Water of Life)로 불리기도 하는데 슬라브 국가에서는 보드카, 북유럽 국가에서는 아쿠아비트(Aquavit), 프랑스에서는 오드비(Eau-de-vie), 게일어에서는 우스계바하(usquebaugh)라고 다양하게 불리기도 한다. 이후 영어 기준 최종적인 명칭은 usky를 거쳐 whisky로 변경되어 불리게 된다. 위의 모든 용어는 어느 지역에서 무엇을 재료로 했든지 상관없이 초기의 증류액을 의미한다.

스코틀랜드의 피트 습지

피트 습지가 많은 아일레이에서 피트를 자르고 있다. 피트는 오랫동안 아일레이 위스키의 맛의
중요한 요소였다. 다른 나라들도 피트를 사용하며, 피트가 부여하는 맛은
지역의 동식물군에 따라 다르다

모든 증류액들은 초기에는 주전자나 바닥이 깊은 냄비와 같이 비슷하게 생긴 용기에서 생산되었으며 몰트 위스키들은 아직까지 이러한 방식을 유지하고 있다. 그러나 이 단식 증류기는 비효율적이고, 그것에서 생산된 원액은 거칠고 불쾌한 맛이 있어 향신료, 베리류, 과일류를 혼합하여 불쾌한 맛을 가려야 했다.

위스키 생산은 19세기 중반 코피(Coffey) 혹은 칼럼 스틸(기둥 모양의 다단식 증류기)의 발명으로 혁명을 맞이하였다. 이를 통해 연속적인 공정에 의해 증류액을 생산할 수 있게 되었다. 하지만 새로운 방식으로 만든 증류주가 풍부한 맛을 지니고 있었음에도 불구하고, 전통적인 단식 증류기 방식은 여전히 인기를 유지하고 있다.

플레인 몰트

1700년대 중반 스코틀랜드에서는 인위적인 맛을 가미한 증류주와 플레인 몰트(Plain malt, 아무것도 첨가하지 않은 순수한 몰트 증류주)를 구분하기 시작했다. 초기 산업국가였던 영국은 초기 산업 혁명의 기술력을 맥주와 위스키에 접목하였다. 잉글랜드의 '밝은 맥주(bright beer)'는 유럽 대륙의 앞서간 기술로 만든 진화된 골든 라거가 아닌 구릿빛의 페일 에일이었다.

스코틀랜드 위스키는 본래의 풍미를 그대로 가지면서 매력적이고 복합적인 풍미로 변화되는 단식 증류기 생산물로 남았다. 대부분의 북유럽 국가에서는 증류주에 대한 일반적인 명칭으로 슈냅스(Schnapps)라는 이름으로 사용하였고, 이것은 인공적인 맛을 가미한 제품과 아무것도 섞지 않은 제품 두 가지로 생산되었다.

조금 더 특이한 풍미가 첨가되기도 하는데, 스칸디나비아 아쿠아비타(Aquavit)의 경우 캐러웨이(caraway)와 딜(dill)이 사용되며, 독일 북부, 북해 연안의 저지대 국가, 프랑스 북부 지역, 그리고 잉글랜드에서 주로 생산되는 진의 경우에는 노간주나무 열매인 주니퍼(juniper)와 붓꽃 뿌리(iris root)와 감귤류의 껍질 등 식물성 향료가 첨가된다. 향료의 가미 여부와 관계없이 잉글랜드 이외의 국가들에서 생산되는 곡식을 원료로 하는 주정들의 경우 연속식 증류기를 사용하며, 대부분은 숙성을 시키지 않는다.

스카치 몰트 위스키가 만들어지는 데 필요한 요소는 스코틀랜드 지역의 물, 분쇄된 맥아, 전통적으로 약간의 피트, 스코틀랜드에서 디자인되고 만들어진 단식 증류기, 그리고 오크통에서의 숙성이다. 이와 같은 요소들 중 마지막 오크통 숙성은 1700년대 후반부터 점점 중요성이 부각되기 시작하였다.

당신의 위스키는 몇 년 숙성인가?

전통적인 위스키 레이블에 표기된 숙성년수는 위스키의 품질의 지표였다.

그러나 최근 많은 제품들이 NAS로 불리우는 숙성년수 미표기 제품들을 출시하고 있다.

어떤 신세계 위스키들은 자신들의 어린 숙성년수를 자랑스러워 한다.

블렌디드 위스키용 몰트 위스키

전 세계 싱글몰트 위스키의 90% 이상이 블렌디드 위스키용으로 생산된다. 새로운 증류소가 총량을 갉아먹고 있지만 큰 변화는 없을 것으로 보인다. 그것은 새로운 증류소가 주로 소규모로 운영되고, 위스키에 대한 수요가 높을 때 큰 회사들은 초과 생산된 몰트 위스키를 독립병입자 회사에 판매하지 않고 블렌디드 위스키용으로 유지하기 때문이다. 최근의 예는 전 세계가 락다운된 2021년에 판매량이 크게 증가한 디아지오의 대표 블렌디드 위스키 '조니 워커'이다. 소비자들은 휴가를 못 가는 것에 대한 슬픔을 질 좋은 블렌디드 위스키로 보상 받으려는 듯했다.

라벨의 의미

이 책은 발아된 보리를 이용해 만든 위스키를 주로 다루고 있다. 싱글이라는 단어는 하나의 증류소에서 만들어진 위스키에 적용하는 것이지, 하나의 오크통에서 만들어진 위스키를 뜻하는 것은 아니다. 대부분의 몰트 위스키들은 여러 가지 오크통 속의 원액으로 혼합하여 만든다. 그러나 우리는 위스키 라벨을 통해서 위스키의 특징에 대해 많은 것을 알 수 있다.

몰트란 무엇인가?

몰트는 곡물 속의 발효성 당을 끄집어내기 위해 곡물을 일부 발아시켜 가마에서 건조한 것을 말한다. 증류를 위해 몰트로 만들어진 후에는 전에 비해 건조해지고 약간 어두운 색깔을 가진다. 최종 결과물이 스코틀랜드나 아이리시 스타일의 몰트 위스키라면 그 곡물은 항상 보리여야 한다. 다른 나라의 경우에서는 라이 위스키처럼 다른 곡물도 몰팅 과정을 거쳐 위스키를 만들 수 있다.

맥주 양조업자나 위스키 증류업자에게 있어, 몰팅 과정은 와인 제조 또는 브랜디 증류의 파쇄 과정과 부분적으로 유사하다. 이 과정이 일어나는 장소를 '몰팅스 (maltings, 제맥소)'라고 한다. 곡물을 먼저 물에 담가 발아(또는 부분 발아)를 촉진한다. 전통적으로 곡물을 돌바닥에 깔아 두고 발아 과정을 계속 진행한다. 그 곡물들에게 산소를 공급해 주기 위해서 지속적으로 갈퀴로 긁고 삽으로 뒤집어준다. 플로어 몰팅은 공간과 많은 노동력이 필요하지만, 많은 사람들이 이 과정으로 하여금 맛있는 결과물을 낸다고 믿고 있다. 그 외 벤틸레이션 박스와 회전 드럼을 통해 몰트를 만들 수도 있다.

라벨 용어

이 책 전체에 걸쳐 등장하는 수많은 위스키의 이름에는 여러 용어가 있는데, 설명이 필요할 수 있다.

위스키 위스키는 스코틀랜드와 아일랜드에 기원을 두고 있으며(현재는 여러 나라에서 다양한 스타일로 생산되고 있다) 몰팅된 보리와 곡물들을 이용해 증류시키고 오크통 속에서 숙성시킨다. 복합적인 향과 풍미는 재료와 제조 공정 그리고 숙성 과정에서 기인한다. 이런 위스키는 슈냅스와 보드카 등 비슷한 종류들의 중성 곡물 증류주와 구별된다.
위스키를 표기할 때 영국과 미국의 영문 철자가 다르다는 오해가 있다. 그러나 이건 작가 혹은 출판사나 국적과 전혀 상관없이 결정된 영문 철자이다. 스카치위스키와 캐나디언 위스키의 경우 'whisky'로 표기한 반면, 아이리시 위스키와 켄터키 버번위스키와 테네시 위스키의 경우 'whiskey'를 선호한다.

몰트 위스키 몰트 위스키(Malt Whisky)는 오로지 몰팅된 보리만을 이용해야 한다. 일반적으로 구리 증류기에서 단식 증류 방식으로 만들어진다.

싱글몰트 위스키 싱글몰트 위스키(Single Malt Whisky)는 단일 증류소에서 만들어진 몰트 위스키를 말하며, 다른 증류소에서 만들어진 위스키를 혼합하거나 블렌딩 해서는 안 된다.

스카치위스키 스카치위스키(Scotch Whisky)라는 이 용어는 오로지 스코틀랜드에서 만들어지고 스코틀랜드에서 최소 3년 이상을 숙성시킨 위스키에만 사용할 수 있다. 다른 나라에서 생산된 위스키는 '스카치'라고 부를 수 없다.

싱글몰트 스카치위스키 싱글몰트 스카치위스키(Single Malt Scoth Whisky)는 스코틀랜드에서 만들어진 싱글몰트 위스키이다.

싱글캐스크 싱글캐스크(Single Cask)는 한 오크통의 원액으로만 병입된 위스키이다. 가끔씩 증류소에서는 한 오크통에서만 숙성된 원액만을 병입한 한정품 위스키를 출시하기도 한다. 모든 오크통들의 숙성 정도가 각각 다르기 때문에 이 제품들은 매우 특별하다.

더블/트리플 캐스크 위스키는 보통 세리 오크통이나 버번 오크통에서 숙성된다. 그러나 어떤 위스키들은 숙성 과정 중 다른 종류의 통으로 한 번 혹은 두 번 옮겨 숙성시킨다. 이를 더블(Double) 혹은 트리플 캐스크(Triple Cask) 몰트 위스키라고 한다.

블렌디드 몰트/배티드 몰트 만약 몰트 위스키가 다른 증류소의 몰트 위스키 원액들과 블렌딩 되었다면 블렌디드 몰트(Blended Malt)/배티드 몰트(Vatted Malt) 위스키라고 부른다. 그레인위스키는 보리 외 다른 곡물을 이용하여, 단식 증류기가 아닌 칼럼 증류기를 이용해 증류시킨 위스키이다. 그레인위스키와 몰트 위스키의 혼합은 세계적으로 유명한 블렌디드 위스키이다.
블렌디드 몰트 위스키에는 그레인위스키가 들어가지 않는다. 몇몇 나라에서는 아직까지 배티드 몰트(vatted malt) 위스키라는 용어를 사용한다.

추가 라벨 용어

피트(PEAT) 몰트 제조업자들은 그들의 곡물을 불 위에 올려 건조할 때, 쉽게 얻을 수 있는 연료들을 사용했다. 폴란드에서는 오크 훈연 몰트를 사용하여 같은 훈연 스타일의 맥주를 생산했고, 독일의 프랑켄의 경우 너도밤나무를 이용하여 풍미를 추가했으며, 스코틀랜드에서는 전통적으로 피트를 태워 위스키를 만들었다.
피트(peat)는 스카치위스키에게 확연히 구별되는 훈연향을 부여하였고, 훈연정도는 다양하게 유지되었다. 진지한 위스키 애호가들은 피트향을 대단히 귀하게 여기고 더 진한 피트향을 원한다. 위스키 산업에서는 피트 스모키 특성을 ppm(parts per million- 백만분의 일) 단위의 페놀 수치로 측정한다. 하지만 그 수치가 훈연향의 정도, 증류기 외형, 모양에 따른 부드러움, 오크의 숙성 등 위스키에 관한 모든 것을 설명해주지는 않는다.

2회/3회 증류(DOUBLE/TRIPLE DISTILLATION) 대부분의 몰트 위스키는 한 쌍의 증류기를 통해 생산되었지만 소수의 증류소들은 수년에 걸쳐 연결된 3개의 증류기를 사용하였다. 3회 증류는 전통적으로 스코틀랜드 로우랜드 지역에서 사용되었으며 아일랜드에서도 선호되었다. 이론상으로 증류가 거듭될수록 보다 가볍고 깨끗한 증류주가 만들어진다. 3회 증류는 2회 증류보다 더 철저해야 한다. 이는 대체로 사실이지만 증류기가 풍미에 끼치는 영향은 아직 완전히 밝혀지지 않았다.

캐스크 스트랭스와 알코올 도수 증류주는 병에 담기는 과정 중 다양한 도수를 지니게 된다. 처음 증류되었을 때는 60도 후반에서 70도 초반의 알코올 도수를 가진다. 때로는 증류업자가 숙성에 가장 이상적인 도수라고 생각하는 알코올 도수 63도에 맞추기 위해 물을 첨가한다.

전부는 아니지만 대부분의 숙성을 마친 위스키의 경우 병입된 술은 40~46%보다 높은 도수를 지니고 있다. 물이 첨가되면 위스키의 도수는 낮아진다. 그러나 병입업자는 위스키를 원액에서 나온 도수 그대로 병에 담을 수도 있으며, 이를 캐스크 스트랭스 위스키라고 한다. 엄격히 말하면 위스키를 판매할 때 최소 40도 이상이어야 한다. 이보다 높은 도수이면 얼마든지 판매될 수 있으며, 70도를 넘는 몰트 위스키도 한두 개 있다. 하지만 수천 개의 증류소들을 규제하기는 어렵기 때문에 이 규칙은 조만간 깨질 것이다.

STR(SHAVED, TOASTED AND RE-CHARRED) 오크통을 비우고 내부를 깎고(Shave), 약한 열로 내부를 태우고(Toast) 다시 강한 열로 내부를 숯화 시킨다(Re-charring). 이 방법은 고인이 된 짐 스완 박사(Dr. Jim Swan)가 최고 품질의 위스키

보리 뒤집기

곡물의 산소와 열을 내리기 위해 뒤집는 과정은 건조가마에서 건조되기 전까지 계속되는 중요한 과정이다. 이곳은 스코틀랜드 아일라섬에 위치한 보모어의 유서 깊은 몰트 창고이다.

를 만들기 위해 사용했던 방법으로 캐나다, 영국, 프랑스, 이스라엘, 웨일스 및 스코틀랜드의 새로운 증류소를 포함한 전 세계의 여러 증류소에서 사용되고 있다. 2015년경 STR 오크통 숙성 위스키를 처음 보기 시작했으며, 2017년 스완 박사가 사망할 때까지 일부 증류소에서는 STR 통에 숙성된 위스키를 병입하지 않았다.

캐스크 피니쉬(CASK FINISH) 이 분야는 신세계 위스키가 스코틀랜드와 멀어지고 있는 요소 중 하나이다. 위스키는 마지막 몇 달을 마데이라, 버번, 셰리, 샤르도네, 시라즈, 포트, 심지어 IPA를 담았던 특이한 통에서 숙성시킬 수 있다. 최근까지 스코틀랜드 증류소들은 사용할 수 있는 통의 종류에 대해 규제를 받았지만 지금은 시드르와 핵과류로 만든 술을 담았던 통을 제외한 과일 맥주, 와인, 주정강화와인, 에일 그리고 다른 증류주를 담았던 통을 사용할 수 있다.

바람에 날리는 보리
보리는 몰트 위스키에 허용되는 유일한 곡물이다.
스코틀랜드는 보리의 주요 생산국이지만 잉글랜드에서 많은 양을 수입한다.

비냉각여과(UN-CHILL-FILTERED) 위스키가 차가워질 때 일부 단백질, 지방산, 향기 물질(congeners)들이 고형화되어 위스키가 흐려진다. 위스키를 차고에 보관하거나 차가운 곳에 두거나 찬물을 혼합할 때 이런 현상이 발생한다. 이 증상은 알코올 도수 46% 이상일 때는 일어나지 않는다. 밝고 투명한 위스키를 위해 많은 증류소에서는 위스키를 차게 만든 후 구성 물질들을 필터링한다. 하지만 필터링한 물질에 향기 관련 물질들이 포함되기 때문에 일반적으로 남겨두려고 한다. 그래서 냉각여과와 관련되어 언칠필터드(un-chill-filtered) 혹은 넌칠필터드(non-chill-filtered)라고 라벨에 표기한다.

병입, 배치 넘버(BOTTLING, BATCH NUMBER) 많은 새로운 증류소들은 비교적 적은 양의 배치 타입으로 위스키를 생산한다. 각 배치마다 특성이 다르기 때문에 잠재적인 구매자들에게 이 점을 분명히 하기 위해 배치마다 번호를 매긴다(역주-대량 생산을 못하는 중소형 증류소에서 특정 제품들을 한 번씩 몰아서 생산하는 것을 배치 위스키라고 한다).

숙성년수, 숙성년수미표기, 넌빈티지(AGE STATEMENTS, NAS AND NON VINTAGE) 병에 담긴 위스키 중 가장 숙성년수가 어린 위스키를 기준으로 숙성년수를 표기한다. 레시피에 12년 숙성 위스키가 딱 한 방울이라도 들어갔다면 레이블에 12년 숙성이라고 표기해야 한다. 스코틀랜드를 포함한 유럽에서 위스키는 최소 3년 이상 숙성시켜야 하지만 술병 라벨에 꼭 숙성년수를 표기할 필요가 없다. 그래서 어린 숙성년수의 위스키를 팔고 싶은 증류업자들 사이에 숙성년수를 표기하지 않은 일명 나스(NAS, Non Age Statement) 위스키들이 인기가 있다.
전부는 아니지만 일부 신생 위스키 국가들은 각기 다른 법률을 가지고 있다. 예를 들어 호주의 경우, 법률로는 더 어린 위스키를 판매할 수 있도록 규정하였지만 호주의 위스키 산업은 호주 위스키의 품질을 전 세계에 메시지로 전달하기 위해 자체적인 최소 숙성년수를 규정하고 있다.

스페셜 릴리즈(SPECIAL RELEASES) 전통적으로 위스키 생산자들은 핵심 주력 몰트 위스키들을 가지고 있으며 매년마다 맛의 프로파일을 복제하여 같은 맛을 생산하고 있다. 그러나 증류소들은 가끔씩 스페셜 제품들을 소개한다. 디아지오는 매년 스페셜 릴리즈 제품을 선보이고 있다. 이런 제품은 증류소의 평소 성격과 다른 면을 보여주려는 특성이 있다. 예를 들어 쿨일라는 피트한 위스키로 유명한데, 가끔은 매우 달콤하며 부드러운 위스키를 출시한다.

풍미
경관의 영향

피트

향이 나는 음식은 식욕을 돋우고 상상력을 자극할 뿐만 아니라, 실제로 아침 식사용 훈제 청어, 베이컨, 토스트, 커피, 숯불 그릴에서 지글지글 구워지는 스테이크, 장작불에 구워지는 밤 등 음식의 향은 맛에서 가장 큰 부분을 차지한다. 역사적으로 유럽의 여러 지역에서 맥아 건조에 사용된 모든 기술들 중에서 스코틀랜드의 피트(Peat)를 태운 불은 확실히 가장 좋은 향기를 만들어낸다.

몇몇 싱글몰트 위스키를 좋아하는 사람들은 포용적인 견해를 가지고 있는 반면, 많은 사람들은 위스키를 선택할 때 섬 지역과 해안의 피트향과 소금기가 많은 위스키, 혹은 꽃향기 나는 위스키, 꿀 향이 나는 위스키, 때로는 셰리 캐스크 숙성의 스페이사이드 위스키 중 좋아하는 한쪽을 선택한다.

피트향이 진한 위스키를 좋아하는 애호가들은 그 위스키의 피트향의 강렬함을 수치로 나열하며 열광적으로 좋아하지만 사실 그 위스키 속에는 복합적이고 풍부한 아로마향도 함께 있다. 피트로 건조한 몰트로 만든 위스키에는 최소 80여 가지의 향기 물질 성분들이 있다.

이러한 강렬한 스모키함은 위스키 애호가들을 열광시키는 반면에 처음 마시는 사람들에게는 거부감을 일으킬 수 있다. 어떤 사람이 위스키를 '싫다'고 말할 때, 특히 그것이 '이상한 맛' 때문이라고 말할 때 그 맛은 대부분 피트로 판명된다. 스카치위스키의 필수적인 요소인 피트를 이상하다고 하는 것이 이상해 보일 수도 있지만, 다른 위스키들과 확연히 구별되고 풍미가 강하며 특히 드라이하기까지 했다면 피티한 위스키를 마시기 힘들 수도 있다. 이는 홉의 맛이 강한 맥주와 완벽하게 비교될 수 있다. 꼭 해야 한다면 오크향이 강한 와인도 논의의 대상이 될 수 있을 것이다. 위스키에 있어서 피트의 드라이함은 몰트 특유의 달콤함을 감싸는 역할을 할 뿐만 아니라, 보너스로 활성 산소의 대항 물질인 항산화 물질까지 풍부하게 들어있다.

보리

포도를 그냥 먹거나 주스로 갈아 마시는 것처럼 몰팅된 보리도 통으로 먹거나 갈아서 빵, 케이크 그리고 밀크셰이크로 이용된다. 물로 몰트의 당분을 추출하여 시럽을 만들어 강장제로 팔기도 한다. 몰팅을 위한 보리 품종은 끊임없이 개발된다. 몰팅용 보리는 통통한 알갱이와 깨끗하고 달콤한 몰트 당분이 요구된다. 농부들도 몰팅용 보리

매쉬툰의 순간

맥아를 매쉬툰의 뜨거운 물에 담그면 회전식 시스템 갈퀴를 사용하여 혼합물을 저어준다.

곡물이 제거되고 그 결과 달콤한 액체인 맥즙이 발효될 준비가 된다.

와 소 사료용 보리를 구별하고 있다. 모든 타입의 위스키가 일정 비율 몰트를 사용한다. 몰트 외에 다른 곡물을 사용하지 않는 위스키를 몰트 위스키라고 한다. 싱글몰트 위스키는 경우에 따라 간단히 몰츠(malts)라고 언급된다.

거의 모든 증류소들은 품종이 아닌 기술적인 표준(알의 크기, 질소 함량, 수분 함량 등)에 따라 보리를 구입한다. 제2차 세계대전 이후 혁신의 시기에 번식하거나 선별된 품종들은 여전히 전설로 남아있다.

위스키 산업이 성장함에 따라 농부들은 단위당 곡물 생산량이 많고 수익성이 증가되는 품종으로 바꾼 반면, 증류업자들은 발효성 당이 더 많이 생산되는 품종을 찾아냈다. 그러나 이러한 품종이 반드시 맛있는 맛을 내는 것은 아니며, 이는 제철이 지난 딸기가 더 크고 붉은색을 띠는 것과 마찬가지이다. 또한 기존 품종은 4~5 시즌 이상 지속되지 못하고 '더 나은' 품종에 추월당한다.

숨 쉬는 증류주

가장 큰 회의론은 창고에 있는 캐스크가 공기를 '호흡'한다는 믿음에 관한 것이다. 증류소에서 멀리 떨어진 집중형 창고를 사용하는 증류업자들은 특히 이 주장을 선호한다. 싱글몰트로 병입될 증류주 중 일부는 증류소에서 숙성하지만, 블렌딩을 위해 중앙 창고로 보내는 증류주도 있다.

증류소 풍미

영향력의 균형에서 최근 몇 년 동안 증류소가 작동하는 방식이 훨씬 더 중요해졌다. 세계 최대 주류 그룹인 디아지오가 소유하고 있는 28개의 몰트 위스키 증류소(스코틀랜드 전체 증류소 중 약 1/3)는 풍미에 가장 중요한 영향을 미치는 것은 증류소 자체라고 강력하게 주장하고 있다.

몰트 위스키를 만드는 기본 과정은 스코틀랜드 전역에서 동일하다. 그러나 작지만 중요한 변화의 영역이 끝없이 존재한다. 몰트의 피트 정도는 커피의 로스트 선택과 유사하다. 또 다른 예는 매쉬툰(커피 필터)에 들어가는 맥아-물 혼합물의 밀도 (original gravity)이다. 혼합물이 매쉬툰에서 머무는 시간, 혼합물이 상승하는 온도, 각 단계의 지속 시간은 증류소마다 조금씩 다르다. 전통적인 매쉬툰 내부에는 혼합물을 젓기 위한 회전 갈퀴 시스템이 있다. 독일 맥주산업에서 발전된 좀 더 현대적인 라우터 시스템에서는 칼날 시스템이 사용된다. 독일어 '라우터(lauter)'는 순수하거나 투명한 것을 의미하며, 용기에서 나오는 맥아당의 용액을 말한다.

구리가 왕이다

증류기는 여러 가지 모양과 크기가 있지만 모두 구리로 만들어진다.

여기 전형적인 구리증류기와 오른쪽에 스피릿세이프가 있다. 스코틀랜드 톨리바딘 증류소

위스키 상승(WHISKY RISING)

요리에서와 마찬가지로 모든 변형은 뒤에 오는 모든 것에 영향을 미치기 때문에 순열은 무한하다. 절차의 어떤 측면이 어떤 영향을 미치는지 결정하는 것은 매우 어려울 것이다. 그럼에도 불구하고 업계는 일반적으로 수년에 걸쳐 효모를 발효에 사용하는 것에 대해 다소 무심한 태도를 취했다. 효모가 향미에 미치는 영향은 증류 과정에서 크게 손실될 것이며, 그 역할은 단순히 가능한 한 많은 알코올을 생산하는 것이라고 생각해 왔다.

수년 동안 거의 모든 맥아 증류소들은 배양된 두 가지 동일한 효모를 사용했다. 하나는 큰 맥주제조업체 중 한 곳의 초기 발효가 빠른 에일 효모이고, 두 번째 효모는 나중에 디아지오로 흡수되는 디스틸러스 컴퍼니 리미티드(Distiller's Company Limited)에서 사용된 효모이다. 이 효모는 발효 속도는 느렸지만 대신 발효 지속력이 좋았다. 이후 합병과 소유권 변경으로 인해 업계에 다양한 효모가 등장했었지만, 현재 많은 증류소에서 단 하나의 배양된 효모만 사용한다.

효모는 발효 과정에서 다양한 과일, 견과류, 스파이시한 '에스테르'라고 불리는 향미 화합물이 생성되는데, 이들 중 어느 것도 증류에서 살아남지 못한다는 것은 받아들이기 어렵다. 대부분의 증류업자들은 발효조에서 보내는 시간이 각 증류주의 개성에 중요하다고 생각한다. 새로운 배양된 효모의 효과는 갓 증류된 원액(new make spirits)에서 맛볼 수 있지만 위스키가 숙성될 때까지 최종 결과를 결정할 수 없다.

발효 용기는 금속, 보통 스테인리스 스틸로 만들어진 밀폐 용기이다. 이것들은 세척하기 쉽고 오염물로부터 비교적 안전하다. 그럼에도 불구하고, 일부 증류소는 보통 낙엽송이나 오레곤 소나무로 만들어진 나무로 된 발효조를 선호한다. 이 발효조들은 개방되어 있으며 움직일 수 있는 뚜껑이 있다. 비록 철저하게 세척했더라도, 나무 발효조 속에 사는 미생물까지 완전히 없앴다는 말은 믿기 힘들다. 아마 이것이 위스키의 더 흥미로운 하우스 특성에 기여하는 것 같다. 한편 증류소 내부와 주변의 미세 기후가 영향을 미치는지에 대해서는 뜨거운 논쟁이 되고 있다.

발효 시간은 다양하지만 100시간 이상 걸릴 수도 있다. 그 결과는 시큼하고 알코올 강도가 약 8~10%인 워시(wash)라고 불리는 액체이다. 증류는 발효 후 다음 과정이다.

증류기 속으로

요리를 해본 사람이라면 조리법이 아무리 엄격하게 지켜지더라도, 열의 원천, 도구, 요리사 등에 따라 매번 다른 결과가 만들어진다는 것을 알 것이다.

구리는 증류주에서 유황을 제거하는 역할로 증류기에 사용된다. 구리와 황이 결합하여 밝은 파란색 화합물인 황산구리를 형성하고, 이 황산구리는 고체 형태로 모아진다.

이 상호 작용은 증류기를 사용할 때마다 구리가 점점 더 얇아진다는 것을 의미한다. 증류주 제조업체들이 점점 더 강조하는 요소 중 하나가 증류기의 디자인이지만, 이 마저도 위치적인 요소가 있다. 일부 농가 증류소에는 제한된 공간에 맞게 설계된 증류기가 설치되는 것이 분명하다. 다른 곳에서는 같은 계곡에 위치한 여러 증류소에서 같은 모양의 증류주를 만들기도 한다(같은 노선에 있는 기차역의 모양이 비슷하게 보이는 것과 같은 이치이다). 증류업자들은 그들의 증류기가 마모되고 망가져 수선해야 하거나, 증류소 확장을 계획할 때에도 그들의 증류기 크기와 사이즈가 변경되는 걸 꺼려한다. 움푹 파인 낡은 증류기를 교체할 때, 같은 맛을 내기 위해서 새로운 증류기에도 같은 위치에 움푹 파인 자국을 만들어 교체했다는 전설적인 일화도 있다.

불법 증류주 제조자들은 작은(따라서 휴대가 가능한) 구리 냄비 하나만 사용했다. 그 이후로 증류기는 크기가 커지고, 보통 한 쌍으로(또는 세 개로) 운영되지만, 그 원칙은 변하지 않았다. 증류기의 디자인은 개인에 의해 실험과 혁신이 도입되면서 대부분 경험적으로 이루어졌음이 분명하다. 여기저기 배관을 조금 더 추가하는 것이 어떤 차이를 만들 수 있는지 상상하기 어려운 경우가 많다. 표면적과 열, 액체, 증기 및 응축수의 비율은 충분히 이해하기 어렵지만 무한한 영향을 발생시킨다.

증류기를 나온 증류액은 스피릿 세이프를 거쳐 증류원액 수집용기로 흘러간다. 이때 증류업자는 뿌연 액체가 투명하게 바뀌는 과정을 볼 수 있다. 증류는 두 번에 걸쳐 시행된다. 첫 번째 증류 때는 증류기를 통해 나온 모든 것을 모으고, 증류액은 대략 20%의 알코올 도수를 가지고 있다. 이전 증류 작업 때 부적합한 증류액을 여기에 혼합하면 대략 27~30%에 이르게 된다. 이제 두 번째 증류가 일어난다. 증류업자는 최고의 증류원액만을 원하기 때문에 매우 강하고 잠재적으로 치명적인 두 번째 증류의 처음 나오는 부분은 따로 저장용기에 모은다. 시간이 지난 후 증류업자는 모아진 증류액을 다른 저장용기에 모은다. 이것이 위스키를 만들 때 시행하는 컷의 시작이다. 증류의 마지막에 나오는 원액은 너무 약하고 적합하지 않아서 다른 용기에 모은다. 이렇게 부적합으로 처리된 원액은 다음 작업의 1차 증류를 마친 첫 번째 증류액에 혼합하고 이 과정은 계속 반복된다.

아름다운 증류기

높고 좁은 증류기에서는 증기가 빠져나가기 전에 많은 양의 증기가 응축된다고 주장한다. 응축액은 증류기로 다시 떨어지고 다시 재증류되는데, 이를 환류(reflux)라고 한다. 조금 더 철저한 증류로, 섬세한 증류액이 이 과정의 결과물이다. 짧고 뚱뚱한 증류기에서의 적은 양의 환류 과정의 증류액은 오일리하고, 크리미하며, 풍부할 것이다. 이것은 증류기의 모양이 위스키 캐릭터에 어떤 영향을 주는지에 대한 간단한 예가 된다. 증류기의 크기는 너무 다양하고, 모양은 랜턴형, 램프형, 양파형 혹은 배형이 있다.

어떤 증류기는 증류기 어깨 위 부분에 작은 칼럼 스틸이 설치되어 있고, 더 많은 경우 보일 볼(boil ball)이라는 증류기 어깨 위에 둥근 공 모양으로 생긴 증류관이 놓인 경우도 있다. 반면 정화기(purifiers)로 알려진 파이프를 설치하여 환류를 늘리기도 한다. 증기를 응축기로 이동시키는 파이프는 어떤 경우는 상향식으로, 어떤 경우는 수직으로, 어떤 경우는 하향식으로 설치되어 있다. 첫 번째 타입이 가장 환류를 많이 일으키고 마지막이 없거나 적은 타입이다.

냉각

전통적으로 사용하는 응축 방식인 웜텁(worm tub)은 증기를 차가운 물에 담긴 벌레처럼 생긴 구리코일에 통과시키는 방식이다. 이 방식은 무겁고, 맥아의 풍미가 강하며, 곡물 느낌이 강한 자극적인 증류액을 생산하는 경향이 있다.

조금 더 현대적인 시스템은 물과 증기 사이에 반대되는 관계를 가지고 있다. 내부에 작은 튜브들을 감싸고 있는 큰 튜브가 있다. 작은 튜브들은 찬물이 순환하고 있는 반면, 큰 튜브로 증기가 통과한다. 이를 쉘앤튜브 콘덴서(shell-and tube condenser)라고 한다. 이 방식은 조금 더 효율적인 데다가 가볍고, 풀내음이 나며, 과일향이 강한 증류액을 생산한다. 위스키 산업이 웜텁에서 쉘앤튜브 방식으로 옮겨갈 때 디아지오에서는 달위니 증류소의 응축 방식을 변경했다. 하지만 응축 방식 변경 후 생산된 증류액의 성격이 도저히 받아들일 수 없을 정도라 판단하고 다시 웜텁 방식으로 변경했다.

맛에 영향을 미치는 요소 중 하나는 증류 속도를 결정하는 것이다. 느린 증류가 액체와 구리의 접촉을 늘려 빠른 증류보다 보통은 바람직하다고 한다. 사용할 만한 증류액을 모으는 것은 증류의 한 부분일 뿐이다. 증류 중 중간 부분을 모으는 걸 컷(cut)이라고 한다. 컷 지점의 판단은 매우 중요하다.

완벽한 숙성

위스키 제조자가 판매되고 있는 자신의 핵심 제품들의 숙성년수를 바꾸기를 결정하는 것은 흔한 일이 아니다. 위스키 애호가들의 지식이 풍부해지면서 몰트 위스키가 유기적이고 진화하는 제품이라는 사실을 널리 이해하게 되었고, 과거에는 많은 사람들이 라벨에 적힌 숙성년수를 권위로 중요하게 여겼지만 지식과 기술의 발전으로 사실 비교적 젊은 위스키도 강하고 풍부한 맛을 낼 수 있다는 것을 알게 되었다.

몰트 위스키의 부족으로 인한 또 다른 트렌드가 등장하였다. 증류업자의 관심이 숙성

캐스크 선별하기

디스틸러가 위스키 숙성을 위한 캐스크를 선택하는 일은 매우 중요하다.
캐스크의 크기, 캐스크를 만든 오크의 품종, 이전에 어떤 것을 담았는지에 따라
위스키의 풍미에 영향을 준다. 이곳은 스코틀랜드 툴리바딘 증류소이다.

년수에서 맛으로 옮겨지고 있다. 소비자들로 하여금 숙성년수가 낮은 위스키라도 훌륭한 맛을 가졌다고 설득하려는 의도인데, 이것이 현재 중요한 화두이다.

큰 통 속으로

병입의 구성 요소에는 다양한 크기와 다양한 이력을 가진 캐스크도 포함될 수 있다. 오크통 속의 위스키들은 '레시피'에 따라 혼합되지만, 위스키가 숙성되는 동안 위스키가 발전해 온 방식을 고려하여 조정해야 한다.

출처가 같은 두 개의 오크통은 비슷할 수 있어도 똑같을 수는 없다. 창고 맨 아래쪽에 있는 오크통은 위쪽의 통풍이 잘되는 선반에 있는 오크통과 다른 속도로 숙성될 것이다. 바다 근처의 숙성창고에서는 바다의 특성이 부여될 수 있다.

일부 증류소에는 습기가 있고 흙바닥, 돌로 지은 던니지(dunnages)라고 불리는 고전적인 창고에 나무판자로 구분하여 통을 3단 높이로 쌓은 반면, 다른 증류소에는 통을 9단 높이로 쌓는 고정식 랙에 통을 보관하는 곳이 있으며, 혹은 이 두 가지를 모두 갖춘 곳도 있다. 이러한 모든 요소는 병입을 위한 통을 선택하는 데 영향을 미친다.

6~8년 정도 숙성된 위스키는 일반적으로 블렌디드 위스키용으로 사용되지만 싱글몰트 위스키를 위해 사용될 수도 있다. 숙성년수를 표시한다면 규정상 가장 어린 나이를 기준으로 해야 하지만, '6년'이라는 문구가 너무 어리다고 느낄 수 있기 때문에 생산자는 숙성년수를 표시하지 않는 편을 선호할 수 있다.

글렌피딕이 8년으로 판매되던 당시에는 9년과 10년 이상의 위스키 원액도 포함되었을 것이다. 지금은 12년이며 최대 15년 위스키 원액도 포함될 수 있다. 일부 가벼운 바디감의 몰트 위스키는 8년 또는 10년 숙성에서 그 진가를 발휘하는 반면, 12년은 시장에서 소비자들이 숙성된 몰트 위스키의 표준으로 간주될 정도로 일반적이다.

시바스브라더스 같은 몇몇 증류업자들은 숙성년수 표기를 지키지만 점점 많은 경쟁사들은 숙성년수 표기의 족쇄로부터 자유로워지고 있다. 이런 주장은 어떤 날을 정해서 사과를 따는 것이 아니라 가장 맛있을 때 사과를 따는 것이라는 주장과 통한다.

숙성년수 미표기 위스키(NAS)들이 늘어난 것은 궁극적으로 최근 몇 년 동안 스카치 위스키에 대한 수요가 증가하여 공급을 앞지른 탓에 숙성된 재고가 부족하기 때문이다. 증류업체들은 이 상황을 최대한 활용하고 있으며, 그들이 만든 NAS 제품 중 상당수는 매우 훌륭하다. 그러나 이러한 트렌드가 제공하는 '자유'가 궁극적으로 스카치 싱글몰트 위스키의 무결성을 손상시키는지 여부는 후손들이 판단할 문제이다.

스코틀랜드를 떠나 다른 신생 위스키 국가들이 등장하면서 직설적인 숙성년수 표기는 무의미하다고 생각하는 사람들이 늘어나고 있다. 호주, 인도, 영국, 웨일스, 이스라엘, 덴마크 그리고 대만과 같은 나라의 생산자들은 사용된 통의 종류와 크기, 숙성 지역의 온도와 최대온도차, 습도와 기압, 그리고 관련된 오크 나무의 종류와 같은 다

샘플 채취
위스키는 오크통에서 숙성되는 과정에서 대부분의 캐릭터를 형성한다.
같은 맛을 지닌 같은 캐스크는 없기 때문에 정기적인 점검이 필수적이다.
여기는 스코틀랜드 킬호만의 창고 중 하나이다.

캐스크 태우기
캐스크의 내부를 태우면 위스키에서 필수적인 화학적인 변화가 일어난다.
이 작업은 새로운 위스키를 채우기 전에 일어난다. 사진은 대만의 카발란 증류소이다.

른 요소들을 고려하지 않고는 우리가 구매하고 있는 증류주의 질에 대해 많은 것을 파악할 수 없다고 지적한다.

이미 버번에서 알 수 있듯이, 켄터키의 여름은 덥고 겨울은 추워 숙성의 속도가 스코틀랜드 싱글몰트 위스키보다 빠르다. 많은 새로운 신생 위스키 국가들은 6년 숙성 이하의 제품들을 출시하고 있다. 가장 오래된 인도 싱글몰트 위스키는 8년 숙성되는 동안 오크통의 원액 3/4이 증발되었다. 이 손실분을 천사의 몫(angel's share)이라고 한다. 그러나 이 위스키는 숙성의 정점에 오른 끝내주는 위스키였다. 같은 숙성년수의 위스키와 같은 품질을 가지지 못한다는 주장이 제기되어 왔다.

제품 라인의 확대

'몰트 위스키'라는 단어가 중요한 이탈리아에서 애호가들은 5년 숙성 위스키를 좋아한다. 숙성년수를 존중하는 일본에서는 30년 숙성 위스키를 높이 평가한다. 그러나 숙성년수 미표기 위스키(NAS)의 추세는 숙성년수를 기본으로 위스키를 만드는 비즈니스 전체에 의문을 던지고 있다.

대표적인 예로, 현재 아드벡은 핵심 주력 제품인 엔트리 레벨급 10년 제품 단 한 가지에만 숙성년수를 표기하고 있다. 최근 몇 년 동안 증류업체들은 숙성년수에 상관없이 다양한 도수, 캐스크 유형 및 피니쉬 처리로 제품군을 확장하고 있다.

일관된 제품들에 지루함을 느낀 소비자들에게 조금 더 특별한 제품, 특히 빈티지와 캐스크 스트랭스 제품들은 매우 흥미롭게 다가올 수 있다. 21년 숙성은 나무 느낌이 너무 강할 수 있고, 50년 제품은 여전히 즐길 수는 있지만 결국 증발이라는 대가를 치러야 한다. 마치 죽음과 세금처럼 건너뛸 수 없는 사실이다.

인간과 다르게 지구에 오래 머물렀던 위스키는 분명히 천사를 만난다. 나무를 숭배하던 고대문명 때 인간에게 그랬던 것처럼, 퀘르쿠스 로버(Quercus robur)나 퀘르쿠스 알바(Quercus alba) 같은 참나무들은 위스키-생명의 물(aqua vitae)의 숙성에 큰 영향을 미친다.

완벽한 나무

당신의 잔에 담긴 위스키의 풍미는 십여 년 전 보리 파종과 함께 시작되었을까? 아니면 수십 년 전 그램피언스 산맥에 눈보라가 몰아쳤을 때였을까? 만약 그 몰트 위스키가 피트 위스키였다면 당신을 7,000년 전부터 기다려 온 습지대의 머틀(허브) 잎사귀와 재회한 것이다. 혹은 당신이 즐기는 풍미는 백여 년 전 스페인 갈리시아 숲에서 시작했거나 혹은 미국 미주리주 오작크 산일 수도 있다. 과일, 베리류, 필터 역할의 숯, 몰트를 건조시키기 위한 연료, 발효나 숙성을 위한 저장통, 단순한 운반용 용기까지 전 세계 여러 지역에서 알코올음료를 생산하는데 나무의 다양한 역할이 동원된다. 다양한 알코올음료는 삼나무, 노간주나무, 너도밤나무 등에 보관되지만 일반적으로 가장 많이 사용되는 나무는 참나무(oak)이다.

오크의 매력적인 부분은 오크가 가지고 있는 유연성이다. 오크는 오크통이 되기 위해 반드시 구부러져야 하며, 아치가 건물을 보강하는 것처럼 이 전통적인 용기의 우아한 곡선은 오크통을 강화시킨다. 아무리 기계화된 증류소에서도 오크통은 굴려지며 때때로 떨어뜨리거나 튕기기도 한다. 통은 견고해야 하며 쪼개지거나 새지 않아야 한다. 오크통은 점점 가치가 증가되는 상품을 담고 있다.

미국 법률에서 버번위스키는 새 오크통에서만 숙성시켜야 한다고 고집하고 있는데 반해, 그 통들은 대서양을 건너 스코틀랜드의 증류주들을 3~4번씩 채우고 있다. 만약 위스키 원액을 단지 6년 혹은 7년씩만 숙성시킨다면 그 오크통들은 20년 혹은 30년 동안 사용될 것이다. 만약 오크통의 원액이 25년 숙성되고 병입되기를 반복한다면 이미 반세기에 가까워진다. 이 오크통들은 분명 힘이 있고 아직 위스키가 숙성되는 동안 숨을 쉴 수 있으며, 또한 위스키 원액에 제공할 향과 풍미를 가지고 있다.

오크와 풍미

오크통은 원래 단순한 운반용 통으로 인식되었다. 위스키는 여관, 시골집에 통째로 판매되었고, 고객들은 셀러에서 숙성되어 부드러워졌다는 것에 주목했다. 시간이 흐른 후 위스키의 향과 풍미의 발전에 나무가 큰 역할을 한다는 인식들이 증가하였다. 그런데 얼마나 역할이 클까? 최근 위스키 업계에 나무의 중요성에 대한 인식이 증가하였으나 그 어느 때보다 의견이 분분하다.

달콤한 셰리 위스키 숙성에 셰리 캐스크를 쉽게 이용할 수 있을 때는 크게 중요한 논의가 아니었다. 이 통들은 다양한 특징들을 제공했을 것이지만 큰 의문 없이 받아들여진 것으로 보인다. 일부는 발효조로 사용되었고 일부는 숙성용, 일부는 운반용으로 사용되었다. 그들은 각기 다른 스타일의 셰리를 담았고 가끔은 다른 주정강화와인을 담았다. 셰리와인의 유행이 줄어들자 영국으로 수출하는 물량이 줄어들었다. 한편 스페인은 독재자 프랑코가 1975년 죽고 민주국가가 되었다. 그리고 스페인의 노동조합은 와인의 병입이 영국이 아니라 스페인에서 이루어져야 한다고 주장하였다.

셰리 숙성을 지속하고 싶었던 증류소들은 스페인의 보데가(bodegas)와 직접적으로 협력해야 했다. 맥캘란은 이 접근법을 가장 적극적으로 지지해 왔다. 맥캘란의 최고 경영진들은 여러 번의 경영진의 교체를 거치는 동안 매년 스페이사이드 지역의 화강암과 헤더를 헤레즈(Jerez) 지역의 오렌지나무와 무어 건축물과 교환해왔다.

오크의 품종은?

관목이나 덤불로 자라는 것들을 제외하면, 유럽에는 6종 이상의 참나무가 있다. 그중 두 종류가 전통적으로 오크통 제작에 사용되어 왔다. 두 번째 선택은 보통 퀘르쿠스 페트라에아(Quercus petraea)인데, 도토리가 나뭇가지에 '앉는' 방식 때문에 유럽산 졸참나무로 알려져 있다. 첫 번째 선택은 퀘르쿠스 로부르(Quercus Robur) 잉글리시 오크로, 명칭은 도토리 가 줄기에 매달려 있는 방식에서 유래되었다. 퀘르쿠스 로부르는 다양한 재배조건을 견디며 일반적으로 영국, 프랑스, 이베리아에서 발견된다. 지역 명칭을 사용하는 프랑스에서는 일반적으로 리무쟁과 트롱세 오크가 퀘르쿠스 로부르 품종이다.

스페니쉬 오크 스페인 오크의 주요 재배 지역은 스페인의 북서쪽에 위치한 산탄데르 와 코루냐 사이의 해안이 비스케이 만과 대서양을 마주하고 있는 지역이다. 해안 뒤 에는 돌이 많은 언덕들이 솟아 있고, 그 사이의 계곡은 참나무들로 덮여 있다. 이것 들은 한때 갤리온을 만드는 조선소들로 옮겨져 목재가 되었고, 그 후에는 와인을 위 한 통으로 바뀌었다. 그리고 이제 스페인 참나무의 최종 목적지는 스코틀랜드이다. 목재 산업의 중심지는 북서쪽 갈리시아 지방에 있는 같은 이름을 지닌 주에 위치한 루고(Lugo)시이다. 이곳의 제재소에서는 맥캘란에 필요한 널빤지를 자른다. 이 널빤 지는 12~15개월 동안 야외에 두어 자연 건조한다. 날씨가 탄닌을 일부 씻어주고, 나 무의 강도를 조절한다. 그리고 널빤지는 헤레즈에 위치한 오크통 제작소에서 오크통 으로 변한다.

오크통은 새로 착즙된 포도주스를 2주에서 6달 동안 담는다. 그리고 스코틀랜드로 보내기 전, 두 번째로 셰리와인을 담는다. 오크통은 나무의 셰리와인 캐릭터를 유지 하기 위해 통을 분해하지 않고 그대로 싣는다(역주-운송할 때 오크통이 마르지 않도록 5~10 리터의 셰리와인을 넣어 둔다). 헤레즈의 와인메이커들은 더 달콤하고 아메리칸 오크 캐릭 터처럼 바닐라가 강한 걸 선호한다.

버트, 배럴, 호그스헤드

셰리 숙성을 위해 사용되었던 오크통은 버트(butts)라고 알려져 있는데 일반적으로 500리터(영국 110갤론, 미국 132갤론)의 용량이다. 술을 담는 통으로써 아름다움과 무결점을 가지고 있지만 크기와 무게 때문에 다루기 힘들다.

호그스헤드(hogshead)는 전통적인 250리터(영국 55갤론, 미국 66갤론) 오크통을 말한다. 셰리 호그스헤드도 볼 수 있지만 보통 이 오크통은 아메리칸 배럴을 스코틀랜드식으로 적용할 때 사용된다. 이 경우 미국에서 분해되어 널빤지 상태로 운반된다. 이것을 다시 스코틀랜드에서 새로운 헤드(오크통의 원형 끝옆면)로 조립하여 용량을 늘린다. 새로운 헤드 또한 나무의 영향을 새롭게 해준다. 아메리칸 오크라는 용어는 종종 버번 배럴을 지칭할 때 사용되는데 일반적으로 200리터(영국 44갤론, 미국 52갤론) 크기이다. 많은 싱글몰트 위스키들이 셰리 버트와 버번 배럴 조합으로 위스키를 혼합하는데, 후자가 많은 비중을 차지한다.

버번 배럴 가벼운 바디와 섬세한 맛의 위스키를 생산하는 많은 생산자들은 버번 배럴에서 숙성했을 때 아로마와 풍미가 성공적으로 표현된다고 생각한다. 글렌모렌지는 오랫동안 이 방식의 지지자였다.

글렌모렌지의 증류와 숙성을 담당하는 빌 럼스덴(Bill Lumsden) 박사는 루이빌의 블루 그라스 오크통 제작소와 함께 대서양 양쪽에 완벽하게 어울리는 버번 배럴을 개발했다. 오크통 캐스크에 사용되는 오크는 독일 작센주에서 온 이민자들이 정착한 마을인 알텐부르크 주변에서 자랐다. 마을 표지판은 여전히 '도시'를 뜻하는 '슈타트(Stadt)'라는 단어를 사용한다.

이곳은 낙엽수림이 혼합된 지역으로, 개인이 소유한 작은 부지가 있다. 토양은 매우 잘 배수된다. 이 지역은 사계절이 뚜렷하지만 겨울 추위가 제한적이라 농작물에 피해를 주지 않는다. 나무는 깨끗하고 매듭이 없으며 모공이 좋다. 이것이 화이트 오크, 퀘르쿠스 알바(Quercus alba)이다.

숙성 과정

숙성 과정에서 여러 가지 과정이 진행된다. 새로운 증류액에는 약간의 거친 '증류주' 풍미가 있을 수 있지만, 증발 과정에서 이러한 풍미는 사라질 수 있다. 계절적인 온도 변화로 인한 목재의 팽창과 수축으로, 증류주의 풍미를 내뿜을 수 있으며 소나무향, 해초, 짠 '바다 공기' 특성 등의 풍미를 모두 이러한 방법으로 얻을 수 있다.

향 또한 오크통에 의해 부여된다. 셰리통은 와인의 견과류 풍미를 부여할 수 있고, 버번 배럴은 캐러멜향, 바닐라, 탄닌을 제공할 수 있다.

아마도 풍미에 가장 중요한 영향을 미치는 것은 매우 느리고 부드러운 위스키의 산화이다. 산소는 '퀴퀴한(stale)' 풍미를 유발할 수 있기 때문에 양조업자와 일부 와인 메이커에게는 '적'으로 간주되지만, 산소의 영향은 마데이라 와인과 같은 다른 음료의 특징의 일부이기도 하다. 위스키 숙성에서 산화의 중요성은 펜트랜드 스카치위스키 연구소의 고(故) 짐 스완(Jim Swan) 박사와 그의 소유 회사에서 많은 연구를 해왔다. 짐 스완 박사는 산화가 위스키의 기분 좋은 풍미 특히 꽃향기, 과일향, 스파이시함, 그리고 민트향의 복합성과 강도를 높인다고 주장하였다.

풍미는 모든 알코올음료의 제조와 마찬가지로 복잡한 일련의 작용과 반응에서 나온다. 증류기에서 나오는 미량의 구리가 촉매제 역할을 하는데, 구리는 산소를 과산화수소로 변환하여 나무를 공격하고 바닐린을 방출하게 한다. 이는 산화를 촉진하고 존재하는 다양한 풍미를 모으는 역할을 한다. 이러한 과정은 목재의 원산지 지역과 성장 패턴에 따라 다르다. 바닐린은 오크에서 자연적으로 발생한다. 이름에서 알 수 있듯이 바닐린은 바닐라와 같은 풍미를 선사한다.

스페인에서는 갈리시아의 가장 산이 많은 지역에서 자란 나무가 레진(나무 수지 성분)이 더 많다. 미국에서는 주로 오하이오, 켄터키, 일리노이, 미주리, 아칸소를 가로지르는 벨트에서 성장하고 있다. 이 인접한 지역의 서부는 토양이 가장 열악하고 가장 건조한 기후를 가지고 있다. 기후가 가장 열악하기 때문에 나무는 생존을 위해 싸워야 한다. 가장 개방적인 질감을 가지고 있으며 성숙 과정에서 가장 활발한 봄철 성장이 최적이다.

라이트, 미디엄, 엘리게이터?

버번 배럴은 위스키가 나무에 잘 스며들 수 있도록 내부를 굽거나 그을려서 나무에 스며들게 한다. 이 행복한 발견은 우연한 화재에서 비롯되었다는 이야기도 있지만, 나무를 유연하게 만들기 위해 토스팅하는 기술에서 비롯된 것으로 보인다. 나무를 태우는 차링(Charring)을 하면 증류주가 나무의 긍정적인 특성과 풍미에 접근할 수 있을 뿐만 아니라 원하지 않는 풍미를 더 쉽게 제거할 수 있다. 미국의 오크통 제작소에서는 일반적으로 라이트, 미디엄, 엘리게이터 등 3단계로 통 내부를 태운 정도를 나눠서 제공한다. 가장 무거운 후자의 경우, 나무가 심하게 타서 통나무처럼 보이며 악어의 가죽을 연상시키는 사각형 무늬가 생긴다.

셰리 버트 또는 버번 배럴은 위스키를 처음 채울 때 상당한 향과 풍미를 부여한다. '이 위스키의 숙성에는 퍼스트 필 셰리통이 사용되었다'라는 문구는 특히 향이 풍부한 몰트 위스키의 병목 라벨에 표시되는 문구이다.

일부 증류업체들은 두 번째 사용된 오크통에서 숙성된 절제된 위스키가 '밸런스가 더 좋다'라고 느낀다. 세 번째 재사용 시에 효과가 적어지고 증류주의 본래 특성이 드러난다. 네 번째 채워진 위스키는 블렌딩용으로 사용되며 3~40년 후에는 오크통 내부를 다시 태운다. 이것을 리쥬브네이트(rejuvenated, 회춘)라고 한다.

미국 오리건주의 백참나무(garryana), 헝가리산 오크는 특히 다공성인 덕분에 색과 풍미가 더 빠르게 진행되는 특이한 종류의 오크로, 위스키 숙성에 있어 점점 더 중요해지고 있다.

신생 위스키 국가, 특히 위스키의 새로운 풍미를 찾는 국가들이 이런 종류의 참나무를 사용한다. 스코틀랜드와 같이 추운 기후에서는 시간이 지남에 따라 위스키의 도수가 떨어지고 켄터키와 같은 기후에서는 도수가 올라간다고 말하는 것은 지나치게 단

수 톤의 대기공기

아드벡은 헤브리디스 제도의 아일레이 섬의 외딴 바람이 부는 만에 있는 오래된 증류소이다.
훌륭한 방문자센터가 있다.

순화시킨 것이다. 첫 번째 부분은 맞다. 오크는 증발된 증류주가 캐스크에서 빠져나가도록 하여 남은 위스키의 알코올 도수를 낮춰준다. 이렇게 빠져나간 증류주를 '천사의 몫'이라고 한다. 하지만 켄터키에서는 그 과정이 더 복잡하다. 켄터키는 겨울은 짧지만 혹독하고 여름은 길고 덥다. 스코틀랜드보다 습도가 훨씬 낮다. 여름에는 창고의 최상층이 섭씨 55도 이상일 수 있다. 알코올은 응결되어 빠져나올 수 없지만 물은 빠져나올 수 있다. 그래서 도수가 올라간다. 그러나 창고의 낮은 층, 즉 시원하고 통이 바닥에 있다면 스코틀랜드처럼 도수가 떨어진다. 어떤 층에서는 숙성되는 동안에도 도수가 변하지 않는다.

증류주의 보관

숙성 과정에서 대부분의 증류소 관리자는 돌로 지어진, 흙바닥의 시원하고 습기가 많은 창고를 선호한다. 이러한 대기는 캐스크가 숨을 쉴 수 있도록 도와주기 때문이다. 던니지 창고로 알려진 이러한 유형의 구조에서는 일반적으로 통을 세 개 높이로만 쌓고 그 사이에 판자를 지지대로 사용한다. 보다 현대적인 유형의 창고는 콘크리트 바닥과 고정식 랙이 있으며 여러 층의 숙성 통을 보관할 수 있다. 대기는 일반적으로 던니지 창고보다 더 덥고 건조하다. 종종 그렇듯이, 자연의 변화에 취약한 낡고 비효율적인 시스템이 더 특징적인 결과를 낳는다.

스코틀랜드
지역적 다양성

와인처럼(그리고 다른 주류들처럼) 스카치 싱글몰트 위스키의 라벨을 확인하면 단지 스코틀랜드에서 만들었다는 사실뿐만 아니라 세부 지역까지 알 수 있다. 스코틀랜드 어디에서 위스키가 만들어졌는지 알면 그 위스키의 개성 같은 매우 일반적인 개념도 파악할 수 있다.
생산 방식에 있어 테루와와 전통에서 오는 차이는 있어도 지역적인 법규로 규정해 놓은 것은 없다. 어떤 위스키는 와인의 경우처럼 지역적 특색을 분명하게 말한다. 프랑스 와인에 있어 보르도 내에서도 뽀므롤(Pomerol) 지역의 제품이 부르고뉴를 연상시키는 풍부함을 가지고 있다. 이러한 비유는 스코틀랜드에서도 가능하다.

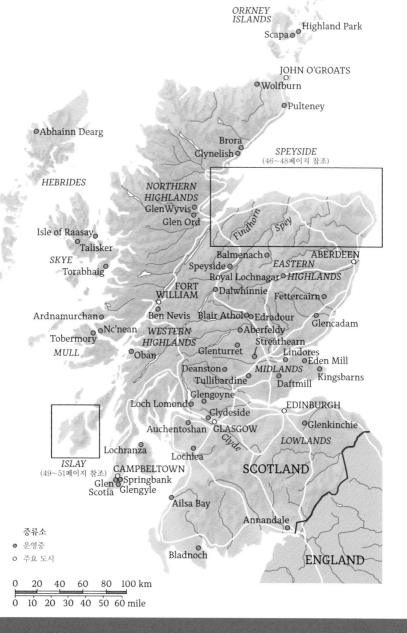

ORKNEY
ISLANDS
Highland Park
Scapa

JOHN O'GROATS
Wolfburn

Pulteney

Abhainn Dearg

Brora
Clynelish

SPEYSIDE
(46~48페이지 참조)

HEBRIDES

NORTHERN
HIGHLANDS
GlenWyvis
Glen Ord

Findhorn   Spey

Isle of Raasay
Talisker

Balmenach   ABERDEEN
Speyside   EASTERN
Royal Lochnagar HIGHLANDS

SKYE
Torabhaig

Dalwhinnie
Fettercairn

FORT
WILLIAM

Ben Nevis Blair Athol Edradour Glencadam
Ardnamurchan   Aberfeldy
Nc'nean   WESTERN   Streathearn
Tobermory   HIGHLANDS
MULL   Oban   Glenturret   Lindores
                                    Eden Mill
               Deanston   MIDLANDS   Kingsbarns
               Tullibardine   Daftmill
               Glengoyne
Loch Lomond   EDINBURGH
          Clydeside
Auchentoshan GLASGOW   Glenkinchie

ISLAY
(49~51페이지 참조)

Lochranza   LOWLANDS
          Lochlea
CAMPBELTOWN   SCOTLAND
Glen Springbank
Scotia Glengyle
          Ailsa Bay

          Annandale

증류소
● 운영중
○ 주요 도시

Bladnoch   ENGLAND

0   20   40   60   80   100 km
0 10 20 30 40 50 60 mile

스코틀랜드 주요 위스키 증류소

위스키 증류소는 크게 로우랜드와 하이랜드, 섬 지역으로 나뉘는데, 그중 아일레이는
특별한 위치를 차지하고 있다. 하이랜드 내에서는 스페이 강과
그 수많은 지류의 계곡이 가장 밀집되어 있다.

로우랜드(Lowlands)

전통적으로 로우랜드에서 생산된 위스키는 입맛과 지리적인 면에서 가장 접근하기 쉬웠다. 영국의 국경도시 칼라일에서 애넌데일 증류소까지는 29km(18마일)밖에 되지 않으며 덤프리스에서 멀지 않다. 로우랜드 지역의 몰트 위스키는 많지 않았지만 최근 몇 년 사이에 이 지역의 증류소 숫자들은 2개에서 2022년 15개로 급격하게 늘어났다.

로우랜더들은 싱글몰트 위스키 세계에 나름 공헌을 하고 있다. 이런 스타일은 하이랜드나 섬 지역에서 나는 위스키들이 너무 강하다고 느끼는 사람들에게 매력적으로 느껴진다. 로우랜더들의 약점은 하이랜더와 아일랜더가 로맨틱한 스토리를 가지고 있다는 점이다. 많은 소비자들이 부드럽고 달콤한 전형적인 로우랜드 스타일의 위스키를 좋아하지만 동시에 하이랜드에서 생산했다는 라벨을 원한다. 더 많은 로우랜드 증류소가 생겨나면서 위스키 제조업체들은 전통적인 지역적 특색을 넘어 스타일적으로 실험하고 싶은 충동을 느끼고 있다. 예를 들어 애넌데일은 피트하지 않은 위스키와 피트한 위스키를 같이 생산한다.

이 지역에 증류소가 늘어나면서 위스키 애호가들에게 위스키 제조를 가까이에서 개별적으로 경험할 수 있는 기회가 제공되고 있다. 아난데일 증류소, 린도어스 증류소, 킹스번즈 증류소, 클라이드사이드 증류소가 추천할 만 하고 오래된 인기 명소인 글렌킨치 증류소와 오켄토션 증류소도 빼놓을 수 없다. 폴커스에 위치한 또 다른 오래된 인기있는 증류소 로즈뱅크는 1993년 문을 닫았다가 2022년부터 다시 위스키를 생산하기 시작했다. 마이클 잭슨은 이 로즈뱅크가 로우랜드 몰트의 가장 모범이 되는 훌륭한 위스키이며, 증류소 폐쇄를 매우 통탄할 만한 큰 손실이라고 했었다.

캠벨타운(CAMPBELTOWN)

캠벨타운은 한때 위스키 산업이 번성했던 곳으로, 저널리스트이자 작가인 알프레드 버나드는 1880년대 중반 이곳을 방문해 21개 이상의 증류소를 둘러보았다. 그는 아길일셔(Argyllshire) 항구를 '위스키의 도시'라고 묘사했었다. 오늘날에는 단 세 개의 증류소가 가동 중이다. 캠벨타운은 증류소에서 만든 몰트를 이용해 세 가지 위스키를 만드는 스프링뱅크의 홈이다. 또한 글렌가일 증류소도 같은 소유주가 가지고 있으며 글렌스코시아의 경우 최근 들어 인지도가 높아진 증류소이다. 이 글을 작성할 당시 두 개의 증류소가 이 '위스키 수도'에 새로 증류소 건설을 계획하였는데, 더 많은 증류소가 준비 중이라는 소문이 있다.

하이랜드(THE HIGHLANDS)

로우랜드와 하이랜드 증류소 사이의 경계는 놀랍게도 옛 카운티 경계를 따라 클라이드 강과 테이 강 사이를 가로질러 남쪽으로 뻗어 있다. 일부 평론가들은 툴리바딘 증류소와 딘스톤을 아우르는 '남부 하이랜드'에 대해 이야기한다. 이 두 곳을 제외하고 확실히 동쪽 지역에 퍼져 있다. 하이랜드 전역에 걸쳐 애버펠디, 딘스톤, 글렌고인 그리고 글렌터렛은 일반인에게 훌륭한 시설을 제공하는 증류소로 방문할 가치가 있는 반면, 보다 북쪽의 달위니, 토마틴, 글렌모렌지, 달모어, 클라인리쉬 그리고 풀트니는 매우 인상적이며 감동을 준다.

스페이사이드 지역의 증류소

최근 위스키 세계의 커다란 변화에도 불구하고 동하이랜드의 스페이사이드
지역은 위스키 제조의 중심으로 널리 알려져 있다. 스페이강과 그 강의 지류들은
수많은 증류소의 물 수요를 충족시키고 있다.

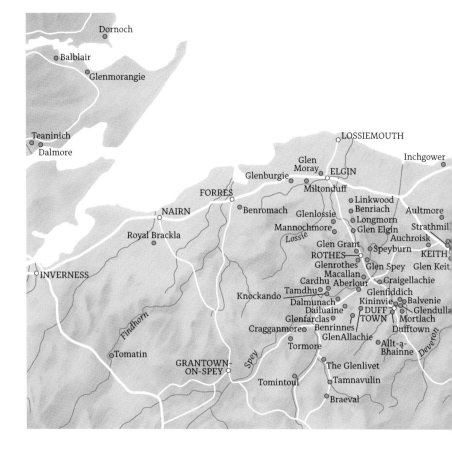

동하이랜드 스코틀랜드에서 가장 작은 에드라두어 증류소가 위치해 있다. 또 다른 농장 스타일의 증류소로는 최근 럭셔리 유리제품회사인 라라크로 소유주로 변경된 글렌터렛 증류소가 있다. 듀어스 브랜드의 핵심을 제공하는 크고 멋진 애버펠디 증류소도 있다. 이들 증류소와 함께 블레어 아솔 증류소도 퍼스셔(Perthshire)에 위치해 있다. 위 증류소들은 에든버러에서 112km 떨어져 있어 당일치기로 방문이 가능하다.

북하이랜드 스코틀랜드 동부 해안의 마지막 구간인 인버네스(Inverness)에서부터 곧바로 이어지는 지리적으로 명확한 지역이다. 이 지역의 물은 일반적으로 사암 위를 흐르며 완만한 해양기후의 영향을 받는다. 에너지 넘치는 글렌모렌지와 풍부한 맛의 달모어를 포함해 4~5개의 증류소가 있다. 가장 북쪽에는 윅(Wick)에 위치한 오랜 전통의 풀트니 증류소에 서소(Thurso)에 있는 울프번 증류소가 합류했으며, 최근 에잇도어즈 증류소가 생산을 시작하였다. '존 오그로츠(John O'Groats)'라는 상징적인

증류소
● 운영중
○ 주요 도시

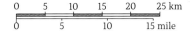

0 5 10 15 20 25 km

0 5 10 15 mile

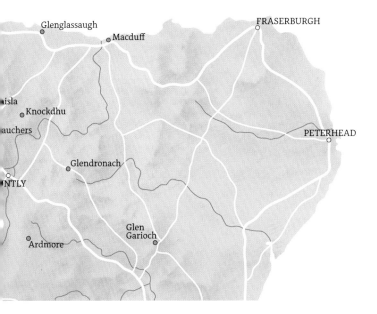

목적지에 위치한 이 증류소는 이제 스코틀랜드 최북단의 증류소가 되었다.

스페이사이드 이 지역에 대한 정확한 정의는 어렵지만, 가장 널리 알려진 위스키들의 이름을 포함하여 스코틀랜드 위스키 증류소의 1/2 혹은 2/3를 품고 있다. 이 책에서는 스페이사이드에 대해 조금 넉넉하게 정하고자 한다. 엄밀히 말하면 인버네스의 오래된 증류소는 스페이사이드가 아닌 하이랜드 증류소로 간주했다.
스페이강의 두 강둑을 따라 증류소들이 늘어져 있지만 스페이강의 지류와 인접한 강이 그 지역을 감싸고 있다. 스파이사이드 지역의 패권은 그램피언의 눈 녹은 물과 반프와 모레이 지역의 보리뿐만 아니라 철도 시대의 영향도 있다.
스페이 지역을 따라 놓인 시골 철길은 노동자와 보리를 증류소로 실어다 주었다. 반대로 위스키들을 철길을 따라 에든버러, 글라스고우, 런던으로 보내주었다. 오늘날 철길은 흔적만이 남아 있지만 여전히 인기 있는 산책로이다.
스페이사이드의 아벨라워, 글렌파클라스, 글렌피딕, 글렌리벳, 맥캘란 그리고 스트라스아이라 같은 유명한 증류소들과 함께 이보다는 약간 살짝 주목을 덜 받는 벤리악, 글렌모렌지 같은 증류소들이 방문객의 접객을 맞이할 준비가 잘 되어 있다.

섬 지역(THE ISLANDS)

가장 최고의 위스키섬은 아일레이다. 오크니, 스카이 그리고 아란섬에 2개씩 증류소가 있고 나머지 섬은 각 1개씩 증류소가 있다.

오크니(ORKNEY) 현재 오크니의 하이랜드 파크가 스코틀랜드의 가장 북쪽에 위치한 증류소이다. 하이랜드 파크의 위스키는 피트와 스모키향, 그리고 모든 면에서 가장 뛰어난 위스키 중 하나이다. 하이랜드 파크에서 약간 남서쪽에 위치한 스파카의 짠맛 나는 위스키도 꽤 팬층이 두터운 위스키이다.

루이스(LEWIS) 아빈 제라크 증류소가 2008년 생산을 시작하면서 루이스섬은 1840년 이후 최초로 합법적인 위스키를 제조하는 섬이 되었다. 초기 출시된 제품들은 스타일적으로 가볍고 쉽게 마실 수 있는 제품들이었으며, 향후 상당한 퀄리티의 제품을 기대하게 했다.

해리스(HARRIS) 해리스섬의 타버트 페리항에 위치한 아일 오브 해리스 증류소는 2015년부터 진과 위스키를 만들고 있다. 싱글몰트 위스키 하리치(Hearach)의 출시를 손꼽아 기다리고 있다.

스카이(SKYE) 스카이의 탈리스커 위스키는 화산성, 폭발성, 후추향이 특징인 클래식한 위스키이다. 맛은 거칠고 무시무시한 테루아를 반영하고 있다. 유서 깊은 탈리스커는 이제 토라베이그(Torabhaig)라는 젊은 라이벌을 만나 자신만의 강력하고 개성있는 위스키를 생산하고 있다. 스카이의 동쪽 해안 바로 앞에는 2017년에 증류소가 설립된 작은 섬 라세이(Raasay)가 있다.

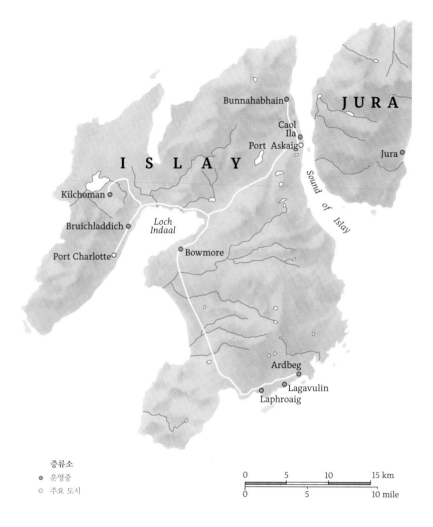

아일레이는 독특한 위스키의 섬이다.

아일레이 섬의 이탄 토양, 해초가 많은 대기, 서쪽 해안에 노출된 위치로 인해
스코틀랜드에서 가장 독특하고 풍미가 풍부한 몰트 위스키를 생산한다.

거대한 규모의 증류소이지만 정상급 품질

대만 북동부에 위치한 카발란은 2005년에 지어졌다. 오늘날 세계에서 가장 큰 증류소지만,
그 규모에도 불구하고 여전히 훌륭한 위스키를 생산하고 있다.

멀(MULL) 항구도시 토버모리에 위치한 토버모리 증류소는 바다의 특징이나 피티한 캐릭터 없이 절제된 섬 지역 위스키이다.

주라(JURA) 최근 주라 증류소에서 생산되는 결정적인 소나무향 위스키는 여러 가지 다른 제품들로 출시되고 있고 오너인 화이트 앤 맥케이가 프로모션을 강화하고 있다.

아일레이(ISLAY) 아일레이라는 섬 이름은 수세기 동안 좋은 몰트 위스키 생산의 대명사였고, 증류업자들은 이곳의 깨끗한 물과 풍부한 피트에 매료되어 왔다. 현재 이 섬에는 9개의 증류소가 운영 중이다. 오랫동안 문을 닫았던 포트 엘렌 증류소가 부활하여 2023년에 문을 열 예정(역주-2024년 3월 19일에 다시 재가동하기 시작하였으며, 탄소중립을 적극적으로 실행하는 증류소이다)이며, 라프로익 증류소에서 멀지 않은 아일레이 남부 해안에는 새로운 증류소 설립이 계획되어 있다. 매년 늦은 5월에 열리는 아일레이 페스트발 오브 몰트 앤 뮤직 페스티벌(The Islay Festival of Malt and Music)은 인기 있는 축제로 자리 잡았다.

아란 아란 섬 증류소의 첫 증류주는 1995년에 생산되었다. 작은 증류소에서 크리미한 증류주가 생산되며, 마무리에는 꽃향기 가득한 소나무향이 더해진다. 이 증류소는 현재 로크란자로 이름이 바뀌었으며, 같은 소유주가 섬 남쪽에 피티드 위스키 생산을 전담하는 새로운 공장인 라그(Lagg)를 건설했다.

위스키 세계의 혁명

지난 2015년에 출간된 이 책의 개정판에는 최초로 위스키 신생 국가에 대해 썼다. 전통적인 위스키 생산국 외의 나라들에서 일어나는 위스키 생산 발전에 대해 이야기했고, 미국에서만 700개의 크래프트 증류소가 있으며, 전 세계 위스키 생산이 폭발적이라고 했었다. 당시 우리는 잘 알지 못했다.

마이크로 디스틸러리의 위스키 생산 이후, 그들 중 많은 증류소들이 훌륭한 진도 생산하고 있었다. 이건 단순히 발전이 아니라 혁명이었다. 정확한 수치를 파악하기는 불가능하지만 미국 증류주협회에서는 북미에서만 2015년에 두 배 이상 증가한 것으로 보고 있다. 2015년에 우리는 인도, 뉴질랜드, 대만 지역의 위스키 숙성 정도에 대해서 얘기를 했었다. 증류소들은 프랑스, 호주, 그리고 영국으로 퍼져 나갔다. 이제 아르헨티나, 이스라엘과 덴마크가 새로운 위스키 탄생지가 되었고 프랑스 호주 그리고 영국의 경우 위스키 산업이 성장하면서 증류소의 숫자들이 2배로 늘어났다. 뿐만 아니라 그들은 세계적인 수준의 위스키를 만들며, 때로는 스코틀랜드, 아일랜드, 일본, 캐나다, 켄터키 등 전통적인 위스키 생산지역에서 생산된 위스키만큼 좋은 위스키를 생산한다. 물론 아일랜드, 캐나다, 켄터키에서 생산된 위스키는 대부분 몰트 위스키가 아니다.

예전에는 스코틀랜드가 전 세계 위스키를 지배하고 있다고 확언할 수 있었다. 그리고 위스키를 만드는 방법은 딱 2가지라고 말할 수 있었다. 첫 번째는 스코틀랜드 사람들처럼 만들거나, 더 잘 만들거나, 진짜 잘 만드는 것이다. 두 번째는 본질적으로 전혀 다르게 만드는 방법이 있었다. 많은 증류소들이 스코틀랜드 방식으로 위스키를 만들고 있다. 그중에는 나쁜 점수를 받은 위스키들도 있었는데, 우리는 그들을 무시했다. 우리가 맛보고 싶지 않은 위스키들을 강조하는 건 의미가 없다고 생각했기 때문이다.

생산량에 버금가는 품질

수백 개의 증류소에서 소량의 위스키를 생산하여 현지 시장에서 빠르게 매진되고 있다. 위스키는 끊임없이 변화하는 주류이기 때문에 배치마다 맛의 차이가 있을 수 있다. 위대한 록 비평가 레스터 뱅스가 '록 음악에 대해 글을 쓰는 것은 건축물에 맞춰 춤을 추는 것과 같다'라고 말했듯이 위스키도 마찬가지이다.

우리가 목격하고 있는 것은 위스키에 접근하는 방식에 근본적인 변화가 일어나고 있다는 것이다. 한때 위스키의 세계는 스코틀랜드 사람들이 주로 승선한 유조선 같았다. 앞으로 전진하지만 방향을 바꾸는 데는 느리고, 도전하는 모든 것에 무관심했다면, 이제 위스키의 바다는 새로운 물결에서 다음 물결로 튀어 오르는 스피드보트로 가득 차 있다. 이는 매우 흥미진진한 일이며, 세대는 젊어지고 여성들의 참여도가 점점 높아지고 있다.

뉴질랜드의 장엄한 남알프스
와나카의 카드로나(Cardrona) 증류소는 인근 산의 눈이 녹은 물을 사용한다.

아일라 부나하벤 증류소에서 바라본 주라섬
이너헤브리디스 제도에 있는 이 섬들은 멋진 해변과 경치를 가지고 있을 뿐만 아니라
세계적인 위스키로도 유명하다.

새로운 세대는 몰트 위스키를 단순히 마시는 것뿐만 아니라 직접 몰트 위스키를 만들고 있다. 실험정신을 가지고 새로운 풍미를 발견해 내거나 몰트 위스키 설계도로부터 종종 벗어난다. 그들은 스카치위스키협회가 스카치위스키 증류업자들에게 적용하는 가혹한 규정에 얽매이지 않으며, 몰트 위스키는 출시되기 전 10년 혹은 12년은 숙성시켜야 한다는 오래된 스코틀랜드 격언 따위에도 신경을 쓰지 않고 있다.

사실 많은 스코틀랜드의 위스키 생산자들도 그들에게 동조하며 숙성년수가 어린 NAS 위스키를 출시하고 있다. 많은 신세계 위스키들은 겨우 4년을 숙성시켰지만 비범하고 놀라운 품질을 지녔다. 그들은 다양한 방법으로 이 성과를 이루었는데 그 방법 중 하나가 STR(Shaved, Toasted, Re-charred) 캐스크 공법이다.

새로운 증류업자들은 괴상하고 일반적이지 않은 곡물 비율과 종류로 실험을 하고 있다. 그들 중 일부는 허용범위에 대한 기존의 기준에 도전하고 있다. 예를 들어 블랙워터(Blackwater) 증류소의 증류팀들은 2세기 때의 단식 증류 레시피를 가지고 위스키를 만들고 있다. 어떤 위스키에는 귀리, 스펠트(spelt, 밀 종류), 라이밀(griticale) 등이 사용된다.

지역적 다양성

신세계 위스키는 지역적 특성을 빠르게 발전시키고 있다. 호주 태즈메이니아에서 발견되는 피트는 수세기에 걸쳐 동식물이 분쇄되어 달콤하고 깨끗하다. 스웨덴 피트는 발트해 아래에서 많은 시간을 보냈기 때문에 더 짠 경향이 있다. 참나무는 지역주의가 영향을 미치는 또 다른 분야이다. 헝가리, 러시아 및 동유럽 오크는 프랑스산 오크보다 몰트 증류주에 훨씬 더 큰 영향을 미친다.

오늘날 새로운 신세계 위스키는 끊임없이 변화하고 있다. 암룻, 맥미라, 디스틸러리 와렝헴, 주담, 펜더린, 잉글리시 위스키 컴퍼니 등이 그 선봉에 서 있다. 오브레임, 페리 로칸, 스터닝, 푸니 등 비교적 젊지만 탄탄한 증류업자들이 중심을 이루고 있고, 역동적이고 의욕적인 신예들이 다수 무리를 이루고 있다. 위스키 애호가가 되기에 정말 좋은 시기이다.

싱글몰트 A-Z

싱글몰트는 위스키 세계의 고급 와인이다. 어떤 싱글몰트는 다른 것들보다 더 높은 기준으로 만들어지고, 어떤 싱글몰트는 본질적으로 다른 위스키보다 더 독특하다.

스코틀랜드의 경우 스코틀랜드 제품들의 테이스팅 노트는 하우스 스타일에 대한 설명으로 시작된다. 먼저 각 증류소의 제품에서 무엇을 기대해야 하는지에 대한 일반적인 설명을 한 후, 다양한 숙성년수와 병입에 따라 나타나는 변화를 살펴볼 것이다. 또한 각 증류소의 위스키를 즐기기에 가장 좋은 순간(예: 저녁 식사 전 또는 취침 전 책과 함께)을 제안한다. 이러한 제안은 각 위스키를 적합한 상황에서 마셔보라는 부드러운 격려의 의미이기 때문에 너무 엄격하게 받아들이면 안 된다.

면세점용 주류 글로벌 여행 소매점(GTR, Global Travel Retail) 또는 면세 소매점은 주로 공항에서 해외 여행객을 대상으로 상품을 판매하며, 해당 상품은 구매 후 즉시 국외로 반출할 때 세금이 면제된다. GTR은 방대하고 수익성이 높은 산업으로 발전했으며, 위스키는 그 주요 품목 중 하나이다. 현재 많은 증류소에서는 여행객을 유혹하고 브랜드 인지도를 높이거나 강화하기 위해 다른 곳에서는 구할 수 없는 GTR 전용 증류주를 제공하고 있다.

독립병입자 독립병입자(Imdependent Bottlers) 회사는 일반적으로 회사를 소유하고 있지 않지만 다양한 소스를 통해서 캐스크를 획득하고 위스키를 만든다. 그런 다음 증류업체가 정보 공개에 반대하지 않는 한, 위스키가 생산된 증류소와 독립병입자의 브랜드를 사용하여 제품을 병입한다. 이런 경우 라벨에 이 증류주의 출처를 알 수 있도록 힌트를 준다. 전통적으로 독립병입자는 증류주 제조업체가 블렌디드 위스키에 집중할 때 싱글몰트 위스키의 유일한 공급원이었다. 하지만 많은 몰트 위스키 생산자들이 자신들만의 하우스 병입을 시작하자, 독립병입자는 다른 곳에서 제공하지 않는 위스키를 마케팅하고 캐스크 스트랭스, 언칠필터드 그리고 싱글캐스크 등 특별한 제품을 출시함으로써 차별화하고 있다.

대부분의 증류업체들은 자신들의 몰트 위스키로 병입하지만 어느 때보다 더 많은 독립병입자들이 목마른 시장에 위스키를 제공하고 있다.

알코올 도수(% abv) 위스키에 함유된 알코올의 비율을 나타낸다. 대부분의 위스키는 40%의 알코올 도수로 병입되며, 43% 또는 45%인 제품도 있고, 캐스크 스트랭스는 보통 55~60%로 더 높은 제품도 있다.

NOSE(향) 음식이나 음료의 풍미는 후각을 통해 많이 찾을 수 있다. 몰트 위스키는 향이 강하며 그 속에는 피트, 꽃, 꿀, 토스트 몰트, 해안 소금물, 해초 등의 다양한 향이 있다.

PALATE(입안의 풍미) 복합적인 풍미의 음료를 즐길 때 한 모금씩 마실 때마다 맛의 새로운 측면을 느낄 수 있다. 한 모금만 마셔도 1분 정도에 걸쳐 입안의 여러 부위에서 여러 가지 맛의 특징이 서서히 펼쳐진다. 이는 싱글몰트 위스키에서 특히 두드러진다. 일부는 매우 광범위한 미각의 발달을 보여준다. 몰트 위스키에 익숙하지 않은 테이스터는 몰트 위스키 본연의 특성을 찾기 위해 며칠에 걸쳐 여러 번 반복해서 몰트 위스키를 마셔봐도 좋다. 나는 이 책을 위해 테이스팅에 이 기법을 채택하였다.

FINISH(후미) 모든 알코올음료의 피니쉬(후미)는 추가적인 즐거움을 느끼는 단계이다. 대부분의 싱글몰트 위스키의 피니쉬는 단순한 후미 이상으로 어쩌면 매우 더 중요한 단계이다. 이것은 메아리의 뒤를 잇는 크레센도이다.

SCORE(점수) 앞에서 설명한 즐거움은 정확히 측정할 수 없다. 평점 시스템은 단순히 몰트 위스키의 상태에 대한 가이드를 제공하기 위한 것이다. 각 테이스팅 노트 100점을 만점으로 한다. 이는 미국의 와인평론가 로버트 파커의 평점 시스템에서 영감을 받았다. 이 책에서 70점대, 특히 75점 이상이면 마셔볼 가치가 있다. 80점대는 다른 제품들과 확연히 구별되는 특별한 위스키이며, 90점대는 위대한 위스키이다. 독자가 스코틀랜드 섹션의 점수를 신세계 섹션의 점수와 비교하지 않는 것이 중요하다. 각 섹션의 위스키는 각자 다른 작가가 점수를 주었다. 스코틀랜드의 경우 마이클 잭슨이 원래 부여한 점수를 기준으로, 각 위스키에 대해 그가 부여했을 법한 점수를 반영하여 점수를 매겼다. 신세계 위스키 섹션은 점수가 매우 높은 편이다. 거기에는 여러 가지 이유가 있다(397페이지 참조).

독자노트

이 책에서 위스키 스펠링은 whisky라고 쓰며, 아이리시 위스키와 미국 위스키에 관해서는 whiskey라고 쓴다. 몇몇 증류소들은 자신들의 웹사이트가 없고 일부는 방문객들을 그리 반기지 않는다. 방문자센터 항목이 없는 경우 증류소에 방문자센터가 없다는 의미이다. 오픈 시간과 같은 관련 정보는 웹사이트에서 찾을 수 있다. 테이스팅 노트는 절대적인 것이 아니며 위스키를 가이드할 때 유용하다. 예를 들어 이 위스키는 가볍고 드라이한 몰트 위스키인지 혹은 풍부하고 세리 느낌이 강하거나 피트하거나 스모키한 향이 나는지 등을 알 수 있다.

ABERFELDY 애버펠디

소유주 John Dewar & Sons Ltd (Bacardi)
지역 Highlands **지구** Eastern Highlands
주소 Aberfeldy, Perthshire, PH15 2EB
홈페이지 www.aberfeldy.com

존 듀어는 1806년 애버펠디 인근 농장에서 태어났으며, 먼 사촌의 소개로 22살에 와인 업계로 입문했다. 가족들은 위스키 블렌딩 사업에 뛰어들었고 2년의 공사 끝에 1896년 자신들만의 증류소 애버펠디를 설립하였다.

애버펠디의 역할은 처음부터 듀어스 블렌디드의 몰트 위스키 원액을 공급하는 것이었다. 최근 몇 년 동안 유나이티드 디스틸러스(The Distillers Company Ltd.)의 소유 하에 계속 그 역할을 수행해 왔고, 현재는 바카디의 산하에 속해 있지만 여전히 그 역할을 계속하고 있다.

아마도 듀어스에 신선하고 활기찬 청량감을 부여하는 것은 애버펠디 몰트 위스키일 것이다. 증류소에서 사용되는 경수는 철과 금이 얼룩진 윈스톤에서 솟아나 소나무, 가문비나무, 자작나무, 고사리 지대를 거쳐 증류소로 흘러 들어간다. 1867년에 문을 닫은 증류소인 피틸리(Pitilie)의 폐허에서 파이프를 연결한 것이다. 피틸리라는 이름은 수원인 피틸리 번에서 그 이름을 가져왔다.

1972년까지 애버펠디 증류소의 파고다(지붕)에서 몰팅을 했었지만 지금은 하지 않고 있다. 당시 소유주였던 DCL(The Distillers Company Ltd)은 증류소 자체의 몰팅보다는 중앙에서 몰트를 공급하는 방식을 선택하였다. 증류소의 여유 공간 중 일부는 수요를 충족하기 위해 생산량을 늘리던 시기에 증류소를 확장하는 데 사용되었다. 업그레이드된 애버펠디의 증류소는 고전적인 디자인으로 지어졌다. 증류기는 키가 크고 부드러운 윤곽을 가지고 있다. 증류소에는 더 이상 운행되지 않는 소형 증기기관차도 있다. 1998년 UD(United Distillers)가 IDV(International Distillers & Vintners)와 합병하여 디아지오(Diageo)가 되었을 때, 이 새로운 사업체에는 증류소가 너무 많아 관리가 곤란할 정도였다. 이후 애버펠디, 올트모어, 크라이겔라치, 로얄브라클라는 바카디 산하의 존 듀어 앤 선즈에게 팔렸다.

하우스 스타일 오일리하고, 깔끔한 과일향. 활기찬 맛. 무난하며, 디저트로 즐기거나 침대에 누워 책을 읽을 때 등 연령대에 따라 어울리는 상황이 다르다.

ABERFELDY 12-year-old, 40% abv
애버펠디 12년 40%

SCORE 76

NOSE ▶▶ 활기찬 느낌. 오렌지껍질. 약간의 훈연향. 따뜻한 느낌

PALATE ▶▶ 강하고 맑은 과일향. 감귤. 트라이플 스펀지(Trifle sponges, 디저트 빵의 일종)

FINISH ▶▶ 금귤을 씹은 듯한 느낌. 퀴퀴함. 스파이시함. 부드럽게 따뜻해진다.

ABERFELDY 16-year-old, 40% abv
애버펠디 16년 40%

SCORE 88

NOSE ▶▶ 살짝 오일리한 느낌. 꽃향기와 몰트향. 생강. 벌꿀향

PALATE ▶▶ 벌꿀. 캐러멜. 몰트. 살구 조림

FINISH ▶▶ 따뜻한 여운과 함께 고소한 향신료 풍미

ABERFELDY 18-year-old Côte Rôtie Cask Finish, 43% abv
애버펠디 18년 꼬뜨로띠 캐스크 피니쉬 43%

SCORE 88

NOSE ▶▶ 향기로운 장미꽃잎. 코코아. 따뜻한 가죽향

PALATE ▶▶ 라즈베리잼. 바닐라. 시나몬

FINISH ▶▶ 벌꿀. 붉은베리류. 은은한 오크향

ABERFELDY 21-year-old, 40%
애버펠디 21년 40%

SCORE 77

NOSE ▸▸   부드럽고 달콤하고 따뜻한 향. 벌꿀향. 바닐라와 오렌지향

PALATE ▸▸   살짝 나는 피트. 벌꿀. 오크 그리고 세비야 오렌지(쓴맛과 신맛이 강한 스페인산 오렌지)

FINISH ▸▸   드라이하며. 잠시 머무르다 훈연향을 남기고 떠나간다.

면세점용

ABERFELDY 16-year-old Madeira Finish, 40% abv
애버펠디 16년 마데이라 피니쉬 40%

SCORE 87

NOSE ▸▸   설타나(Sultanas– 포도 품종). 무화과. 벌집. 팝콘

PALATE ▸▸   달콤하고 애플파이 같은 과일맛. 시나몬. 벌꿀맛

FINISH ▸▸   스파이시한 사과향과 부드러운 오크향

ABERFELDY 23-year-old Madeira Finish, 40%
애버펠디 23년 마데이라 피니쉬 40%

SCORE 88

NOSE ▸▸   풍부한 벌꿀향. 살짝 나는 훈연향과 나무 광택제 냄새

PALATE ▸▸   캐러멜. 벌꿀. 밀크초콜릿. 달콤한 오렌지맛과 점점 진해지는 자두맛

FINISH ▸▸   오래된 가죽향. 오렌지껍질. 다크초콜릿

ABERLOUR 아벨라워

소유주 Chivas Brothers (Pernod Ricard)
지역 Highlands **지구** Speyside (Strathspey)
주소 Aberlour, Banffshire, AB3 9PJ
홈페이지 www.aberlour.co.uk
방문자센터 있음

몇 년 전 아벨라워 증류소의 모기업인 페르노리카가 아벨라워 증류소 주변의 몇 개 브랜드를 인수하면서 아벨라워에 대한 관심이 줄어들 것이라는 우려는 이미 사라진 지 오래되었고 프랑스인들의 아벨라워에 대한 사랑도 여전하다.

아벨라워는 최소 슈퍼미들급에 속한다. 최근 몇 년 동안 메달을 많이 획득한 이 선수는 라이트헤비급에서 조르주 카르팡티에(역주-Georges Carpentier, 프랑스의 복싱선수이자 영화배우. 1차세계대전 때는 조종사로 활약)처럼 거물급 선수들과 어깨를 나란히 하며 경쟁하고 있다. 아벨라워의 운율은 영어의 파워(power)와 비슷하지만 대부분의 프랑스 사람들은 아무르(amour)와 비슷하게 발음한다.

스코틀랜드와 영국 지역에서는 12년, 14년, 16년, 18년 그리고 캐스그 안남(Casg Annamh)과 아벨라워 아부나흐 알바가 출시되고 있으며 그 외 다양한 제품들이 일부 시장에서 판매 중이다. 2002년부터 증류소를 방문하는 방문자들은 싱글 캐스크에서 위스키를 손으로 직접 병입하고 개인 라벨을 붙일 수 있다. 이를 위해 셰리 캐스크와 버번 배럴 각각의 스타일의 좋은 샘플들이 준비되어 있으며 소진 시에 비슷한 통으로 대체된다. 이 개인 맞춤형 위스키는 캐스크 스트랭스로 병입된다.

스페이강 우측 방둑으로 따라 놓여 있는 A95번 도로 위로 1890년에 지어진 오두막이 증류소를 가리키는데, 증류소는 루어강의 계곡에서 200야드(역주-약 183m) 떨어진 곳에 숨어 있다. 루어강은 스페이강으로 흐른다. 그 지역은 성 콜룸바 시대부터 성 드로스탄과 연관된 우물로 알려져 있다. 아벨라워 증류소의 수원의 물은 연수이다. 이 물은 벤리네스의 화강암에서 솟아나 증류소에서 반마일 떨어져 있는 알라키 계곡의 샘을 통해 증류소로 연결된다.

하우스 스타일 부드러운 질감. 미디엄에서 강한 풍미. 견과류. 스파이시함(육두구?), 셰리 느낌. 숙성년수에 따라 디저트에 곁들이거나 식후에 마시는 걸 권함

ABERLOUR 12-year-old, 40% abv
아벨라워 12년 40%

SCORE 84

NOSE ▸▸ 레드베리류, 블랙커런트, 꽃향기, 여름 초원 냄새

PALATE ▸▸ 전형적인 스페이사이드 위스키 풍미, 여름철 과일맛, 깨끗하고 신선한 느낌,
희미한 멘톨향, 달콤한 향신료와 바닐라맛

FINISH ▸▸ 중간 정도의 단맛과 계속 먹고 싶은 맛

ABERLOUR 14-year-old, 40% abv
아벨라워 14년 40%

SCORE 86

NOSE ▸▸ 호두향, 오렌지캔디향, 마지판(marzipan, 아몬드와 설탕으로 만든 과자), 광택
된 나무향

PALATE ▸▸ 부드럽고, 마라스키노 체리(maraschino cherries, 설탕에 절인 체리), 캐러멜,
다크초콜릿, 밀크커피맛

FINISH ▸▸ 코코아파우더, 다크베리 열매, 살짝 향신료 느낌이 감도는 오크의 여운

ABERLOUR 16-year-old, 40% abv
아벨라워 16년 40%

SCORE 85

NOSE ▸▸ 버터스카치, 사과와 배 조림, 부드러운 향신료

PALATE ▸▸ 벨벳, 가벼운 셰리맛, 벌꿀, 초콜릿과 약간의 정향

FINISH ▸▸ 감귤류의 과일과 시나몬의 여운이 비교적 길게 남는다.

ABERLOUR 18-year-old, 43% abv
아벨라워 18년 43%

SCORE 88

NOSE ▸▸ 시가박스, 오래된 가죽향, 세비야 오렌지 마멀레이드, 바닐라향

PALATE ▸▸ 자파오렌지(Jaffa oranges, 이스라엘산 오렌지)의 관능적인 맛, 벌꿀, 무화과, 그리고 매우 단 셰리와인

FINISH ▸▸ 감귤류, 캐러멜, 약간의 팔각, 오크의 화한 느낌으로 마무리된다.

ABERLOUR Casg Annamh, 48% abv
아벨라워 캐스그 안남 48%

SCORE 84

NOSE ▸▸ 버터 캐러멜, 생강과 구운 파인애플향

PALATE ▸▸ 입안에서 나긋나긋한 바닐라향, 감귤, 육두구와 정향맛이 난다.

FINISH ▸▸ 검은 후추와 홍차의 여운이 길게 남는다.

ABERLOUR a'bunadh(Batch No 071), 61.5% abv
아벨라워 아부나흐(배치 No 071) 61.5%

SCORE 88

NOSE ▸▸ 블랙베리류, 대추, 당밀, 자파오렌지, 시나몬향의 향이 강렬하다.

PALATE ▸▸ 풀 바디, 나무 광택제향이 입안에서 라운드하게 느껴지며 신선한 가죽 느낌, 다크초콜릿 체리 리큐어와 가벼운 정향 맛이 느껴진다.

FINISH ▸▸ 길게 지속되는 여운, 과일 향신료, 다크 초콜릿, 커피찌꺼기, 그리고 후추 같은 오크향

ABHAINN DEARG 아빈 제라크

소유주 Mark Tayburn
지역 Highlands **섬** Lewis
주소 Carnish, Isle of Lewis, HS2 9EX
홈페이지 www.abhainndeargdistillery.co.uk

게일어로 붉은 강이라는 뜻을 지닌 아빈 제라크 증류소는 스코틀랜드 가장 서쪽에 위치한 증류소로, 대서양을 마주하고 있는 아웃터 헤브리디즈의 루이스섬에 위치하고 있다(헤브리디즈 군도는 스코틀랜드 내륙과 가까운 인너 헤브리디즈와 바깥쪽의 아웃터 헤브리디즈로 나뉜다). 설립자는 한때 건설 노동자로 일하다 재활용 상인으로 변신한 마크 테이번(Mark 'Marko' Tayburn)으로, 과거 언어 부화장이 있던 자리에 증류소를 개발하였고 2008년 9월에 생산을 시작하였다.

한 쌍의 증류기는 정말로 특이한 예전 구식 스타일로, 가정용 온수 탱크와 마녀의 길쭉한 모자처럼 생긴 증류관 그리고 급격하게 틀어져 아랫방향으로 향하는 라인암이 나무로 만든 한 쌍의 웜텁으로 연결된다. 아빈 제라크 증류소에는 공식적인 스팀 증류기 외에도 전에 밀주를 만들던 80리터 사이즈의 증류기를 가지고 있는데, 종종 가동하여 올로로소 셰리 캐스크에 채우고 있다.

또한 매년 페놀수치 35~40ppm의 5톤 정도 피트 몰트를 증류시키고 있다. 3년 숙성 싱글몰트 위스키는 2011년에 출시하였으며, 캐스크 스트렝스 제품은 그 다음 해에 출시하였다. 2018년 10년 숙성의 한정품이 출시되었으며, 그 외 다양한 싱글캐스크 제품들이 특정 시장에 출시되고 있다.

하우스 스타일 저숙성 제품의 경우 가볍고 달다. 식전주로 적합하다.

ABHAINN DEARG Single Malt Special Edition, 46% abv
아빈 제라크 싱글몰트 스페셜 에디션 46%

〓 SCORE 74 〓

NOSE ▸ 아마씨향이 나며 부드러운 퍼지(fudge, 캔디류의 일종) 그리고 과수원의 과일 향이 약간 난다.

PALATE ▸ 가볍고 마시기 편하며, 약간의 견과류 느낌. 향신료와 옅은 팔각

FINISH ▸ 마시고 난 뒤 입안에 견과류 맛이 나며 가벼운 민트 퍼지향이 남아있다.

AILSA BAY 아일사 베이

소유주 William Grant & Sons Ltd
지역 Lowlands **지구** Western
주소 Girvan, Ayrshire, KA26 9PT
홈페이지 www.ailsabay.com

아일사 베이 증류소는 스코틀랜드 서부 해안의 거번 근처에 위치한 윌리엄 그랜트의 거번 증류소와 블렌딩 및 관련 시설이 있는 광활한 부지에 위치하고 있다. 1960년대 거번 증류소처럼, 건설 공사 기간이 단 9개월밖에 걸리지 않았으며 2007년 9월부터 생산을 시작하였다.

2개의 매쉬툰과 24개의 발효조 그리고 16개의 증류기를 가동 중인 아일사 베이 증류소는 연간 1200만 리터를 생산할 수 있으며, 생산된 원액들은 대부분 그랜트(Grant)의 블렌디드 위스키용으로 사용된다. 이 증류기들은 형제 증류소인 발베니 증류소의 증류기 모양을 따라 했지만 한 쌍의 워시스틸과 스피릿스틸은 스테인리스 재질의 응축관을 부착하여 필요에 따라 조금 더 고기향과 황 성질이 강한 위스키 원액을 생산할 수 있다(역주—구리로 만들지 않은 증류기의 경우 고기 냄새와 황 성분 등을 함유하게 된다).

비교적 가벼운 발베니 스타일의 위스키를 주로 생산하지만 3가지 다른 스타일의 피트한 위스키 원액도 생산하고 있다. 첫 번째로는 2016년에 피트한 스타일로 싱글몰트 위스키를 출시하였으며 2년 후에는 아일사 베이 스윗 스모크가 출시되었다.

하우스 스타일 비교적 가볍고, 달콤하고 스모키하다.

AILSA BAY (Release 1.2) Sweet Smoke, 48.9% abv
아일사 베이 릴리즈 1.2 스윗 스모크, 48.9%

SCORE 79

NOSE ▸▸ 향기롭고, 손으로 말아 피우는 담배향, 바닐라, 레몬

PALATE ▸▸ 달콤하고 꽃향기 있는 피트 스모키향, 시나몬, 후추향, 오크향

FINISH ▸▸ 나무 훈연향과 구운 사과향이 잔향으로 오랫동안 유지된다.

ALLT-A-BHAINNE 알타바인

소유주 Chivas Brothers (Pernod Ricard)
지역 Highlands **지구** Speyside (Fiddich)
주소 Glenrinnes, Dufftown, Banffshire, AB55 4DB
TEL 01542 783200

1970년대 중반 4~5개의 증류소가 건설붐을 일으키며 스페이사이드 지역에 생기를 불어넣었다. 이 시기는 위스키 업계가 과소평가된 수요를 따라잡기 위해 노력하던 시기였다. 알타바인 증류소와 브레이발 증류소가 씨그램(Seagram)에 의해 설립되었다. 가볍고 통풍이 잘되는 이 건축물은 전통적인 요소와 현대적인 아이디어가 잘 어우러졌지만 인간미는 다소 부족하다. 두 곳 모두 최소한의 인원으로 가동되도록 설계되었으며, 생산된 원액은 다른 곳에 위치한 중앙 숙성창고에서 숙성된다. 게일어로 알타바인은 우윳빛 개울이라는 뜻을 지녔으며 증류소는 더프타운 근처 벤린스의 기슭에 있는 피딕 강 서쪽에 위치해 있다. 이곳의 몰트 위스키들은 시바스의 블렌디드 위스키용으로 사용된다. 시바스 브라더스는 2018년에 숙성년수 미표기 제품으로 알타바인 싱글몰트 위스키를 출시한 적이 있으며, 회사 증류소 방문자센터에서 구매할 수 있는 시바스 디스틸러리 리저브 컬렉션 제품 중의 하나로 출시되었다.

하우스 스타일 가볍고, 살짝 식물향, 스파이시한 꽃향기, 식전주

ALLT-A-BHAINNE 15-year-old, Gordon & MacPhail Connoisseurs Choice, 46% abv
알타바인 15년 고든 앤 맥페일 코노세어 초이스 46%
2006년 아메리칸 리필 호그스헤드 숙성, 2022년 6월 21일 병입

⸺ SCORE 84 ⸺

NOSE ▶ 가벼운 생강향, 몰트향, 슬라이스된 멜론향
PALATE ▶▶ 부드럽고, 오렌지 풍미, 토피, 바닐라, 풍부한 초콜릿케이크 느낌
FINISH ▶ 감귤향이 점차 증가하고 시나몬의 풍미와 크림맛의 밀크초콜릿 풍미가 여운으로 남는다.

ANNANDALE 애넌데일

소유주 Annandale Distillery Company
지역 Lowlands **지구** Borders
주소 Northfield, Annan Dumfriesshire, DG12 5LL
홈페이지 www.annandaledistillery.com
방문자센터 있음

엄밀히 따지면 애넌데일 증류소는 새로운 증류소가 아니고 오랫동안 문을 닫고 있던 증류소를 다시 가동한 경우이다. 원래의 증류소는 1836년 설립되었다가 1918년에 문을 닫았는데 1895년부터 존워커 앤 선즈에서 소유하고 있었다.

이 지역출신 사업가 데이비드 톰슨(David Thomson)은 1,200만 파운드를 들여 2011년부터 2014년까지 증류소를 재건축하고 새로운 장비를 갖추었는데 구리뒤개로 만든 세미 라우터 매쉬턴, 3개의 나무로 만든 발효조, 1개의 워시스틸과 2개의 스피릿 스틸을 운용 중이다. 피트하지 않은 위스키 제품으로 파운더스 셀렉션 맨 오 워즈(Founder's Selection Man O' Words, 시인 로버트 번즈를 인용-), 피트한 위스키 제품으로 파운더스 셀렉션 맨 오 스워드(Founder's Selection Man O' Sword, 로버트 부루스 왕을 인용)를 출시하였으며 핵심 제품으로 싱글캐스크 제품과 캐스크 스트랭스 제품들을 출시하고 있다.

하우스 스타일 레드와인 캐스크 숙성의 영향을 받은 피티한 위스키와 피트하지 않은 위스키

ANNANDALE Founders' Selection 2017, Man O' Sword, 60% abv
애넌데일 파운더스 셀렉션 2017 맨 오 스워드 60%
레드와인 오크통을 다시 STR 가공한 캐스크에서 숙성

⸺ SCORE 74 ⸺

NOSE ▸ 아로마틱한 피트향, 갓 벤 건초, 백후추향과 칠리향
PALATE ▸ 몰트, 밀크초콜릿, 벌꿀, 코코넛, 샤퀴테리와 훈연시킨 베리류의 과일향
FINISH ▸ 타닥거리는 모닥불향, 감귤, 커피, 다크초콜릿, 후추

ANNANDALE Founders' Selection 2017, Man O' Words, 60% abv

애넌데일 파운더스 셀렉션 2017 맨 오 워즈 60%

레드와인 오크통을 다시 STR 가공한 캐스크에서 숙성

⊂ SCORE 76 ⊃

NOSE ▸ 흙내음, 딸기잼, 갓 다듬은 오크향, 향신료

PALATE ▸ 스파이시한 붉은 베리류, 솔티드캐러멜, 시나몬, 정향

FINISH ▸ 레드커런트와 생생한 나무향으로 마무리

ARDBEG 아드벡

소유주 Glenmorangie plc
지역 Islay   **지구** South Shore
주소 Port Ellen, Islay, Argyll, PA42 7EA
홈페이지 www.ardbeg.com
방문자센터 있음

싱글몰트 위스키가 비밀이었던 때부터 아드벡은 세계에서 가장 위대한 증류소 중의 하나였고 수백만 달러를 들여 부활한 이후 더더욱 빛이 나는 증류소이다. 1997년 재개장한 아드벡 증류소는 아일레이 위스키 부흥의 첫 신호탄 중 하나였으며, 그 주역이자 수혜자가 되었다. 증류소에 대한 소유자들의 야심은 크게 보상받았다. 아드벡이 다시 문을 열었을 때 기존에 몰트를 건조하던 킬른(kiln, 가마)은 기념품, 차와 커피, 위스키, 그리고 클루티(clootie, 스코틀랜드 디저트)를 파는 카페테리아가 되었다. 오래된 킬른은 지역주민뿐만 아니라 증류소를 방문하는 사람들에게 식사를 제공하는 데 사용된다. 아드벡의 애호가들은 두 번째 킬른이 언젠가는 재가동되기를 희망하고 있다. 그곳은 환기구 없이 건조하기 때문에 몰트를 건조할 때 몰트에 피트의 훈연향이 진하게 스며들기 때문이다. 이러한 증거는 예전에 생산된 제품에서 찾을 수 있다. 피트가 함유된 물도 위스키의 흙 내음, 타르 풍미 등에 영향을 끼치는 큰 요인이다. 아드벡의 애호가 중 몇몇은 사과 나무, 레몬 껍질의 과일향이 2차 증류기 속의 재순환 시스템(recirculatory system, 역주-2차 증류 시 응축관으로 들어가기 전에 라인암쪽 하단에 다시 2차 증류기로 환류하는 시스템을 말하며 정화기(purifier)라고도 한다) 때문이라고 믿고 있다. 증류소의 역사는 1794년으로 거슬러 올라갈 정도로 역사가 길다. 자체 몰팅은 1976~1977년에 마지막으로 이루어졌지만, 맥아 보리 공급은 조금 더 오래되었다. 아드벡 증류소는 1980년대 초에 문을 닫았지만, 문을 닫은 후 10년 동안 포트 엘렌의 맥아를 사용하여 매우 드물긴 하지만 조금씩 위스키를 만들었다. 글렌모렌지의 소유하에서 의미있는 혁신적인 제품들을 출시하였고, 2019년~2021년까지 공사를 통해 새로운 증류실에서 4개의 증류기를 보완해서 연간 생산량을 증가시켜 210만리터를 생산할 수 있다.

하우스 스타일 흙내음. 매우 강한 피트향. 스모키. 짠 맛. 강건한 맛. 침실에서 자기 전 추천

ARDBEG Wee Beastie 5-year-old, 47.4% abv
아드벡 위비스트 5년 47.4%

SCORE 89

NOSE ▸▸ 뼛속까지 아드벡! 뜨거운 타르, 레몬주스, 훈제된 고기, 풍부한 피트 스모키, 생강 그리고 오렌지

PALATE ▸▸ 오일리하며, 후추, 석탄타르 비누, 정향, 바닐라맛과 과수원 과일맛

FINISH ▸▸ 아스팔트 느낌과 피트, 짠맛이 나는 나무향이 스파이시하면서 긴 여운으로 남는다.

ARDBEG 10-year-old, 46% abv
아드벡 10년 46%

SCORE 87

NOSE ▸▸ 부드러운 피트향의 달콤함. 석탄산 비누, 훈제 생선

PALATE ▸▸ 불타는 피트 풍미와 말린 과일맛. 그 뒤를 이은 몰트와 살짝 느껴지는 감초 풍미

FINISH ▸▸ 곡물의 달콤함과 아이오딘 그리고 드라이한 피트의 풍미가 길게 느껴진다.

ARDBEG Uigeadail, 54.2% abv
아드벡 우거다일 54.2%

SCORE 92

NOSE ▸▸ 강렬한 스모키, 드라이, 깨끗하고, 자극적인 바비큐 훈제향

PALATE ▸▸ 견고하고 무척 부드럽지만 혀에서 폭발적인 느낌이 난다.

FINISH ▸▸ 뜨겁고, 알코올이 강하다. 정신이 번쩍 들 정도의 충격

ARDBEG Corryvreckan, No Age Statement, 57.1% abv
아드벡 코리브레칸 NAS 57.1%

SCORE 88

NOSE ▶ 버터 바른 훈제청어. 땅에서 갓 판 흙. 감귤류. 생강. 약제상자

PALATE ▶ 풀 바디에 매우 드라이하며. 스파이시한 풍미와 너트류의 풍미가 강하다. 감
칠맛과 감초맛이 나며 억제된 느낌의 과일 풍미와 짠맛의 피트 풍미가 있다.

FINISH ▶ 길고 후추 느낌의 피트향이 있다.

ARDBEG An Oa, 46.6% abv
아드벡 언오 46.6%

버진오크(새 오크통). 페드로 히메네즈 셰리통. 버번 오크통에서 숙성된 원액들을 프렌치 오크통에
함께 담아 일정 기간 메링(역주-블렌딩된 원액들이 잘 혼합될 수 있도록 일정기간 큰 통에 담아주는 것. 이때
사용되는 부피가 큰 용기는 스테인리스 재질이거나 오래 사용된 오크통일 수도 있다. 만약 오크통의 경우 크기가
700리터를 넘어가는 경우 스카치위스키법 규정에 저촉되기 때문에 숙성기간에는 포함되지 않는다.)시킨 제품

SCORE 90

NOSE ▶ 레몬주스. 살포시 느껴지는 빵내음. 우디한 피트. 바다소금의 짠내음과 다크초
콜릿의 향이 비교적 절제되어 느껴진다.

PALATE ▶ 흙내음. 벌꿀. 펜넬. 피트재의 풍미. 스파이시한 오크. 후추와 정향의 풍미.

FINISH ▶ 드라이한 피트 느낌과 그을림. 시나몬의 풍미가 길게 느껴진다.

ARDBEG Traigh Bhan 19-year-old (Batch No 3), 46.2% abv
아드벡 트라이반 19년 (배치 No 3) 46.2%

아메리칸 오크와 올로로소 셰리 캐스크에서 숙성

▭ SCORE 92 ▭

NOSE ▸ 달콤한 담배향. 생강. 흑후추와 향기로운 우드스모키. 시간이 지나면 병원 소
        독약 냄새와 레몬. 소금물의 짠내가 난다.

PALATE ▸ 달콤한 피트. 훈제 생선. 열대과일. 팔각. 타르의 풍미가 난다.

FINISH ▸ 아이오딘. 으깬 후추와 바다소금의 여운이 남는다.

ARDBEG Grooves, 46% abv
아드벡 그루브 46%

강하게 내부를 태운 레드와인 캐스크에서 숙성시킨 원액이 일부 포함되어 있다.

▭ SCORE 90 ▭

NOSE ▸ 향기롭고 부드러운 스모키. 샤퀴테리. 따뜻한 가죽 느낌과 소금에 절인 붉은
        베리류

PALATE ▸ 붉은 베리류. 바닐라. 농밀한 피트. 짠내와 아스팔트

FINISH ▸ 해변의 모닥불과 검은 후추의 풍미

ARDBEG Blaaack, 46% abv
아드벡 블랙 46%

══ SCORE 90 ══

NOSE ▸▸   석탄불에서 오는 훈연, 삼나무, 프루트 칵테일 통조림 그리고 은은한 소독약
냄새

PALATE ▸▸   과수원의 달콤한 과일향, 후추 그리고 입안에서 따끔따끔한 피트 스모키

FINISH ▸▸   긴 그을린 냄새와 약간의 매운맛

ARDBEG Arrrrrrrrdbeg! 17-year-old, 51.8% abv
아드벡 아르~~드벡 17년 51.8%

라이 캐스크에서 숙성

══ SCORE 88 ══

NOSE ▸▸   잘 익은 바나나향과 아이오딘향, 해변의 바비큐, 후추향과 그을림 냄새

PALATE ▸▸   토피, 팔각, 살짝 매운 열기, 모닥불

FINISH ▸▸   다크초콜릿, 녹차, 감초, 스파이시한 오크

ARDBEG Twenty Something 22-year-old, 46.4% abv
아드벡 트웬티 썸씽 22년 46.4%

==== SCORE 92 ====

NOSE ▸▸ 이국적인 향신료, 헤더, 아로마틱 피트, 해무, 자몽 그리고 아이오딘향
PALATE ▸▸ 잘 다듬어진 피트의 풍미, 소금맛, 오렌지껍질, 바닐라 그리고 흑후추의 풍미
FINISH ▸▸ 스모키하면서 후추 같은 긴 여운 그리고 감초의 여운이 있다.

ARDBEG Scorch, 46% abv
아드벡 스코치 46%

강하게 태운 버번 배럴에서 숙성

==== SCORE 88 ====

NOSE ▸▸ 아이오딘향, 시가향과 함께 나는 크림브륄레, 구운 사과향, 각종 향신료향
PALATE ▸▸ 살구맛, 샤퀴테리, 레몬주스, 소금물 그리고 담뱃잎
FINISH ▸▸ 피트, 소금물, 블랙커피 그리고 약간의 후추 여운이 남는다.

ARDMORE 아드모어

소유주   Beam Suntory
지역   Highlands   지구   Speyside (Bogie)
주소   Kennethmont, by Huntly, Aberdeenshire, AB54 4NH
홈페이지   www.ardmorewhisky.com
방문자센터   있음

아드모어는 애버딘셔의 보리 생산지가 시작되는 스페이사이드 지역 동쪽 언저리에 위치해 있다. 잘 알려지지는 않았지만 상당한 규모의 증류소이며, 블렌디드 위스키 티처스(Teacher's)의 원액에 큰 기여를 하고 있고, 일부에서는 싱글몰트 원액으로 좋은 평판을 얻고 있다. 얼라이드가 해체되고 티처스와 라프로익을 가지고 있던 빔 글로벌에서 인수했다.

그러나 2014년 일본의 산토리 홀딩스가 빔을 인수하면서 아드모어와 라프로익 증류소는 보모어, 오켄토션, 글렌 기어리와 같은 그룹에 속하게 되었다.

하우스 스타일 몰티, 크리미, 과일향, 저녁식사 후에 적합하다.

ARDMORE Traditional Cask, 46% abv
아드모어 트레디셔널 캐스크 46%

===== SCORE 82 =====

NOSE ▶▶ 뿌리의 풍미, 고소한 맛, 젖은 덩굴, 대나무, 바닐라, 토피

PALATE ▶▶ 짭짤한 풍미, 올리브, 아티초크가 어우러진 맛, 강렬한 피트향이 물결처럼 밀려오며 기름지고, 풍부하고 강렬한 맛

FINISH ▶▶ 기분 좋은 피트, 짜고 풀 바디의 긴 여운

ARDMORE 12-year-old Port Wood Finish, 46% abv
아드모어 12년 포트우드 피니쉬 46%

===== SCORE 83 =====

NOSE ▶▶ 골판지 포장상자, 새 가죽향, 산딸기, 은은한 나무 연기

PALATE ▶▶ 부드럽게 훈연된 레드베리류 과일맛, 벌꿀, 바닐라, 시나몬

FINISH ▶▶ 중간 길이 정도의 여운, 점점 진해지는 베리류, 부드러운 스모크 풍미

ARDMORE Legacy, 40% abv
아드모어 레거시 40%

80%는 가볍게 피트 처리된 몰트, 20%는 피트 처리하지 않은 몰트를 사용한 제품

===== SCORE 83 =====

NOSE ▶▶ 바닐라, 캐러멜, 달콤한 피트 스모크

PALATE ▶▶ 바닐라와 벌꿀 맛과 그에 대조되는 매우 드라이한 피트 풍미, 거기에 생강과 다크베리류의 맛이 더해진다.

FINISH ▶▶ 중간 길이보다 살짝 더 긴 여운, 스파이시함, 스모키하고 드라이하다.

ARDMORE 30-year-old, 53.7% abv
아드모어 30년 53.7%

===== SCORE 86 =====

NOSE ▶▶ 꿀, 감귤류, 과일, 은은한 스모크 향이 어우러진 향긋함

PALATE ▶▶ 토피, 코코아 파우더, 점점 진하게 느껴지는 감귤류 풍미

FINISH ▶▶ 드라이한 피트 풍미, 감초, 점점 진해지는 오크향의 긴 여운

ARDNAMURCHAN 아드나머칸

소유주 Adelphi Distillery Ltd
지역 Highlands   **지구** West Highlands
주소 Glenbeg, Ardnamurchan, Argyllshire, PH36 4JG
홈페이지 www.adelphidistillery.com
방문자센터 있음

아드나머칸 증류소는 아가일셔의 아드나머칸 반도의 글렌베그에 위치해 있으며 현재 독립병입자 회사인 아델피가 소유하고 있다.

이 증류소는 주변에서 채취한 나무칩을 태운 바이오매스 보일러와 수력 발전을 이용하여 가동한다. 한 쌍의 증류기로 30~35ppm의 피트한 위스키와 피트하지 않은 위스키 모두 생산한다. 2014년에 생산을 시작하여 2016년 첫 번째 증류주를 AD라는 이름을 붙여 생산하였다(역주-위스키는 3년 이상 숙성시켜야 하므로 이때는 위스키가 아닌 증류주로 판매되었다). 2020년 후반에 6년 숙성의 싱글몰트 위스키를 출시했으며 그 뒤를 이어 싱글 캐스크 제품도 출시하였다. 2021년 11월 AD/10.21:06 제품을 출시했는데, 피트한 몰트와 언피트 몰트를 둘 다 사용했다. 35%는 셰리 캐스크에서 숙성시킨 원액을, 65%는 버번 오크통에서 숙성시킨 원액을 혼합하여 출시했다.

하우스 스타일 미디엄바디. 스모키. 셰리 캐스크

ARDNAMURCHAN Single Malt AD/10.21:06, 46.8% abv
아드나머칸 싱글몰트 AD/10.21:06 46.8%

⸤ SCORE 76 ⸥

NOSE ▸▸ 잘 익은 복숭아, 마시멜로, 짠내, 향기로운 피트 스모크, 토피

PALATE ▸▸ 향으로 느낄 때보다 더 진한 피트, 벌꿀, 생강, 오렌지껍질

FINISH ▸▸ 다크초콜릿, 모닥불 불씨, 짠맛과 말린 과일

AUCHENTOSHAN 오켄토션

소유주 Morrison Bowmore Distillers Ltd (Beam Suntory)
지역 Lowlands **지구** Western Lowlands
주소 Dalmuir, Clydebank, Dunbartonshire, G81 4SJ
홈페이지 www.auchentoshan.com
방문자센터 있음

이 증류소는 단순히 로우랜드에 위치해 있다는 것뿐만 아니라 3회 증류를 고집하고 있다는 점에서 고전적인 로우랜드 증류소이다. 그 결과 가벼운 풍미를 가지게 되었지만 그렇다고 맛이 싱겁다는 의미는 결코 아니다. 당신이 싱글몰트 위스키를 좋아하고 풍미의 강도에 신경을 쓰지 않는다면 오켄토션은 섬세함이라는 완벽한 해답을 제공할 것이다.

'들판의 한 구석'이라는 뜻을 지닌 이 증류소는 '오켄토션'이라고 발음하며, 일종의 저주에 가까울 정도로 발음이 어렵다. 이 증류소는 글라스고우 외곽의 킬패트릭 힐 기슭에 위치해 있다. 1800년 즈음에 세워졌다는 설도 있지만 공식적인 설립 기록은 1825년이다. 오켄토션 증류소는 2차 세계대전 이후(역주 - 전쟁 당시 독일군의 폭격을 맞아 파괴되었다) 다시 지어졌으며, 1974년에 재정비되었다. 그리고 10년 후 스탠리 P 모리슨(Stanley P. Morrison)이 인수하였는데, 이 인수로 인하여 아일레이의 보모어, 하이랜드의 글렌 기어리에 이어 로우랜드 지역의 파트너를 가지게 되었다.

이 회사는 현재 모리슨 보모어(Morrison Bowmore)로 불리며, 후에 일본의 산토리로 넘어가게 된다. 일본인들은 그 증류소들을 소중히 여기며 오켄토션의 장비를 강조하고 위스키가 어떻게 만들어지는지 보여주기 위해 많은 노력을 기울였다.

하우스 스타일 가볍고 레몬글라스, 허브, 오일리, 식전주나 휴식할 때 마시면 좋음

AUCHENTOSHAN American Oak, 40% abv
오켄토션 아메리칸 오크 40%

SCORE 81

NOSE ▸▸ 소나무 작업장, 월계수잎, 꽃향기
PALATE ▸▸ 서양자두, 구스베리(까치밥나무 열매), 그린 바나나, 후추 느낌이 살짝 난다.
FINISH ▸▸ 피니쉬가 부드럽고 매우 짧다.

AUCHENTOSHAN 12-year-old, 40% abv
오켄토션 12년 40%

10년간 단종되었다가 재출시된 제품. 셰리 캐스크 숙성 원액 비율을 높여 출시하였음

SCORE 86

NOSE ▸▸   꽃향기, 과일향, 으깬 바나나와 견과류, 몰트

PALATE ▸▸   몰트, 캐러멜, 오렌지, 살짝 느껴지는 셰리 풍미

FINISH ▸▸   몰티하며 중간 길이 정도의 여운

AUCHENTOSHAN 18-year-old, 43% abv
오켄토션 18년 43%

SCORE 86

NOSE ▸▸   신선한 과일향, 벌꿀, 아몬드, 향신료와 바닐라

PALATE ▸▸   처음에는 신선한 꽃향기, 점점 몰트의 풍미가 강해짐, 신선한 오크 풍미와 생 강맛

FINISH ▸▸   건포도향이 제법 길게 나며, 넛맥과 끝부분에 드라이한 오크의 여운으로 마무 리된다.

AUCHENTOSHAN 21-year-old, 43% abv
오켄토션 21년 43%

━━ SCORE 86 ━━

NOSE ▸▸ 오렌지제스트, 데이트상자, 삼나무, 기름

PALATE ▸▸ 오일리하며 시트러스, 오렌지껍질, 약간 스파이시함, 점점 진해지는 풍미, 오
크 느낌과 신선한 느낌 그리고 거슬림 없는 나무 풍미

FINISH ▸▸ 삼나무, 바닐라, 아름다울 정도로 완벽한 라운드한 느낌과 아로마로 마무리

AUCHENTOSHAN Three Wood, 43% abv
오켄토션 쓰리우드 43%

숙성년수 표기 없이 출시된 이 위스키는 최소 10년 이상 버번 오크통에 숙성되었고 1년은 올로로소
셰리 캐스크, 6개월은 페드로 히메네즈 통에서 추가 숙성되었다. 색다른 나무 캐릭터를 추가적으로
제공함으로써, 오켄토션 숙성년수 표기 제품들 사이의 간극을 채우고 있다.

━━ SCORE 85 ━━

NOSE ▸▸ 부드러운 오렌지껍질향, 살구향, 마시멜로의 달콤한 향이 있다.

PALATE ▸▸ 향수 같은 느낌, 레몬글라스, 캐슈넛, 섬세한 풍미의 상호작용 속에서 여러 가
지 오크의 캐릭터를 사이에서 위스키의 존재감을 드러내기 위해 고군분투 중
이다. 물을 첨가하지 않거나 약간만 첨가하는 것이 좋다.

FINISH ▸▸ 크림맛, 건포도, 팔각, 신선한 오크, 나무수액맛의 드라이한 느낌이 긴 여운으
로 남는다.

AUCHENTOSHAN Blood Oak, 46% abv

오켄토션 블러드 오크 46%

버번 캐스크에서 숙성시킨 원액과 레드와인 오크통에서 숙성시킨 원액을 혼합하여 출시

⸗ SCORE 81 ⸗

NOSE ▸▸ 맨 처음에는 부드러운 허브향. 그 뒤 생강. 벌꿀. 땅콩오일 그리고 톱밥

PALATE ▸▸ 스파이시한 과수원 과일. 아이싱슈거, 몰트로프. 점점 진하게 느껴지는 오크

FINISH ▸▸ 생강. 오크의 떫은맛이 상당히 여운으로 남는다.

AUCHENTOSHAN American Oak Reserve, 40% abv

오켄토션 아메리칸 오크 리저브 40%

퍼스트 필 버번 캐스크에서 숙성

⸗ SCORE 82 ⸗

NOSE ▸▸ 잘 익은 온주귤. 바닐라. 레몬그라스, 육두구

PALATE ▸▸ 부드러움. 코코넛. 잘 구운 사과. 점차 강하게 느껴지는 탄닌감

FINISH ▸▸ 시트러스, 후추, 오크향

AUCHENTOSHAN Dark Oak, 43% abv

오켄토션 다크 오크 43%

올로로소 셰리 캐스크. 페드로 히메네즈 셰리 캐스크. 버번 캐스크에서 숙성된 원액들을
블렌딩해서 출시

⸗ SCORE 84 ⸗

NOSE ▸▸ 건포도, 바닐라, 벌꿀, 오래된 가죽향

PALATE ▸▸ 토피. 럼이 뿌려진 건포도 아이스크림. 벌꿀. 우디 스파이스

FINISH ▸▸ 다크초콜릿. 시나몬. 오크의 매우 쓴 맛

AUCHROISK 오크로이스크

소유자 Diageo
지역 Highlands **지구** Speyside
주소 Auchroisk Distillery, Mulben, Banffshire, AB55 6XS
홈페이지 www.malts.com

오크로이스크는 1972년부터 건설을 시작하여 1974년 완공된 증류소로 블렌디드 위스키 원액을 공급하기 위한 목적으로 만들어졌다. 생산 첫해 품질이 너무 좋았음에도 불구하고 증류소 이름이 소비자들에게 너무 어려웠기 때문에 12년 숙성 후 싱글톤(singleton)이라는 이름으로 판매되기 시작했다. 싱글톤이라는 이름은 가끔씩은 싱글캐스크(경우에 따라 셰리 버트)를 지칭하는 용어로 사용되었는데, 게일어로 붉은 개울의 얕은 곳이라는 뜻을 지닌 본래 증류소 이름을 대체하기 너무나도 적절했다. 오크로이스크 증류소는 로시스와 더프타운 중간의 스페이강이 흘러 들어가는 번오브 멀벤 지역 끝자락에 위치해 있다. 근처에 도리스 웰이라는 샘이 있어 이곳으로 증류소를 정했다. 그곳에서 나온 부드러운 연수와 큰 증류기는 셰리가 없어도 맛있는 위스키를 만들어 내는 증류소 이름의 가치를 드러내고 있다.

증류소의 이름에 대해 음성 가이드가 있지만 아무도 동의하지는 않는다. 매니저는 '오크로이스크'라고 발음하며 지역민들은 아크라스크 혹은 루스크라고 발음을 한다. 'ch' 발음이 'th'로 발음이 되는 부분에 대해 많은 논란이 있다. 재미있는 건, 단순한 이름의 맛있는 싱글톤이 발음하기 어려운 복잡한 위스키들의 판매량을 따라잡은 적이 없다는 사실이다.

하우스 스타일 매우 부드럽고, 베리류의 풍미가 있으며 식전주나 과일 샐러드와 어울린다.

AUCHROISK 10-year-old, Flora and Fauna, 43% abv
오크로이스크 10년 플로라 앤 파우나 43%

⊏ SCORE 78 ⊐

NOSE ▸ 두드러진 과일맛. 청포도, 구스베리, 베리류 과일향

PALATE ▸ 가벼운 과일향. 약간의 무화과향. 점점 견과류의 풍미가 진해지며 드라이해진다. 숏브레드 맛이 난다.

FINISH ▸ 희미하게 햇빛에 그을린 풀맛과 피트맛이 난다.

AULTMORE 올트모어

소유자   John Dewar & Sons Ltd (Bacardi)
지역   Highlands   **지구**   Speyside (Isla)
주소   Keith, Banffshire, AB55 6QY
홈페이지   www.aultmore.com

이슬라강 주변에서는 오키한 스타일의 좋은 위스키들이 만들어진다. 이 증류소는 키이스 바로 북쪽에 위치해 있으며, 1896년에 설립되고 1971년 재건되었다. 1991년 유나이티드 디스틸러 소속 시절에는 플로라 앤 파우나 시리즈로 병입되었다. 1996년에는 레어 몰트(Rare Malts) 시리즈 제품으로 출시되었으며 1978년에는 캐스크 스트랭스 한정품이 출시되기도 하였다. 1998년 올트모어는 바카디 소속으로 소유주가 바뀌었고 다양한 종류의 정규 제품들이 출시되었다. 가장 최근에 출시된 올트모어 21년은 미국 시장과 면세점 시장에서 구할 수 있었다가 2021년 주요 정규 제품 라인업으로 자리를 잡게 되었다.

하우스 스타일 신선하고, 드라이, 허브향, 스파이시함. 오키하다. 피노셰리 같지만 그것보다
더 큰 것이 연상된다. 저녁식사 전에 추천

AULTMORE 12-year-old, 46% abv
올트모어 12년 46%

=== SCORE 80 ===

NOSE ▸▸ 새로 깎은 건초, 생강, 오렌지, 맥아, 가벼운 허브향
PALATE ▸▸ 비교적 풀 바디에 가깝고, 달콤하며, 고소하며, 밀크초콜릿, 벌꿀, 곡물향
FINISH ▸▸ 바닐라, 점점 진하게 느껴지는 감귤류

AULTMORE 18-year-old, 46% abv
올트모어 18년 46%

=== SCORE 82 ===

NOSE ▸▸ 짚 냄새와 함께 나는 꽃향기, 몰트, 은은한 향신료, 바닐라, 부드러운 오크향
PALATE ▸▸ 벌꿀, 바닐라, 감귤, 잘 익은 복숭아, 점점 진하게 느껴지는 토피맛과 향신료들
FINISH ▸▸ 후추가 뿌려진 사과를 먹는 것 같은 여운으로 남는다.

AULTMORE 21-year-old, 46% abv
올트모어 21년 46%

=== SCORE 83 ===

NOSE ▸▸ 풍부하고 스파이시한 아로마, 캐러멜, 망고 그리고 부드러운 허브향
PALATE ▸▸ 굉장히 매력적인 애플파이향, 오렌지, 버터스카치, 곡물, 단맛이 나는 오크
FINISH ▸▸ 치커리, 생강, 약간의 풀내음, 긴 여운으로 마무리

BALBLAIR 발블레어

소유자 Inver House Distillers Ltd (Thai Beverages plc)
지역 Highlands **지구** Northern Highlands
주소 Edderton, Tain, Ross-shire, IV19 1LB
홈페이지 www.inverhouse.com
방문자센터 있음

인버하우스는 2001년 발블레어 증류소를 인수한 이후, 천천히 그리고 확실하게 증류소를 개선시켜 왔다. 증류소의 특성과 몰트위스키의 원액을 점진적으로 개선시켜 왔으며, 제품 라인업을 확장시켜 왔고 그 과정에서 여러 차례 수상을 하였다. 그 후 2008년에는 발블레어 제품군을 리패키징할 뿐만 아니라 위스키 맛에 변화를 주었으며 몰트 위스키를 숙성 연도가 아닌 증류가 실행된 연도, 즉 빈티지 제품들로 브랜딩하여 자사 위스키들을 프리미엄 카테고리로 과감하게 리포지셔닝하는 드라마틱한 조치를 취했다. 그리고 2019년에는 빈티지 제품들 대신 숙성년수가 표기된 제품들을 다시 출시하였으며, 이 제품들은 12년에서 25년까지 다양하다.

북하이랜드의 전형적인 스파이시하고 신선한 드라이함이 새로운 발블레어에서 더욱 풍부한 과일향의 달콤함으로 보완되었으며, 상대적으로 오래 숙성된 제품들은 정말 놀라울 정도이다. 빈 데어그의 소나무 언덕으로부터 흐르기 시작한 물은 캐론강과 도녹만을 향하여 마르고 부서지는 피트 위를 흘러간다. 증류소 근처의 작은 개울이 발블레어로 흘러가는데, 에더튼의 들판 한가운데에 있는 이곳은 강어귀와 바다 가까이에 위치해 있다. 1700년대 중반부터 이 근처에서 양조와 증류가 이루어졌다고 한다. 발블레어는 스코틀랜드에서 가장 오래된 증류소 중 하나로 1790년에 시작되었으며, 현재의 건물은 1870년대로 거슬러 올라간다. 2012년 방문자센터가 문을 열었고, 글렌모렌지 증류소에서 멀지 않아 대중들에게 그 지역의 또 다른 위스키 핫플레이스가 되고 있다.

하우스 스타일 가볍고 견고하며, 드라이하다. 숙성년수가 어린 제품은 식전주로 적합하고, 숙성년수가 오래되면 우디한 느낌을 가질 수 있다.

BALBLAIR 12-year-old, 46% abv
발블레어 12년 46%

버번 캐스크에서 숙성한 원액과 두 번 태운 아메리칸 오크 배럴에서 숙성한 원액을 혼합한 제품

SCORE 83

NOSE ▸▸	잘 익은 배, 몰트, 부드러운 향신료 풍미, 무화과, 희석된 오렌지 주스
PALATE ▸▸	더 진한 배의 풍미, 바닐라, 캐러멜, 벌꿀, 발리슈거
FINISH ▸▸	후추 느낌, 레몬, 다크초콜릿과 홍차 느낌의 여운으로 마무리된다.

BALBLAIR 15-year-old, 40% abv
발블레어 15년 40%

버번 캐스크에서 숙성 후 퍼스트 필 유러피언 오크 버트에서 피니쉬 숙성

SCORE 86

NOSE ▸▸	꽃향기와 강한 과일향, 달콤한 셰리, 마지팬, 퐁당크림, 바닐라콩
PALATE ▸▸	셰리, 애플파이, 시나몬, 무화과, 캐러멜, 핫초콜릿
FINISH ▸▸	견과류, 자파오렌지와 각종 향신료

BALBLAIR 18-year-old, 46% abv
발블레어 18년 46%

버번 캐스크에서 숙성 후 퍼스트 필 유러피언 오크 버트에서 피니쉬 숙성

SCORE 84

NOSE ▸▸	토피 느낌이 감도는 스파이시함, 셰리, 익힌 배
PALATE ▸▸	부드러운 허브향, 말린 과일, 캐러멜, 바닐라와 감귤
FINISH ▸▸	비교적 드라이, 흙내음, 오크향과 약간의 칠리파우더의 여운이 남는다.

BALMENACH 발메낙

소유자 Inver House Distillers Ltd (Thai Beverages plc)
지역 Highlands **지구** Speyside
주소 Cromdale, Grantown-on-Spey, Morayshire, PH26 3PF
홈페이지 www.inverhouse.com

초창기에는 인버하우스가 1990년대 인수한 4개 증류소 중 가장 주력이 될 것이라고 기대받았으나, 현재 발메낙 증류소가 받는 관심은 미미하다. 전통적으로 이곳의 증류주들은 가장 파워풀한 아로마와 풍미를 가졌음에도 지금은 거의 관심을 못 받고 있는 실정이다. 스페이사이드 위쪽 지역 리벳강과 아본 윗지역의 (게일어로 구부러진 평원이라고 불리는) 크롬데일에는 한때 밀주 증류업자들이 많이 살았다. 1824년 발메낙이 이곳에 합법적인 증류소를 세웠을 때 이곳은 이미 위스키의 중심지였다. 발메낙을 설립했던 가문은 나중에 걸출한 두 명의 작가, 〈Whisky Galore〉를 지은 컴프튼 맥킨지(Compton Mackenzie)와 〈Scotch: The Whisky of Scotland in Fact and Story〉외에 군대, 첩보, 여행에 관한 책을 썼던 로버트 부르스 로커트(Robert Bruce Lockhart)를 탄생시켰다. 발메낙은 나중에 스트라스스페이 철로의 덕을 보게 된다. 이 증류소에서 만들어진 몰트 위스키는 크라비(Crabbie's)와 조니워커(Johnnie Walker)를 포함하여 많은 블렌디드 위스키의 원액으로 사용된다.

1991년 알코올 도수 43%의 플로라 앤 파우나 시리즈로 싱글몰트 위스키를 처음 출시시켰으며 그 위스키는 진한 헤더 허니의 풍미와 허브향의 드라이함 그리고 셰리 풍미를 지니고 있다. 2년 뒤 유나이티드 디스틸러스는 발메낙을 휴업시켰고 그로부터 4년 뒤 인버하우스로 소유권이 넘어가면서 12년, 18년 제품이 독립병입자 디어스토커(Deerstalker)의 레이블을 달고 출시되고 있다.

하우스 스타일 강하고. 허브향. 짭짜름하며 약간의 피트향. 놀랍게도 음식과 잘 어울린다.

BALMENACH 12-year-old, Deerstalker, 46% abv
발메낙 12년 디어스토커 46%

⸺ SCORE 78 ⸺

NOSE ▸ 셰리향. 달콤한 과일향 그리고 약간 자극적인 매운향. 희미한 짠내음.

PALATE ▸ 과일향. 입안에서 굉장히 스파이시하고 후추 느낌과 약간의 셰리 풍미가 느껴진다.

FINISH ▸ 점점 매운맛이 강해지며, 초콜릿 코팅된 건포도맛의 여운이 있다.

THE BALVENIE 발베니

소유자 William Grant & Sons Ltd
지역 Highlands **지구** Speyside (Dufftown)
주소 Dufftown, Banffshire, AB55 4BB
홈페이지 www.thebalvenie.com
방문자센터 있음

스페이사이드의 매혹적인 꿀로 잘 알려진 발베니는 최근 점점 귀족적인 면모를 갖추더니 마치 자신들이 적법한 후손인 것처럼 빈티지 제품들을 소개하는 것으로 점점 더 그들의 영지를 확장시키고 있다. 발베니 증류소의 풍성하고 매혹적인 특성은 사람들의 마음을 쉽게 사로잡는다.

훌륭한 품질로 유명하지만 역설적으로 Bad penny(역주 - 위조 동전이라는 뜻으로, 발베니와 발음이 비슷한 데서 착안한 언어유희)라는 별명이 발베니를 가장 쉽게 떠올리는 수단이 될 수 있다. 발베니 증류소는 이미 글렌피딕을 1886년에 설립했던 그랜츠 가문에 의해 1892년 설립되었다. 위스키 역사에 있어 증류소가 같은 소유주 아래에 오래 남아 있는 경우는 매우 드문 일인데, 글렌피딕과 발베니는 아직까지 같은 소유주와 처음 설립되었던 부지에 나란히 위치해 있다. 하나는 세계에서 가장 많이 팔리는 싱글몰트 위스키로 성장하였고, 다른 하나는 럭셔리의 상징이 되었지만 두 증류소 모두 중고 증류기를 설치하는 등 소박하게 설립되었다. 발베니의 증류기는 더 둥글고 볼록한 형태를 가지고 있으며, 이러한 특징이 의심할 여지 없이 발베니의 독특한 특성을 부여한다. 증류소는 또한 자체 작은 플로어몰팅 공간에서 자신들의 농장에서 생산된 보리를 몰팅하고 있다. 1962년 창고 직원으로 시작했던 발베니의 몰트 마스터 데이비드 스튜어트(David Stewart)는 위스키 경력 60년 동안 그의 사랑이 담긴 발베니의 새로운 제품들을 만들어 내고 있다.

1990년 그랜츠는 3번째 증류소 키닌비를 설립하였다. 키닌비에서 크리미한 증류주를 만들고 있지만 싱글몰트로 병입하는 경우는 무척 드물다. 창고 용량을 늘리기 위해 1992년 그랜츠가 인수한 휴업 중인 콘발모어 증류소는 이 부지에 인접해 있다.

그랜츠 부지는 피딕 강과 둘란 강이 스페이로 가는 길에 만나는 더프타운에 있다. 발베니 증류소 인근에는 적어도 1200년대에 지어진 같은 이름의 성이 있다. 이 성은 한때 모틀락(Mortlach)으로 알려진 적이 있었고 더프 가문이 소유한 적이 있다. 현재는 스코틀랜드 정부 소유이다.

하우스 스타일 가장 벌꿀맛이 많이 나는 몰트 위스키이며 두드러진 오렌지향을 지니고 있다. 고급스러움. 저녁식사 후 추천. 숙성될수록 맛이 좋다.

THE BALVENIE 12-year-old, Double Wood, 40% abv
발베니 12년 더블우드 40%

퍼스트 필, 세컨드 필에서 숙성시킨 원액을 6~12개월 동안 올로로소 셰리 캐스크에서 추가 숙성

=== SCORE 87 ===

NOSE ▸▸   셰리향, 오렌지껍질향

PALATE ▸▸   부드러운 풍미와 견과류, 달콤한 풍미, 셰리 풍미의 아름다운 조화, 오렌지의
신선함과 헤더, 시나몬의 스파이시함

FINISH ▸▸   길고, 톡 쏘며, 입안이 따뜻해진다.

THE BALVENIE 17-year-old, Double Wood, 43% abv
발베니 17년 더블우드 43%

=== SCORE 88 ===

NOSE ▸▸   벌꿀, 맥아, 바닐라, 덜 익은 바나나와 청사과

PALATE ▸▸   말린 과일, 맥아, 바닐라, 시나몬, 정향

FINISH ▸▸   길고 부드러운 향신료 풍미의 오크

THE BALVENIE 14-year-old, Caribbean Cask, 43%
발베니 14년 캐리비안 캐스크 43%

=== SCORE 86 ===

NOSE ▸▸   크리미, 벌꿀, 바닐라, 화이트럼, 열대과일향

PALATE ▸▸   맥아, 크림, 과일 풍미가 진하게 올라오다가 잔잔해진다.

FINISH ▸▸   스파이시함, 오키, 약간의 당밀맛이 남는다.

THE BALVENIE 12-year-old, Single Barrel (First-fill), 48% abv
발베니 12년 싱글배럴(퍼스트 필) 48%

SCORE 88

NOSE ▸▸ 아이싱슈거, 벌꿀, 버블껌, 승도복숭아
PALATE ▸▸ 바닐라, 벌꿀, 향신료, 구운 사과향과 캐러멜
FINISH ▸▸ 스파이시한 벌꿀향이 긴 여운으로 남는다.

THE BALVENIE 15-year-old, Single Barrel, 47.8% abv
발베니 15년 싱글배럴 47.8%

SCORE 90

NOSE ▸▸ 신선하고 깨끗하다. 스타버스트 사탕, 투티푸르티 아이스크림
PALATE ▸▸ 굉장한 레몬과 라임 풍미. 깨끗하고 달콤한 보리와 바닐라의 맛. 그리고 약간
의 아이싱슈거와 향신료. 매우 여름스럽고, 매우 상쾌하며, 매우 풍성하다.
FINISH ▸▸ 웅장하고 달콤하며, 과일와 함께 폭발적인 향신료향이 길게 남는다.

THE BALVENIE 21-year-old, Port Wood, 40% abv
발베니 21년 포트우드 40%

대부분의 기간을 버번 캐스크에서 숙성시킨 후 짧게 퍼스트 필 포트캐스크통에 숙성시킨다.

SCORE 88

NOSE ▸▸ 향수같고, 과일향, 패션프루트, 건포도향, 견과류의 드라이함, 마지팬
PALATE ▸▸ 매우 복합적인 풍미를 지녔으며 토피, 팔각, 크림, 와인의 느낌이 있다.
FINISH ▸▸ 삼나무 느낌과 드라이한 여운이 길게 간다.

THE BALVENIE 25-year-old, 48% abv
발베니 25년 48%

SCORE 88

NOSE ▸▸ 맥아, 벌꿀, 조림 사과, 헤이즐넛과 베이킹 스파이스
PALATE ▸▸ 잘 익은 복숭아, 오렌지껍질, 브리틀 토피, 과일 향신료
FINISH ▸▸ 캐러멜, 육두구, 달콤한 오크의 풍미

THE BALVENIE Tun 1509, Batch 7, 52.4% abv
발베니 툰 1509 배치 7 52.4%

10개의 셰리 버트, 7개의 셰리 호스그헤드, 4개의 아메리칸 오크 배럴에서 숙성시킨 원액들을 블렌딩하여 출시

SCORE 88

NOSE ▸▸ 프루트칵테일, 크림, 벌집, 부드러운 향신료
PALATE ▸▸ 달콤한 잘 익은 빨간 사과맛, 살구, 각종 향신료, 살짝 나는 오크맛
FINISH ▸▸ 스파이시한 몰티, 드라이한 오크의 여운이 길게 남는다.

면세점용
THE BALVENIE The Creation of a Classic, 43% abv
발베니 더 크레이션 오브 어 클래식 43%

SCORE 83

NOSE ▸▸ 부드럽고, 꽃향기, 생강, 크림
PALATE ▸▸ 크리미, 배 통조림, 복숭아, 곡물향과 토피, 점점 견과류 느낌이 강해진다.
FINISH ▸▸ 과일향과 너트밀크초콜릿, 드라이한 오크

BEN NEVIS 벤 네비스

소유자 Ben Nevis Distillery Ltd (Nikka)
지역 Highlands **지구** West Highlands
주소 Lochy Bridge, Fort William, PH33 6TJ
홈페이지 www.bennevisdistillery.com
방문자센터 있음

벤 네비스는 같은 이름으로 싱글몰트 위스키와 블렌디드 위스키가 출시되는 몇 안되는 위스키 중 하나이므로 벤 네비스 몰트 위스키를 찾을 때에는 주의가 필요하다. 이 증류소는 1825년에 설립되었으며 현재 일본 닛카의 소유이다. 스코틀랜드에서 가장 높은 벤네비스산(1,344m) 기슭의 포트윌리엄에 위치해 있다. 관광객이 많이 다니는 도로 주변에 있어서 다른 증류소들과는 비교적 멀리 떨어져 있다. 웨스턴 하이랜드에 위치한 지역적인 특색은 바다 협만에 가깝다는 점에서 더욱 증폭된다. 지금은 고인이 된 증류소에서 오랫동안 근무했던 매니저 콜린 로스(Colin Ross)는 거대한 산 앞에서 "우리는 해안가 증류소이다."라고 주장했다.

하우스 스타일 향기롭고, 강건하다. 왁스 처리된 과일, 열대과일, 오일리, 약간의 훈연향. 휴식 중이나 침실에서 책을 읽으면서 한잔하면 좋다.

BEN NEVIS MacDonald's Traditional Ben Nevis, 46% abv
벤 네비스 맥도날드 트레디셔널 벤 네비스 46%

SCORE 79

NOSE ▸▸ 처음에는 전분, 다음에는 버터 훈제 대구, 약간의 매운향, 셰리, 우아한 나무 스모크
PALATE ▸▸ 오일리, 스파이시함, 헤이즐넛, 타르 피트
FINISH ▸▸ 조린 과일, 화한 느낌의 담뱃재향이 지속된다.

BEN NEVIS 10-year-old, 40 or 43% abv
벤 네비스 10년 40% 혹은 43%

벤 네비스 10년 40% 혹은 43%, 시장에 따라 다르다.

=== SCORE 77 ===

NOSE ▶▶ 향수, 스파이시함, 부드러운 향, 왁스 처리된 과일, 금귤, 블랙초콜릿

PALATE ▶▶ 크고, 부드럽고, 오렌지 크림 프랄린이 들어간 다크초콜릿, 벨기에 와플

FINISH ▶▶ 오렌지제스트, 가벼운 드라이, 약간의 담배 연기

BEN NEVIS Coire Leis, 46% abv
벤 네비스 코리쉬 일레 46%

=== SCORE 78 ===

NOSE ▶ 레몬제스트, 벌꿀, 우디 스파이스, 맥아, 보리 단맛

PALATE ▶▶ 살짝 오일리, 토피, 벌꿀, 밀크초콜릿, 잘 익은 배향

FINISH ▶▶ 스파이시함, 후추, 훈제된 칠리

BENRIACH 벤리악

소유자 BenRiach Distillery Company (Brown-Forman)
지역 Highlands **지구** Speyside (Lossie)
주소 Longmorn, Elgin, Morayshire, IV30 3SJ
홈페이지 www.benriachdistillery.co.uk
방문자센터 있음

스코틀랜드의 모든 증류소 중에서 최근 몇 년간 벤리악이 일궈낸 변화를 따라잡을 만
한 곳은 브룩라디(Bruichladdich)뿐이다. 페르노리카에 의해 휴업을 당했던 벤리악
증류소를 예전 번스튜어드의 위스키 마스터였던 빌리 워커(Billy Walker)가 남아공
자본의 컨소시엄을 통해 사들였다. 그리고 2016년 브라운포맨이 2억8천5백만 파운
드를 들여 컨소시엄으로부터 글렌드로낙, 글렌글라사와 함께 벤리악을 사들였다.
벤리악은 롱몬 증류소와 가까우며 몇 년 동안 롱몬 2번 증류소(Longmorn No 2)로
알려져 있었다. 그러나 이 증류소의 생산량은 이 지역의 전형적인 생산량과는 거리가
멀었고, 이전 소유주들은 자신들에게 아일레이 증류소가 없다는 사실을 보완하기 위
해 피티드 위스키 생산을 실험하기도 했다. 지난 몇 년 동안 워커와 그의 팀은 이 섬
의 명성에 걸맞은 진한 피티드 위스키를 비롯한 다양한 몰트 위스키를 출시했다. 그
결과 벤리악은 스코틀랜드에서 가장 매혹적인 증류소로 성장했다. 2012년에는 플로
어 몰팅을 다시 사용하기 시작하였다.

하우스 스타일 버터스카치 향의 쿠키 같음. 휴식 중이나 오후에 한잔

BENRIACH The Original Ten, 43% abv
벤리악 오리지널 10년 43%

⸻ SCORE 81 ⸻

NOSE ▸▸ 열대과일, 바닐라, 벌꿀, 생강
PALATE ▸▸ 핵과류 열매, 맥아 그리고 밀크초콜릿
FINISH ▸▸ 헤이즐넛, 핫초콜릿, 가벼운 향신료 풍미, 연한 스모크

BENRIACH The Original Twelve, 46% abv
벤리악 오리지널 12년 46%

NOSE ▸▸ 조린 과일의 따뜻한 느낌, 오렌지껍질, 약간의 라임향
PALATE ▸▸ 벌꿀, 밀크커피, 무화과, 말린 과일 풍미
FINISH ▸▸ 블랙커런트, 감초, 생기 있는 향신료로 마무리

BENRIACH The Smoky Ten, 46% abv
벤리악 더 스모키 10년 46%

NOSE ▸▸ 가벼운 피트스모키, 손으로 만 담배향, 열대과일, 담뱃재
PALATE ▸▸ 핵과류, 향신료, 바닐라, 새 가죽향, 피트 타는 냄새, 다크초콜릿
FINISH ▸▸ 오크, 후추, 소금과 흙내음 나는 피트향으로 마무리

BENRIACH The Smoky Twelve, 46% abv
벤리악 더 스모키 12년 46%

NOSE ▸▸ 섬세한 나무 훈연향, 바닐라, 당밀향
PALATE ▸▸ 따끔거리는 연기, 붉은 사과, 에스프레소, 약간의 짠맛
FINISH ▸▸ 감초, 담배와 감칠맛

BENRIACH 21-year-old, 46% abv
벤리악 21년 46%

버번 배럴, 새 오크통, 페드로 히메네즈 셰리 캐스크, 그리고 레드와인 캐스크에서 숙성된 원액을
혼합하여 출시한 제품

▭ SCORE 85 ▭

NOSE ▸▸ 오렌지 퐁당, 갱엿, 벌꿀
PALATE ▸▸ 살짝 스모키한 과수원 과일, 셰리, 건포도
FINISH ▸▸ 섬세한 스모키, 다크초콜릿, 약간 탄닌이 있는 오크 풍미

BENRIACH 25-year-old, 46.8% abv
벤리악 25년 46.8%

올로로소 셰리, 버번 배럴, 새 오크통에서 숙성된 원액을 혼합하여 출시한 제품

▭ SCORE 87 ▭

NOSE ▸▸ 붉은 베리류, 크램, 새 가죽향
PALATE ▸▸ 가벼운 꽃향기와 훈연향, 복숭아, 올로로소 셰리, 슈가드 아몬드
FINISH ▸▸ 코코아, 백후추, 비교적 드라이한 오크의 여운

BENRIACH 30-year-old, 46% abv
벤리악 30년 46%

셰리 캐스크, 버번 배럴, 새 오크통, 포트 캐스크에서 숙성된 원액을 혼합하여 출시한 제품

▭ SCORE 85 ▭

NOSE ▸▸ 따뜻한 엔진오일, 오래된 가죽 외투, 은은한 연기, 호두
PALATE ▸▸ 풀 바디, 벌꿀이 뿌려진 검은 베리류, 스파이시한 다크초콜릿
FINISH ▸▸ 건포도 풍미, 벌꿀과 후추 느낌의 오크향이 길게 지속된다.

BENRIACH Malting Season, First Edition, 48.7% abv
벤리악 몰팅 시즌, 퍼스트 에디션 48.7%

⸺ SCORE 84 ⸺

NOSE ▸▸ 보리, 몰트, 익힌 배, 브라운슈가

PALATE ▸▸ 육감적인 벌꿀과 퍼지 브라우니. 입안 전체가 코팅된 느낌. 크림 캐러멜과 육두구

FINISH ▸▸ 스파이시하게 잘 익은 바나나

면세점용

BENRIACH Quarter Cask, 46% abv
벤리악 쿼터 캐스크 46%

⸺ SCORE 82 ⸺

NOSE ▸▸ 상당히 과묵하며. 지푸라기향, 초록배, 백후추향

PALATE ▸▸ 보리, 달콤한 오크향. 벌꿀에 뿌려진 배의 풍미

FINISH ▸▸ 감귤류, 보리, 부드러운 오크향

BENRIACH Smoky Quarter Cask, 46% abv
벤리악 스모키 쿼터 캐스크 46%

═══ SCORE 80 ═══

NOSE ▸▸ 달콤함, 향기로운 스모키, 과수원 과일, 허브향

PALATE ▸▸ 첫 맛은 저몰린(Germolene), 다음은 배맛과 복숭아맛이 진해진다.

FINISH ▸▸ 감귤류, 그리고 피트 태우고 남은 재 느낌의 여운이 남아 있다.

BENRIACH Triple Distilled 10-year-old, 43% abv
벤리악 트리플 디스틸드 10년 43%

버번 배럴, 페드로 히메네즈 캐스크, 그리고 새 오크통에서 숙성된 원액을 혼합하여 출시한 제품

═══ SCORE 82 ═══

NOSE ▸▸ 향기롭고, 신선한 지푸라기향, 초록 바나나, 멜론, 백후추

PALATE ▸▸ 몰트, 벌꿀, 브리틀 토피, 청사과

FINISH ▸▸ 보리, 백후추, 갓 자른 오크향의 여운

BENRINNES 벤리네스

소유자 Diageo
지역 Highlands **지구** Speyside
주소 Aberlour, Banffshire, AB38 9WN
TEL 01340 872500

벤리네스는 원래 산 이름으로 분리된 두 단어인데, 증류소 이름이나 위스키 이름의 벤리네스는 한 단어로의 조합이 너무 깔끔해서 이를 간과하기 쉽다. 벤리네스는 신생 증류소가 아니다. 1820년에 처음 설립되었고, 1950년대 크게 다시 지어졌다. 이 증류소는 오랜 기간 동안 크래포트 블렌디드 위스키와 관계를 맺고 있다.

벤리네스는 1991년 플로라 앤 파우나 한정품이 출시되기 이전까지는 공식적인 싱글 몰트 위스키가 없었다. 일부 3회 증류 시스템 덕분에 벤리네스는 디아지오 그룹 내에서도 특색 있는 증류소 중 하나로 손꼽힌다.

하우스 스타일 크고, 크리미하고 스모키하며 맛이 좋다. 휴식이나 저녁식사 후에 적당하다.

BENRINNES Flora and Fauna 15-year-old, 43% abv
벤리네스 플로라 앤 파우나 15년 43%

▭ SCORE 90 ▭

NOSE ▸▸   맥아와 생강. 점점 진하게 느껴지는 무화과, 대추, 그리고 오래된 가죽. 부드럽게 느껴지는 짭조름함

PALATE ▸▸   풍부하고, 라운드하다. 셰리맛, 가벼운 훈연된 감귤류맛

FINISH ▸▸   비교적 긴 여운. 은은하게 느껴지는 고기맛. 점점 진해지는 셰리맛, 거기에 캐러멜, 생강뿌리맛까지 추가된다

BENROMACH 벤로막

소유자 Gordon & MacPhail
지역 Highlands **지구** Speyside (Findhorn)
주소 Invererne Road, Forres, Moray, IV36 3EB
홈페이지 www.gordonandmacphail.com
방문자센터 있음

벤로막은 1980년대 유나이티드 디스틸러스 소속일 때는 문을 닫고 폐업한 듯 보였다. 인버네스에서 스페이사이드로 들어온 관광객들을 처음 맞이하는 증류소는 대문을 굳게 닫은 상태였다. 더욱 슬픈 건 증류기마저 철거했었다는 사실이다. 유나이티드는 20년이 지나 레어 몰트 시리즈를 하나 출시했다. 특별한 경우를 제외하고는 수년 동안 벤로막은 독립병입자 제품으로만 출시되었다.

꽃향기가 특징인 12년과 조금 더 과일향이 강했던 15년 둘 다 인기가 많은 제품들이었고 이 책의 4번째 개정판에서 각각 77점의 점수를 받았지만 지금은 단종되었다. 아무리 숙성창고에 숙성 중인 원액이 많다고 하더라도 한계는 있는 법. 벤로막 애호가들은 슬퍼했고, 독립병입자들은 위스키 원액 공급처를 잃게 되었다. 그때 고든 앤 맥페일이 이 증류소를 사기로 결정했다. 거기에 기존보다는 작은 증류기를 재설치하였는데, 이 아이디어는 기존의 수요를 충족시킬 뿐만 아니라 조금 더 풍부한 성격의 원액을 만들었다.

새로운 벤로막의 증류소는 1998년 다시 문을 열었는데, 이때 당시 왕세자였던 찰스 왕이 참석했다. 이후 수많은 다양하고 진취적인 제품들이 출시되었고, 새롭고 행복한 생명의 숨결이 증류소와 싱글몰트 위스키에 불어넣어졌다. '고든 앤 맥페일에 의해 병입되었다'는 단순한 문구는 '고든 앤 맥페일에 의해 증류, 병입'되었다(Distilled and bottled by Gordon & MacPhail)'라는 전설적인 문구로 바뀌었다.

하우스 스타일 견고하고, 꽃향기, 가끔은 크리미하다. 디저트 혹은 저녁식사 직후 추천

BENROMACH 10-year-old, 43% abv
벤로막 10년 43%

⊏⊐ SCORE 83 ⊏⊐

NOSE ▸▸ 새 가죽향, 훈제된 오렌지, 마지팬, 감초
PALATE ▸▸ 리치, 달콤한 가죽, 과수원 과일
FINISH ▸▸ 탠지(Tangy) 프루트, 핫초콜릿, 미디엄 드라이 셰리

BENROMACH 15-year-old, 43% abv
벤로막 15년 43%

ㅡㅡ SCORE 83 ㅡㅡ

NOSE ▸ 꽃향기, 맥아, 벌꿀, 따뜻한 가죽향, 스파이시한 복숭아향, 우드스모크
PALATE ▸ 풀 바디 자파오렌지, 코코아파우더, 훈연된 생강
FINISH ▸ 부드러운 허브향, 생강, 나무 모닥불

BENROMACH 21-year-old, 43% abv
벤로막 21년 43%

ㅡㅡ SCORE 84 ㅡㅡ

NOSE ▸ 매우 약한 가죽향, 스모크, 과수원 과일, 셰리
PALATE ▸ 강한 맥아, 밀크초콜릿, 살구 조림, 프랄린, 오크 풍미
FINISH ▸ 셰리, 후추, 연한 모닥불, 다크초콜릿

BENROMACH 40-year-old (2021 release), 57.1% abv
벤로막 40년 2021년 출시 57.1%
퍼스트 필 올로로소 셰리 캐스크에서 숙성

ㅡㅡ SCORE 90 ㅡㅡ

NOSE ▸ 갓 벤 오크향, 생강, 아마씨, 나무수지
PALATE ▸ 놀라울 정도로 강한 열대과일, 브라운슈가, 약간의 가염 버터
FINISH ▸ 입안이 따뜻해지며, 세비야 오렌지 마멀레이드, 시나몬, 홍차의 여운이 길게 남는다.

BENROMACH Vintage 2009, Batch No 4 (bottled 2020), 57.2% abv

벤로막 2009년 빈티지 배치 No 4 2020년 병입 57.2%

SCORE 85

NOSE ▸▸ 스파이시한 오렌지, 캐러멜, 부드러운 피트, 오크향

PALATE ▸▸ 관능적인 새 가죽향, 오렌지, 셰리와 후추 느낌의 피트

FINISH ▸▸ 익힌 배, 섬세한 스모키, 다크초콜릿

BENROMACH Contrasts Peat Smoke, 46% abv

벤로막 콘트라스트 피트 스모크 46%

퍼스트 필 버번 배럴에서 숙성

SCORE 83

NOSE ▸▸ 버터, 약한 피트, 헤이즐넛, 그리고 시나몬

PALATE ▸▸ 향기로운 담배향이 가득하며, 오렌지껍질, 바닐라, 피트

FINISH ▸▸ 드라이한 피트맛, 구운 살구, 약간의 감초향의 여운

BENROMACH Contrasts Organic, 46% abv

벤로막 콘트라스트 오가닉 46%

SCORE 84

NOSE ▸▸ 단향이 풍부한 셰리향, 마지팬, 캐러멜, 대팻밥

PALATE ▸▸ 바노피(banoffee) 파이, 벌꿀, 정향, 백후추

FINISH ▸▸ 지속적으로 남는 바나나, 생강, 밀크초콜릿

BLADNOCH 블라드녹

소유자 David Prior
지역 Lowlands **지구** Borders
주소 Bladnoch, Wigtownshire, DG8 9AB
홈페이지 www.bladnoch.com
방문자센터 있음

울스터맨 레이몬드 암스트롱(Ulsterman Raymond Armstrong)은 1994년 10월 폐업 상태였던 블라드녹 증류소를 인수한 후 재가동을 위해 대대적인 작업을 하였고, 2000년 12월 다시 증류기를 가동하였다. 블라드녹의 부활 덕분에 스코틀랜드 남서쪽 코너 깊은 곳, 로우랜드 외딴 지역의 위스키 자부심이 되살아나게 되었다. 모든 징후가 고무적이었고, 일부는 피트하고 일부는 피트하지 않은 위스키들이지만 전부 독특하고 인상적인 몰트 위스키 원액들이 잘 조합되었다.

블라드녹은 스코틀랜드 가장 남쪽에서 운용 중인 증류소이다. 증류소에서 사용하는 물은 잉글랜드 국경의 솔웨이 피스로 흘러가는 블라드녹 강의 물이다. 매우 작은 이 증류소는 원래 1817~1825년 사이 농장에 설립되어 인근의 보리를 사용했고 그 시절에는 3회 증류를 실시했었다. 1993년 유나이티드 디스틸러스가 소유했을 때 휴업에 들어갔다. 인근에는 서점으로 유명한 위그타운이 있고, 조금만 더 가면 로비번즈 하우스를 방문할 수 있는 덤프리가 있다.

레이몬드 암스트롱은 증류소 건물을 산 후에 별장으로 개조하려고 하였으나, 곧 원래의 용도인 증류소로 활용하기로 마음먹었다. 측량사이자 건축업자였던 그는 위스키 산업과 전혀 연관이 없었지만 그의 집안은 북아일랜드와 가까운 위그타운서와 관련이 있었다. 2014년에 블라드녹을 소유했던 회사가 청산 절차에 들어가고 증류소를 폐업시켰는데, 이듬해 호주출신 사업자 데이비드 프라이어(David Prior)가 블라드녹 증류소를 인수하였고, 업그레이드해서 다시 가동하기 시작하였다.

하우스 스타일 풀내음, 레몬, 부드럽고 가끔씩은 바나나향이 난다. 전형적인 로우랜드 몰트이며 디저트 위스키로 적합하다.

BLADNOCH Samsara, 46.7% abv
블라드녹 삼사라 46.7%

퍼스트 필 버번 배럴과 캘리포니아 와인 호그스헤드에서 8~10년 숙성시킨 원액으로 출시

══ SCORE 80 ══

NOSE ▸▸ 처음에는 부드러운 짭쪼름한 풍미가 있으며 점점 복숭아와 크림향이 진해지며 약간의 향신료향이 있다.

PALATE ▸▸ 크림맛이 나며, 달콤한 망고맛, 패션프루트와 바닐라

FINISH ▸▸ 스파이시한 배향과 약간의 탄닌이 지속된다.

BLADNOCH Vinaya, 46.7% abv
블라드녹 비나야 46.7%

퍼스트 필 버번 배럴과 퍼스트 필 셰리 캐스크에서 숙성시킨 원액을 혼합하여 출시한 제품

══ SCORE 80 ══

NOSE ▸▸ 바닐라 곡물, 아미씨 오일, 배주스, 버터스카치

PALATE ▸▸ 슈가아몬드, 토피, 벌꿀, 밀크초콜릿

FINISH ▸▸ 생강, 맥아의 여운이 비교적 짧다.

BLADNOCH 11-year-old, 46.7% abv
블라드녹 11년 46.7%

버번 캐스크에서 숙성

══ SCORE 80 ══

NOSE ▸▸ 자몽 키위주스, 벌꿀, 살짝 오크향

PALATE ▸▸ 크림, 팝콘, 솔티드캐러멜, 승도복숭아와 살구

FINISH ▸▸ 레몬, 감초, 살짝 짠맛이 남는다.

BLADNOCH 14-year-old, 46.7% abv
블라드녹 14년 46.7%

올로로소 셰리 캐스크에서 숙성

═══ SCORE 80 ═══

NOSE ▸ 뜨거운 고무냄새가 스쳐 지나가고, 약간 짭쪼름한 향. 자파오렌지, 다크초콜
       릿, 건포도

PALATE ▸ 셰리, 잘 익은 체리, 가구광택제, 무화과, 다크초콜릿

FINISH ▸ 블랙베리류와 스파이시한 오크 풍미가 지속된다.

BLADNOCH 19-year-old, 46.7% abv
블라드녹 19년 46.7%

페드로 히메네즈 셰리 캐스크에서 숙성

═══ SCORE 80 ═══

NOSE ▸ 당밀의 오일리함, 무화과, 너무 익은 바나나향, 점점 진해지는 블랙베리향

PALATE ▸ 견과류의 고소함, 자두, 코코아, 대추, 각종 향신료

FINISH ▸ 육두구향과 살짝 쓴 오크 풍미가 오랫동안 지속된다.

BLAIR ATHOL 블레어 아솔

소유자 Diageo
지역 Highlands   지구 Eastern Highlands
주소 Pitlochry, Perthshire, PH16 5LY
홈페이지 www.malts.com
방문자센터 있음

블레어는 평지, 개척지, 전장 혹은 그런 곳에서 출생한 사람들을 뜻하는 스코틀랜드
식 이름이다. 블레어 캐슬은 아솔(Atholl) 공작의 집이었다. 공작의 이름은 L을 두 개
사용하지만, 이 증류소는 하나의 L을 고수한다. 이 증류소 인근에 피트로크리 리조트
가 있다. 멋진 디자인이 아름답게 유지되고 있는 이 리조트의 시작은 1789년으로 거
슬러 올라간다. 블레어 아솔의 원액은 스카치위스키 벨즈(Bell's)의 블렌딩용으로 사
용되었다. 블레어 아솔의 원액은 빨리 성숙되고 너무 튀지 않는 신사같다. 덩치가 크
기보다는 던던하고 균형 집혔으며, 더 많은 세리를 가졌지만 과시적이거나 호전적이
지 않다.

하우스 스타일 숏브레드와 생강케이크를 연상시키며, 스파이시하고 고소하다.

오후쯤 마시기 적당하다.

BLAIR ATHOL 12-year-old, 43% abv
블레어 아솔 12년 43%

ⅽ═ SCORE 78 ═⊃

NOSE ▸▸ 풍부하고, 촉촉하며 케이크와 같은 향. 레몬그라스와 아쌈티(희미한 피트?)

PALATE ▸▸ 향신료 풍미가 감도는 케이크 냄새. 캔디드 레몬껍질. 많은 풍미들이 점점 진해진다.

FINISH ▸▸ 가벼운 스모키. 뿌리 느낌. 당밀. 달콤함과 드라이한 맛의 밸런스가 좋음.

BLAIR ATHOL 23-year-old (Diageo Special Releases 2017), 58.4% abv
블레어 아솔 23년 디아지오 스페셜 릴리즈 2017년 58.4%

유러피언 셰리 버트 캐스크에서 숙성

ⅽ═ SCORE 84 ═⊃

NOSE ▸▸ 풍부하고 브리틀 토피. 폐당밀. 팔각. 후추. 시가상자

PALATE ▸▸ 풀 바디. 약간 짭조름. 크림셰리 풍미. 오래된 가죽. 아몬드와 생강

FINISH ▸▸ 후추 느낌과 따뜻한 느낌이 길게 남는다.

독립병입

BLAIR ATHOL 8-year-old Concept 8 Release 1, 40.8% abv
블레어 아솔 8년 컨셉 8 릴리즈 1, 40.8%

ⅽ═ SCORE 76 ═⊃

NOSE ▸▸ 잘 익은 복숭아. 레몬주스. 가벼운 맥아

PALATE ▸▸ 크리미. 살구. 캐러멜. 생강쿠키

FINISH ▸▸ 생강. 백후추. 미묘한 오크향

BLAIR ATHOL 14-year-old Darkness Oloroso Cask Finish, 52.2% abv
블레어 아솔 14년 다크니스 올로로소 캐스크 피니쉬 52.2%

ⅽ═ SCORE 82 ═⊃

NOSE ▸▸ 건포도향이 가득하고 자두. 우디 스파이스

PALATE ▸▸ 셰리 느낌이 강하고, 무화과. 크리스마스 케이크. 다크초콜릿. 시나몬

FINISH ▸▸ 후추. 데메라라 설탕. 당밀

BOWMORE 보모어

소유자 Morrison Bowmore Distillers Ltd (Beam Suntory)

지역 Islay   **지구** Lochindaal

주소 Bowmore, Islay, Argyll, PA34 7JS

홈페이지 www.bowmore.com

방문자센터 있음

보모어 마을은 아일레이의 '수도'지만 로간강이 로크인달만으로 흘러가는 작은 마을에 불과하다. 늪지대 가장자리의 둥근 형태의 교회 언덕에서 아래쪽 항구를 내려다볼 수 있다. 보모어 증류소는 1779년에 설립된 이래 아름다운 상태를 보존하고 있는데, 장식용 탑이 있는 인근의 초등학교와 혼동하지 않아야 한다. 보모어 위스키는 지리적, 미각적 측면에서 남쪽 해안의 강렬한 몰트와 북쪽의 극단적으로 부드러운 몰트 중간 사이에 있다. 보모어의 캐릭터는 타협이 아니라 수수께끼와 같아서 시음자가 보모어가 가지고 있는 복잡함을 풀기에 어렵다. 보모어는 최근 여러 개의 품질이 뛰어난 스페셜 제품들을 출시함으로써 뛰어난 피트 몰트 위스키임을 증명했다. 사용되는 물은 철분이 함유된 바위에서 솟아 피트지대를 통과하면서 이끼와 양치류 식물, 덤불을 거쳐 라간강을 따라 증류소에 흘러 들어온 물을 사용한다. 대부분의 아일레이 지역 피트는 식물 뿌리를 많이 함유하고 있는데, 보모어에는 모래가 많이 섞여 있다. 이 증류소는 열보다 더 많은 훈연을 시킬 수 있도록 피트를 부수어서 태우는 자체 몰팅 설비를 가지고 있다. 보모어의 몰트는 다른 강렬한 아일레이의 위스키보다 더 짧게 피트 훈연 과정을 가진다. 숙성 시에는 최대 30%를 셰리 캐스크에서 숙성시킨다. 이 증류소는 서쪽 바람에 많이 노출되어 다른 증류소보다 아로마와 풍미의 복합성 속에 더 많은 오존이 있다.

하우스 스타일 스모키, 잎냄새(양치류?), 바다공기. 저숙성은 식사전, 고숙성은 식후용

BOWMORE No 1, 40% abv
보모어 No 1 40%

═══ SCORE 79 ═══

NOSE ▸▸   부드러운 스모키, 그린 바나나, 캐러멜, 정향
PALATE ▸▸   가벼운 오일리함, 우드스모키, 라임, 맥아, 약간의 짠맛
FINISH ▸▸   버터, 캐러멜, 소금

BOWMORE 12-year-old, 40% abv
보모어 12년 40%

═══ SCORE 82 ═══

NOSE ▸▸   레몬, 꿀, 가벼운 짠내
PALATE ▸▸   스모키, 감귤류, 점점 진해지는 코코아
FINISH ▸▸   하드캔디, 밀크초콜릿, 단내 나는 피트향이 지속된다.

BOWMORE 15-year-old, 43% abv
보모어 15년 43%

═══ SCORE 85 ═══

NOSE ▸▸   오일리, 세리, 스모키 캐러멜, 대추, 감귤류
PALATE ▸▸   풍부한 맥아, 토피, 다크초콜릿, 칵테일체리, 피트스모키, 약간의 오크향
FINISH ▸▸   세리, 짠내음, 부드러운 피트향, 스파이시한 오크

BOWMORE 18-year-old, 43% abv
보모어 18년 43%

SCORE 87

NOSE ▶ 생강사탕, 맥아, 약간의 피트, 약간 셰리
PALATE ▶▶ 처음에는 꽃향기, 셰리, 조린 과일, 복합적인 풍미
FINISH ▶ 견과류, 지속적인 피트 풍미가 오래간다.

BOWMORE 25-year-old, 43% abv
보모어 25년 43%

SCORE 88

NOSE ▶ 단내 나는 셰리의 풍부함, 약간의 스모키
PALATE ▶▶ 향수 같은 과일향, 토피, 셰리, 약간의 피트향과 오크의 탄닌감
FINISH ▶ 다크초콜릿, 견과류, 스모키 오크

BOWMORE 30-year-old, 46% abv
보모어 30년 46%

SCORE 93

NOSE ▶ 젖은 헤시안(hessian), 오래 숙성된 셰리, 생강, 파이프담배, 육두구, 가구 광택제
PALATE ▶▶ 감미롭고 달콤하며, 헤더 스모키, 브리틀 토피, 오렌지 마멀레이드
FINISH ▶ 건포도향이 길게 나며, 짠내음, 약한 스모크, 다크초콜릿

BRAEVAL 브레발

소유자 Chivas Brothers (Pernod Ricard)
지역 Highlands   **지구** Speyside (Livet)
주소 Chapeltown, Ballindalloch, Banffshire, AB37 9JS
TEL 01542 783200

2008년, 브레발 증류소의 재가동은 스코틀랜드 위스키 산업에는 좋은 뉴스였지만 달위니 증류소는 달가워하지 않았을 것이다. 이 뉴스는 달위니가 지키고 있던 스코틀랜드에서 가장 높은 곳에 위치한 증류소라는 타이틀이 깨져버렸다는 걸 의미하기 때문이다. 이 증류소의 본래 이름은 브레이스 오브 글렌리벳(Braes of Glenlivet)이고 이 책에서 리뷰한 위스키의 이름이기도 하다. 이 이름은 이웃이자 부모 격인 유명한 증류소와 연관되어 있다는 메리트를 지니고 있는 반면, 다른 회사들이 글렌리벳을 지역이나 스타일로 취급하지 않도록 설득하기는 어려워진다.

현재의 이름인 브레발은 오래된 이름의 형태이다. 브레는 게일어로 언덕 혹은 가파른 제방이라는 뜻이다. 산등성이에 위치한 브레발 증류소는 리벳강이 흐르는 개울 위에 자리 잡고 있다. 멋진 수도원 같은 외양과 로맨틱한 이름을 지녔지만, 이 증류소는 비교적 최근인 1973~1978년 사이에 지어졌다. 단 한 사람에 의해 가동되며, 그 한 사람도 부모 증류소격인 글렌리벳에서 파견된 사람이다. 브레발 증류소의 위스키 원액은 시바스리갈(Chivas Regal)과 그 밖의 블렌디드 위스키 원액에 공급된다.

하우스 스타일 가볍고 달콤하며, 벌꿀 같은 느낌이 있고 강한 풍미로 마무리된다. 식전주로 적합하다.

BRAES OF GLENLIVET 25-year-old (Secret Speyside Collection), 48% abv
브레이스 오브 글렌리벳 25년 시크릿 스페이사이드 컬렉션 48%

SCORE 85

NOSE ▸▸ 맥아, 벌꿀, 바닐라, 잘 익은 복숭아

PALATE ▸▸ 감미롭고, 초콜릿 퍼지 케이크의 달콤함, 벌꿀, 레몬, 시나몬

FINISH ▸▸ 스파이시한 살구, 코코아 파우더의 여운이 길게 간다.

BRAES OF GLENLIVET 27-year-old (Secret Speyside Collection), 48% abv
브레이스 오브 글렌리벳 27년 시크릿 스페이사이드 컬렉션 48%

SCORE 87

NOSE ▸▸ 토피, 구운 사과향, 헤이즐럿, 바닐라크림

PALATE ▸▸ 풍부하고 부드럽고, 가벼운 향신료 향, 크림뷔릴레, 진해져 가는 오크향

FINISH ▸▸ 톡 쏘는 과수원 과일, 핫초콜릿, 달콤한 오크

BRORA 브로라

소유자   Diageo
지역   Highlands   지구   Northern Highlands
주소   Brora, Sutherland, KW9 6LR
홈페이지   www.malts.com
방문자센터   있음

이 책을 업데이트하면서 느낀 즐거움 중 하나는, 비록 그 이야기의 역사적 측면은 여전히 클라이넬리쉬(Clynelish) 항목에서 찾을 수 있지만 브로라에도 독자적인 항목을 할당할 수 있는 기회를 얻게 되었다는 점이다.

브로라는 2019년에 복원 작업이 시작되어 2021년 5월에 '왁시', '스모키', '흙냄새' 스타일의 증류주를 생산하고 첫 번째 오크통을 채웠다. 1983년 이후 침묵을 지키고 있던 이 증류소는 증류실을 완전히 다시 짓기 위해 상당한 양의 구조적 건설 작업이 필요했다. 운 좋게도 한 쌍의 증류기가 여전히 남아 있어서 그 증류기를 정비하여 다시 설치했고, 오래된 웜텁은 교체하였다.

몰트는 전통적인 포르테우스 밀링머신으로 1983년과 같은 비율로 분쇄하였고, 최신 라우터 방식 대신 예전 레이크앤기어 매쉬툰 방식을 채용하였으며 전통적인 포워터 매싱 방식(four-water mashing, 역주 - 당화과정에 온수를 4회 투입하는 방식)을 사용한다. 워시백은 예전처럼 나무로 만든 워시백을 사용하였으며, 대부분의 증류소에 비해 발효기간을 길게 가져 감으로써 더 많은 에스테르를 형성하고 위스키에 강한 과일향의 캐릭터를 부여한다. 증류시간은 천천히 부드럽게 가동하여 알코올 증기단계를 길게 가지며, 최대한 구리와의 접촉을 길게 가져 감으로써 가능한 많은 황 성분들을 제거하여 비교적 가벼운 스타일의 원액을 생산한다.

하우스 스타일 풀 바디, 과일향, 흙내음, 해안가의 피트스모키

BRORA 34-year-old (Diageo Special Releases 2017), 51.9% abv
브로라 34년 디아지오 스페셜 릴리즈 51.9%

⊏ SCORE 92 ⊐

NOSE ▸   처음에는 흙내음, 바닐라, 잘 익은 배향, 점점 향수 느낌이 나면서 토피향이 진해진다.

PALATE ▸   입안에서 왁스 느낌이 나며, 달콤한 스모키, 정제된 매운 느낌, 레몬주스, 부드러운 가죽향과 스파이시한 다크베리류

FINISH ▸   아마씨유, 다크초콜릿, 가벼운 우드스모키

BRUICHLADDICH 브룩라디

소유자 Rémy Cointreau
지역 Islay   **지구** Lochindaal
주소 Bruichladdich, Islay, Argyll, PA49 7UN
홈페이지 www.bruichladdich.com
방문자센터 있음

섬 주민들은 역사적인 순간을 목격하기 위해 아이들도 무등 태워 가며 아일랜드 해안선에 모여들었다. 2001년, 브룩라디가 재가동되는 날이었다. 아침 비행기는 더 많은 손님을 태우기 위해 늦게 출발했다. 사람들은 하늘을 바라보았다. 10년을 기다렸는데 또 한 시간을 더 기다리라고? 브룩라디의 팬들은 런던, 시애틀, 도쿄에서 오고 있었다. 그들은 기쁨의 눈물을 흘렸으며, 밤에는 불꽃놀이까지 펼쳐졌다.

마크 레이니어(Mark Reynier)가 이끄는 새로운 소유자들은 셰리 캐스크, 버번 배럴, 퍼스트 필, 세컨필, 서드필 캐스크 등 여러 가지 오크통에 숙성 중인 원액들을 승계받았다. 아일레이 위스키 메이커 짐 맥큐언(Jim McEwan)이 다양하고 폭넓은 스타일의 위스키를 만든 결과물이었다. 어떤 위스키는 라이트하면서 섬세한 반면 어떤 위스키는 강건하였고, 이 증류소는 전형적인 아일레이 위스키 스타일을 만들지 않는 걸로 알려져 있지만 피트를 이용한 실험적인 제품들도 많이 생산하였다. 증류소의 위스키 중 하나는 4회 증류시킨 것도 있었다.

그 위스키는 오랫동안 가볍고, 견고한 맥아 느낌과 약간의 패션프루트, 해초와 소금을 결합해 왔다. 맥큐언은 더 많은 과일향과 단맛을 끌어내었고 모든 것에 더 많은 생명력과 선명함을 주었다. 자체 증류소의 물을 사용해 위스키 도수를 낮추고, 냉각여과를 하지 않으면서 이 특징이 더 풍부해졌다. 이러한 생산 과정의 변화는 2003년 자체 병입라인을 설치함으로써 가능해졌다. 브룩라디는 자체 병입라인을 가진 몇 안되는 증류소이다.

브룩라디가 다시 문을 열자마자 맥큐언은 자신이 원하는 스피릿을 생산하도록 증류기를 재설정하였다. 그 증류기는 라이트바디에서 미디엄바디 정도의 피트 위스키에 맞춰져 있었다. 새로 추가된 두 개의 증류기는 강한 피트에 맞춰졌다. 브룩라디는 로크인달의 북쪽해안에 위치해 있으며 새 주인들은 '더 라디(The Laddie)'라는 닉네임으로 프로모션을 하였으며, 증류소 외벽의 색깔에 맞춰 병 레이블에도 옅은 해안색(seaside blue)을 채용하였다. 증류소에서 사용하는 물은 철광석 사이에서 솟아나 피트 지대를 흘러온 물이다. 브룩라디는 바다의 만으로부터 분리되어 있고 조용한 해안도로로 연결되어 있다.

이 증류소는 1881년 설립되었고 1886년 다시 재건축되었으며 1975년 확장했음에도 불구하고 거의 변하지 않았다. 모든 증류원액의 숙성은 자체 브룩라디 숙성창고에서 숙성을 시키거나 혹은 가장 가까운 마을인 포트샬롯에 위치한 로크인달 증류소의 남아있는 숙성창고에서 숙성된다. 몇몇 독립병입자는 브룩라디 위스키 원액을 로크인달이라는 레이블을 붙여 출시하였다.

브룩라디 보틀은 포트샬롯(Port Charlotte)이라는 매우 강한 피트향의 위스키를 출시하였으며, 포트샬롯 출시 이후에 짐승(The Beast)이라는 비공식적인 이름으로 알려진 아일레이에서 가장 피트한 위스키를 옥토모어(Octomore)라는 정식 이름의 위스키로 출시하였다. 2008년 말 2001년 재가동 이후 증류한 원액으로 병입할 수 있었으며, 그로부터 3년이 지난 후 10년 숙성의 위스키를 출시시킬 수 있었다.

2012년 브룩라디는 프랑스 주류기업인 레미 코엥트루에 인수되어 자신들이 자랑스러워하던 독립적인 지위를 잃게 되었다. 하지만 지난 10년 동안 레미는 브룩라디 증류소와 브랜드에 상당한 투자를 함으로써 브룩라디 정신에 존경을 표하고 있음을 보여줬다.

하우스 스타일 라이트바디에서 미디엄바디. 견고하고 약간의 패션프루트. 짠맛. 스파이시함 (육두구 껍질?) 꽤 마실 만함. 식전주로 추천

BRUICHLADDICH The Laddie Classic, 46% abv
브룩라디 더 라디 클래식 46%

SCORE 78

NOSE ▶ 맥아. 아이싱슈거. 밀크초콜릿. 약간의 암염
PALATE ▶ 스파이시함. 짠맛. 바닐라. 키위
FINISH ▶ 향신료향 속에 신선한 과일향. 마지막에 톡톡 튀는 후추향

BRUICHLADDICH The Laddie Eight, 50% abv
브룩라디 더 라디 8년 50%

유러피언 캐스크와 아메리칸 캐스크의 원액을 혼합하여 출시

SCORE 81

NOSE ▶ 꽃향기. 부드러운 과수원 과일. 가벼운 생강향. 레몬꽃
PALATE ▶ 감귤류. 따뜻한 벌꿀. 맥아. 약간의 천일염. 서서히 나타나는 허브향
FINISH ▶ 견과류와 과일의 탄닌

BRUICHLADDICH Bere Barley 2011, 50% abv
브룩라디 비어 발리 2011년 50%

퍼스트 필 올로로소 셰리 캐스크에서 숙성

===== SCORE 83 =====

NOSE ▸▸ 살짝 오일리, 부드러운 향신료, 그린 바나나, 자몽, 맥아

PALATE ▸▸ 풍부하고 오일리, 보리, 헤이즐넛, 다이제스티브 비스킷, 말린 허브

FINISH ▸▸ 레몬, 테이블 소금, 오크향이 점점 진해진다.

BRUICHLADDICH Islay Barley 2012, 50% abv
브룩라디 아일레이 발리 2012 50%

퍼스트 필 올로로소 셰리 캐스크에서 숙성

===== SCORE 83 =====

NOSE ▸▸ 버터향, 청사과향, 레몬, 바닐라향에 이어 감귤류향이 열매과일향으로 바뀐다.

PALATE ▸▸ 곡물, 솔티드캐러멜, 점점 오크 풍미가 진해진다.

FINISH ▸▸ 강한 오크 풍미, 짠맛이 도는 캐러멜

BRUICHLADDICH The Organic 2010, 50% abv
브룩라디 더 오가닉 2010 50%

퍼스트 필 올로로소 셰리 캐스크에서 숙성

SCORE 83

NOSE ▸ 보리, 가염버터, 복숭아, 맥아, 바닐라, 코코아파우더.
PALATE ▸ 첫맛은 감귤류였다가 점점 바닐라, 퍼지, 과숙성 바나나, 밀크초콜릿
FINISH ▸ 가벼운 짠맛과 스파이시한 오크

BRUICHLADDICH Black Art 9.1, 44% abv
브룩라디 블랙아트 9.1 44%

29년 숙성

SCORE 85

NOSE ▸ 달콤하고, 파파야의 항기로움, 쿰쿰한 셰리향과 누가
PALATE ▸ 오일리한 셰리향, 무화과, 파인애플, 잘 익은 바나나, 캐러멜
FINISH ▸ 생강, 캐러멜향과 다크초콜릿향이 지속된다.

BRUICHLADDICH Port Charlotte 10-year-old, 50% abv
브룩라디 포트샬롯 10년 30%

퍼스트 필 아메리칸 오크, 세컨 필 아메리칸 오크, 세컨 필 프렌치와인 캐스크에서 숙성

SCORE 83

NOSE ▸ 바다내음, 감귤, 초콜릿퍼지, 각종 향신료, 모닥불연기
PALATE ▸ 우드스모크, 짭쪼름한 맛, 코코넛, 맥아, 훈연소독제, 과수원 과일
FINISH ▸ 드라이한 열대과일 풍미, 바다소금, 피트향이 지속된다.

BRUICHLADDICH Port Charlotte Islay Barley 2013, 50% abv
브룩라디 포트샬롯 아일레이 발리 2013년 50%

버번 캐스크와 페삭레오냥 지역의 와인 캐스크에서 8년 숙성시킨 원액을 블렌딩하여 출시

SCORE 85

NOSE ▸ 달콤한 피트, 톡톡 튀는 향신료, 바닐라, 벌꿀과 훈연소독제
PALATE ▸ 견과류, 오일리한 피트, 헤이즐넛, 후추, 그릴에 구운 고기 풍미
FINISH ▸ 견과류의 고소함과 블랙커피, 타고 남은 재 느낌의 피트가 지속된다.

BRUICHLADDICH Port Charlotte PAC: 01, 2011, 56.1% abv
브룩라디 포트샬롯 PAC:01 2011년 56.1%

아메리칸 배럴에서 6년 숙성 후 2년 동안 프랑스 레드와인 캐스크에서 추가 숙성

══ SCORE 82 ══

NOSE ▸▸   훈제 생선, 스파이시한 레드베리, 벌꿀과 아몬드

PALATE ▸▸   강렬한 베리류의 단맛, 타고 남은 재의 스모키, 밀크초콜릿, 그릴에 구운 햄, 강한 짠맛

FINISH ▸▸   스모키, 곡물, 허브향, 아스팔트 타르

BRUICHLADDICH Octomore 12.1, 59.9% abv
브룩라디 옥토모어 12.1 59.9%

5년 숙성

══ SCORE 82 ══

NOSE ▸▸   매우 향기롭고, 화끈한 후추향, 벌꿀, 달콤한 소독제향, 짠내음과 새 가죽향

PALATE ▸▸   달콤한 훈연향, 오렌지 마멀레이드, 짠맛

FINISH ▸▸   물에 젖은 천 반창고, 스파이시한 오크, 짠맛이 지속된다.

BRUICHLADDICH Octomore 12.2, 57.3% abv
브룩라디 옥토모어 12.2 57.3%
아메리칸 오크에 숙성 후 소테른 와인으로 추가 숙성한 제품. 5년 숙성

⸻ SCORE 82 ⸻

NOSE ▸ 　부드럽고 달콤한 피트, 바닐라퍼지, 복숭아, 해변의 바비큐
PALATE ▸ 　감귤, 벌꿀, 후추 느낌의 오크, 훈제 아몬드
FINISH ▸ 　피트 타고 남은 재와 암염

BRUICHLADDICH Octomore 12.3, 62.1% abv
브룩라디 옥토모어 12.3 62.1%
아메리칸 오크에서 숙성시킨 원액과 페드로 히메네즈 셰리 캐스크에서 숙성시킨 원액을 혼합하여
출시한 제품. 5년 숙성

⸻ SCORE 84 ⸻

NOSE ▸ 　해안의 냄새, 처음에는 소독약내음, 향기로운 담배, 벌꿀, 호두
PALATE ▸ 　달콤하게 훈연된 베이컨, 맥아, 시나몬, 칠리페스토
FINISH ▸ 　구운 견과류, 캐러멜, 점점 진해지는 숯향

BRUICHLADDICH Octomore 10-year-old (5th edition), 56.3% abv
브룩라디 옥토모어 10년 5번째 에디션 56.3%
5년 동안 퍼스트 필 아메리칸 오크 캐스크에서 숙성 후 다시 5년 동안 스페인의 리베라 델 두에로
바리끄 와인 캐스크에서 숙성시켜 출시한 제품

⸻ SCORE 85 ⸻

NOSE ▸ 　매우 달콤하며, 손으로 만 담배 냄새, 바닐라, 감귤, 살짝 병원 소독약 냄새
PALATE ▸ 　우드스모크, 블랙베리, 뜨거운 새 가죽향, 바다소금맛
FINISH ▸ 　그릴에 구운 고기 냄새, 피트의 타고 남은 재 느낌과 매운맛의 여운이 길다.

BUNNAHABHAIN 부나하벤

소유자 Distell International Ltd
지역 Islay   지구 North Shore
주소 Port Askaig, Islay, Argyll, PA46 7RP
홈페이지 www.bunnahabhain.com
방문자센터 있음

감춰져 있던 부나하벤의 새로운 생명이 새로운 천년의 아일레이의 부활을 완성시켰다. '감춰져 있었다'고? 부나하벤은 아일레이의 가장 숨겨진 곳에 위치해 있었고 이름도 발음하기 어려웠으며 맛도 섬세한 위스키였다. 동북아 지역에서 블렌디드 위스키 스코티쉬 리더로 잘 알려진 번 스튜어트 그룹에 토버모리, 딘스톤과 함께 2003년부터 포함되었다. 2013년 트리니다드에 본사를 둔 번 스튜어트의 모기업 씨엘파이낸스는 남아프리카의 거대 음료회사인 디스텔 그룹에 부나하벤을 매각하게 된다. 부나하벤 증류소는 전 소유주인 에드링턴이 잘 관리해 왔지만 생산과 마케팅이 산발적으로 이루어지고 있었다. 섬세함에도 불구하고 2004년부터 아일레이의 해양성 성격이 약간 가미되었고 강한 피티드 제품 종류들이 판매되었다.

부나하벤 증류소는 1881년 설립되었고, 1963년 확장되었다. 증류소는 외딴 만의 뜰로 둘러 싸여 있는데, 방문객들의 차가 바다로 굴러가는 것을 막기 위해 연석이 세워져 있다. 인근의 난파선에서 가져온 선박용 종이 증류소 벽에 설치되어 있다. 이 종은 한때 위급 상황이 발생했을 때 집에 있는 증류소 매니저를 소환하기 위해 사용되기도 했었다. 증류소에서 사용되는 물은 석회암 사이에서 솟아나는 물을 증류소까지 파이프를 연결하여 끌어오고 있으며, 이 때문에 물에 피트 성분이 들어 있지는 않다. 증류기는 양파 모양의 큰 사이즈가 설치되어 있다.

하우스 스타일 신선하고, 달콤하며, 고소하며 허브향이 있다. 식전주로 어울린다.

BUNNAHABHAIN 12-year-old, 46.3% abv
부나하벤 12년 46.3%

SCORE 84

NOSE ▸ 신선함이 느껴지며, 가벼운 피트향, 가죽향, 셰리와 가벼운 스모키
PALATE ▸ 견과류, 토피, 백후추, 소금
FINISH ▸ 강한 커피향, 다크 초콜릿, 정향, 가벼운 스모크

BUNNAHABHAIN 12-year-old Cask Strength 2021, 55.1% abv
부나하벤 12년 캐스크 스트랭스 2021년 55.1%

SCORE 84

NOSE ▸▸ 조린 과일, 그릴에 구운 고기, 솔티드 캐러멜

PALATE ▸▸ 풍부하고, 스파이시한 맥아맛, 건포도, 세비야 오렌지, 달콤한 셰리 풍미

FINISH ▸▸ 건과일, 다크초콜릿, 스파이시한 오크

BUNNAHABHAIN 18-year-old, 46.3% abv
부나하벤 18년 46.3%

SCORE 84

NOSE ▸▸ 토피, 마시멜로, 믹스너트, 오래된 가죽향, 오존냄새

PALATE ▸▸ 견과류, 셰리, 후추, 벌꿀

FINISH ▸▸ 캐러멜화된 과일, 드라이 셰리, 부드러운 오크

BUNNAHABHAIN 25-year-old, 46.3% abv
부나하벤 25년 46.3%

SCORE 85

NOSE ▸▸ 처음에는 꽃향기, 점점 진해지는 캐러멜, 셰리, 시나몬, 오래된 가죽향

PALATE ▸▸ 셰리 풍미가 가득하고, 구운 사과향, 크림, 스파클링 너트

FINISH ▸▸ 셰리, 캐러멜, 스파이시한 오크

BUNNAHABHAIN Toiteach A Dhà, 46.3% abv
부나하벤 토흐카흐 46.3%

⫘ SCORE 83 ⫘

NOSE ▸▸ 아로마틱 스모크, 짠내음, 레드베리류, 캐러멜, 육두구, 정향

PALATE ▸▸ 셰리, 자파오렌지, 파이프담배, 누가, 정향, 후추, 훈연대구

FINISH ▸▸ 드라이하며 셰리, 오크, 후추, 소금, 다크초콜릿의 여운이 중간 길이보다 약간 더 긴 여운이 남는다.

BUNNAHABHAIN Stiùireadair, 46.3% abv
부나하벤 스튜라듀 46.3%

퍼스트 필과 세컨드 필 셰리 캐스크에서 숙성시켜 출시한 위스키

⫘ SCORE 83 ⫘

NOSE ▸▸ 구운 견과류, 건포도, 과일 느낌 향신료, 가구광택제, 약간의 짠내음

PALATE ▸▸ 맥아, 토피, 달콤한 셰리, 정향, 흩뿌려진 소금

FINISH ▸▸ 역동적인 향신료, 레드베리류

BUNNAHABHAIN An Cladach, 50% abv
부나하벤 안 클라닥 50%

SCORE 82

NOSE ▸▸ 밀크초콜릿, 레드베리류, 나무 광택제, 바다짠내, 달콤한 피트
PALATE ▸▸ 달콤한 셰리, 훈제된 베이컨, 헤이즐넛, 살짝 짠맛
FINISH ▸▸ 흙내음, 살짝 탄닌, 셰리와 정향의 여운

BUNNAHABHAIN Cruach Mhòna, 50% abv
부나하벤 크루아모나 50%

SCORE 83

NOSE ▸▸ 달콤한 피트, 상당한 짠내음, 훈연소독약, 감귤류
PALATE ▸▸ 오일리, 향기로운 피트, 바닐라, 뜨거운 타르, 약간의 아이오딘
FINISH ▸▸ 흙내음, 스파이시함, 숯내음

BUNNAHABHAIN Eirigh Na Greine, 46.3% abv
부나하벤 에리 네 그레이뉴 46.3%

SCORE 81

NOSE ▸▸ 스파이시한 레드와인, 꽃향기, 벌꿀과 캐러멜
PALATE ▸▸ 블랙베리류, 산딸기의 달콤함, 생기 있는 향신료의 풍미
FINISH ▸▸ 입안이 따뜻해지고 루트진저의 여운이 남는다.

CAOL ILA 쿨일라

소유자 Diageo
지역 Islay 지구 North Shore
주소 Port Askaig, Islay, Argyll, PA46 7RL
홈페이지 www.malts.com
방문자센터 있음

한때 잘 알려지지 않았던 증류소 쿨일라는 2002년 첫 싱글몰트 위스키를 플로라 앤
파우나 시리즈로 출시하였고, 이어 3가지 증류소 정식 제품(12년, 18년, 캐스크스트
랭스)들이 발표된 이후 20년 동안 인지도와 명성을 높여 왔다. 이후 3가지 정식 제품
군이 확장되었으며, 피트하지 않은 제품을 매년 스페셜 릴리즈 시리즈로 출시해 왔
다. 이름은 '쿨일라'라고 발음하며 뜻은 '아일레이의 해협'이라는 뜻이다. 게일어로 쿨
(caol)은 카일(kyle, 해협)과 비슷하다. 이 증류소는 포트 아스킹 인근의 만에 위치해
있다. 증류실의 큰 유리창문으로 인근의 주라섬을 오가는 페리가 있는 아일레이 해협
이 보인다. 증류소를 보는 가장 좋은 전망은 페리에서 보는 것이다.

1970년대 증류소의 외관은 그 시대의 고전으로 받아들여진다. 구리 덮개가 있는 라
우터 툰, 황동 테두리, 납작한 양파 같이 생긴 1차 증류기, 배 모양의 2차 증류기, 오
레곤 소나무의 워시백 등이 있는 증류소의 내부는 기능적이면서 매력적이다. 1846년
증류소가 설립되었으며 몇몇 건축물은 1879년에 지어졌다. 이미 아일레이에서 가장
큰 증류소였지만 2011년 3백5십만 파운드를 투자하여 증류소의 생산량을 추가적으
로 늘렸다.

증류소 뒷편 언덕을 뒤덮고 있는 수령초, 디기탈리스, 야생장미들은 물이 모이는 피
트 개울을 향하여 자라고 있다. 이 석회암에서 솟아나는 물은 강한 짠맛이 있고 미네
랄이 풍부하다. 현대적이고 잘 설계된 이 증류소는 다른 여러 블렌디드 위스키의 원
액을 공급하고 있으며, 몇 년 동안 여러 레벨의 피트 몰트를 사용하고 있다. 2022년
쿨일라 증류소는 방문자 센터 시설을 개선하였고, 카듀, 클라인넬리쉬, 글렌킨치와
함께 디아지오의 포 코너스 오브 스코틀랜드(The Four Corners of Scotland) 중 하
나로 조니워커의 핵심 구성 몰트 위스키 역할을 하는 증류소로 선정되었다.

하우스 스타일 오일리, 올리브 같으며, 노간주열매, 과일향, 에스테르의 특징이 있다. 훌륭한
식전주이다.

CAOL ILA 12-year-old, 43% abv
쿨일라 12년 43%

SCORE 83

NOSE ▸▸ 부드럽고. 노간주. 민트. 풀내음. 풀 태운 냄새

PALATE ▸▸ 많은 풍미가 점점 진해진다. 스파이시해지며 바닐라. 육두구. 화이트머스터드 등 복합적이며 풍미와 섬세함이 결합된 맛

FINISH ▸▸ 매우 길다.

CAOL ILA 18-year-old, 43% abv
쿨일라 18년 43%

SCORE 86

NOSE ▸▸ 향기롭고. 멘톨. 뚜렷한 야채향. 견과류. 너티 바닐라 포드

PALATE ▸▸ 자기주장이 강한 풍미. 달고. 잎채소의 단맛이 있다. 어린 양배추잎맛. 크러쉬 아몬드. 뿌리의 쌉싸름함과 삼나무 풍미가 있다.

FINISH ▸▸ 놀라울 정도로 힘찬 위스키의 잔향이 있다.

CAOL ILA Distillers Edition 2021 (distilled 2009), 43% abv
쿨일라 디스틸러 에디션 2021년 2009년 증류 43%

모스카텔 캐스크에서 피니쉬 숙성

⸻ SCORE 82 ⸻

NOSE ▸▸   병원약 냄새, 복숭아, 정향

PALATE ▸▸   온주귤, 피트와 정향의 풍미가 진하다.

FINISH ▸▸   스모키, 과수원 과일, 바다소금, 백후추의 여운이 남는다.

CAOL ILA Moch, 43% abv
쿨일라 모흐 43%

⸻ SCORE 82 ⸻

NOSE ▸▸   처음에는 코가 약간 찡그려진다. 잉크, 짠내, 피트, 연한 피넛브리틀

PALATE ▸▸   오일리, 부드럽고, 달콤하며, 캐러멜과 모닥불 냄새가 점점 진해진다.

FINISH ▸▸   드라이한 느낌의 조금 더 강한 스모키향과 생강(뿌리)의 풍미가 중간 길이 정도의 여운으로 남는다.

CAOL ILA Cask Strength, 55% abv
쿨일라 캐스크 스트랭스 55%

⸻ SCORE 85 ⸻

NOSE ▸▸   강렬함. 단내나는 스모키, 코코넛, 자몽

PALATE ▸▸   생기 있는 풍미들의 상호작용을 느낄수 있으며, 맥아의 단맛, 과일향의 에스테르 그리고 후추 느낌의 드라이한 맛이 있다. 향수 같으며 약간의 타임(허브 종류) 풍미가 있다.

FINISH ▸▸   전체의 균형을 잡아주는 알코올의 반주 위에 향들이 모여 감동적인 피날레를 이룬다.

CAOL ILA 35-year-old Diageo Special Releases 2018), 58.1% abv
쿨일라 35년 디아지오 스페셜 릴리즈 2018년 58.1%

리필 아메리칸 호그스헤드 오크통과 리필 유러피언 오크 버트에서 숙성시킨 원액을 혼합하여 출시한 제품

===== SCORE 91 =====

NOSE ▸▸ 말린 과일, 생강, 해변의 모닥불이 어우러진 향기
PALATE ▸▸ 열대과일, 시나몬, 소금물에 젖은 피트
FINISH ▸▸ 강한 과일의 풍미, 백후추 그리고 부드러운 피트의 여운이 길게 남는다.

CAOL ILA Unpeated 15-year-old (Diageo Special Releases 2018), 59.1% abv
쿨일라 언피티드 15년 디아지오 스페셜 릴리즈 2018년 59.1%

리필 그리고 재생 아메리칸 오크 배럴, 유러피안 보데가 버트 오크통에서 숙성시킨 원액을 혼합하여 출시

===== SCORE 85 =====

NOSE ▸▸ 신선하고 스파이시한 열대과일향
PALATE ▸▸ 관능적이며, 과일과 견과류가 혼합된 밀크초콜릿 바, 벌꿀, 살구의 풍미가 있다.
FINISH ▸▸ 부드러운 흙내음과 팔각의 향이 길게 남는다.

CARDHU 카듀

지역 Highlands   **지구** Speyside
주소 Aberlour, Banffshire, AB38 7RY
홈페이지 www.malts.com
방문자센터 있음

20년 전, 디아지오가 스페인에서 큰 인기를 누리고 있는 카듀 싱글몰트의 공급량을 늘리고, 애주가들의 갈증을 해소하기 위해 카듀 싱글몰트에 다른 두 가지 몰트를 혼합하여 카듀 퓨어몰트로 이름을 바꾸는 등 카듀 증류소는 엉뚱한 이유로 유명해졌다. 그로 인해 소비자들의 분노를 일으켰으며, 디아지오는 카듀 퓨어몰트를 철회하고 결국 스카치위스키협회는 규정을 바꾸게 되었다.

카듀는 여러 가지로 명성을 쌓았다. 왕실 가문인 커밍스(Cummings)를 위스키 산업에 참여시켰으며, 강인한 여성이 증류소를 운영하는 전통에 두 번이나 기여했다. 헬렌 커밍스는 불법 농장 증류소를 운영했었다. 그녀의 며느리인 엘리자베스는 이 불법 증류소를 합법 증류소로 발전시켰으며, 조니워커 블렌디드 위스키에 만드는 데 꼭 필요한 위스키를 생산해 냈다.

이 증류소는 원래 카도우(Cardow, 게일어로 검은 바위라는 뜻으로 스페이강 인근의 지명에서 따왔다)라는 이름으로 설립되었는데, 싱글몰트 위스키를 병에 담아 판매하기 시작하면서 발음을 반영하여 카듀라는 스펠링으로 대체되었다. 이 부드럽고 마시기 편한 카듀 위스키는 소비자들의 관심이 시작되던 시기에 인기 있는 싱글몰트 위스키들과 경쟁하기 위해 출시되었다. 영국에서는 그럭저럭 성공한 반면, 프랑스와 스페인 같은 새로운 시장에서는 크게 성공하였다.

2021년, 카듀는 디아지오의 '포 코너스 오브 스코틀랜드' 중 하나가 되어 조니워커 브랜드와의 강력하고 장기적인 관계를 기념하게 되었다. 조니워커 스트라이딩 맨과 헬렌 커밍스 동상과 함께 다양하고 새로운 투어가 도입되었다.

하우스 스타일 원래의 맛은 가볍고 부드럽고 섬세하며 마시기 편한 몰트 위스키다. 숙성년수가 오래되면 맛이 풍부하고 토피의 느낌이 강하다. 디저트류와 좋은 궁합을 보여준다.

CARDHU Amber Rock, 40% abv
카듀 앰버락 40%

SCORE 79

NOSE ▶▶ 승도복숭아, 바닐라, 바나나와 헤이즐넛, 가벼운 시나몬향

PALATE ▶▶ 갱엿, 캐러멜, 밀크초콜릿의 매우 단맛

FINISH ▶▶ 비터 레몬, 오크 풍미의 향신료

CARDHU Gold Reserve, 40% abv
카듀 골드 리저브 40%

SCORE 78

NOSE ▶▶ 핵과류의 은은한 향, 벌꿀, 맥아, 시나몬

PALATE ▶▶ 과일향, 밀크초콜릿, 캐러멜, 사과, 어린 오크 느낌

FINISH ▶▶ 오렌지, 캐러멜, 향신료의 풍미가 비교적 짧다.

CARDHU 12-year-old, 40% abv
카듀 12년 40%

SCORE 81

NOSE ▶▶ 꽃향기와 비교적 가벼운 배향, 벌꿀 바닐라, 아주 미세하게 느껴지는 스모크

PALATE ▶▶ 토피, 사과, 가을 과실류, 연한 피트의 풍미

FINISH ▶▶ 맥아, 가벼운 후추 느낌의 오크

CARDHU 15-year-old, 40% abv
카듀 15년 40%

SCORE 83

NOSE ▸▸ 사과, 캐러멜, 크러쉬 아몬드

PALATE ▸▸ 부드럽고 라운드함, 바노피 파이, 설탕에 절인 오렌지껍질, 곡물, 육두구

FINISH ▸▸ 처음에는 맥아, 간간히 느껴지는 시나몬, 드라이 오크

CARDHU 18-year-old, 40% abv
카듀 18년 40%

SCORE 83

NOSE ▸▸ 벌꿀, 마카다미아, 부드러운 토피, 오렌지꽃, 시트러스

PALATE ▸▸ 균형감 있고 라운드함, 과일향, 말린 사과, 무화과, 대추, 건포도, 후반부에 오크에서 오는 떫은 맛

FINISH ▸▸ 짧고, 과일 느낌의 향신료

CARDHU 16-year-old (The Four Corners of Scotland Collection), 58.2% abv
카듀 16년 더 포 코너스 오브 스코틀랜드 컬렉션 58.2%

SCORE 90

NOSE ▸ 꽃향기, 망고, 백후추, 브라질너트, 대팻밥

PALATE ▸ 스파이시한 열대과일향, 클로티드 크림, 누가의 풍미가 감미롭다.

FINISH ▸ 길고, 후추 느낌의 여운

CARDHU 14-year-old (Diageo Special Releases 2021), 55.5% abv
카듀 14년 디아지오 스페셜 릴리즈 2021 55.5%

리필 아메리칸 오크 배럴에서 숙성시킨 후 레드와인 캐스크에서 추가 숙성시켜 출시한 제품

SCORE 86

NOSE ▸ 복숭아, 크림, 장미꽃잎, 사과, 갱엿

PALATE ▸ 살짝 오일리하며, 스파이시한 과수원 과일향, 벌꿀, 후추, 새 오크향

FINISH ▸ 각종 향신료, 헤이즐넛, 약간의 떫은 오크 맛

THE CLYDESIDE 클라이드사이드

소유자   Morrison Glasgow Distillers Ltd
지역   Lowlands   **지구**   Western Lowlands
주소   100 Stobcross Road, Glasgow, G3 8QQ
홈페이지   www.theclydeside.com
방문자센터   있음

클라이드사이드 증류소는 글래스고 도심에서 멀지 않은 클라이드 강, 퀸스 부두의 옛 펌프실에 위치하고 있다. 1877년에 지어진 실제 펌프하우스는 매력적인 방문자센터로 개조되었으며, 인접한 새 건물에는 증류 장치가 보관되어 있다.

연간 50만 리터를 생산할 수 있는 두 개의 증류기를 갖고 있는 클라이드사이드는 한때 보우모어, 글렌 기어리, 오켄토션을 소유했던 것으로 유명하고, 현재는 독립병입자 A D Rattray(에이 디 레이트리)의 소유주인 모리슨 가문의 일원이 운영하고 있다. 클라이드사이드의 설립자 팀 모리슨의 증조부가 퀸즈 부두의 문을 여는 데 사용되던 펌프하우스를 설계한 것도 운명의 장난이라 생각할 수 있다.

2021년 말, 클라이드사이드 증류소는 한때 클라이드의 덤바튼 록으로 가는 길을 표시했던 역사적인 지형지물의 이름을 따서 스토브크로스(Stobcross)라는 이름의 첫 번째 싱글몰트를 출시했다. 스토브크로스는 현재 앤더스턴의 클라이드사이드 지구에 위치한 17세기 저택의 이름이기도 하다. 위스키는 100% 스코틀랜드산 보리를 사용하며 숙성은 아메리칸 오크통과 유러피언 오크통을 사용한다.

하우스 스타일 가벼운 과일향

THE CLYDESIDE Stobcross Inaugural Release, 46% abv
클라이드사이드 스토브크로스 인아구랄 릴리즈 46%

⸺ SCORE 74 ⸺

NOSE ▸   가볍고 꽃향기, 열매과일향과 벌꿀향
PALATE ▸   과일너트밀크초콜릿, 생강, 갓 자른 나무
FINISH ▸   가벼운 맥아 그리고 살짝 시큼털털한 오크 풍미

CLYNELISH 클라인넬리쉬

소유자 Diageo
지역 Highlands   지구 Northern Highlands
주소 Brora, Sutherland, KW9 6LR
홈페이지 www.malts.com   방문자센터 있음

최근 몇 년간 북부 하이랜드의 중심부를 호령하는 클라인넬리쉬 증류소와 근처에 위치한 클라인넬리쉬 증류소의 전신 브로라 증류소는 컬트적인 지위를 얻은 것으로 보인다. 이 두 증류소에서 만든 몰트 위스키의 매력은 해안의 향과 풍미에 있다. 회의론자들은 해안 몰트의 짠맛에 대해 의문을 제기할 수 있지만, 브로라와 클라인넬리쉬의 일부 보틀은 부정하기 어려울 정도로 특징이 분명하다.

한동안 클라인넬리쉬와 브로라의 풍미는 잘 만들어진 피트 몰트 덕분에 더욱 풍성해졌다. 클라인넬리쉬 애호가들은 항상 이 시기의 위스키들을 식별하는 데 열중한다. 비슷한 관심사 중 하나는 브로라 증류소에서 만든 몰트 위스키와 클라인넬리쉬에서 증류한 몰트 위스키를 구별하는 것이다. 두 증류소는 낚시 및 골프 리조트인 브로라 근처의 경치 좋은 언덕에 나란히 자리하고 있으며, 스코틀랜드 본토의 최북단으로 향하는 해안 도로를 내려다보고 있다.

두 증류소 중 더 오래된 증류소는 1819년 서덜랜드 공작이 그의 소작농들이 재배한 곡물을 사용하기 위해 지은 곳이다. 이 증류소는 원래 클라인넬리쉬(Clynelish)로 알려졌는데, 첫 음절은 'wine-와인', 두 번째 음절은 'leash-가죽끈'의 운율로 해야 한다. 이 게일어의 뜻은 '정원의 경사'를 의미한다. 1967~1968년에 새로운 클라인넬리쉬가 지어졌지만 수요가 충분해 한동안 함께 운영되었다. 처음에는 클라인넬리쉬 1과 2로 알려졌다가, 결국 오래된 증류소의 이름은 브로라로 바뀌었다. 이 증류소는 1983년까지 산발적으로 가동되었지만 지금은 완전히 다시 부활했다. 브로라는 그 지역의 석재로 지어진 19세기 전통 증류소이며, 증류소의 상징인 파고다가 있다. 클라인넬리쉬의 증류기는 천장부터 바닥까지 내려오는 통유리창을 통해 세상을 맞이하고 있으며, 고전적인 디자인의 분수대가 있어 건물 전경을 부드럽게 만들어 준다.

증류소 내부 증류실은 독특한 특징을 가지고 있는데, 이는 클라인넬리쉬의 왁시한 캐릭터를 형성하는 데 중요한 역할을 한다. 그 결과 오일리하며, 밑에 깔리는 과일향이 특징이다. 이 견고하고 독특한 몰트 위스키는 수년 동안 12년 숙성제품으로만 출시되었지만 이제는 다양한 증류소 제품으로 만나볼 수 있다.

2021년, 클라인넬리쉬는 디아지오의 '포 코너스 오브 스코틀랜드' 중 하나가 되어 오랜 기간 수행해 온 조니워커의 블렌딩용 몰트 위스키의 역할을 기념하게 되었다.

하우스 스타일 해초, 스파이시함, 오일리, 살짝 머스터드, 로스트비프, 샌드위치와 곁들이는 걸 추천

CLYNELISH 14-year-old, 46% abv
클라인넬리쉬 14년 46%

SCORE 83

NOSE ▸▸ 강렬한 과수원 과일향. 잔잔한 바닷바람. 살짝 느껴지는 프렌치 머스터드
PALATE ▸▸ 입안이 코팅된 느낌. 벌집. 부드러운 토피. 레몬. 약간의 짠맛 그리고 백후추
FINISH ▸▸ 가염버터. 보리. 생강맛과 매운맛이 지속된다.

CLYNELISH Reserve, Game of Thrones – House Tyrell, 51.2% abv
클라인넬리쉬 리저브 왕좌의 게임 – 하우스 티렐 51.2%

SCORE 81

NOSE ▸▸ 꽃향기. 왁스 캔들. 사과. 벌꿀. 맥아. 생강
PALATE ▸▸ 가벼운 오일리. 붉은 고추의 매운맛. 진한 벌꿀. 바닐라. 감귤
FINISH ▸▸ 날카로운 과일향. 점점 견과류의 맛이 진하며, 향신료향이 나면서 입안이 따뜻해지고 코코아파우더의 여운이 남는다.

CLYNELISH 16-year-old (The Four Corners of Scotland Collection), 49.3% abv

클라인넬리쉬 16년 더 포 코너스 오브 스코틀랜드 컬렉션 49.3%

SCORE 90

NOSE ▸▸ 상당히 향이 절제된 느낌. 가시금작화. 약간의 백후추. 부드러운 견과류

PALATE ▸▸ 오일리. 입안에 코팅된 느낌. 벌꿀. 열대과일이 들어간 클로티드 크림맛

FINISH ▸▸ 생강. 후추. 드라이한 오크

CRAGGANMORE 크래건모어

소유자   Diageo
지역   Highlands   지구   Speyside
주소   Brora, Sutherland, KW9 6LR
홈페이지   www.malts.com
방문자센터   있음

최근 몇 년 동안의 스페셜 릴리즈는 이 위스키가 얼마나 복합적이며 특별한지 보여주었다. 오리지널 6대 클래식 몰트 위스키 중 하나임에도 불구하고 스페이사이드의 이 위대한 몰트 위스키는 아직 잘 알려지지 않았다. 1869~1870년에 설립된 이 증류소는 스페이사이드의 높고 움푹 꺼진 매우 아름다운 장소에 숨겨져 있다. 위스키 생산에 필요한 물은 인근 샘에서 얻는데 비교적 경수에 가까우며, 증류기는 상당히 납작한 스타일의 특이한 모양이다. 이 두 가지는 몰트 위스키의 복합적인 성격을 만들어내는 요소이다. 일반적인 제품은 리필 셰리 캐스크에서, 몇몇 셰리 독립병입자와 포트캐스크 피니쉬 제품들은 각각의 자신들의 방식으로 숙성되며 거의 같은 즐거움을 준다. 크래건모어는 블렌디드 위스키 올드파(Old Parr)의 구성 원액이다.

하우스 스타일 간결하고, 돌같이 드라이하며, 향기롭다. 저녁식사 후 추천

CRAGGANMORE 12-year-old, 40% abv
크래건모어 12년 40%

SCORE 90

NOSE ▸ 어느 몰트 위스키보다 복합적이며, 엷지만 향기롭고 섬세하다. 풀을 베었을 때의 달콤한 향과 허브향(타임?)을 지녔다.

PALATE ▸ 섬세하고, 깨끗하고, 정제되었으며, 다양한 허브향과 꽃향기의 풍미가 있다.

FINISH ▸ 길다.

CRAGGANMORE Distillers Edition 2020 (distilled 2008), 43% abv
크래건모어 디스틸러 에디션 2020, 2008년 증류 43%

포트와인 캐스크에서 피니쉬 숙성

SCORE 88

NOSE ▸ 블랙베리, 벌꿀, 희미한 스모크

PALATE ▸ 부드러운 향신료 풍미의 레드와인, 호두, 토피, 가벼운 우드스모키

FINISH ▸ 맥아, 미묘한 피트 풍미가 지속되며, 시나몬의 여운으로 마무리된다.

CRAGGANMORE 12-year-old (Diageo Special Releases 2019), 58.4% abv
크래건모어 12년 디아지오 스페셜 릴리즈 2019 58.4%

이전에 피트한 위스키를 숙성시켰던 리필 아메리칸 오크 캐스크에서 숙성시켜 출시한 제품

SCORE 91

NOSE ▸ 헤더, 생강, 맥아, 시드르, 살짝 육두구, 가벼운 피트향

PALATE ▸ 잘 익은 사과맛, 벌꿀, 바닐라퍼지, 밑바탕에 스모크의 풍미가 살짝 깔려 있다.

FINISH ▸ 가벼운 스모키, 후추, 오크, 설익은 사과의 풍미가 길게 남는다.

CRAGGANMORE 20-year-old (Diageo Special Releases 2020), 55.8% abv
크래건모어 20년 디아지오 스페셜 릴리즈 2020 55.8%

리필 캐스크에서 숙성시킨 원액과 내부를 태운 새 오크통에서 숙성시킨 원액을 혼합한 제품

SCORE 92

NOSE ▸ 오렌지 주스, 바닐라, 누가, 진해지는 꽃향기

PALATE ▸ 구운 곡물향, 감귤류, 드러나는 드라이한 우디 스파이스

FINISH ▸ 중간보다 살짝 긴 여운, 과수원 과일, 믹스너트, 백후추

CRAGGANMORE Prima & Ultima 48-year-old 1971 (Cask No 2301), 43.7% abv
크래건모어 프리마 앤 울티마 48년 숙성 1971 빈티지 캐스크 No 2301, 43.7%

퍼스트 필 셰리 버트에서 숙성

SCORE 94

NOSE ▸ 풍부한 셰리 느낌의 과실향, 당밀, 기계기름, 장뇌, 숯먼지, 마지팬, 갓 광택된 오크

PALATE ▸ 풀 바디에 처음에는 단맛이 나다가 이내 드라이해진다. 블랙커피, 감초, 싸한 숯내음

FINISH ▸ 오래된 가죽향, 다크초콜릿, 체리 리큐어의 여운이 오래 남는다.

CRAIGELLACHIE 크라이겔라키

소유자 John Dewar & Sons Ltd (Bacardi)
지역 Highlands **지구** Speyside
주소 Craigellachie, Banffshire, AB38 9ST
홈페이지 www.craigellachie.com

2014년 크라이겔라키는 얼트모어, 로얄브라클라, 맥더프와 함께 듀어스의 라스트 그 레이트 몰트(Dewar's Last Great Malts) 제품군으로 출시되었다. 듀어스에서 출시 하는 모든 제품 중에서 이 제품들이 가장 중요한 이유는 매우 독특하고 도전적이라는 점 때문일 것이다. 하지만 이 제품들은 진정으로 다른 것을 제공한다는 점에서 박수 받을 만하다. 결국 아일레이의 스모키하고 피티한 이 위대한 위스키조차도 도전적이 고 호불호가 강하다고 할수 있다.

크라이겔라키 마을은 더프타운, 아벨라워와 로시스 중간의 스페이사이드 증류소 구 역의 중심부에 위치해 있다. 또한 스페이사이드 쿠퍼리지도 여기에 있다. 이곳은 피 딕강과 스페이강이 만나고 스코틀랜드의 유명한 엔지니어 토마스 텔포드가 만든 다 리를 통해 스페이강을 건너갈 수 있다. 1891년에 설립되고 1965년에 리모델링 과정 을 거친 클라이겔라키는 발음을 'Craig-ell-ki'라고 하며 이때 i 발음은 짧게 한다.

증류소의 인지도는 계속 낮은 편이었고 생산량의 대부분은 블렌디드 위스키용으로 사용되었다. 그러나 현재는 싱글몰트 위스키로 병입되었고, 소유주들은 주저하지 않 고 다른 몰트 위스키와 차별화하기 위한 단계에 들어섰다. 위스키의 숙성년수를 보면 왜 그런 숙성년수를 채택하였는지 오직 하늘만 알 것이다. 그러나 스피릿에서는 진정 으로 충격을 만들어 낸다. 크라이겔라키는 듀어스의 중요한 '고기'와 같은 느낌과 '황' 느낌의 성격을 제공한다. 이것은 단순히 증류소 지붕에 부착된 수조의 찬물을 통과하 며 천천히 응축되는 전통적인 웜텁뿐만 아니라, 실제로 황을 태워 보리의 맛을 내는 방식으로도 얻는다. 많은 위스키 애호가들은 황의 풍미를 부정적으로 생각하지만, 황 이 몰트 위스키를 매우 다른 스타일로 만든다는 사실은 누구도 부인할 수 없다.

하우스 스타일 달콤하고, 맥아, 견과류, 과일 풍미, 저녁식사 후에 어울린다.

CRAIGELLACHIE 13-year-old, 40% abv
크라이겔라키 13년 40%

SCORE 78

NOSE ▸▸ 오렌지제스트, 사과, 자몽, 빵 반죽, 가벼운 후추향
PALATE ▸▸ 맥아, 흙내음, 투박한, 약간의 고기맛, 공장 느낌, 감귤류, 먼지 느낌의 향신료
FINISH ▸▸ 마시면 입이 따뜻해지고 중간 길이 정도의 여운이 남는다.

CRAIGELLACHIE 17-year-old, 43% abv
크라이겔라키 17년 43%

SCORE 80

NOSE ▸▸ 단내음, 바닐라, 벌꿀, 파인애플, 과일통조림, 크림
PALATE ▸▸ 배 통조림, 복숭아, 살짝 스모키, 바닐라, 토피맛
FINISH ▸▸ 달콤하며, 과일맛이 중간 길이 정도의 여운을 남긴다.

CRAIGELLACHIE 23-year-old, 46% abv
크라이겔라키 23년 46%

SCORE 84

NOSE ▸▸ 칙칙한 느낌, 흙내음, 황내음, 톡 쏘는 향
PALATE ▸▸ 고기맛, 비트가 있으며, 크고 탄력적이다. 흙내음과 황내음, 살짝 짭조름하고
　　　　　청과일맛, 바닐라, 오크의 탄닌, 민트
FINISH ▸▸ 중간보다는 살짝 긴 스파이시한 여운

DAFTMILL 다프트밀

소유자 Cuthbert Family
지역 Lowlands   **지구** Eastern Lowlands
주소 near Cupar, Fife, KY15 5RF
홈페이지 www.daftmill.com

커스버트 집안이 소유하는 다프트밀 증류소는 스코틀랜드의 농장을 기반으로 하
는 증류소의 오랜 전통을 따르고 있다. 다프트밀의 운영 방식이 신선한 이유는 많은
'스타트업' 위스키 제조 벤처기업들이 법적으로 '스카치위스키'라고 부를 수 있을 만
큼 숙성이 되면 바로 위스키를 출시했던 것과 달리, 커스버트는 12년을 기다린 끝에
2018년 6월에 첫 제품을 대중에게 선보였기 때문이다. 이 증류소는 버려진 농장 건
물에 지어졌으며 2005년 12월에 첫 증류주가 생산되었다. 자체적으로 맥아 보리를
재배하고 수확하는 양에 맞춰 운영되기 때문에 연간 평균 100개의 캐스크만 채울 수
있다.
다프트밀의 첫 제품은 단 629병만 출시되었는데, 오랫동안 기다려온 이 싱글몰트의
품질을 발견하고자 하는 애호가들이 열광적으로 사들였고, 이후 2006년 빈티지 제품
의 출시가 여름과 겨울에 이어졌다. 2021년 12월에는 두 가지 싱글 캐스크 제품이 출
시되었다.

하우스 스타일 꽃향기, 과일, 매우 풀 바디

DAFTMILL Single Cask (No 038/2009) First-fill Bourbon Barrel 56.3% abv
다프트밀 싱글캐스크 (No 038/2009) 퍼스트 필 버번 배럴 56.3%

SCORE 88

NOSE ▶ 달콤하고, 복숭아 통조림, 스파이시한 퍼지, 맥아와 숏브레드
PALATE ▶▶ 크리미하고 부드러우며, 과수원 과일맛, 바닐라, 설탕 절임 생강
FINISH ▶▶ 감귤류, 백후추의 여운이 중간 길이 정도의 여운으로 남는다.

DAFTMILL Single Cask (No 046/2009) First-fill Oloroso Sherry Butt, 60.4% abv

다프트밀 싱글캐스크 (No 046/2009) 퍼스트 필 올로로소 셰리 버트 60.4%

SCORE 90

NOSE ▸   따뜻한 향신료, 오래된 가죽, 가구 광택제, 블랙커런트, 대추

PALATE ▸   풍부하고, 토피, 자파오렌지, 스파이시한 오크, 살짝 나는 간장맛

FINISH ▸   블랙커런트, 산딸기, 드라이 셰리

DAILUAINE 달유아인

소유자 Diageo
지역 Highlands **지구** Speyside
주소 Carron, Aberlour, Banffshire, AB38 7RE
TEL 01340 872500

달유아인 증류소는 벤 린네스산과 스페이강 사이에 아벨라워 증류소에서 멀지 않은 카론이라는 작은 마을의 움푹 들어간 곳에 숨어 있다. 달유아인('Dal-oo-ayn')의 이름은 '녹색 골짜기'라는 뜻으로, 이곳의 환경을 정확하게 묘사하고 있다. 증류소는 1852년 설립되었으며 이후 여러 차례 재건되었다.

스페이 계곡을 따라 있는 여러 증류소 중 하나로, 한때는 노동자와 방문객을 위한 자체 철도 정거장이 있었으며 보리나 맥아를 운송하고 위스키를 배송하는 수단으로 사용되었다. 스페이사이드 노선의 일부는 여전히 애호가들과 방문객들을 위해 애비모어 스키리조트에서 기차를 운행하고 있지만, 달유아인의 증기 기관차는 현재 같은 그룹에 속해 있던 증류소인 애버펠디에 보존되어 있다. 산에서 바다로 이어지는 대부분의 길은 현재 스페이사이드 웨이라는 이름으로 도보 여행객을 위해 보존되어 있다.

달유아인 위스키는 오랫동안 조니워커 블렌디드 위스키의 원액을 공급해 왔다. 1991년 플로라 앤 파우나 시리즈로 싱글몰트 위스키가 출시되었고, 2014년에는 34년 제품이 매년 출시되는 스페셜 릴리즈 프로그램으로 등장했었다.

하우스 스타일 견고한 맥아맛. 과일맛. 향기롭다. 저녁식사 후에 적당하다.

DAILUAINE 16-year-old, Flora and Fauna, 43% abv
달유아인 16년 플로라 앤 파우나 43%

=== SCORE 76 ===

NOSE ▶ 셰리향이 나지만 드라이하다. 향수같다.

PALATE ▶▶ 셰리 풍미. 몰트로 만든 갱엿의 강한 단맛이지만 드라이한 시드르 혹은 입안 풍미의 뒷부분에 버티고 있는 오크 풍미가 균형감을 잡아준다.

FINISH ▶▶ 셰리 풍미. 부드럽고 따뜻한 여운이 오래간다.

THE DALMORE 달모어

소유주 Whyte & Mackay (Emperador Inc)
지역 Highlands **지구** Northern Highlands
주소 Alness, Morayshire, IV17 0UT
홈페이지 www.thedalmore.com
방문자센터 있음

지난 수십 년 동안 달모어는 소장가치가 있는 제품과 다량의 고가 리미티드 에디션 출시로 인해 싱글몰트 위스키의 최상위권에 자리 잡았다. 2013년에는 3대 마스터 블렌더인 리차드 패터슨(Richard Paterson)과 런던의 해러즈 백화점과 협업하여 딱 1세트만 제작한 12개의 독특한 병으로 구성된 패터슨 컬렉션이 출시되면서 그 정점을 찍었다. 업계에서 가장 외향적인 사람 중 한 명인 패터슨은 이 위스키가 최초의 '백만 파운드짜리 위스키'라는 타이틀로 헤드라인을 장식하기를 원했지만, 해러즈는 너무 저속하다고 판단하여 987,500파운드의 가격을 책정하였다. 달모어 증류소는 러시아 귀족과 아시아 부호들이 갈망하는 위스키 중 하나라는 새로운 지위와 함께 그에 걸맞은 호화로운 방문자센터를 개발하였다.

1839년에 설립된 것으로 알려진 달모어는 한때 블렌디드 스카치로 유명한 제임스 화이트와 찰스 맥케이의 친구였던 지역의 가문이었던 맥켄지가에서 소유했다. 2014년, 이 증류소와 브랜드는 모기업인 화이트 앤 맥케이의 나머지 자산과 함께 필리핀에 본사를 둔 브랜디 생산업체 엠페라도에 4억 3,000만 파운드에 인수되었다.

달모어는 좀 특이한 증류실을 가지고 있다. 워시 스틸은 원뿔형 상단의 빈 공간을 가지고 있으며, 스피릿 스틸의 경우 워터 자켓으로 냉각시키는 독특한 특징을 지니고 있다. 두 쌍의 증류기는 모양은 같지만 크기가 다르다. 숙성창고는 크로마티 퍼스 만의 물가에 있다. 원액의 85%는 주로 퍼스트 필 버번 캐스크에서 숙성되고 나머지 원액은 달콤한 올로로소 셰리 캐스크와 아몬틸라도 캐스크에서 숙성되지만, 나중에 모두 셰리 버트 캐스크에서 메링 과정을 거친다.

하우스 스타일 진하고, 풍미가 가득하다. 오렌지 마멀레이드. 저녁식사 후 추천함

THE DALMORE 12-year-old, 40% abv
달모어 12년 40%

SCORE 81

NOSE ▸▸ 바닐라 퍼지, 두껍게 자른 오렌지 마멀레이드, 셰리, 스치듯 나는 가죽향
PALATE ▸▸ 셰리, 향신료, 거기에 은은한 감귤류의 향
FINISH ▸▸ 중간 길이의 여운, 생강, 세비야 오렌지, 살짝 느껴지는 바닐라

THE DALMORE 15-year-old, 40% abv
달모어 15년 40%

SCORE 83

NOSE ▸▸ 풍부하고, 달콤하다. 토피, 미디엄 셰리, 잘 익은 오렌지
PALATE ▸▸ 풍성한 맥아와 더 드라이한 생강 느낌의 견과류 셰리와 크리스마스 향신료
FINISH ▸▸ 매우 긴 여운과 고소함, 마지막에 바닐라향으로 마무리

THE DALMORE 25-year-old, 42% abv
달모어 25년 42%

SCORE 86

NOSE ▸▸ 토피, 바닐라, 무화과, 자파오렌지
PALATE ▸▸ 더 진하게 느껴지는 오렌지, 복숭아 통조림, 밀크초콜릿, 부드러운 셰리
FINISH ▸▸ 여운이 긴 각종 향신료, 감초, 다크 초콜릿

THE DALMORE 30-year-old (2021 Release), 42.8% abv
달모어 30년 2021년 출시 42.8%

버번 캐스크 숙성 후 타우니포트 캐스크에서 피니쉬 숙성

SCORE 85

NOSE ▸ 스파이시한 오렌지조각. 당밀. 그리고 잘 익은 인스티티아 자두

PALATE ▸ 풍성하고 부드러우며 버터 같다. 오렌지 마멀레이드와 시나몬 맛이 난다.

FINISH ▸ 중간 길이 정도의 여운. 코코아 파우더 그리고 퀴퀴한 오크

THE DALMORE 50-year-old, 40% abv
달모어 50년 40%

버번 캐스크 숙성 이후 마투잘랭 올로로소 셰리 캐스크. 콜헤이타 포트 파이트통에서 순서대로
숙성시킨 후 마지막을 샴페인 캐스크에서 숙성시켜 출시한 제품

SCORE 91

NOSE ▸ 오렌지 마멀레이드. 바닐라. 밀크초콜릿. 마라스키노 체리. 백후추. 흑당

PALATE ▸ 달콤한 셰리와 설타나. 점점 진하게 느껴지는 건자두와 감초

FINISH ▸ 계속되는 감초맛과 플레인 초콜릿. 우디 스파이스. 오크의 탄닌감이 긴 여운
으로 남는다.

THE DALMORE Cigar Malt Reserve, 44% abv
달모어 시가 몰트 리저브 44%

▭ SCORE 83 ▭

NOSE ▸▸ 풍부한 셰리와 갓 구운 크리스마스 케이크, 무화과, 자파오렌지

PALATE ▸▸ 올로로소 셰리, 풍부한 토피, 바닐라와 생강

FINISH ▸▸ 중간 길이보다 살짝 더 긴 여운, 점점 진해지는 생강, 거기에 감초와 당밀 사탕맛이 더해진다.

THE DALMORE 1263 King Alexander III, 40% abv
달모어 1263 킹 알렉산더 3세, 40%

스몰 배치 버번 캐스크, 마투잘랭 올로로소 셰리 캐스크, 마데이라 캐스크, 마르살라 캐스크, 포트 파이프, 카베르네 쇼비뇽 와인 바리끄 이렇게 6가지 오크통에서 피니쉬 숙성시켜 출시한 제품

▭ SCORE 83 ▭

NOSE ▸▸ 아몬드, 관목 딸기, 자두, 브리틀 토피, 희미하게 느껴지는 당밀

PALATE ▸▸ 복합적인 풍미, 셰리, 신선한 베리류, 자두, 바닐라, 토피

FINISH ▸▸ 블랙커런트, 강한 당밀, 지속되는 여운

THE DALMORE Port Wood Reserve, 46.5% abv
달모어 포트 우드 리저브 46.5%

═══ SCORE 83 ═══

NOSE ▸▸ 부드럽고 향기롭다. 바닐라, 토피, 레드베리류, 토피, 마지막에 자두향이 난다.

PALATE ▸▸ 블랙커런트, 자두, 포트와인, 시나몬

FINISH ▸▸ 스파이시한 느낌, 세비야 오렌지, 커피찌꺼기, 드라이한 오크

THE DALMORE Sherry Cask Select 12-year-old, 43% abv
달모어 셰리 캐스크 셀렉트 12년, 43%

═══ SCORE 78 ═══

NOSE ▸▸ 셰리, 바닐라 벌꿀, 오렌지 오일, 그리고 밀크초콜릿

PALATE ▸▸ 나무 광택제, 오렌지향, 생강, 호두, 다크초콜릿, 은은한 스모키

FINISH ▸▸ 시나몬, 다크초콜릿, 블랙커피

THE DALMORE Quintessence, 45% abv
달모어 퀸테센스 45%

처음에는 버번 캐스크에서, 그후 5년 동안 5개의 다른 캘리포니아 레드와인 캐스크에서 숙성

⸺ SCORE 85 ⸺

NOSE ▸▸   나무 광택제, 세비야 오렌지, 다크베리류, 숏브레드
PALATE ▸▸   캐러멜, 클로티드 크림, 파지팬, 산딸기잼, 진해지는 오크맛
FINISH ▸▸   베리류, 육두구, 생생한 오크향

THE DALMORE 2002 Vintage, 45.6% abv
달모어 2002 빈티지, 45.6%

버번 캐스크와 파에스 아모로소 셰리 캐스크에서 숙성

⸺ SCORE 84 ⸺

NOSE ▸▸   오렌지 퐁당, 시나몬, 따뜻한 초콜릿 브라우니
PALATE ▸▸   조린 과일, 다크초콜릿, 살짝 느껴지는 시큼털털한 향신료가 감미롭다.
FINISH ▸▸   달콤한 담배연기, 진하게 느껴지는 다크초콜릿, 드라이한 오크 느낌

DALMUNACH 달무나크

소유자 Chivas Brothers (Pernod Ricard)
지역 Highlands 지구 Speyside
주소 Carron, Banffshire, AB38 7QP

1897년 스페이사이드 캐론 마을에 설립되어 1998년 문을 닫은 임페리얼 증류소의 자리에 새롭게 건축적으로 훌륭한 증류소가 건설되었다. 2012년 시바스 브라더스는 임페리얼 증류소 철거를 결정하고 다음 해인 2013년 달무나크 증류소를 건설하기 위해 기존 증류소 해체 및 건설 작업을 하였다. 건설 비용은 2천5백 파운드, 생산량은 매년 1,000만 리터, 4개의 큰 증류기, 특이한 원형구조를 가졌으며 중앙에 육각형의 스프릿세이프를 설치하였다.

달무나크 증류소는 업계 평균보다 40% 에너지를 덜 사용하는 친환경 증류소로 유명하다. 여기서 생산된 몰트 위스키는 주로 시바스리갈과 발렌타인(Ballantine's)의 블렌딩 원액으로 사용되고 있다. 2019년 4년 숙성의 싱글캐스크와 캐스크 스트랭스 제품을 출시했고, 다음 해 5년 숙성의 퍼스트 필 아메리칸 오크 배럴 싱글캐스크 제품을 출시하였다.

하우스 스타일 잘 익은 과일향, 벌꿀향, 꽃향기, 전형적인 시바스 스타일의 스페이사이드 몰트

DALMUNACH Distillery Reserve Collection, 5-year-old, 63% abv
달무나크 디스틸러리 리저브 컬렉션 5년 숙성 63%

SCORE 78

NOSE ▸ 견과류, 잘 익은 복숭아향이 점점 진해지고, 갓 깎은 나무향이 더해진다.
PALATE ▸ 과일 풍미가 두드러지고, 부드럽고, 우아하며 백후추와 맥아맛이 난다.
FINISH ▸ 중간 길이 정도의 여운, 백후추와 다이제스티브 비스킷

DALWHINNIE 달위니

소유자 Diageo   **지역** Highlands   **지구** Speyside
주소 Dalwhinnie, Inverness-shire, PH19 1AB
홈페이지 www.malts.com
방문자센터 있음

스코틀랜드에서 가장 높은 증류소 중 하나인 달위니는 해발 326미터(1,073피트)로 한쪽으로는 모나들리스 산맥, 다른 한쪽으로는 아솔 숲, 케언곰스, 그램피언스 산맥이 펼쳐져 있다. 달위니는 게일어로 '만남의 장소'라는 뜻을 지녔다. 서쪽과 북쪽에서 로우랜드로 내려가는 예전 소몰이 길의 교차로에 같은 이름의 마을이 있다. 예전에는 이 길을 따라 많은 위스키 밀수가 이루어졌다. 이 증류소가 1897년에 문을 열었을 때는 스트라스스페이(Strathspey)라고 불렸었다.

하우스 스타일 가벼운 피트, 베어낸 풀내음, 헤더, 벌꿀, 깨끗한 배경에 맑은 풍미. 식전주로 적합하다.

DALWHINNIE Winter's Frost, 43% abv
달위니 윈터스 프로스트 43%

==== SCORE 84 ====

NOSE ▸▸ 벌꿀, 맥아, 달콤한 오렌지, 브리틀 토피, 소나무
PALATE ▸▸ 단맛, 잘 익은 사과, 살구, 밀크초콜릿, 백후추
FINISH ▸▸ 중간 길이의 여운, 온주귤, 육두구, 코코아, 생강, 토스팅된 오크

DALWHINNIE Winter's Gold, 43% abv
달위니 윈터스 골드 43%

10월부터 다음 해 3월까지 증류된 원액을 퍼스트 필 아메리칸 오크통, 리필 아메리칸 오크통, 유러피안 오크통에 숙성, 혼합하여 출시한 제품

==== SCORE 83 ====

NOSE ▸▸ 꽃향기, 파인애플, 벌꿀, 생강, 캐러멜
PALATE ▸▸ 헤더 벌꿀, 살구, 건포도, 밀크초콜릿, 통후추
FINISH ▸▸ 중간 길이의 여운, 스파이시한 코코아 파우더, 약간의 우드스모키

DALWHINNIE 15-year-old, 43% abv
달위니 15년 43%

SCORE 85

NOSE ▸▸ 신선함, 소나무, 헤더꽃, 토피, 사과, 희미하게 시나몬
PALATE ▸▸ 벌꿀, 맥아, 사과, 부드러운 향신료, 살짝 느껴지는 피트
FINISH ▸▸ 자두, 오크, 절제된 스모키

DALWHINNIE 2005 The Distillers Edition, Oloroso Cask Finish,
Double Matured, Bottled 2020, 43% abv
달위니 2005년 디스틸러스 에디션 올로로소 캐스크 피니쉬 더블메쳐드 2020년 병입 43%

SCORE 85

NOSE ▸▸ 아이싱 슈거, 벌꿀, 사과
PALATE ▸▸ 벌꿀, 설타나, 무화과, 애플파이, 시나몬
FINISH ▸▸ 스파이시한 오렌지 마멀레이드, 과일견과류 밀크초콜릿, 은은한 스모키

DALWHINNIE 30-year-old (Diageo Special Releases 2020), 51.9% abv
달위니 30년 디아지오 스페셜 2020 51.9%

SCORE 86

NOSE ▸▸ 파이프담배, 백후추, 바닐라, 그린베리류, 생강
PALATE ▸▸ 크림, 약간의 흙내음, 맥아, 과수원 과일, 백후추
FINISH ▸▸ 매운맛, 다크초콜릿, 톡 쏘는 듯한 오크

DEANSTON 딘스톤

소유자 Distell International Ltd
지역 Highlands **지구** Eastern Highlands
주소 Deanston, near Doune, Perthshire, FK16 6AG
홈페이지 www.deanstonmalt.com
방문자센터 있음

도우네 마을은 17세기에 권총 제조로 유명했으며, 인근 딘스톤 증류소 자체도 흥미로운 역사가 있다. 1785년 리처드 아크라이트가 설계하고 1836년에 증축한 면화 공장이 이곳에 자리 잡고 있었다. 이 공장은 티스 강의 물로 가동되었다. 좋은 물이 잘 공급된다는 점이 위스키 산업이 매우 잘되던 시기, 건물을 증류소로 바꾸기로 한 커다란 이유 중 하나였던 것으로 보인다.

1965~1966년에 딘스톤 증류소로 문을 열었고, 아치형 직조 창고는 숙성창고로 사용되었다. 이 증류소는 1970년대에 번성했지만 1980년대 중반에 어려운 시기를 겪으며 문을 닫았다. 당시 이 증류소는 인버고든이 소유하고 있었다. 1980년대 말과 1990년대 초 싱글몰트에 대한 관심이 높아지면서 블렌디드 위스키 제조회사인 번 스튜어트가 딘스톤을 인수했고, 이 즐거운 위스키의 더 많은 제품이 출시되었다. 2012년에는 이 독특한 증류소를 일반 대중이 즐길 수 있는 매력적인 방문자센터가 처음 문을 열었고, 이듬해에는 부나하벤, 토버모리와 함께 남아공 디스텔 그룹에 인수되었다.

하우스 스타일 가볍고, 약간 오일리, 견과류, 두드러지게 깔끔하며, 맥아의 단맛. 휴식할 때 적합

DEANSTON 12-year-old, 46.3% abv
딘스톤 12년 46.3%

ㅡ SCORE 75 ㅡ

NOSE ▸▸   신선하고, 과일향, 맥아, 벌꿀

PALATE ▸▸   정향, 생강, 벌꿀, 몰트

FINISH ▸▸   매우 드라이하며, 기분좋은 허브향의 여운이 오래간다.

DEANSTON Organic 15-year-old, 46.3% abv
딘스톤 오가닉 15년 46.3%

ㅡ SCORE 81 ㅡ

NOSE ▸▸   생강줄기, 백후추, 라임, 맥아, 정향, 바닐라

PALATE ▸▸   첫맛은 강렬한 과일의 단맛, 벌꿀, 점점 생강의 풍미와 후추맛이 진해진다.

FINISH ▸▸   견과류향과 스파이시한 오크, 다이제스티브 비스킷, 약간의 팔각

DEANSTON 18-year-old, 46.3% abv
딘스톤 18년 46.3%

ㅡ SCORE 83 ㅡ

NOSE ▸▸   가벼운 과일향, 잘 익은 배향, 멜론, 부드러운 바닐라, 생강빵 그리고 오크

PALATE ▸▸   과수원 과일, 벌꿀, 버터, 향신료, 테리스 초콜릿 오렌지, 팔각

FINISH ▸▸   드라이, 다크 초콜릿, 가벼운 탄닌, 드문드문 느껴지는 매운맛

DEANSTON Kentucky Cask, 40% abv
딘스톤 켄터키 캐스크 40%

SCORE 74

NOSE ▸▸ 하드토피, 곰팡내나는 과일향, 곡물향, 벌꿀, 우디 스파이스

PALATE ▸▸ 캐러멜, 버터스카치, 복숭아, 바닐라, 은은한 향신료

FINISH ▸▸ 바닐라, 시나몬, 약간의 탄닌

DEANSTON Dragon's Milk, Stout Cask Finish, 50.5% abv
딘스톤 드래곤스 밀크, 스타우트 캐스크 피니쉬 50.5%

SCORE 78

NOSE ▸▸ 과묵하며, 약간의 향수 느낌, 대패질, 맥아, 홉

PALATE ▸▸ 처음에는 토피맛, 나중에는 맥아, 보리, 오크 풍미의 향신료

FINISH ▸▸ 매운맛, 레몬, 드라이한 오크

DEANSTON Virgin Oak Finish, 46.3% abv
딘스톤 버진 오크 피니쉬 46.3%

SCORE 80

NOSE ▸▸ 열대과일, 생기 있는 향신료, 바닐라

PALATE ▸▸ 바나나, 커스터드, 스파이시한 오크

FINISH ▸▸ 맥아맛이 나다가 이내 드라이한 맛으로 바뀜

DORNOCH 도녹

소유자 Thompson Brothers Distillers
지역 Highlands **지구** Northern
주소 Castle Street, Dornoch, Sutherland, IV25 3SD
홈페이지 www.thompsonbrosdistillers.com

증류소 중에는 특이한 건물에 만들어진 것들이 있다. 스웨덴 북부의 하이 코스트는 발전소였던 곳에서 개발되었고, 더블린의 피어스 라이언스는 교회였으며, 피커링스의 에든버러 진 증류소는 한때 동물병원의 개 사육장이었다. 하지만 비좁은 공간에서 느껴지는 독특함이라면 도녹성(현재는 톰슨 가문이 소유하고 운영하는, 호텔로 사용되고 있는 성)의 사설 소방서 안에 자리한 도녹을 능가하기는 어려울 것이다. 필립과 사이먼 톰슨(Philip & Simon Thompson) 형제는 47평방미터 규모의 증류소에서 생산량만 중요시하고 개성은 부차적으로 고려하던 시절의 몰트 위스키를 옛날 방식 그대로 만들고 있다. 크라우드 펀딩을 통해 세미 라우터 매쉬툰, 6개의 목재 워시백, 가스로 직접 증류기에 열을 가하거나, 증기로도 가열할 수 있는 한 쌍의 증류기를 갖춘 증류소를 세우는 데 필요한 자본을 마련했다.

전통적인 보리 품종으로 플로어 몰팅을 한 맥아를 선호하며, 맥주 효모를 사용하여 7~10일 동안 발효시간을 갖는다. 진과 위스키를 생산하는데, 위스키는 매년 약 1만5천 리터 정도를 생산한다. 첫 번째 오크통은 2017년 7월에 채워졌으며, 최초의 제품은 올로로소 셰리 버트 캐스크에 숙성시킨 원액을 2020년 11월에 출시하였고, 2개의 싱글캐스크 제품이 2022년 초반에 출시되었다. 방문객들을 환영하지만 아직 방문자 센터는 갖추지 않았다.

하우스 스타일 아직 확실히 결정되지는 않았지만, 과일향이 풍부하고 입안에서 여러 가지 텍스처가 있는 예전 스타일의 위스키가 느껴진다.

DORNOCH Cask 54, 55.5% abv
도녹 캐스크 54 55.5%
2018년 1월에 증류하고 2022년 3월 병입

⸺ SCORE 79 ⸺

NOSE ▸ 장미꽃잎 같은 풍부한 꽃향기. 생강. 시럽이 담긴 복숭아통조림. 부드러운 토피. 마지막에는 마시멜로

PALATE ▸ 입안에서 감도는 굉장히 좋은 텍스처. 브라운슈가. 캐러멜. 섬세한 감귤류의 과일맛

FINISH ▸ 밀크초콜릿. 견과류 토피가 지속된다.

DUFFTOWN 더프타운

소유자 Diageo
지역 Highlands   지구 Speyside (Dufftown)
주소 Dufftown, Keith, Banffshire, AB55 4BR
홈페이지 www.malts.com

파이프(Fife)의 백작 제임스 더프(James Duff)는 1817년, 언덕 위에 돌로 된 아름
다운 마을을 지었다. 그 마을의 이름은 더프 톤(duff-ton)이라고 불렸는데, 더프
타운은 스페이강으로 흘러 들어가는 피딕(Fiddich) 강과 딜란(Dullan) 강이 만나
는 지점에 위치해 있다. 이 마을에는 현재 6개의 증류소가 가동 중이며, 건물만 남
아 다시 재가동할 것 같지 않은 두 개의 증류소가 있다. 9번째 증류소인 피티바이크
(Pittyvaich)는 2002년에 철거되었다.
이들 증류소 중 오직 하나만 더프타운이라는 이름을 사용한다. 이 더프타운 증류소
는 자신의 이웃 증류소인 피티바이크 증류소와 함께 과거에는 유나이티드 디스틸러
스 소속이었다가 현재는 디아지오가 소유하고 있는 벨즈의 소유다. 더프타운의 돌 건
축물은 1896년까지 제분소였는데, 증류소 건조실의 파고다를 세우고 1970년대 두 번
의 시설 확장 공사를 하였다. 더프타운은 디아지오가 가지고 있는 대형 증류소 중 하
나지만, 생산량 대부분은 영국에서 가장 많이 팔리는 블렌디드 위스키인 벨즈(Bell's)
의 블렌딩 원액으로 사용되고 있다.

하우스 스타일 향기롭고 드라이하고 맥아맛이 난다. 식전주로 적합하다.

THE SINGLETON OF DUFFTOWN Malt Master's Selection, 40% abv
더 싱글톤 오브 더프타운 몰트 마스터스 셀렉션 40%

═══ SCORE 76 ═══

NOSE ▸   가볍고 꽃향기, 익힌 배, 벌집과 후추
PALATE ▸   부드럽고, 토피, 사과, 밀크초콜릿, 보리, 희미하게 각종 향신료의 맛이 난다.
FINISH ▸   곡물, 가시참나무

THE SINGLETON OF DUFFTOWN 12-year-old, 40% abv
더 싱글톤 오브 더프타운 12년 40%

══ SCORE 77 ══

NOSE ▸▸   달콤하고 제비꽃과 비슷한 향이 나며 밑바탕에 맥아향이 있다.

PALATE ▸▸   풍부하고, 과수원 과일맛, 맥아, 향신료

FINISH ▸▸   중간보다 긴 여운. 입안이 따뜻해지고, 스파이시하며 셰리와 퍼지맛이 서서히 사라진다.

THE SINGLETON OF DUFFTOWN 15-year-old, 40% abv
더 싱글톤 오브 더프타운 15년 40%

══ SCORE 78 ══

NOSE ▸▸   구운 사과향, 시나몬, 오렌지꽃, 벌꿀

PALATE ▸▸   견과류, 과일맛, 부드러운 향신료, 벌꿀

FINISH ▸▸   따뜻한 페이스트리, 밀크커피, 맥아의 여운이 길게 남는다.

THE SINGLETON OF DUFFTOWN 18-year-old, 40% abv
더 싱글톤 오브 더프타운 18년 40%

⸺ SCORE 78 ⸺

NOSE ▸ 매우 드라이한 셰리향과 벌집왁스가 결합된 향. 바닐라, 브리틀 토피

PALATE ▸ 달콤한. 조린 과일. 대조되는 검은 딸기류향. 견과류향이 진해짐.

FINISH ▸ 중간보다 긴 여운. 토스팅된 오크

THE SINGLETON OF DUFFTOWN 17-year-old
(Diageo Special Releases 2020), 55.1% abv
더 싱글톤 오브 더프타운 17년 디아지오 스페셜 릴리즈 2020 55.1%

⸺ SCORE 83 ⸺

NOSE ▸ 처음에는 흙내음. 꽃향기. 풀내음. 갱엿의 향이 점점 진해진다.

PALATE ▸ 꿀. 달콤한 오렌지. 호두. 부드러운 향신료

FINISH ▸ 후추향. 생강설탕절임. 다크초콜릿

EDEN MILL 에덴 밀

소유자 Eden Mill St Andrews
지역 Lowlands   지구 Eastern
주소 Main Street, Guardbridge, St Andrews, Fife, KY16 0UU
홈페이지 www.edenmill.com   방문자센터 있음

에덴 밀은 2012년 맥주양조장으로 시작했는데, 세기(Seggie) 증류소(1810~1860) 자리에 있던 제지공장 자리에 세워졌다. 설립된 지 2년 후 에덴 밀은 포르투갈 호야에서 제작된 알람빅(alembic) 구리 단식 증류기를 설치하여 증류주 사업을 확장하였다. 진, 보드카, 위스키를 생산하였고 2015년에는 뉴메이크 스피릿(미숙성 증류주) 판매를 시작했고, 이어서 1년 숙성 증류주 3종(세인트 앤드류, 호그마냐야, 번즈나이트)을 출시했다. 2017년에는 2년 숙성의 다른 제품이 출시되었다.

2018년에는 200ml 병에 담긴 싱글 캐스크 위스키 17종 중 첫 번째 7종이 '힙 플라스크 시리즈' 라벨로 출시되었으며, 에덴 밀의 첫 병입 제품 10병은 위스키 경매를 통해 판매되면서 화제가 되었다. 첫 번째로 병입된 보틀은 7,296파운드로 판매되어 증류소 최초 출시 제품에 대한 세계 기록을 경신하였고, 이후 매년 한정품으로 판매가 이루어지고 있다.

하우스 스타일 지금까지는 다양한 맥아 선정을 위주로 하여 여러 가지 숙성방식을 사용한다.

EDEN MILL 2021 Release, 46.5% abv
에덴 밀 2021 릴리즈 46.5%

옅은 맥아 보리를 발효, 증류시켜 퍼스트 필 버번, 올로로소 셰리 캐스크에서 숙성

⸺ SCORE 78 ⸺

NOSE ▸ 파인애플, 코코아, 스모키 몰트, 소나무, 바닐라, 달콤한 오크
PALATE ▸ 새 가죽향, 오렌지, 퐁당, 호두, 그리고 다크초콜릿
FINISH ▸ 조금 더 진한 다크초콜릿, 다크 럼, 부드러운 향신료

EDRADOUR 에드라두어

소유자 Signatory Vintage Scotch Whisky Co. Ltd
지역 Highlands **지구** Eastern Highlands
주소 Pitlochry, Perthshire, PH16 5JP
홈페이지 www.edradour.com **방문자센터** 있음

2002년부터 에드라두어는 독립적인 스코틀랜드 자본 소유였고, 한때 스코틀랜드에서 가장 작은 증류소였으며, 오래된 개방형 장비를 사용하는 것으로 유명했다. 2018년 기존 증류소와 거의 동일한 두 번째 위스키 증류시설을 가동했을 때 1년 생산량은 순알코올 기준 2배에 달하는 26만 리터가 되었다.

이 증류소는 내륙 휴양지인 피트로크리 근처에 있으며, 에든버러와 글래스고에서 쉽게 갈 수 있는 거리다. 훨씬 더 큰 스페이사이드 증류소인 아벨라워와 함께 몇 년 동안 페르노리카의 스코틀랜드 전초기지 역할을 해왔다. 시바스 브라더스가 10개의 양조장을 인수하면서 프랑스인들은 일손이 부족해졌다. 그들은 에드라두어를 잘 관리해 왔지만, 이렇게 작은 증류소는 개인이 소유하는 것이 유리할 수도 있었기 때문에 결국 에드라두어는 독립병입자 시그나토리의 설립자 앤드류 시밍턴(Andrew Symington)에게 매각되었다. 이후 싱글캐스크, 캐스크 스트랭스, 피니쉬 추가 숙성 제품 등 다양한 에드라두어 제품들이 등장했으며, 그중 헤비 피트 위스키는 발레친(Ballechin)이라는 이름으로 생산되었다.

에드라두어는 증류소 역사의 시작을 합법적인 위스키 생산 시작 시점인 1825년으로 두는 것을 선호하지만, 현재 증류소는 1837년에 설립된 것으로 추정된다. 이 증류소는 피틀로크리 위쪽 발눌드 마을에 언덕으로 둘러싸여 있다.

하우스 스타일 스파이시, 민트, 크리미. 저녁식사 후 적합

EDRADOUR 10-year-old, 40% abv
에드라두어 10년 40%

 ⸺ SCORE 81 ⸺

NOSE ▸▸ 꽃향기, 바닐라, 캐러멜, 희미한 흙내음
PALATE ▸▸ 풍부하고, 달콤하며, 스파이시한 느낌과 과일맛
FINISH ▸▸ 긴 여운과 달콤함

EDRADOUR Caledonia 12-year-old, 46% abv
에드라두어 칼레도니아 12년 46%

⊂ SCORE 82 ⊃

NOSE ▸ 스티키 토피 푸딩, 온주귤, 벌꿀, 낡은 가죽향
PALATE ▸ 풀 바디, 오일리, 달콤한 셰리, 브리틀 토피, 체리케이크, 자두, 오크 풍미의 향
신료
FINISH ▸ 드라이 셰리, 건포도, 홍차

EDRADOUR Straight from the Cask, 57.7% abv
에드라두어 스트레이트 프롬 캐스크 57.7%

2011년 9월 증류, 2021년 11월 병입, No 371 셰리 버트에서 숙성

⊂ SCORE 83 ⊃

NOSE ▸ 과일향, 무화과, 설타나, 오렌지 마멀레이드, 새로 광택제 바른 오크향
PALATE ▸ 풍부하고 매끄러운 셰리 풍미, 육두구, 향신료 풍미가 나는 오렌지, 다크초콜
릿, 체리 리큐어
FINISH ▸ 길고 드라이한 과일맛과 후추맛

EDRADOUR Ballechin 10-year-old, 46% abv
에드라두어 발레친 10년 46%

버번 캐스크와 올로로소 셰리 캐스크에서 숙성

⊂ SCORE 84 ⊃

NOSE ▸ 흙내음 섞인 피트향, 향기로운 향신료, 오래된 가죽향과 희미한 토피
PALATE ▸ 과일향 나는 피트, 새 가죽향, 팔각, 다크 초콜릿
FINISH ▸ 중간 길이의 여운, 점점 다크 초콜릿맛이 진해지며, 생강향, 타고 남은 피트의
느낌이 지속된다.

FETTERCAIRN 페터캐른

소유자 Whyte & Mackay Ltd (Emperador Inc)
지역 Highlands   **지구** Eastern Highlands
주소 Distillery Road, Fettercairn, near Laurencekirk, Kincardineshire, AB30 1YE
홈페이지 www.fettercairnwhisky.com   **방문자센터** 있음

빅토리아 여왕시대에 수상을 지냈던 유명한 글래드스톤(Gladstone) 가문의 파스크 영지 내에 페터캐른 증류소가 위치해 있다. 크림색으로 예쁘게 칠해진 이 증류소는 증류소의 이름이 유래된 조지아식 마을의 가장자리에 위치한 들판의 한 중앙에 자리 잡고 있다. 이 증류소는 1824년에 설립되었으며, 두 쌍의 증류기가 설치되어 있다. 2차 증류기인 스피릿스틸의 목 부분에 구리로 된 링이 설치되어 차가운 물을 통과시키며 환류를 증가시킨다. 오랫동안 화이트 앤 맥케이의 달모어나 주라 싱글몰트에 가려져 있던 페테캐른은 최근 몇 년 사이에 인지도가 상승했고 12년 숙성부터 28년 숙성까지 주력제품들을 확장시키고 있다. 최근 조성된 페터캐른 숲은 스코티쉬 오크들로 이루어져 있으며, 현재는 스코티쉬 오크들을 사용하여 페테케른의 증류주들을 숙성 혹은 피니쉬 추가 숙성하고 있을 뿐만 아니라 화이트 앤 맥케이의 산하의 다른 증류소의 위스키들도 같이 숙성하고 있다.

하우스 스타일 가벼운 흙냄새, 견과류, 가볍게 마시거나 식전주로 적합하다.

FETTERCAIRN 12-year-old, 40% abv
페터캐른 12년 40%

SCORE 86

NOSE ▸   맥아, 망고, 약간의 고기향, 흙 내음, 배와 나무수지향이 때맞춰 등장한다.
PALATE ▸▸   바닐라, 매우 강렬한 과수원 과일향, 정향, 코코아 파우더
FINISH ▸▸   중간 길이 정도의 여운, 퍼지, 헤이즐넛, 오렌지껍질, 태워진 오크향

FETTERCAIRN 16-year-old, 46.4% abv
페터캐른 16년 46.4%

초콜릿몰트로 증류, 퍼스트 필 버번 캐스크에서 숙성 후 셰리와 포트캐스크에서 피니쉬 추가 숙성

SCORE 86

NOSE ▸   부드러운 고기향, 건포도, 흑당, 백후추, 다크초콜릿
PALATE ▸▸   부드럽고 핫초콜릿, 자두, 후추, 시나몬, 약간의 짭조름함
FINISH ▸▸   생강, 매운맛, 커피, 파이프담배

FETTERCAIRN 22-year-old, 47% abv
페터캐른 22년 47%

⸺ SCORE 85 ⸺

NOSE ▸ 곡물, 아몬드, 그린바나나, 사과
PALATE ▸ 부드럽고, 파인애플, 살구, 생강, 헤이즐넛, 크림밀크초콜릿
FINISH ▸ 검은색 사과, 코코아파우더, 백후추, 정향

FETTERCAIRN 28-year-old, 42% abv
페터캐른 28년 42%

⸺ SCORE 85 ⸺

NOSE ▸ 농장 마당의 향기, 생강, 당밀, 열대과일
PALATE ▸ 너티커피, 말린 살구, 스파이시한 블랙커피
FINISH ▸ 매우 긴 여운, 스파이시, 감초, 건포도, 다크오크, 코코아 파우더

FETTERCAIRN 50-year-old, 47.9% abv
페터캐른 50년 47.9%

⸺ SCORE 85 ⸺

NOSE ▸ 흑당, 인스티티아 자두, 더니지 창고 냄새
PALATE ▸ 입안에 코팅된 느낌, 블랙베리류, 건 파우더 티, 다크초콜릿
FINISH ▸ 매우 긴 여운, 살짝 구운 파인애플, 커피 그라인더, 감초, 오크의 탄닌감

GLASGOW 글래스고

소유자 Glasgow Distillery Company
지역 Lowlands   지구 Western Lowlands
주소 8 Deanside Road, Glasgow, G52 4XB Kincardineshire, AB30 1YE
홈페이지 www.glasgowdistillery.com

2015년, 스코틀랜드의 최대 도시인 글래스고에 위스키 증류기 두 대와 독일의 칼 (Carl)에서 제작한 진 증류기 한 대를 갖춘 글래스고 증류소가 설립되면서 몰트 위스키 증류가 다시 시작되었다. 이 증류소에서 만든 마카르(Makar) 진은 곧바로 이 증류소의 베스트셀러가 된 반면, 이곳의 위스키는 버번 오크통과 몇몇 포트파이프 오크통 그리고 50리터와 100리터 셰리 캐스크에서 조용히 숙성 중이다. 글래스고 위스키는 3년 숙성을 마친 2018년에 처음으로 글래스고 1770이라는 이름으로 5천 병이 출시되었으며, 증류소의 홈페이지를 통해 추첨으로 판매되었다. 문제의 위스키는 퍼스트 필 버번 배럴에서 숙성시켰으며, 이후 버번 오크 캐스크(새 오크통)에서 추가 숙성시켰다. 1770이라는 숫자는 예전 글래스고 증류소의 설립년도이다. 피트한 제품도 출시되었고, 2020년에는 세 번째 제품이자 시그니처인 1770 트리플 디스틸드 제품이 출시되었다.

하우스 스타일 언피트한 제품, 피트한 제품, 3회 증류 제품이 생산된다.

GLASGOW 1770 The Original, 46% abv
글래스고 1770 더 오리지널 46%

버번 오크통에서 숙성과 버진 오크통에서 숙성

=== SCORE 78 ===

NOSE ▸▸   연한 꽃향기, 가벼운 오렌지, 바닐라, 다이제스티브 비스킷
PALATE ▸▸   정향, 헤이즐넛, 마지팬, 청사과, 부드러운 오크 풍미
FINISH ▸   짧은 여운과 중간 길이 정도의 여운, 마멀레이드, 스파이시한 오크

GLASGOW 1770 Peated, 46% abv
글래스고 1770 피티드 46%

버진 오크통에서 숙성 후 페드로 히메네즈 셰리 오크통에서 피니쉬 추가 숙성

=== SCORE 78 ===

NOSE ▸   과일향이 나는 스모키, 누가, 이후 석탄의 타르향이 진해진다.
PALATE ▸▸   오래된 가죽향, 잘 익은 바나나, 흙내음 나는 피트
FINISH ▸   견과류, 이후 점점 흙내음 나는 피트 느낌이 강해진다.

GLASGOW 1770 Triple Distilled Release, 46% abv
글래스고 1770 트리플 디스틸드 릴리즈 46%

버번 캐스크와 버진오크 캐스크에서 숙성

=== SCORE 76 ===

NOSE ▸   시럽이 담긴 복숭아 통조림, 바닐라, 시나몬, 진저브레드
PALATE ▸▸   섬세한 풍미, 벌꿀, 배 주스, 토피애플
FINISH ▸   달콤한 살구향, 감초, 드라이한 여운이 지속된다.

GLEN ELGIN 글렌 엘긴

소유자 Diageo
지역 Highlands   **지구** Speyside (Lossie)
주소 Longmorn, Elgin, Morayshire, IV30 3SL
홈페이지 www.malts.com

글렌 엘긴은 작지만 열정적인 팬층을 보유하고 있으며, 이 위스키가 싱글몰트로서 더 주목받을 가치가 있다고 믿는 사람들이 많다. 현재 판매되는 증류소 주요 공식제품은 12년, 18년, 2017년 스페셜 릴리즈 제품이 있다. 이전의 2003년 스페셜 릴리즈로 32 년 제품이 등장했었는데, 이는 2002년의 히든몰트 시리즈로 출시되어 많은 사랑을 받았기 때문이다.

증류소 자체는 한 번도 숨겨진 적이 없었지만, 몇 년 동안은 블렌디드 위스키에 기여한 공로로 '화이트 호스(White Horse)'라는 이름으로 강하게 브랜딩 되었다. 글렌 엘긴 증류소는 같은 이름의 엘긴 마을을 들어가는 메인 도로의 눈에 띄는 곳에 있다. 백 년이 넘은 건물이지만 메인 건물 정면은 1964년도로 거슬러 올라가며 그 시절 DCL의 증류소 디자인이 잘 반영되어 있다.

로시강 엘긴마을로 들어가는 몇 마일 이내에만 8개가 넘는 증류소가 있다. 엘긴의 고 든 앤 맥페일(Gordon & MacPhail's) 위스키숍도 방문할 만하다.

하우스 스타일 벌꿀, 귤. 휴식을 취할 때 혹은 저녁식사 후

GLEN ELGIN 12-year-old, 43% abv
글렌 엘긴 12년, 43%

━━ SCORE 86 ━━

NOSE ▸ 과일, 꽃향기, 헤더허니, 향신료가 들어간 익힌 배, 희미한 커피원두
PALATE ▸ 신선하고, 바스락거리는 촉감, 꽃향기, 생강향, 약간의 만다린
FINISH ▸ 드라이하고 스파이시하다.

GLEN ELGIN 18-year-old (Diageo Special Releases 2017), 54.8% abv
글렌 엘긴 18년 디아지오 스페셜 릴리즈 2017 54.8%

유러피언 오크 버트에서 숙성

━━ SCORE 86 ━━

NOSE ▸ 부드러운 토피, 바닐라, 과수원 과일, 새 가죽
PALATE ▸ 부드럽고 달콤하다. 구운 사과향, 크림 속의 복숭아, 시나몬, 가벼운 오크 풍미
FINISH ▸ 중간보다 살짝 긴 여운. 과일향 나는 오크, 녹차, 지속적으로 남는 생강맛

독립병입

GLEN ELGIN 12-year-old Darkness, Moscatel Cask Finish, 55.6% abv
글렌 엘긴 12년 다크니스 모스카텔 피니쉬 55.6%

━━ SCORE 82 ━━

NOSE ▸ 제과점 향기, 시럽에 담근 복숭아조각, 머스크한 향신료
PALATE ▸ 풍부하고, 달콤하며, 과일맛이 난다. 무화과, 퍼지, 육두구
FINISH ▸ 살구잼, 시나몬의 여운이 아주 오랫동안 지속된다.

GLEN GARIOCH 글렌 기어리

소유자 Morrison Bowmore Distillers Ltd (Beam Suntory)
지역 Highlands **지구** Eastern Highlands
주소 Oldmeldrum, Inverurie, Aberdeenshire, AB51 0ES
홈페이지 www.glengarioch.com **방문자센터** 있음

'Glen Geer-y-och'로 발음되는 글렌 기어리는 스코틀랜드의 숨겨진 보석 혹은 잊혀진 보석 중 하나로 묘사되어 왔다. 이 증류소를 소유하고 있던 모리슨 보모어는 처음에는 보모어 증류소에, 다음에는 오켄토션 증류소에 집중했었다. 하지만 글렌 기어리는 이제 피어나고 있는 것으로 보인다. 이 증류소는 애버딘에서 스페이사이드 중심부로 향하는 도로에서 벗어난 올드멜드럼에 위치해 있다. 시계로 장식된 건물의 석조물은 작은 마을을 바라보고 있다. 몇 년 전 이곳에 방문자센터가 세워졌는데, 이곳을 방문해야 할 이유가 세 가지 더 있다. 첫째, 증류소의 고풍스러움이 있다. 1785년 애버딘 저널에 실린 공고에 따르면 같은 부지에 증류소가 있었다고 한다. 이 사실은 글렌 기어리 증류소가 스코틀랜드에서 가장 오래된 면허증을 가진 곳이라는 증거가 되었다. 두 번째는 이 증류소 자체가 오래된 장비와 이 지역의 강한 도리안 양식의 장식으로 세련되게 꾸며진 노동 집약적인 전통적 작업장을 고스란히 간직하고 있다는 점이다. 마지막으로 장소 그 자체이다. 스코틀랜드산 양질의 보리가 자라며, 몇몇 증류소들은 그 보리를 가지고 자체 플로어 몰팅을 한다. 2021년에 플로어 몰팅을 부활시켰고, 스피릿 스틸은 가스를 이용한 직화방식으로 변환하였다.
맛의 측면에서 글렌 기어리는 혼란스럽다. 1970년 현재의 소유주가 이 증류소를 인수했을 때, 아일레이에서 훈련받은 몰트스터는 상대적으로 이탄을 많이 사용했다. 그 결과 하이랜드/스파이사이드 지역에서는 거의 잊혔던 '올드 패션'의 스모키한 풍미를 지닌 위스키가 만들어졌다. 그러나 최근에는 이탄의 양을 줄인 다음 이탄을 완전히 제거하기도 하였다. 피티드 글렌 기어리 제품을 발견할 수는 있지만 요즈음 증류소에서는 시트러스와 바닐라가 주를 이루는 다양한 스타일의 증류주를 생산하고 있다.

하우스 스타일 가벼운 피티. 꽃향기. 향기로운 스파이시함. 숙성년수가 낮은 제품은 식전주, 숙성년수가 높은 제품은 식후주에 적합하다.

GLEN GARIOCH Virgin Oak, 43% abv
글렌 기어리 버진오크 43%

⊂ SCORE 93 ⊃

NOSE ▶▶ 벌꿀, 복숭아, 망고

PALATE ▶▶ 달콤함, 벌꿀, 단맛나는 복숭아, 망고, 매우 기분 좋은 풍미와 과일맛, 옅은 향신료

FINISH ▶▶ 훌륭하다. 달콤하며, 과일맛과 향신료

GLEN GARIOCH 1797 Founder's Reserve, 48% abv
글렌 기어리 1797 파운더스 리저브 48%

⊂ SCORE 82 ⊃

NOSE ▶▶ 퀴퀴한 냄새, 뾰족한 느낌, 오렌지 스쿼시, 머스크, 곰팡이 냄새, 광택제 바른 오크향

PALATE ▶▶ 깨끗하고 날카로운 질감, 혼합된 풍미, 뿌리 느낌, 꽤 짭쪼름한 맛, 자몽, 아주 매운맛, 커민의 자극적인 맛, 간간히 느껴지는 나무 수액향

FINISH ▶▶ 꽤 길고 매우 스파이시한 여운

GLEN GARIOCH 12-year-old, 48% abv
글렌 기어리 12년 48%
버번 캐스크와 셰리 캐스크 숙성

⊂ SCORE 87 ⊃

NOSE ▶▶ 자파오렌지, 자두, 셰리, 맥아와 바닐라

PALATE ▶▶ 풍부한 맛, 생강, 벌꿀, 살구, 솔티드캐러멜, 토스팅된 오크 풍미

FINISH ▶▶ 초콜릿 몰트, 말린 과일, 드라이한 오크 여운

GLEN GARIOCH 1999, 56.3% abv
글렌 기어리 1999 56.3%

⸺ SCORE 89 ⸺

NOSE ▸▸ 가을철의 숲. 축축한 나뭇잎. 밤. 견과류

PALATE ▸▸ 크고, 달콤한 느낌. 셰리 풍미. 수분감이 있는 건포도, 커런트, 마카롱, 깊은 맛을 주는 고기의 풍미

FINISH ▸▸ 긴 여운. 달콤하고 스파이시하다.

GLEN GARIOCH 1997, 56.7% abv
글렌 기어리 1997 56.7%

⸺ SCORE 90 ⸺

NOSE ▸▸ 약간의 스모키. 봄철의 초원. 레몬. 달콤한 견과류

PALATE ▸▸ 달콤한 시트러스, 벌꿀. 라운드한 느낌과 달콤한 피트 풍미 사이의 뛰어난 균형감. 배경 풍미로 흙내음이 있으며, 맑고 부드러운 향신료 느낌과 약간의 견과류맛

FINISH ▸▸ 중간 길이의 여운과 피트, 달콤한 향이 남는다.

GLEN GARIOCH 1995, 55.5% abv
글렌 기어리 1995 55.5%

⊂ SCORE 91 ⊃

NOSE ▸▸ 가벼운 시트러스. 바나나 토피. 라임과 스피아민트의 흔적

PALATE ▸▸ 설탕절임 과일. 럼과 설탕에 절인 복숭아. 디저트 위스키. 복숭아 통조림. 살구 통조림. 달콤하고 부드러우며 라운드하다.

FINISH ▸▸ 풍부하고, 달콤하며, 살짝 파프리카 여운이 남는다.

GLEN GARIOCH 1994, 53.9% abv
글렌 기어리 1994 53.9%

⊂ SCORE 80 ⊃

NOSE ▸▸ 감귤향 목욕소금. 먼지내음. 물로 희석했을 때 욕실선반 속 냄새. 셔벗

PALATE ▸▸ 풀 바디의 스파이시함. 셔벗. 싱그러운 맛. 애플사워. 클레멘타인. 톡 쏘는 과일

FINISH ▸▸ 깨끗하고 신선하고 스파이시한 여운이 중간 정도의 길이로 남는다.

GLEN GARIOCH 1991, 54.7% abv
글렌 기어리 1991 54.7%

⊂ SCORE 91 ⊃

NOSE ▸▸ 꽃사과. 포도. 대패. 구스베리

PALATE ▸▸ 물을 첨가했을 때 구스베리. 토피. 크러쉬너트. 약간의 스모키

FINISH ▸▸ 부드럽고, 달콤하며, 톡 쏘는 여운

GLEN GARIOCH 1986, 54.6% abv
글렌 기어리 1986 54.6%

⊂ SCORE 94 ⊃

NOSE ▸▸ 레몬. 크림 속의 복숭아. 담배 연기

PALATE ▸▸ 톡 쏘는 복숭아맛. 더블크림맛이 강하고 달콤하며 풍부하다. 과일 맛이 알코올 셔벗처럼 톡 쏜다. 완벽하게 훌륭한 위스키이다.

FINISH ▸▸ 혀를 떠났지만 절묘하게 계속해서 이어진다.

GLEN GARIOCH 1999 Wine Cask Matured, 46% abv

글렌 기어리 1999 와인 캐스크 머처드 46%

SCORE 89

NOSE ▸▸   레드베리와 꽃향기, 오크 풍미의 향신료

PALATE ▸▸   맥아, 자두, 약간의 파이프 담배맛

FINISH ▸▸   건과일, 후추, 다크초콜릿

면세점용

GLEN GARIOCH 15-year-old Sherry Cask, 53.7% abv

글렌 기어리 15년 셰리 캐스크 53.7%

SCORE 84

NOSE ▸▸   곡물, 시나몬, 육두구, 이미 쓴 성냥

PALATE ▸▸   건과일, 점잖은 셰리맛, 생강, 오렌지, 약간의 다 쓴 성냥 냄새

FINISH ▸▸   스파이시한 다크초콜릿, 오렌지 마멀레이드

GLEN GRANT 글렌 그란트

소유자 Campari Group
지역 Highlands **지구** Speyside (Rothes)
주소 Rothes, Morayshire, AB38 7BS
홈페이지 www.glengrant.com **방문자센터** 있음

이탈리아에서는 시크한 성공이었고, 스코틀랜드에서는 빅토리아 시대의 고전이었다. 글렌 그란트는 하이랜드 외 지역에서는 아무도 모르는 시절에도 글래스고에서 제노바까지 많은 바에 있던 유일한 싱글몰트 위스키였다. 1840년 존과 제임스 그랜트(John and James Grant)가 설립한 이 증류소는 위스키 품질 덕분에 빠르게 명성을 얻었다. 제임스 증류소 소유자 겸 정치인이 되어 소유지에 철길을 들여오는 데 큰 역할을 하였으며, 결과적으로 철길은 그의 제품들을 유통시키는 데 이용되었다.

작은 탑과 박공지붕의 스코틀랜드 귀족 스타일의 사무실과 증류소 주변에는 작은 정원들이 둘러 싸고 있다. 군 소령이었던 제임스 그랜트의 아들은 인도와 아프리카 여행 중에 가져온 식물들을 증류소 뒤편의 정원에 심었다. 1995년 그 정원을 복원하여 방문자들에게 개방하였다.

글렌 그란트는 역사의 대부분을 독립병입자이자 상인들이 병입한 싱글몰트 위스키로 명성을 얻었다. 올드 빈티지 제품 역시 작은 글씨로 병입자 고든 앤 맥페일이 적힌 제품들을 발견할 수 있다. 글렌 그란트는 블렌더들로부터 높은 평가를 받고 있으며, 오랫동안 시바스리갈에 기여해 왔다. 사실, 이 증류소와 그 브랜드는 이전에는 시바스(Chivas)가 소유하고 있었지만, 2006년 이탈리아에 본사를 둔 캄파리(Campari)사가 이 증류소들을 인수하면서 싱글 캐스크, 빈티지 및 기타 한정판 출시 프로그램을 시작했다. 2013년에는 증류소 내에 병입 시설을 설치하였다. 시간당 2,000개의 병을 처리할 수 있으며, 대부분의 제품들은 유럽 본토와 아시아로 향한다.

하우스 스타일 허브향과 헤이즐넛. 숙성년수가 낮은 제품은 식전주. 숙성년수가 높고 셰리의 풍미가 많은 제품은 저녁식사 후에 어울린다.

THE GLEN GRANT The Major's Reserve, 40% abv
글렌 그란트 더 메이저스 리저브 40%

══ SCORE 74 ══

NOSE ▸▸ 바닐라, 맥아, 레몬 그리고 젖은 나뭇잎 냄새가 섬세하게 느껴진다.

PALATE ▸▸ 맥아, 바닐라, 감귤류, 헤이즐넛

FINISH ▸▸ 활기차다.

THE GLEN GRANT Arboralis, 40% abv
글렌 그란트 아보랄리스 40%

══ SCORE 75 ══

NOSE ▸▸ 잘 익은 배, 복숭아 그리고 맥아향이 부드럽게 난다.

PALATE ▸▸ 크림맛, 부드러운 과일맛, 바닐라, 토피

FINISH ▸▸ 맥아와 옅은 향신료, 중간에 못 미치는 길이의 여운

THE GLEN GRANT 10-year-old, 43% abv
글렌 그란트 10년 43%

══ SCORE 76 ══

NOSE ▸▸ 부드럽고 살짝 달콤하지만 여전히 드라이하다.

PALATE ▸▸ 가벼운 달콤함으로 시작하지만 재빠르게 견과류맛과 매우 드라이한 맛으로 변한다.

FINISH ▸▸ 매우 드라이한 허브향

GLEN GRANT 12-year-old, 43% abv
글렌 그란트 12년 43%

⸺ SCORE 81 ⸺

NOSE ▸▸ 하드토피. 청사과향. 약간의 오크향이 신선하다.
PALATE ▸▸ 퍼지의 달콤한 크림맛. 설탕에 절인 아몬드. 벌꿀. 희미한 풋사과
FINISH ▸▸ 레몬제스트와 스파이시한 오크

GLEN GRANT 15-year-old, 50% abv
글렌 그란트 15년 50%

⸺ SCORE 83 ⸺

NOSE ▸▸ 생강너트. 달콤한 파이프담배. 벌꿀. 바닐라. 풍부한 감귤류향
PALATE ▸▸ 크리미하고 스파이시하며 점점 감귤류맛이 진해진다. 헤이즐넛. 캐러멜
FINISH ▸▸ 복숭아와 오크 풍미의 향신료가 긴 여운으로 남는다.

THE GLEN GRANT 18-year-old, 43% abv
글렌 그란트 18년 43%

⸺ SCORE 80 ⸺

NOSE ▸▸ 매우 과묵하며. 부드러운 과일향과 꽃향기
PALATE ▸▸ 누가. 밀크초콜릿. 맥아. 건포도. 옅은 향신료
FINISH ▸▸ 청사과. 그리고 간간히 느껴지는 후추향

GLEN KEITH 글렌키스

소유자 Chivas Brothers (Pernod Ricard)
지역 Highlands   **지구** Speyside (Strathisla)
주소 Station Road, Keith, Banffshire, AB55 3BU
TEL 01542 783042

1999년 소유주인 시바스 브라더스가 글렌키스 증류소를 휴업하면서 많은 사람들이 다시는 문을 열지 못할 것이라고 우려했지만, 2013년 새로운 매쉬툰과 워시백을 완비하고 증류소를 재개장했다. 이 증류소는 1957~1958년에 스트라스아이라에서 아주 가까운 키이스 마을의 오래된 옥수수 제분소 부지에 설립되었다.

처음부터 이 증류소의 목적은 시바스 블렌딩에 필요한 몰트 위스키를 공급하는 것이었다. 문을 닫을 당시에는 숙성 중인 위스키의 재고가 많았기 때문에 글렌키스의 용량(현재 연간 600만 리터)이 필요하지 않았다. 게다가 글렌키스는 벌크 몰트 위스키 또는 블렌딩용 위스키를 제공할 뿐만 아니라 실험적인 증류소로서 중요한 역할을 수행하였다. 1980년대까지 2회, 3회 증류주를 모두 생산했으며 이탄으로 만든 매쉬를 실험하고, 다양한 효모를 사용한 데다 심지어는 피트를 강하게 처리한 증류주도 만들었다.

하우스 스타일 생강향, 식물뿌리, 시큼털털한 느낌, 저녁식사 전에 마시는 걸 추천

GLEN KEITH 21-year-old (Secret Speyside Collection), 43% abv

글렌키스 21년 시크릿 스페이사이드 컬렉션 43%

SCORE 87

NOSE ▸ 벌꿀, 토피, 스파이시한 바닐라, 과수원 과일의 달콤하고 매력적인 향

PALATE ▸ 풀 바디, 맥아맛, 벌꿀, 살구 조림과 단맛 나는 오크맛

FINISH ▸ 잘 익은 사과향, 백후추, 점점 확장되는 오크 느낌

GLEN MORAY 글렌 모레이

소유자 La Martiniquaise
지역 Highlands   **지구** Speyside (Lossie)
주소 Bruceland Road, Elgin, Morayshire, IV30 1YE
홈페이지 www.glenmoray.com

글렌 모레이에서 발견되는 포도향은 이 증류소의 와인 캐스크 피니쉬에 대한 열정 이전에 이 증류소가 가지고 있는 고유의 캐릭터이다. 1999년에 출시된 샤르도네, 슈냉 블랑 피니쉬는 여성들의 점심식사 시간을 노렸던 것으로 보인다. 이들 화이트 품종의 사용은 업계에서는 하나의 혁신이었다. 2008년 프랑스의 라 마르티끄사의 인수 전까지 글렌 모레이의 소유자가 갖고 있던 또 하나의 증류소인 북쪽의 글렌모렌지는 와인 피니쉬의 개척자였지만 그때의 와인은 레드와인, 포트와인, 마데이라였다.

두 증류소의 이름은 공동 소유 이전부터 비슷했다. 두 증류소의 또 다른 공통점은 둘 다 증류소 이전에 맥주 양조장이었다는 점이다. 글렌 모레이는 1897년 증류소로 바뀌었고 1920년대 나중에 글렌모렌지(Glenmorangie plc)가 되는 맥도날드 앤 뮤어에 의해 소유권이 넘겨지며 1958년도에 확장하게 된다.

이 증류소의 위스키는 존중받았지만 큰 인기를 누린 적은 없었다. 과거 하이랜드 시대의 색깔로 장식된 선물용 틴 케이스 제품을 선호했지만 이제는 변화를 즐기기 시작했다. 킬트 대신 스커트를 입는 것처럼. 영리하게 잘 유지되고 있는 이 증류소는 엘긴밖 로시강 인근의 습지에 근처에 있다.

하우스 스타일 풀내음. 보리향. 식전주

GLEN MORAY Elgin Classic, 40% abv
글렌 모레이 엘긴 클래식 40%

=== SCORE 78 ===

NOSE ▸ 꽃향기가 나고 향기로우며, 바나나와 맥아 향에 레몬그라스 향이 더해진다.

PALATE ▸ 퍼지, 꿀, 시리얼, 부드러운 향신료, 그리고 레몬

FINSISH ▸ 비교적 짧은 여운에 생강과 시트러스 풍미가 느껴진다.

GLEN MORAY Elgin Classic Port Cask Finish, 40% abv
글렌 모레이 엘긴 클래식 포트 캐스크 피니쉬 40%

SCORE 78

NOSE ▸ 바닐라, 풍선껌, 건과일, 다크 초콜릿
PALATE ▸ 향신료, 캐러멜, 감귤류
FINISH ▸ 스파이시함, 과일향, 다크 초콜릿과 오크

GLEN MORAY Elgin Classic Chardonnay Cask Finish, 40% abv
글렌 모레이 엘긴 클래식 샤르도네 캐스크 피니쉬 40%

SCORE 78

NOSE ▸ 나무수지 와인향, 멜론, 자몽, 약간의 바닐라
PALATE ▸ 견과류와 과수원 과일, 바닐라맛과 밀크초콜릿맛이 진해진다.
FINISH ▸ 복숭아와 끝부분에서 아주 살짝 오일리한 사과맛, 시나몬, 드문드문 느껴지는 후추향

GLEN MORAY Elgin Classic Peated, 40% abv
글렌 모레이 엘긴 클래식 피티드 40%

SCORE 77

NOSE ▸ 부드럽고, 흙내음 나는 피트, 파인애플, 벌꿀, 바닐라
PALATE ▸ 따뜻한 가죽, 타고 남은 피트, 잘 익은 배, 부드러운 바닐라
FINISH ▸ 후추향의 피트가 비교적 오랫동안 지속되며, 극단적인 팔각의 여운

GLEN MORAY Elgin Classic Sherry Cask Finish, 40% abv
글렌 모레이 엘긴 클래식 셰리 캐스크 피니쉬 40%

═ SCORE 77 ═

NOSE ▸ 달콤한 셰리, 설탕을 입힌 체리, 벌꿀, 버터스카치, 장미꽃잎
PALATE ▸ 캐러멜, 다크초콜릿–체리 리큐어, 입안이 따뜻해지는 향신료
FINISH ▸ 블랙커런트맛 기침약, 각종 향신료, 천천히 드라이해지는 오크 느낌

GLEN MORAY Fired Oak 10-year-old, 40% abv
글렌 모레이 파이어드 오크 10년 40%

엑스 버번 캐스크에서 숙성시킨 후 내부를 강하게 태운 버진 아메리칸 오크 캐스크에서 피니쉬 숙성

═ SCORE 79 ═

NOSE ▸ 통조림 파인애플, 벌꿀, 바닐라, 약간의 레몬향
PALATE ▸ 시트러스향으로 시작해 부드러운 토피맛, 새로 자른 정향, 시나몬
FINISH ▸ 감초, 다크초콜릿, 생기 있는 향신료, 살짝 나는 오크 스모키

GLEN MORAY 12-year-old, 40% abv
글렌 모레이 12년 40%

═ SCORE 78 ═

NOSE ▸ 건과일, 갓 베어낸 건초, 벌꿀, 수분이 많은 오크
PALATE ▸ 부드러운 허브향, 구운 견과류, 살구와 토피
FINISH ▸ 중간 정도에 못 미치는 짧은 여운, 드라이하다.

GLEN MORAY 15-year-old, 40% abv
글렌 모레이 15년 40%

═ SCORE 79 ═

NOSE ▸ 약간의 흙내음, 과수원 과일향, 핫초콜릿, 서서히 드러나는 셰리향
PALATE ▸ 토피, 점점 강해지는 초콜릿, 육두구, 스파이시한 건과일맛
FINISH ▸ 구연산과 우디 스파이스의 여운이 길다.

GLEN MORAY 18-year-old, 47.2% abv
글렌 모레이 18년 47.2%

SCORE 80

NOSE ▸ 오일리한 냄새. 과수원 과일, 바닐라, 코코아파우더, 육두구, 오이에 후추가 뿌려진 향, 살짝 스모키

PALATE ▸ 후추향이 있는 과일맛, 혀 위에 맥아, 벌꿀, 버터스카치, 밀크초콜릿, 시나몬, 달콤한 오크

FINISH ▸ 토피애플, 자파오렌지, 칠리파우더의 맛이 오래간다.

GLEN ORD 글렌 오드

소유자 Diageo
지역 Highlands   지구 Northern Highlands
주소 Muir of Ord, Ross-shire, IV6 7UJ
홈페이지 www.malts.com   방문자센터 있음

글렌 오드 위스키는 마케팅 포트폴리오에서 끝없이 다양한 위치를 차지해 왔다. 심지어 글렌오디, 오디, 오드, 뮤어 오브 오드 등 다양한 이름을 가지고 있다. 가장 최근에 추가된 싱글톤 오브 글렌 오드는 셰리 캐스크가 평소보다 더 많이 들어 있는 버전으로 아시아 시장, 특히 셰리를 좋아하는 대만을 겨냥한 제품이다.

이 증류소는 인버네스 서쪽과 북쪽에 있는 뮤어 오브 오드(Muir of Ord, 언덕 위의 황야)라는 마을에 위치해 있다. 이곳은 최초의 유명 위스키인 페린토시(Ferintosh)가 만들어진 지역이다. 글렌 오드에는 (드럼 타입의) 몰팅공장도 있다. 증류소와 몰팅공장은 보리 재배지인 블랙 아일의 풍경을 내려다보고 있다.

하우스 스타일 향기가 많음. 장미 같은 향. 스파이시함(시나몬?), 그리고 맥아.
드라이한 여운, 저녁식사 후 적합

THE SINGLETON OF GLEN ORD 12-year-old, 40% abv
싱글톤 오브 글렌 오드 12년 40%

세리와 버번 캐스크에서 숙성

=== SCORE 79 ===

NOSE ▸▸ 꽃향기, 달콤한 세리, 마지팬, 잘 익은 자두, 복숭아
PALATE ▸▸ 풀 바디, 맥아, 마시기 쉬움, 세리, 시나몬, 헤이즐넛
FINISH ▸▸ 처음에는 감기용 캔디, 이어 부드러운 과일맛, 장미꽃잎, 부드러운 오크 탄닌감

THE SINGLETON OF GLEN ORD 15-year-old, 40% abv
싱글톤 오브 글렌 오드 15년 40%

=== SCORE 78 ===

NOSE ▸▸ 달콤한 향, 맥아향, 톡 쏘는 과일향, 약간의 새 가죽향, 육두구.
PALATE ▸▸ 설타나, 무화과, 벌꿀, 맥아, 시나몬, 섬세한 우드스모키
FINISH ▸▸ 중간 길이 정도의 여운, 시트러스한 과일맛과 우디 스파이스

THE SINGLETON OF GLEN ORD 18-year-old, 40% abv
싱글톤 오브 글렌 오드 18년 40%

=== SCORE 79 ===

NOSE ▸▸ 조린 과일, 부드러운 향신료
PALATE ▸▸ 무화과, 복숭아, 시나몬
FINISH ▸▸ 길지는 않은 중간 정도의 여운, 입안이 따뜻해진다.

THE SINGLETON OF GLEN ORD 18-year-old
(Diageo Special Releases 2019), 55% abv
싱글톤 오브 글렌 오드 18년 디아지오 스페셜 릴리즈 2019 55%

갓 그을린 아메리칸 오크 호그스헤드에서 숙성

=== SCORE 80 ===

NOSE ▸▸ 감귤, 생강, 백후추, 점점 진해지는 육두구향
PALATE ▸▸ 부드러운 달콤한 사과향, 크림, 밀크초콜릿, 캐러멜
FINISH ▸▸ 톡 쏘는 시트러스, 다크초콜릿, 스파이시하고 따뜻해진다.

GLEN SCOTIA 글렌스코시아

소유자 Loch Lomond Distillery Co. Ltd (Hillhouse Capital Management)
지역 Campbeltown
주소 12 High Street, Campbeltown, Argyll, PA28 6DS
홈페이지 www.glenscotia.com

글렌가일, 스프링뱅크와 함께 캠벨타운 몰트 위스키 지역의 마지막 생존자 중 하나
인 글렌스코시아는 오랜 휴업과 투자 부족으로 어려움을 겪어왔다. 1979년과 1982년
사이에 대대적인 리노베이션 프로그램이 진행되었지만 그 이후에는 비교적 산발적인
생산이 이루어져 왔었다. 그러나 지난 몇 년 동안 증류소는 상당한 투자를 통해 외관
과 내부 업그레이드가 이루어졌고, 그 결과 훨씬 더 만족스러운 외관을 갖추게 되었
다. 현재 이 증류소는 주당 10번의 매싱을 통해 연간 약 50만 리터의 증류주를 생산
하고 있으며, 피티드 위스키 생산도 병행하고 있다.
글렌스코시아의 건물에 대한 투자는 2012년 완전히 새로운 싱글몰트 제품군 출시로
이어졌지만, 2015년에 현재의 라인업으로 대체되었다. 1832년경에 설립된 글렌스코
시아는 캠벨타운 호수에서 익사한 전 소유주 등 유령의 등장으로 유명하다.

하우스 스타일 신선함. 짠맛. 식전주 혹은 짠맛 나는 음식과 적합하다.

GLEN SCOTIA Double Cask, 46% abv
글렌스코시아 더블 캐스크 46%

페드로 히메네즈 셰리 캐스크에서 피니쉬 숙성

SCORE 84

NOSE ▶ 잘 익은 복숭아, 살구, 캐러멜, 바닐라, 가벼운 스모키 셰리

PALATE ▶ 점도 있는 셰리 풍미, 시나몬, 솔티드 캐러멜, 우디 스파이스, 땅콩, 드문드문 느껴지는 소금맛

FINISH ▶ 허브, 드라이한 바다소금맛

GLEN SCOTIA Victoriana, 51.5% abv
글렌스코시아 빅토리아나 51.5%

퍼스트 필, 리필 버번 캐스크에서 숙성 후 70% 원액은 깊게 태운 캐스크에서,
30% 원액은 퍼스트 필 페드로 히메네즈 셰리 캐스크에서 숙성

SCORE 87

NOSE ▶ 오일리, 차, 파인애플, 나무 광택제, 블랙커런트, 가벼운 바다소금

PALATE ▶ 처음에는 크림브륄레 다음에는 솔티드 캐러멜, 셰리, 펜넬, 퀴퀴한 오크

FINISH ▶ 스파이시함, 탄 해양성 오크

GLEN SCOTIA 15-year-old, 46% abv
글렌스코시아 15년 46%

퍼스트 필 올로로소 셰리 캐스크 피니쉬

SCORE 86

NOSE ▶ 생강, 벌꿀, 살구 타르트, 브리틀 토피, 달콤한 스모키

PALATE ▶ 흙내음, 후추, 핵과류, 시나몬, 바다소금, 가벼운 스모키

FINISH ▶ 감귤류, 짠내 나는 오크의 중간 길이 정도의 여운

GLEN SCOTIA 18-year-old, 46% abv
글렌스코시아 18년 46%

버번 캐스크에서 숙성 후 올로로소 셰리 캐스크에서 1년 동안 피니쉬 숙성

⊏ SCORE 87 ⊐

NOSE ▶▶ 금귤의 향기로움. 바닐라. 희미한 나무 광택제. 말린 자두. 최종적으로 오존내음

PALATE ▶▶ 달콤한 셰리. 벌꿀. 자파오렌지. 다크초콜릿. 퐁당과자. 스치듯 나는 안젤리카

FINISH ▶▶ 스파이시한 다크초콜릿. 바다소금

GLEN SCOTIA 25-year-old, 48.8% abv
글렌스코시아 25년 48.8%

⊏ SCORE 88 ⊐

NOSE ▶▶ 레몬. 생강. 소나무 송진. 바다소금. 바노피 파이

PALATE ▶▶ 옅은 향신료. 재 냄새. 강한 과수원 과일향

FINISH ▶▶ 드라이하고 약간의 스모키. 짠맛. 후추향 나는 오크향

GLEN SPEY 글렌스페이

소유자 Diageo
지역 Highlands **지구** Speyside (Rothes)
주소 Rothes, Aberlour, Banffshire, AB38 7AU
TEL 01340 882000

1878년에 설립된 글렌스페이는 유명한 구리 제련 회사인 포사이스의 본거지이기도
한 스페이사이드의 로시스 마을에서 운영하는 4개의 증류소 중 하나이다. 이곳에서
생산하는 위스키의 대부분은 런던 세인트 제임스 거리에 있는 귀족을 상대로 하는 와
인과 증류주 상점의 하우스 블렌딩용으로 만들어진다(이웃 글렌로시스가 비슷한 길
을 걷고 있는 것은 우연의 일치이다). 글렌스페이의 경우, 판매자는 저스테리니 앤
브룩스(Justerini & Brooks)이며, 하우스 블렌디드 위스키는 J&B이다.
지아코모 저스테리니(Giacomo Justerini)는 볼로냐 출신의 이탈리아 사람이다. 그
는 1749년 오페라 가수인 마르게리타 벨리온(Margherita Bellion)을 따라 영국으로
이민을 왔다. 로맨스는 결실을 맺지 못한 것 같지만, 저스테리니는 그 사이 영국에서
리큐어 제조사로 일했고, 1779년 이미 스카치위스키를 판매하고 있었다. 브룩스는
나중에 회사의 파트너가 되었다. 이 사업은 한동안 길비스(Gilbey's)의 일부였는데,
그 당시에는 견과류, 풀내음 나는 8년 숙성 글렌스페이가 있었다.

하우스 스타일 가볍고, 풀내음, 견과류. 식전주로 적합하다.

GLEN SPEY 12 year-old, Flora and Fauna, 43% abv
글렌스페이 12년 플로라 앤 파우나 43%

SCORE 75

NOSE ▸▸ 맥아(풍부한 차 비스킷). 먼지냄새. 금귤. 잎사귀. 정원의 민트

PALATE ▸▸ 활기찬 느낌. 강렬한 단맛으로 시작해 가벼운 감귤류의 향이 나다가 드라마틱하게 드라이해진다.

FINISH ▸▸ 바삭바삭한 느낌. 레몬제스트. 중과피

GLENALLACHIE 글렌알라키

소유자 The GlenAllachie Distillers Company
지역 Highlands   **지구** Speyside
주소 Aberlour, Banffshire, AB38 9LR
홈페이지 www.theglenallachie.com

진정한 위스키 애호가들은 모든 위스키를 맛보고 싶어하는데, 전통적으로 글렌알라키는 은은하고, 섬세하며, 꽃향기가 특징인 스페이사이드의 좋은 표본이었다. 이 증류소는 1967년에 주로 맥킨레이 블렌디드 위스키에 몰트 위스키를 공급하기 위해 지어졌다. 1980년대 후반에 일시적으로 폐쇄되었다가 2010년 말 캠벨 디스틸러가 인수하여 다시 문을 열었다. 2017년부터 글렌알라키는 업계의 베테랑이자 이전 벤리악 디스틸러리 컴퍼니의 마스터 디스틸러였던 빌리 워커가 이끄는 회사가 소유하고 있다. 글렌알라키는 시니어 파트너인 아벨라워 증류소의 언덕 너머에 있는 벤 린네스산의 샘에서 물을 가져다 사용한다. 이 두 증류소 사이의 거리는 가깝지만 사용하는 물이 다르며, 그들의 위스키도 다르다. 글렌알라키는 가볍고, 조금 더 산성의 성격을 지니며, 드라이하고, 섬세하다. 반면 아벨라워는 풍부하고, 감미롭고, 달콤하며, 맥아의 느낌이 많다.

하우스 스타일 맑고, 은은하며, 섬세하다. 식전주로 적합하다.

GLENALLACHIE 10-year-old Cask Strength Batch 7, 56.9% abv
글렌알라키 10년 캐스크 스트랭스 배치 7, 56.9%

버진오크, 리오하 와인, 페드로 히메네즈, 올로로소 셰리 캐스크에서 숙성

⸺ SCORE 86 ⸺

NOSE ▸▸ 스파이시함, 뜨거운 페이스트리, 벌꿀, 아몬드
PALATE ▸▸ 레드커런트, 다크초콜릿, 커피, 점점 벌꿀향이 진해진다.
FINISH ▸▸ 붉은 베리류의 맛이 지속되며, 견과류, 각종 향신료

GLENALLACHIE 12-year-old, 46% abv
글렌알라키 12년 46%

버진 오크, 페드로 히메네즈, 올로로소 셰리 캐스크에서 숙성

⸺ SCORE 87 ⸺

NOSE ▸▸ 오일리, 잘 익은 바나나, 버터스카치캔디, 슬쩍 나는 오크향
PALATE ▸▸ 매끈거리는 맥아맛, 바닐라, 벌꿀, 잘 익은 바나나, 아몬드, 후추 느낌의 오크
풍미
FINISH ▸▸ 아몬드, 밀크초콜릿, 라임의 여운이 중간 길이 정도로 지속된다.

GLENALLACHIE 15-year-old, 46% abv
글렌알라키 15년 46%

페드로 히메네즈, 올로로소 셰리 캐스크에서 숙성

=== SCORE 87 ===

NOSE ▸▸   꽃향기, 크림향기, 셰리, 버터스카치, 오렌지 마멀레이드
PALATE ▸▸   셰리 퐁당과자, 당밀, 호두, 감초
FINISH ▸▸   건포도, 적후추, 다크초콜릿, 스파이시한 오크 풍미의 여운이 중간 길이 정도로 지속된다.

GLENALLACHIE 18-year-old, 46% abv
글렌알라키 18년 46%

아메리칸 오크, 페드로 히메네즈, 올로로소 셰리 캐스크에서 숙성

=== SCORE 86 ===

NOSE ▸▸   견과류, 갱엿, 밀크초콜릿, 당밀
PALATE ▸▸   풍부하고 스파이시함, 아몬드, 복숭아, 살구
FINISH ▸▸   드라이한 여운, 육두구, 우디 향신료

GLENBURGIE 글렌버기

소유자 Chivas Brothers (Pernod Ricard)
지역 Highlands   **지구** Speyside (Findhorn)
주소 Forres, Morayshire, IV36 0QX
TEL 01343 850258

글렌버기는 위스키로 이름이 알려지지도 않았고 싱글몰트 위스키로 생산되는 경우
도 드물었다. 하지만 이 증류소는 지난 몇 년 동안 계속 성장하여 현재 상당한 규모
의 위스키를 생산하고 있으며, 소유주인 페르노리카의 블렌디드 위스키 발렌타인의
블렌딩용 위스키를 주로 생산하여 큰 성공을 거두고 있다. 글렌버기 증류소는 연간
400만 리터 이상의 증류주를 생산하는 최첨단 증류소이다. 존 웨인, 모린 오하라 주
연의 영화 '더 콰이어트 맨(The Quiet Man)'에 등장하여 유명세를 탄 작가 모리스
월시는 글렌버기 위스키의 허브와 과일향을 좋아했는데, 로버트 번스나 닐 건과 마찬
가지로 월시도 글렌버기에서 세관원으로 일했었다. 첨단 기술을 지닌 덜 낭만적인 이
증류소의 주목할 만한 부분은 두 번째 몰트 위스키 증류소였다는 점이다.
이 증류소의 역사는 1810년으로 거슬러 올라가며, 현재 위치에서는 1829년까지 거슬
러 올라간다. 이 증류소는 포레스와 엘긴 사이의 알베스에 있는 핀드혼 유역에 있다.
글렌버기 증류소는 2차 세계대전 이후 위스키 공급이 부족했던 시기에 확장되었다.
당시 일부 얼라이드 디스틸러에서는 제품의 다양성을 늘리기 위해서 다른 디자인의
증류기를 추가로 공급받았다. 기둥 모양의 목을 가진 이 '로몬드(Lomond)' 스틸은
더 기름지고 과일향이 강한 몰트를 생산했다. 글렌버기의 로몬드 스틸 위스키의 이름
은 회사의 고위 관리자 중 한 명인 윌리 크레이그(Willie Craig)의 이름을 따서 지었
다. 이 증류기들은 철거되었지만 1980년대 초의 글렌크레이그는 여전히 독립병입자
제품들에서 찾아볼 수 있다.

하우스 스타일 오일리, 과일맛, 허브향, 식전주

GLENBURGIE 12-year-old (Series No 001), 40% abv
글렌버기 12년 시리즈 No 001 40%

SCORE 83

NOSE ▸ 은은한 바닐라. 멜론. 베이킹 스파이스향이 과묵하다.
PALATE ▸ 바닐라. 달콤한 오렌지. 토피. 밀크초콜릿
FINISH ▸ 감귤류. 시나몬. 생강. 핫초콜릿

GLENBURGIE 15-year-old (Series No 001), 40% abv
글렌버기 15년 시리즈 No 001 40%

SCORE 83

NOSE ▸ 향수 느낌. 점점 진해지는 직접 짠 오렌지 주스향
PALATE ▸ 과수 열매의 과즙. 퍼지. 코코아파우더
FINISH ▸ 부드러운 향신료. 가벼운 오크. 자파오렌지맛으로 마무리

GLENBURGIE 18-year-old (Series No 001), 40% abv
글렌버기 18년 시리즈 No 001 40%

SCORE 85

NOSE ▸ 견과류. 오렌지 중과피. 바닐라. 벌꿀
PALATE ▸ 레드베리류. 밀크초콜릿. 점점 벌꿀맛이 진해진다.
FINISH ▸ 초콜릿 퍼지 브라우니

GLENCADAM 글렌카담

소유자 Angus Dundee Distillers plc
지역 Highlands   지구 Eastern Highlands
주소 Brechin, Angus, DD9 7PA
홈페이지 www.glencadamwhisky.com   방문자센터 있음

글렌카담은 언피트 몰트를 이용한 크리미한 위스키로 유명한다. 이 증류소에서 생산된 위스키는 오랫동안 던디와 벨파스트에서 인기 있는 블렌디드 위스키인 '크림 오브 더 발리(Cream of the Barley)'의 블렌딩용으로 사용되었다. 브레친에 위치한 이 깔끔하고 작은 증류소는 1825년에 설립되었고 1959년 기계화가 되었다. 위스키를 만들 때 사용하는 물은 글렌 에스크의 머리 부분인 로크 리에서 48km를 파이프로 끌어온 매우 부드러운 연수를 사용한다. 글렌카담은 이웃이었던 노스포트가 사라지고 2015년 증류소에서 남동쪽으로 16km 떨어진 곳에 아르비키 증류소가 문을 열기 전까지 그 지역의 유일한 증류소였다. 소유주인 앵거스 던디는 2003년에 얼라이드 도멕으로 부터 이 증류소를 인수하였다.

하우스 스타일 크리미. 약간의 딸기 과실향. 디저트 혹은 저녁식사 후

GLENCADAM Origin 1825, 40% abv
글렌카담 오리진 1825 40%

올로로소 셰리 버트 피니쉬

⸺ SCORE 73 ⸺

NOSE ▸▸ 달콤하고 맥아향이 있으며 약간의 매쉬(Mash) 향이 난다. 파인애플, 점점 꽃 향기가 강해진다.

PALATE ▸▸ 부드러운 과수원 과일맛, 코코아 파우더, 가벼운 셰리, 믹스너트

FINISH ▸▸ 밀크초콜릿, 부드러운 향신료가 중간 길이 정도의 여운으로 남는다.

GLENCADAM 10-year-old, 46% abv
글렌카담 10년 46%

⸺ SCORE 73 ⸺

NOSE ▸▸ 딸기와 바닐라

PALATE ▸▸ 크림, 희미한 딸기향이 나는데 아마 카시스(cassis)로 추정

FINISH ▸▸ 퀴퀴한 향신료

GLENCADAM 13-year-old, 46% abv
글렌카담 13년 46%

⸺ SCORE 76 ⸺

NOSE ▸▸ 청사과, 갱엿, 아몬드, 벌꿀, 맥아, 섬세한 향신료

PALATE ▸▸ 꽃향기, 달콤한 과수원 과일, 바닐라, 진해가는 견과류, 약간의 허브향

FINISH ▸▸ 맥아, 스파이시한 오크향

GLENCADAM 15-year-old, 46% abv
글렌카담 15년 46%

⸺ SCORE 76 ⸺

NOSE ▸▸ 스파이시함, 약간의 베리류향

PALATE ▸▸ 오크, 베리류, 코셔솔트, 풍부한 오크, 딸기, 희미하게 바닐라와 향신료

FINISH ▸▸ 오크와 향신료가 긴 여운으로 남는다.

GLENCADAM 21-year-old, The Exceptional, 46% abv
글렌카담 21년 엑셉셔널 46%

▭ SCORE 83 ▭

NOSE ▸▸ 꽃향기, 잘 익은 오렌지, 파인애플, 허브향

PALATE ▸▸ 오렌지 바닐라 등 우아하고 복합적인 맛에 대조적으로 다크베리류와 후추맛
이 있다.

FINISH ▸▸ 약간의 오일리함과 긴 여운

GLENCADAM 25-year-old, 46% abv
글렌카담 25년 46%

▭ SCORE 83 ▭

NOSE ▸▸ 누가, 신선한 볏짚, 열대과일

PALATE ▸▸ 견과류, 감귤류, 생강, 헤시안 오크

FINISH ▸▸ 감금류 과일, 생강, 오크의 비교적 긴 여운

GLENCADAM Reserva Andalucia, 46% abv
글렌카담 리저브 안달루시아 46%

▭ SCORE 75 ▭

NOSE ▸▸ 버터 느낌의 토피, 과수원 과일향, 시나몬

PALATE ▸▸ 바닐라 퍼지, 레드베리, 과일 느낌의 향신료, 구운 사과, 건포도

FINISH ▸▸ 스파이시한 설타나, 약간의 홍차향이 중간 길이 정도의 여운으로 남는다.

GLENDRONACH 글렌드로낙

소유자 BenRiach Distillery Company (Brown-Forman)
지역 Highlands **지구** Speyside (Deveron)
주소 Forgue, by Huntly, Aberdeenshire, AB54 6DB
홈페이지 www.glendronachdistillery.com **방문자센터** 있음

2008년과 2016년 사이에 위스키 업계의 베테랑 빌리 워커가 이끄는 벤리악 디스틸러리 컴퍼니는 글렌드로낙을 되살려 스코틀랜드의 대표적인 셰리 캐스크 싱글몰트 중 하나로 올려두었다. 그러고 나서, 2016년에 미국에 본사를 둔 브라운포맨은 벤리악, 글렌글라사 등과 함께 이 증류소를 2억 8천5백만 파운드에 인수하였다. 다행히도 이들은 전임자들의 훌륭한 업적을 이어가고 있다. 수년에 걸쳐 글렌드로낙 12년은 다양한 스타일로 출시되었다. 첫 단계에서는 '오리지널'(주로 버번 캐스크의 세컨필)과 '셰리 캐스크에서 100% 숙성'이라는 라벨이 붙은 버전 사이에서 선택할 수 있었다. 그 후 이 두 가지가 '트래디셔널'로 대체되어, 이 두 가지의 장점을 결합하려는 시도가 있었다. 벤리악, 브라운포맨의 체제 하에 있을 때 상당량의 버번 캐스크 속에서 숙성 중인 원액을 셰리 캐스크로 옮겨 숙성하는 작업을 하였으며, 그들의 제품라인을 추가 확대하는 한편 싱글캐스크 제품들을 출시하였다.

글렌드로낙 위스키는 몰트 위스키 애호가들에게 대단히 높이 평가되지만, 그 장소 자체도 많은 애정을 받고 있다. 애버딘셔의 비옥한 보리 재배 지역 깊은 곳에 있는 드로낙 계곡은 증류소를 구성하는 건물들을 완전히 숨기다시피 한다. 제5대 고든 공작은 1820년대에 하이랜드에서 증류소를 합법화한 숨은 공신으로 1826년에 지역 농부들이 이 증류소를 설립하도록 장려한 것으로 알려져 있다. 이후 윌리엄 그랜트 가문(글렌피딕의 소유주)이 운영하다가 1960년 당시 얼라이드 브루어리(나중에 얼라이드 도멕)에 인수되어 잘 알려진 블렌디드 위스키 티처스(Teacher's)의 블렌딩용 몰트 위스키를 제공하게 된다.

하우스 스타일 부드럽고, 크고, 달콤하면서 드라이한 맥아. 셰리 풍미. 저녁식사 후 적합

GLENDRONACH The Hielan' 8-year-old, 46% abv

글렌드로낙 더 힐란 8년 46%

버번 캐스크와 세리 캐스크에서 숙성시킨 원액을 혼합

SCORE 70

NOSE ▸▸   동양의 향신료, 바닐라, 벌꿀, 건포도
PALATE ▸▸   설타나, 다크초콜릿, 과숙된 체리, 진해지는 오크 풍미
FINISH ▸▸   자파오렌지, 생강, 드라이한 오크

GLENDRONACH 12-year-old, 40% abv

글렌드로낙 12년 40%

SCORE 70

NOSE ▸▸   민트향 토피, 바닐라, 세리, 와인향, 베리류
PALATE ▸▸   신선한 크랜베리, 블루베리주스, 후추맛, 싫증이 안나는 단맛, 하이랜드 피트
카펫
FINISH ▸▸   중간 길이의 여운, 짭조름하며 피트향

GLENDRONACH 15-year-old, 46% abv
글렌드로낙 15년 46%

SCORE 90

NOSE ▸ 강한 셰리향, 치커리, 신선한 무화과, 커피, 꽃향기, 웅장함, 연한 황내음

PALATE ▸ 달콤한, 과일케이크, 이어 후추맛이 등장하고 드라이한 탄닌, 훈연된 자두, 복합적이고 강렬한 느낌, 맛이 진화한다고 느껴진다.

FINISH ▸ 자두맛, 후추, 피트 풍미가 오래간다.

GLENDRONACH 18-year-old, 46% abv
글렌드로낙 18년 46%

SCORE 85

NOSE ▸ 오렌지유, 호두

PALATE ▸ 기름 먹인 가죽, 세비야 오렌지, 인스티티아 자두, 살짝 오크의 탄닌

FINISH ▸ 부드러운 향신료, 마일드한 스모키셰리의 여운이 오래간다.

GLENDRONACH 21-year-old, Parliament, 48% abv

글렌드로낙 21년 팔라멘트 48%

SCORE 86

NOSE ▸▸ 달콤한 셰리, 간장향, 당밀, 새 가죽향

PALATE ▸▸ 과일맛, 캐러멜, 스파이시한 가죽 느낌이 강하고, 나중에 정향으로 바뀐다.

FINISH ▸▸ 감초, 다크 초콜릿, 점점 향신료가 강해지고 오크 탄닌감이 지속된다.

GLENDRONACH Grandeur 27-year-old (Batch 9), 59.4% abv

글렌드로낙 그랜저 27년 (배치 9) 59.4%

SCORE 88

NOSE ▸▸ 풍부한 광택제 바른 오크향, 체리꽃, 바닐라

PALATE ▸▸ 달콤한 셰리, 우디 스파이스, 헤이즐넛, 다크초콜릿과 체리 리큐어

FINISH ▸▸ 잘 익은 자두, 당밀 느낌이 나는 긴 여운, 점점 다크초콜릿 맛이 강해진다.

GLENDRONACH Traditionally Peated, 48% abv
글렌드로낙 트레디셔날 피티드 48%

페드로 히메네즈 캐스크와 올로로소 셰리 캐스크 그리고 포트와인 캐스크에서 숙성시킨 원액을
혼합하여 출시

⸺ SCORE 86 ⸺

NOSE ▸▸ 손으로 말은 담배, 생강, 맥아, 바비큐베이컨

PALATE ▸▸ 흙내음, 새 가죽, 훈연된 오렌지, 당밀, 밀크초콜릿

FINISH ▸▸ 가벼운 스모키, 나무 광택제, 믹스너트, 감초 등의 여운이 길다.

GLENDRONACH Cask Strength (Batch 9), 50.1% abv
글렌드로낙 캐스크 스트랭스 (배치 9) 50.1%

⸺ SCORE 84 ⸺

NOSE ▸ 스파이시함, 후추, 감귤, 새 가죽, 밀크초콜릿

PALATE ▸▸ 향신료의 느낌이 강해지고, 후추, 짭쪼름한 향, 건과일과 캐러멜

FINISH ▸▸ 긴 여운, 블랙커피, 자극적인 오크향

GLENDULLAN 글렌둘란

소유자 Diageo
지역 Highland 지구 Speyside (Dufftown)
주소 Dufftown, Banffshire, AB55 4DJ
TEL 01340 822100

1897~1898년에 설립된 이 증류소는 1900년대 초 에드워드 7세에게 위스키를 공급하며 영광의 순간을 누렸고, 그 영광은 몇 년 동안 캐스크에 새겨져 있었다. 1972년에 지어진 현재의 증류소는 몰트 위스키를 대규모로 생산하고, 생산량의 대부분은 디아지오의 블렌디드 위스키와 미국에서 판매되는 싱글톤 오브 글렌둘란(Singleton of Glendullan)에 사용된다.

하우스 스타일 향수 같고, 과일맛, 드라이한 맛, 매운맛, 오일리, 강한 맛, 플라스크에 넣어두고 마시는 걸 추천

THE SINGLETON OF GLENDULLAN 12-year-old, 40% abv
싱글톤 오브 글렌둘란 12년 40%

⊂ SCORE 77 ⊃

NOSE ▶ 향긋한 셰리, 바닥에 깔려있는 곡물향, 사과향, 섬세한 향신료
PALATE ▶ 셰리 느낌과 풍부한 느낌, 캐러멜, 브리틀 토피, 헤이즐넛
FINISH ▶ 향신료와 건포도 느낌이 중간 길이 정도의 여운으로 남는다.

GLENDULLAN 12-year-old, Flora and Fauna, 43% abv
글렌둘란 12년 플로라 앤 파우나 43%

⊂ SCORE 75 ⊃

NOSE ▶ 가볍고, 드라이한 맥아향, 약간의 과일향
PALATE ▶ 드라이하게 시작하지만 버터, 맥아, 견과류, 향수, 가벼운 과일향으로 바뀐다.
FINISH ▶ 특별한 향수 느낌의 여운이 오래간다.

THE SINGLETON OF GLENDULLAN 18-year-old, 40% abv

싱글톤 오브 글렌둘란 18년 40%

NOSE ▸ 가벼운 꽃향기, 새로 벤 지프라기, 잘 익은 배, 구운 밤

PALATE ▸ 레몬주스, 코코넛밀크, 헤이즐넛, 누가

FINISH ▸ 건과일, 백후추, 오크

GLENFARCLAS 글렌파클라스

소유자 J.&G. Grant
지역 Highlands **지구** Speyside
주소 Ballindalloch, Banffshire, AB37 9BD
홈페이지 www.glenfarclas.com **방문자센터** 있음

6대째 이어져 내려오는 가문이 이 사업을 성공적으로 이끌고 있으며, 가장 독립적인 증류소인 이 회사의 전망은 밝아 보인다. 글렌파클라스 위스키는 이 지역에서 생산되는 다른 위스키만큼 널리 알려지지는 않았지만, 스페이사이드 위스키 중에서는 최상위권에 속한다. 스페이강에서 글렌파클라스('푸른 잔디의 계곡'이라는 뜻)까지는 약 1마일(약 1.6km) 정도 떨어져 있다. 증류소는 메리파크 마을 근처에 위치해 있다. 그 뒤로는 헤더로 덮인 언덕이 증류소의 물이 흐르는 벤 린네스산을 향해 솟아 있다. 주변 지역에서는 보리가 재배된다.

이 증류소는 가족 소유의 회사 J&G 그랜트에 속해 있다. 이 가족은 다른 위스키 제조사인 그랜트(Grants)사와는 아무런 관련이 없으며, 다른 증류소나 병입자회사도 소유하고 있지 않다. 글렌파클라스의 역사는 1836년으로 거슬러 올라가며, 1865년부터 가족 경영을 이어오고 있다. 일부 건물은 그 시대에 지어진 것이고 리셉션 룸은 대형여객선의 판넬로 되어 있지만, 생산 장비는 현대식이며 증류소는 스페이사이드에서 가장 큰 규모이다.

하우스 스타일 크고, 복합적인 풍미, 셰리 풍미가 강함. 저녁식사 후에 추천

GLENFARCLAS Heritage, 40% abv
글렌파클라스 헤리티지 40%

SCORE 84

NOSE ▸▸ 과일칵테일 통조림, 바닐라, 살짝 느껴지는 시나몬
PALATE ▸▸ 버터스카치, 누가, 사과, 진해지는 다크초콜릿
FINISH ▸▸ 캐러멜, 다크초콜릿, 희미하게 나는 백후추

GLENFARCLAS 10-year-old, 40% abv
글렌파클라스 10년 40%
글렌파클라스치고는 우아하고 매우 드라이하다.

SCORE 86

NOSE ▸▸ 크고, 약간의 셰리의 달콤함과 견과류 느낌. 또한 뒤에는 스모키함도 있다.
PALATE ▸▸ 처음에는 바삭하고 드라이하다가 점점 여러 가지 풍미들로 채워지고 진해진다.
FINISH ▸▸ 달콤하고 여운이 길다.

GLENFARCLAS 12-year-old, 43% abv
글렌파클라스 12년 43%
애호가들을 위한 글렌파클라스의 대표주자

SCORE 87

NOSE ▸▸ 10년보다 드라이하며, 매우 빠르고 크게 공격해 온다.
PALATE ▸▸ 풍부한 풍미, 피트스모키
FINISH ▸▸ 오크향, 어린 숙성년수에 비하여 여운이 길다.

GLENFARCLAS 15-year-old, 46% abv
글렌파클라스 15년 46%

많은 애호가들은 이 숙성 기간이 글렌파클라스의 복합적인 풍미를 잘 보여준다고 생각한다.
확실히 최고의 밸런스를 자랑한다.

 SCORE 88

NOSE ▶▶   셰리의 풍부한 향. 맥아. 희미한 스모키. 사랑스러운 여러 부케(bouquet)들이
                 조합되었다.

PALATE ▶▶   적극적이고. 모든 요소들이 아름답게 녹아 있다.

FINISH ▶▶   길고 부드럽다.

GLENFARCLAS 25-year-old, 43% abv
글렌파클라스 25년 43%

아마 싱글몰트 순혈주의자들에게는 약간 우디한 위스키일 수 있겠지만 다른 일반 사람들에게는
식후주로 선택했을 때 후회가 없는 진지한 몰트 위스키다.

 SCORE 88

NOSE ▶▶   톡 쏘는 향. 나무수액향

PALATE ▶▶   맛이 서로 긴밀하게 맞물려 있어 처음에는 계속 비밀스러운 이미지를 유지하
                 고 싶은 듯하다. 아주 느리고 끈질기게 모든 풍미가 조금씩 나오지만 더 드라
                 이한 맛이다.

FINISH ▶▶   긴 여운. 오크. 나무수액. 이 특별한 숙성년수에 대한 존경심으로 가산점을 부여

GLENFARCLAS 30-year-old, 43% abv
글렌파클라스 30년 43%

SCORE 87

NOSE ▸▸ 오크. 약간의 우디

PALATE ▸▸ 견과류와 오크

FINISH ▸▸ 오크. 나무수액. 피트

GLENFARCLAS 40-year-old, 46% abv
글렌파클라스 40년 46%

SCORE 90

NOSE ▸▸ 피노셰리. 새 가죽. 제초. 연한 스모크와 정향

PALATE ▸▸ 비교적 단맛이 있으며. 각종 향신료. 자파오렌지. 체리. 오크 풍미가 진해진다.

FINISH ▸▸ 오크의 탄닌과 블랙커피 맛의 여운이 오래간다.

GLENFARCLAS 50-year-old, 50% abv
글렌파클라스 50년 50%

SCORE 95

NOSE ▸▸ 따뜻한 헤시안. 멘톨. 아마씨. 당밀

PALATE ▸▸ 라운드. 톡 쏘는 핵과류. 바닐라. 드라이 셰리. 칵테일체리

FINISH ▸▸ 매운 긴 여운. 세비야 오렌지. 다크초콜릿. 흩뿌려진 후추향

2007년 글렌파클라스는 '패밀리 캐스크'라는 타이틀 아래 1952년부터 1994년까지 43개의 싱글 캐스크 빈티지 제품을 연속으로 출시하는 전례 없는 기록을 세웠다. 이후에도 제품들이 계속해서 출시되었고, 특정 연도의 초기 출시된 싱글캐스크 제품들은 매진되었다. 현재 제품군은 이제 1954년부터 2005년까지의 빈티지 제품들로 구성되어 있다. 아래는 패밀리 캐스크 출시 제품 중 일부에 대한 샘플링 노트이다.

GLENFARCLAS 1954, Cask No 1254, 46.3%
글렌파클라스 1954 캐스크 No 1254 46.3%

셰리 버트: 424병

══ SCORE 85 ══

NOSE ▸▸ 아마씨. 헤시안. 퍼지. 셰리.

PALATE ▸▸ 다크초콜릿. 감초

FINISH ▸▸ 드라이하며 매우 빠르게 피티한 탄닌으로 변한다.

GLENFARCLAS 1964, Cask No 4726, 42.1% abv
글렌파클라스 1964 캐스크 No 4726 42.1%

셰리 버트: 327병

══ SCORE 85 ══

NOSE ▸▸ 스파이시한 살구. 리치 셰리. 더니지 숙성창고

PALATE ▸▸ 풀 바디. 흑당. 캐러멜. 살짝 짭조름. 덤덤 살구. 후추

FINISH ▸▸ 입안이 드라이하며. 후추 느낌의 오크 풍미. 감초

GLENFARCLAS 1978, Cask No 751, 41.1% abv
글렌파클라스 1978 캐스크 No 751, 41.1%

4번째 재활용된 호그스헤드: 111병

══ SCORE 90 ══

NOSE ▸▸ 아마씨 오일. 잘익은 복숭아

PALATE ▸▸ 오일리. 달콤한 과수원 과일. 브리틀 토피

FINISH ▸▸ 과일맛이 지속되며 스파이시한 오크향의 즐거운 여운

GLENFARCLAS 1991, Cask No 211, 56.3% abv
글렌파클라스 1991 캐스크 No 211 56.3%

셰리 버트: 443병

═ SCORE 89 ═

NOSE ▸ 풍부하고. 오일리하며. 열대과일, 퍼지

PALATE ▸ 쫄깃한 열대과일. 갱엿. 점점 강해지는 부드러운 오크 풍미

FINISH ▸ 오크 풍미와 매운맛의 여운이 지속된다.

GLENFIDDICH 글렌피딕

소유자 William Grant & Sons Ltd
지역 Highlands **지구** Speyside (Dufftown)
주소 Dufftown, Banffshire, AB55 4DH
홈페이지 www.glenfiddich.com **방문자센터** 있음

이 증류소의 위스키 품질이 점점 더 좋아지고 있다는 것은 이미 널리 알려져 있고, 일련의 빈티지 출시는 글렌피딕이 스코틀랜드가 제공하는 최상의 위스키를 보유할 수 있다는 것을 충분히 보여주었다. 훌륭한 블렌디드 몰트 위스키인 몽키숄더 (Monkey Shoulder)라는 혁신은 글렌피딕이 반드시 전통에만 의존하지 않는다는 것을 보여준다.

글렌피딕 증류소는 더프타운의 증류소 이름과 같은 작은 강에 자리 잡고 있다. 피딕이라는 이름은 강이 사슴의 계곡을 통과한다는 뜻이다. 따라서 회사의 엠블럼은 사슴이다. 이 유명한 증류소는 1886~87년에 설립되었으며, 여전히 원래 가문이 경영하고 있다. 비교적 작은 규모의 기업이었는데, 2차 세계대전 이후 경제 호황기에 대기업과의 치열한 경쟁에 직면해야 했다. 1963년 이 회사는 대기업이 소유한 블렌디드 위스키용 원액 공급에 의존하는 대신, 병에 담긴 싱글몰트 위스키의 공급 범위를 넓히기로 결정하였다. 당시 블렌디드 스카치위스키가 지배적이었던 업계에서는 글렌피딕의 결정을 어리석은 일로 여겼다. 싱글몰트는 너무 강렬하고 풍미가 세거나 복잡해서 영국인이나 다른 외국인들이 마시기에 부적합하다는 견해가 널리 퍼져 있었기 때문이다.

글렌피딕같은 독립적인 증류주가 없었다면 싱글몰트 위스키를 병에 담아 제품을 내놓는 용기를 낼 라이벌은 거의 없었을 것이다. 위스키 애호가들은 글렌피딕에 항상 감사해야 한다. 빠른 시작은 회사의 성공의 토대를 마련했다. 글렌피딕은 몰트 위스키 중에서도 매우 쉽게 마실 수 있는 위스키라는 점이 큰 도움이 되었다.

위스키 추종자들은 15년 동안 숙성시킨 후 솔레라 시스템에 담긴 글렌피딕 15년을 비롯하여 조금 더 복합적인 풍미와 더 오래 숙성된 제품을 찾는 도전을 맞이할 준비가 되어있다.

글렌피딕은 다양한 개성으로 가득하다. 벌꿀색과 회색의 돌(honey-and-grey stone)로 지어진 원래 구조의 대부분은 아름답게 유지되고 있으며, 건물을 새로 지을 때도 그 스타일을 그대로 따라지었다. 글렌피딕은 또한 업계 최초로 방문자센터를 운영하며 업계를 선도하였다. 일부에서는 이곳이 위스키 애호가보다는 관광객을 위한 곳이라고 주장하기도 있지만, 하이랜드의 이 지역을 방문하는 사람이라면 놓칠 수 없는 곳이며 최근에는 애호가들을 위한 다양한 새로운 투어 프로그램을 소개하고 있다.

위스키는 주로 '플레인 오크'(리필 버번)에서 숙성되지만, 약 10%는 셰리 캐스크에서 숙성된다. 서로 다른 캐스크에서 숙성된 위스키는 플레인 오크통에서 혼합된다. 글렌피딕 부지에 인접한 곳에, 윌리엄 그랜트는 발베니와 키닌비 몰트 증류소도 소유하고 있다. 스코틀랜드의 다른 지역에서는 거번 그레인 증류소, 그와 인접한 에일사 베이 몰트 증류소(2008년 개업)를 보유하고 있다.

하우스 스타일 숙성년수가 어릴 때는 드라이하며 과일 풍미 식전주로 어울리고, 조금 더 숙성이 되면 건포도 초콜릿 맛이 진하며 저녁식사 후에 어울린다.

GLENFIDDICH 12-year-old, 40% abv
글렌피딕 12년 40%

SCORE 77

NOSE ▸▸ 신선하면서 달콤하다. 식욕을 돋우며, 과일향, 배향, 즙이 많은 풀내음
PALATE ▸▸ 맥아의 달콤함. 화이트초콜릿. 좋은 풍미가 진해진다. 구운 헤이즐넛
FINISH ▸▸ 향기롭고 희미한 피트 스모키가 있다.

GLENFIDDICH 15-year-old, 40% abv
글렌피딕 15년 40%

SCORE 81

NOSE ▸▸ 초콜릿, 토스트, 희미하게 느껴지는 피트
PALATE ▸▸ 질감이 부드럽고 실크 같으며, 화이트초콜릿, 크림 속의 배, 카더멈(Cardamom)
FINISH ▸▸ 크림, 희미하게 생강맛

GLENFIDDICH 18-year-old, 40% abv
글렌피딕 18년 40%

이 버전의 18년 제품은 라벨에 적힌 숙성년수보다 오래 숙성된 원액 비율이 높다. 호그스헤드보다 퍼스트빌 셰리 버트가, 아메리칸 오크보다는 스페인산 오크통이 강조되었고, 전통적인 숙성창고의 흙바닥이 강조되었다.

SCORE 78

NOSE ▸▸ 풍부하다.
PALATE ▸▸ 달콤하며 라운드하다. 부드럽고 절제된 맛이 있다. 세련된 맛과 셰리 캐릭터에 점수를 준다.
FINISH ▸▸ 견과류, 꽃향기, 살짝 느껴지는 피트

GLENFIDDICH 21-year-old, Gran Reserva, 40% abv
글렌피딕 21년 그랑리저브 40%

⊂══ SCORE 86 ══⊃

NOSE ▸▸ 구운 향. 비스킷. 쿠키 케이크. 초콜릿 상자를 열었을 때 나는 향

PALATE ▸▸ 바닐라 플랑. 달콤한 쿠반 커피

FINISH ▸▸ 쥬시하며 연한 열대과일맛이 남는다.

GLENFIDDICH 30-year-old, 43% abv
글렌피딕 30년 43%

⊂══ SCORE 86 ══⊃

NOSE ▸▸ 셰리향. 과일맛. 초콜릿. 생강

PALATE ▸▸ 조금 더 셰리맛이 강해지고. 건포도. 초콜릿. 생강맛이 난다. 고급스럽다.

FINISH ▸▸ 초콜릿향과 생강향의 드라이한 여운을 천천히 즐길 수 있다.

GLENFIDDICH 40-year-old, Rare Collection, 43.6% abv
글렌피딕 40년 레어컬렉션 43.6%

⊂══ SCORE 92 ══⊃

NOSE ▸▸ 과묵하고. 밤향. 오래된 과일. 축축한 느낌

PALATE ▸▸ 부드럽고 섬세하다. 많은 양의 아마씨. 벌꿀. 멜론. 떫은맛은 없다. 멋쟁이 노인처럼 믿을 수 없을 정도로 세련되고 우아하다.

FINISH ▸▸ 중간 길이의 여운. 부드럽고 라운드하며 밸런스가 좋다. 예술 작품이다.

GLENFIDDICH 50-year-old, 43% abv
글렌피딕 50년 43%

ㅡ SCORE 88 ㅡ

NOSE ▸▸ 놀랄 정도로 상큼하다. 자몽 마멀레이드, 멜론, 레몬

PALATE ▸▸ 첫맛은 풍부한 오렌지 마멀레이드. 다음에는 다른 감귤류의 과일맛이 파도처럼 밀려온다. 깨끗하고 신선한 느낌. 달콤하며 크리미한 바닐라맛. 슬쩍 느껴지는 오크와 피트 풍미

FINISH ▸▸ 깨끗한 느낌과 과일맛. 오크 풍미가 많고, 향신료의 여운이 길게 남는다.

GLENFIDDICH Project XX, 47% abv
글렌피딕 프로젝트 XX 47%

퍼스트 필 버번 배럴, 셰리 버트, 포트와인 캐스크를 포함하여 20개의 캐스크를 큰 통에 넣고
혼합하여 출시한 제품

ㅡ SCORE 88 ㅡ

NOSE ▸▸ 바닐라, 살구, 자파오렌지와 더불어 향수같고 동양적인 향기가 있다.

PALATE ▸▸ 오렌지, 레몬, 퍼지, 밀크초콜릿, 불린 설타나와 톡 쏘는 향신료

FINISH ▸▸ 과일맛과 향신료의 여운이 꽤 길게 남는다.

GLENFIDDICH IPA Experiment, 43% abv
글렌피딕 IPA 엑스페리먼트 43%
인디안 페일 에일 캐스크에서 피니쉬 숙성

SCORE 82

NOSE ▸ 홉, 벌꿀, 몰트, 토피, 구운 사과향, 레몬주스

PALATE ▸ 벌꿀과 토피맛이 진해진다. 부드러운 향신료, 궁극적으로 약간 시큼한 호피
에일향이 느껴진다.

FINISH ▸ 말린 향신료, 다크 초콜릿

GLENFIDDICH Winter Storm 21-year-old, 43% abv
글렌피딕 윈터스톰 21년 43%
캐나디언 아이스 와인 캐스크에서 피니쉬 숙성

SCORE 89

NOSE ▸ 시럽이 담긴 캔 복숭아의 향이 진하고, 바닐라, 코티드 크림향이 난다.

PALATE ▸ 코에서부터 복숭아 맛이 운반되고, 과즙이 풍부한 블러드 오렌지, 벌꿀 맥아
맛이 난다.

FINISH ▸ 중간 길이의 여운. 천천히 드라이해지며 과일향이 지속된다.

GLENFIDDICH Fire and Cane, 43% abv
글렌피딕 파이어 앤 케인 43%
피트 원액과 언피트 원액을 라틴아메리칸 럼 캐스크에서 피니쉬 숙성

SCORE 88

NOSE ▸ 향신료를 넣은 럼, 바닐라, 잘 익은 배, 파이프 담배

PALATE ▸ 부드러운 구운 사과맛, 달콤한 오크, 달고나, 타고 남은 재의 스모키

FINISH ▸ 후추 느낌의 달콤한 피트, 럼, 브리틀 토피

GLENFIDDICH 14-year-old Bourbon Barrel Reserve, 43% abv
글렌피딕 14년 버번 배럴 리저브 43%
오크통의 내부를 강하게 태운 아메리칸 오크 배럴에서 피니쉬 숙성

SCORE 84

NOSE ▸ 바닐라, 맥아, 퍼지, 잘 익은 사과, 생생한 느낌의 오크

PALATE ▸ 토피, 잘 익은 사과, 캐러멜, 바닐라, 시나몬

FINISH ▸ 견과류, 정향, 숯

GLENFIDDICH Grand Cru 23-year-old, 40% abv
글렌피딕 그랑크뤼 23년 40%

아메리칸 오크와 셰리 캐스크에서 숙성시킨 원액을 혼합하여 프랑스 와인 캐스크에서 피니쉬 숙성
시켜 출시한 제품

SCORE 89

NOSE ▶ 시럽에 담긴 살구캔, 구운 마시멜로, 사과꽃, 벌꿀
PALATE ▶ 배, 바닐라, 밀크초콜릿, 캐러멜, 갓 손질한 목재, 따뜻한 빵, 정향
FINISH ▶ 토피, 인스턴트 커피맛의 여운이 지속된다.

GLENFIDDICH Grande Couronne 26-year-old Cognac Cask Finish, 43.8% abv
글렌피딕 그랑코룬 26년 코냑 캐스크 피니쉬 43.8%

SCORE 90

NOSE ▶ 향기롭고, 스파이시한 맥아향, 벌꿀, 사과, 오렌지껍질, 광택 처리된 오크
PALATE ▶ 실크처럼 부드럽고, 사과 스튜, 생강, 밀크초콜릿, 구운 오크, 다크초콜릿
FINISH ▶ 과일 느낌의 향신료 부드러운 오크의 여운이 오래간다.

GLENFIDDICH Gran Cortes XXII 22-year-old Rare Sherry Cask Finish, 44.3% abv
글렌피딕 그랑코르테스 22년 레어 셰리 캐스크 피니쉬 44.3%

SCORE 92

NOSE ▶ 풍부한 스모키 셰리, 구운 배향, 캐러멜, 설타나, 점점 드러나는 약간의 짠내음
PALATE ▶ 입안에서 감미롭다. 바닐라, 마지팬, 셰리로 적신 과일케이크
FINISH ▶ 맥아빵, 육두구, 과일 느낌의 향신료

GLENGLASSAUGH 글렌글라사

소유자 BenRiach Distillery Company (Brown-Forman)
지역 Highlands **지구** Speyside (Deveron)
주소 Portsoy, Banffshire, AB45 2SQ
홈페이지 www.glenglassaugh.com **방문자센터** 있음

22년 동안의 휴업 끝에, 세계적인 에너지 분야에 이해관계를 갖고 있는 스캔트 (Scaent) 그룹이 스카치위스키 분야로 사업을 확장하고자 2008년 글렌글라사 증류소를 인수했을 때 대부분의 사람들은 놀라움을 금치 못했다. 스캔트 그룹은 글렌글래사 증류소를 설립하고, 수년 동안 도둑과 방치, 악천후로 인하여 큰 손상을 입은 모레이만의 증류소를 수리하여 2008년 12월 4일에 다시 증류주가 생산되기까지 약 100만 파운드가 넘는 비용을 들였다.

글렌글라사 증류소의 원액 재고는 별로 없었지만, 스캔트 그룹은 21년, 30년, 40년 원액을 병입하여 출시하였고 그와 더불어 미숙성 증류주와 6개월 숙성시킨 증류주, 26년, 35년 증류주를 뒤따라 출시했고, 여러 가지 한정품도 출시하였다. 2012년에는 방문자센터를 개설하였으며 3년 숙성 글렌글라사 리바이벌을 출시하였다.

2013년 벤리악 디스틸러리 컴퍼니는 스캔트 그룹으로부터 글렌글라사 증류소를 사들여 벤리악, 글렌드로낙과 함께 포트폴리오를 구성하였다. 30년과 40년 병입 제품을 출시하는 것과 동시에 아메리칸 오크에서 3년 동안 숙성시킨 에볼루션을 출시하였다. 또 예상대로 8개의 싱글캐스크를 2014년에 출시하였고 거기에 피트버전의 토르파(Torfa)도 출시하였다. 싱글캐스크 제품 출시는 2016년 증류소의 소유권이 벤리악 디스틸러리 컴퍼니에서 브라운포맨으로 넘어갔을 때도 계속되었다.

글렌글라사는 스페이 강과 데브론 강 하구 사이의 포트소이 근처에서 생산되는 해양성 특징의 몰트 위스키다. 이 위스키는 독특한 맛을 지니고 있으며, 과거에 더 페이머스 그라우스(The Famous Grouse)와 커티삭(Cutty Sark)과 같이 높은 평가를 받은 블렌디드 위스키를 만드는 데 기여하였다.

하우스 스타일 풀내음 나는 맥아맛. 회복 혹은 재충전용으로 적합.

GLENGLASSAUGH Revival, 46% abv
글렌글라사 리바이벌 46%

⊏ SCORE 76 ⊐

NOSE ▸▸ 처음에는 약간 으깨진 맛. 달콤하고 부드러운 셰리맛. 로스티드 몰트. 생강. 캐러멜

PALATE ▸▸ 새 가죽. 향신료 맛이 많이 나며 주로 육두구와 시나몬 맛이 난다.

FINISH ▸▸ 스파이시함. 과일맛이 중간 길이의 여운으로 남는다.

GLENGLASSAUGH Evolution, 57.2% abv
글렌글라사 에볼루션 57.2%

⊏ SCORE 80 ⊐

NOSE ▸▸ 브리틀 커피. 따뜻한 진저브레드. 바닐라. 복숭아 통조림

PALATE ▸▸ 캐러멜 코팅이 입혀진 과일맛. 코코넛. 은은한 생강

FINISH ▸▸ 스파이시한 토피

GLENGLASSAUGH Torfa, 40% abv
글렌글라사 토르파 40%

⊏ SCORE 82 ⊐

NOSE ▸▸ 첫 향은 헤더. 그리고 가벼운 피트. 다음은 맥아. 크림소다. 건과일. 우드스모키

PALATE ▸▸ 약간의 석탄 그을음. 잘 익은 복숭아. 매운맛과 생강. 후반부에는 피트와 오존. 생생한 느낌

FINISH ▸▸ 긴 여운. 과일맛. 스파이시한 피트 스모키

GLENGLASSAUGH Octaves Classic, 44% abv
글렌글라사 옥타브 클래식 44%

==== SCORE 80 ====

NOSE ▶▶ 　잘 익은 사과, 복숭아, 토피, 그리고 버터 향신료

PALATE ▶▶ 　점점 복숭아맛이 강해지고 강렬한 향신료의 느낌이 더해진다. 바닐라 감초,
　　　　　　팔각

FINISH ▶▶ 　두드러진 구연산맛, 새로운 오크, 부드러운 정향

GLENGLASSAUGH Octaves Peated, 44% abv
글렌글라사 옥타브 피트 44%

==== SCORE 79 ====

NOSE ▶▶ 　석탄산 비누, 미네랄 노트, 부드러운 스모키, 점점 강해지는 애플파이와 크림향

PALATE ▶▶ 　살짝 단맛, 후추, 드라이한 피트 맛과 매운맛

FINISH ▶▶ 　타고 남은 피트의 재, 시나몬

GLENGLASSAUGH Coastal Cask (#1346), 10-year-old, 54.7% abv
글렌글라사 코스탈 캐스크 (#1346) 10년 54.7%

버번 캐스크

SCORE 83

NOSE ▶ 향기롭고, 꽃향기, 달콤한 향신료, 솔티드 캐러멜, 향기로운 담배
PALATE ▶ 파인애플, 토피, 헤이즐넛, 진저브레드, 밀크초콜릿
FINISH ▶ 긴 여운, 흑설탕과 초콜릿 몰트

GLENGLASSAUGH 50-year-old (Cask #128), 40.1% abv
글렌글라사 50년 (캐스크 #128) 40.1%

페드로 히메네즈 캐스크

SCORE 93

NOSE ▶ 달콤한 오렌지, 무화과, 아몬드
PALATE ▶ 풍부한 맛, 놀랍도록 생생한 열대과일, 구운 아몬드, 섬세한 오크
FINISH ▶ 긴 여운, 과일맛, 밀크초콜릿, 약간의 소금맛, 기분 좋은 오크 탄닌, 최종적으로 다크 로스트한 커피 원두 맛이 난다.

GLENGOYNE 글렌고인

소유자 Ian Macleod Distillers Ltd
지역 Highlads   **지구** Highlands (Southwest)
주소 Dumgoyne (by Glasgow), Stirlingshire, G63 9LV
홈페이지 www.glengoyne.com   **방문자센터** 있음

글렌고인은 최근 몇 년 동안 글래스고의 또 다른 증류소로 자리매김하고 있다. 도시와의 근접성을 강조한 마케팅에 노력하고, 방문객들에게 다양한 경험과 점점 더 다양해지는 다양한 몰트 원액을 제공함으로써 큰 성과를 이루었다.

특별히 잘 알려진 증류소는 아니지만 폭포가 있는 가장 아름다운 지역 중 하나이며 글래스고 중심부에서 불과 12마일(약 19km) 정도만 떨어져 있다. 이 증류소는 1833년에 설립되었다.

글렌고인은 위스키 제조 공정에 피트를 사용하지 않았다는 점을 오랫동안 마케팅의 초석으로 삼아왔다. 글렌고인의 섬세한 풍미가 피트의 짙은 연기에 압도당할 수 있기 때문이라고 한다. 최근에는 증류 방식의 또 다른 요인, 즉 증류기가 스코틀랜드의 다른 어떤 증류기보다 느리게 가동되어 최종적으로 생산되는 증류주에 더 많은 구리 접촉이 유리한 영향을 미친다는 사실을 강조하고 있다.

하우스 스타일 쉽게 마실 수 있는 스타일이지만, 맥아의 풍미가 매우 풍부한 편이다. 디저트 혹은 저녁식사 후에 적합하다.

GLENGOYNE 10-year-old, 40% abv
글렌고인 10년 40%

=== SCORE 74 ===

NOSE ▸ 매우 신선하지만 또한 매우 부드럽다. 따뜻한 과일향(영국 콕스 품종 사과?). 드라이한 느낌의 풍부한 맥아향. 매우 가벼운 셰리향. 그리고 살짝 느껴지는 수분이 많은 오크향

PALATE ▸ 깨끗한 맛, 풀, 과일. 점점 진해지는 사과맛. 맛있고 매우 즐겁다.

FINISH ▸ 마시고 난 후에도 단맛이 여전히 느껴지지만 나중에 살짝 드라이해진다. 깨끗하고 식욕을 돋운다.

GLENGOYNE 12-year-old, 43% abv
글렌고인 12년 43%

===== SCORE 77 =====

NOSE ▸▸ 잘 익은 사과, 벌꿀, 달콤한 곡물향

PALATE ▸▸ 보리, 점점 사과향과 벌꿀향이 진하게 느껴지고 코코넛향이 추가된다.

FINISH ▸▸ 다크초콜릿, 블랙커피맛의 여운이 길게 남는다.

GLENGOYNE 18-year-old, 43% abv
글렌고인 18년 43%

===== SCORE 81 =====

NOSE ▸▸ 드라이 셰리, 따뜻한 과일케이크, 밀크초콜릿, 바닐라, 숙성된 자몽

PALATE ▸▸ 셰리의 달콤함, 캐러멜, 오렌지 마멀레이드, 시나몬

FINISH ▸▸ 스파이시함, 부드러운 참나무, 중간 길이보다 더 긴 여운이 남는다.

GLENGOYNE 21-year-old, 43% abv
글렌고인 21년 43%

===== SCORE 83 =====

NOSE ▸▸ 건포도, 체리, 벌꿀, 다크 초콜릿, 살짝 느껴지는 스파이시한 마지팬향

PALATE ▸▸ 풍부한 셰리 풍미, 너무 구운 크리스마스 케이크, 바닐라, 시나몬 스틱

FINISH ▸▸ 중간 길이 보다 더 긴 여운, 드라이 셰리, 후추, 감초

GLENGOYNE 25-year-old, 48% abv
글렌고인 25년 48%

═ SCORE 84 ═

NOSE ▸ 달콤한 향, 오렌지, 토피, 생강, 밀크초콜릿
PALATE ▸ 올로로소 셰리, 설타나, 잘 손질된 향신료들
FINISH ▸ 비교적 긴 여운, 낡은 가죽향, 부드러운 오크, 정향

GLENGOYNE 50-year-old, 45.85% abv
글렌고인 50년 45.85%

═ SCORE 91 ═

NOSE ▸ 아마씨 오일, 헤시안, 우디 스파이스, 흑설탕, 향기로운 담배
PALATE ▸ 건과일, 댐슨자두, 감초, 당밀
FINISH ▸ 긴 여운, 블랙커런트, 후추 뿌린 바비큐 고기

GLENGOYNE Cask Strength (No 8), 59.2% abv
글렌고인 캐스크 스트랭스 No 8 59.2%

아메리칸과 유러피안 오크로 만든 리필. 퍼스트 필 셰리 캐스크 숙성 원액과
퍼스트 필 버번 오크통과 리오하 스페인 와인 캐스크에서 숙성시킨 원액을 혼합하여 출시

═══ SCORE 76 ═══

NOSE ▸▸ 절제된 향 그리고 꽃향기. 포도껍질. 맥아. 브리틀 토피

PALATE ▸▸ 풀 바디. 새 가죽향. 조린 과일. 생강. 정향

FINISH ▸▸ 구운 사과. 시나몬. 후추

GLENGOYNE Legacy Chapter Two, 48% abv
글렌고인 레거시 챕터 2 48%

퍼스트 필 버번 배럴 원액과 퍼스트 필 셰리 캐스크. 그리고 리필 캐스크에서 숙성시킨 원액을
혼합하여 출시

═══ SCORE 78 ═══

NOSE ▸▸ 살구잼. 바나나. 애플파이. 토스팅된 오크

PALATE ▸▸ 부드러운 질감. 견과류. 레드베리류. 시나몬. 벌꿀

FINISH ▸▸ 비교적 긴 여운. 호두. 약간의 매운맛

GLENGOYNE 17-year-old Duncan's Dram, 46.8% abv
글렌고인 17년 던컨스 드램 46.8%

아메리칸 오크 셰리 버트 #561에서 숙성

SCORE 79

NOSE ▸ 캐러멜, 산딸기잼, 구운 사과, 바나나
PALATE ▸▸ 풍부한 느낌, 생강, 백후추, 자몽, 진하게 느껴지는 흑설탕맛
FINISH ▸▸ 드라이 오크와 드문드문 느껴지는 후추맛의 여운이 길다.

GLENGOYNE Teapot Dram (No 8), 59% abv
글렌고인 티팟 드램 No 8 59%

퍼스트 필 올로로소 셰리 캐스크

SCORE 82

NOSE ▸ 후추 느낌의 당밀, 무화과, 사과스튜, 정향, 오래된 가죽향
PALATE ▸▸ 풀 바디, 후추, 살구, 건자두, 드라이 셰리, 스파이시한 오크
FINISH ▸▸ 감귤류와 후추, 오크향의 긴 여운

GLENGYLE 글렌가일

소유자 Mitchell's Glengyle Ltd　　**지역** Campbeltown
주소 Glengyle Street, Campbeltown, Argyll, PA28 6EX
홈페이지 www.kilkerran.com

최초의 글렌가일 증류소는 1872~1873년에 윌리엄과 존 미첼 형제가 설립했다. 그러나 1차 세계대전 이후 불황기는 캠벨타운 위스키 산업에게는 견디기 가혹했고, 글렌가일 증류소는 증류소의 주인이 바뀐 지 6년 만인 1925년 문을 닫았다.

문을 닫은 증류소의 건물은 미니어처 라이플 클럽으로 사용되었다가 글렌스코시아를 소유하고 있던 브로흐 형제들이 1941년 증류소를 재가동하기 위해 구입하였다. 그러나 2차 세계대전으로 인해 그런 일은 일어나지 못했다. 1951년 캠벨 헨더슨은 글렌가일을 증류소로 복원하고 재가동을 위해 계획 허가를 신청했지만 이 계획 역시 무산되었다.

그러던 중 2000년, 스프링뱅크와 글렌가일 증류소를 건설했던 미첼 가문의 후손인 스프링뱅크의 거물 헤들리 라이트(Hedley Wright)가 증류소 부지를 매입하고 과거의 영광을 되찾기 위해 미첼스 글렌가일 회사를 설립했다. 글렌가일 증류소에 설치한 두 개의 증류기는 예전 인버고든 그레인위스키 생산단지의 벤 와이비스 몰트 증류소에 설치되었던 증류기를 가져와 설치한 것이다.

2004년 3월에 생산이 시작되어 125년 동안 캠벨타운에서 처음으로 생산되었다. 글렌가일이라는 이름의 블렌디드 몰트 위스키가 이미 등록되어 있기 때문에 이곳에서 생산되는 싱글몰트는 킬커란(Kilkerran)이라는 이름으로 병에 담겨 판매되고 있다.

하우스 스타일 과일향. 강건한 느낌이 증가한다. 온화한 해안

KILKERRAN 12-year-old, 46% abv
킬커란 12년 46%

70%는 퍼스트 필 버번 캐스크에서, 30%는 셰리 캐스크에서 숙성시킨 원액을 혼합하여 출시

⊏ SCORE 88 ⊐

NOSE ▸　꽃향기, 벌꿀, 약간의 짠맛, 피티한 느낌의 과일향
PALATE ▸　부드러운 흙내음, 복숭아 통조림, 후추, 시나몬, 은은한 약상자, 우드스모키
FINISH ▸　매우 긴 여운, 후추, 감초, 드라이한 오크

GLENKINCHIE 글렌킨치

소유자 Diageo
지역 Lowlands   **지구** Eastern Lowlands
주소 Pencaitland, Tranent, East Lothian, EH34 5ET
홈페이지 www.malts.com   **방문자센터** 있음

수도 에든버러에서 약 25km 떨어진 펜케이트랜드 마을 근처에 있는 이 증류소는 위스키 팬들이 방문하기 좋은 증류소로 유명하다. 이 증류소의 기원은 적어도 1820년대와 1830년대로 거슬러 올라가는데, 글렌킨치 개울의 보리 재배지의 한 농장에서 시작되었다. 이 개울은 녹색의 람메르무어 언덕에서 발원하였는데, 중간 정도의 경수 성격을 띠고 있으며 포스만이 바다와 만나는 작은 해안 휴양지를 향하여 흐른다.

1940~1950년대 증류소의 매니저는 증류소에서 나온 맥아 지게미를 수상 경력이 있는 소들에게 먹여 키웠다. 매니저의 사무실 주변에는 참제비고깔과 장미꽃이 자라고 있으며, 증류소 자체 잔디 볼링장이 있다. 증류소는 보더스 모직공장과 비슷하게 생겼다. 이 증류소의 역사 대부분은 블렌디드 위스키 헤이그(Haig, 역주-국내 이름은 딤플)의 블렌딩 원액을 만든 기록들이 차지하고 있다. 1988~1989년에는 클래식 싱글몰트로 출시되었고, 1997년에는 아몬틸라도 피니시가 추가되었다. 같은 해에 새로운 방문자센터가 문을 열었다. 전시물 중에는 미니어처 증기 기관으로 더 잘 알려진 바셋-로우키사에서 제작한 75년된 증류소 미니어처 모형이 있다. 이제 이 모델은 2021년에 문을 열며 완전히 새로워진 방문객 경험에 통합되었다. 대대적인 변신과 함께 글렌킨치는 디아지오의 '포 코너스 오브 스코틀랜드' 증류소 중 하나로 새로운 역할을 맡게 되었으며, 조니워커를 구성하는 원액을 제공하는 몰트 증류소로서 오랜 역할을 기념하게 되었다.

하우스 스타일 꽃내음으로 시작, 복합적인 풍미가 있으며, 드라이하게 마무리된다.

휴식 시간 특히 언덕을 산책한 후에 추천한다.

GLENKINCHIE 12-year-old, 43% abv
글렌킨치 12년 43%

⸺ SCORE 79 ⸺

NOSE ▶ 풀내음과 곡물내음. 절제되었지만 뚜렷한 오크향이 지속된다. 시간이 지속됨에 따라 약하게 호두와 아몬드향 그리고 야생 꽃향기가 난다. 연하게 벌꿀향과 오렌지향. 그리고 포리지 냄새도 난다. 아침식사용 맥아가루같은 희미한 스모키향이 난다.

PALATE ▶ 달콤하고 과일향(사과 콤포트). 좋은 오크향이 중추적인 역할을 한다. 밸런스가 좋다.

FINISH ▶ 진한 풀내음이 중간 길이보다 더 길게 여운이 남는다.

GLENKINCHIE Distillers Edition 2021 (distilled 2009), 43% abv
글렌킨치 디스틸러 에디션 2021 (2009년 증류) 43%
아몬틸라도 셰리 캐스크에서 피니쉬 숙성

⸺ SCORE 81 ⸺

NOSE ▶ 과숙성된 복숭아. 살구. 아몬드. 부드러운 생강향. 새 가죽향

PALATE ▶ 부드럽고. 라운드하다. 부드러운 향신료 맛과 견과류. 체리. 캐러멜. 절제된 셰리향과 우드스모키

FINISH ▶ 바닐라. 토피. 스파이시한 자파오렌지. 천천히 드라이하게 변하며. 오크가 진해진다.

GLENKINCHIE 24-year-old (Diageo Special Releases 2016), 57.5% abv
글렌킨치 24년 디아지오 스페셜 릴리즈 2016년 57.5%

유러피안 오크 캐스크에서 숙성

═ SCORE 87 ═

NOSE ▸▸ 복숭아와 배 수플레. 살구. 토피
PALATE ▸▸ 부드럽고. 다크프루트. 호두. 육두구. 약간의 나무수지맛
FINISH ▸▸ 매우 길다. 아로마틱. 살짝 드라이하며 생강맛. 백후추

GLENKINCHIE Tattoo, 46% abv
글렌킨치 타투 46%

═ SCORE 80 ═

NOSE ▸▸ 부드러운 토피. 구운 사과. 바닐라. 갓 벤 풀내음
PALATE ▸▸ 크리미. 갱엿. 버터스카치. 잘 익은 파인애플. 점점 진해지는 오크 풍미
FINISH ▸▸ 라임. 백후추. 드라이한 오크의 여운

GLENKINCHIE 16-year-old (Four Corners of Scotland Collection), 50.6% abv
글렌킨치 16년 포 코너스 오브 스코틀랜드 컬렉션 50.6%

═ SCORE 89 ═

NOSE ▸▸ 꽃향기. 시럽에 담긴 복숭아 배 통조림. 캐러멜. 섬세하게 느껴지는 각종 향신료
PALATE ▸▸ 볼륨감 있고 달콤함. 칵테일체리. 바닐라. 구운 사과맛
FINISH ▸▸ 부드러운 과수원 과일맛. 시간이 지나면서 시큼털털한 맛. 백후추맛이 느껴진다.

THE GLENLIVET 더 글렌리벳

소유자 Chivas Brothers (Pernod Ricard)
지역 Highlands **지구** Speyside (Livet)
주소 Ballindalloch, Banffshire, AB37 9DB
홈페이지 www.theglenlivet.com **방문자센터** 있음

스코틀랜드에서 위스키를 만드는 계곡 중 가장 유명한 계곡은 스페이강으로 흘러가
는 작은 리벳강의 계곡이다. 이곳은 위스키 생산지역 가운데 가장 산속 깊은 곳에 위
치하고 있다. 이곳의 물은 화강암에서 솟아나 수마일을 땅속으로 흘러가는 경우가 많
다. 산은 위스키 제조자가 좋아하는 날씨를 만드는 데도 도움을 준다. 증류 과정에서
콘덴서는 매우 차가운 물과 그에 맞는 기후에서 냉각될 때 가장 효과적으로 작동한
다. 이 지역에서 생산되는 몰트 위스키는 가벼운 편에 속하는데, 매우 깨끗하고 꽃향
기가 나며 섬세하고 우아하다.

리벳의 명성이 어디서 기원했는지 알기 위해서는 하이랜더 증류가 가정 내 소비할 정
도로만 허용되던 시절로 거슬러 올라가야 한다. 곡물 부족을 명분으로 내세웠지만 정
치적 보복의 문제도 있었다. 당시 이 비교적 외딴 산골짜기는 불법 증류의 소굴로 유
명했었다. 1824년 합법화 이후, '글렌리벳에서 생산된' 전설적인 증류주는 남쪽 도시
의 상인들 사이에서 큰 인기를 끌었다.

지리적으로 계곡으로부터 멀리 떨어진 위스키 제조업자들도 지리적 암시로 글렌(계
곡)을 마치 스페이사이드의 동의어처럼 터무니없이 사용해 왔는데, 싱글몰트 위스키
에 대한 관심이 증가하면서 이러한 일들은 줄어들고 있다. 브레발은 글렌(계곡)에서
가장 높은 증류소로 이전에는 브레이스 오브 글렌리벳(Braes of Glenlivet)으로 알려
져 있었고, 꿀맛이 나면서 강한 풍미가 나는 위스키를 생산하고 있다. 약간 낮은 곳
에 있는 탐나불린 증류소는 매우 가벼운 바디감을 지닌 몰트 위스키를 생산하고 있다
(인접한 에이번 계곡의 언덕 바로 건너편에 있는 토민타울은 입안에서 더 가벼운 편
이다).

하지만 이 지역에서 더 글렌리벳이라는 이름을 사용할 수 있는 증류소는 단 한 곳뿐
이다. 이 증류소는 합법적인 증류소가 된 최초의 증류소이며, 현재 세계적인 명성을
얻고 있다. 더 글렌리벳의 정관사 더(The)는 공식적인 증류소 제품에만 표시된다는
점에서 더욱 제한적이다. 이 병에는 라벨 하단에 작은 글씨로 'Distilled by George
& J. G. Smith'라는 문구가 적혀 있는데, 이는 위스키 사업을 처음 시작한 아버지와
아들을 지칭하는 말이다.

게일어로 gobha는 발음을 고우(전형적인 스코틀랜드식 이름 맥고완)라고 하며 스미
스(Smith)로 번역할 수 있다. 고우 가문은 보니 프린스 찰리(찰스 에드워드 스튜어

드)를 지지했으며 나중에 정치적인 이유로 이름을 스미스로 바꾸었다는 논쟁이 있지만 이러한 설명에는 의문의 여지가 있다. 어찌 되었든 고든 공작이 증류주 합법화를 제안했을 때 그의 소작인 중 한 명이자 이미 불법 위스키 제조업을 하고 있던 조지 스미스가 가장 먼저 면허를 신청했다. 그의 아들인 존 고든 스미스가 그를 도와 뒤를 이어 사업에 뛰어들었다. 인근 두 곳에서 증류를 하고 있던 스미스는 1858년 리벳강과 아본강이 만나는 현재의 위치 민모어로 증류소를 옮겼다. 증류소는 이미 풀이 무성한 계곡이 산을 향해 가파르게 눕기 시작한 지점에 자리 잡고 있다. 1880년 소송에서 '더 글렌리벳'라는 독점적인 지명 사용이 허가되었다. 글렌리벳은 1953년 글렌 그란트와 동일한 소유주 아래에 있을 때까지 독립적인 회사를 유지했었다. 1960년대에 고든 앤 맥페일은 상당한 양의 위스키를 인수하여 연속적으로 병입을 했었다. 이렇게 아주 오래되고 때로는 빈티지한 느낌을 주는 위스키가 바로 조지 & J.G. 스미스의 글렌리벳 위스키이다.

거대한 미국시장에서 가장 많이 팔리는 싱글몰트 위스키라는 점에서 글렌리벳은 평범해 보일 수 있지만, 구조와 복합성을 지닌 위스키이다. 약간의 경도가 있는 물에서 증류되며, 몰트의 피트 정도는 가벼운 편이다. 사용된 캐스크의 약 3분의 1은 셰리 캐스크에 담았지만 퍼스트 필의 비율은 상당히 적은 편이다.

하우스 스타일 꽃향기, 과일, 복숭아, 식전주

THE GLENLIVET Founder's Reserve, 40% abv
더 글렌리벳 파운더스 리저브 40%

⸺ SCORE 80 ⸺

NOSE ▸▸   꽃향기, 사과, 가벼운 토피, 바닐라, 벌꿀
PALATE ▸▸   부드럽고, 잘 익은 배, 토피, 매우 부드러운 향신료
FINISH ▸▸   밀크초콜릿, 코코아, 건포도, 살짝 느껴지는 오크

THE GLENLIVET 12-year-old, 40% abv
더 글렌리벳 12년 40%

⸺ SCORE 85 ⸺

NOSE ▸▸   두드러지는 꽃향기, 깨끗하고 부드럽다.
PALATE ▸▸   꽃향기, 복숭아, 바닐라, 섬세한 균형감
FINISH ▸▸   절제된 여운, 길고 부드럽게 느껴지는 따뜻함

THE GLENLIVET 14-year-old Cognac Cask Selection, 40% abv
더 글렌리벳 14년 코냑 캐스크 셀렉션 40%

SCORE 82

NOSE ▸▸ 아로마틱, 스파이시한 레드와인, 바닐라, 섬세한 시나몬

PALATE ▸▸ 부드럽고 달콤한 오렌지, 토피, 대추, 설타나, 밀크초콜릿

FINISH ▸▸ 브랜디, 건포도, 살짝 느껴지는 오크의 탄닌감

THE GLENLIVET 15-year-old French Oak Reserve, 40% abv
더 글렌리벳 15년 프렌치 오크 리저브 40%

SCORE 84

NOSE ▸▸ 가벼운 과수원 과일향, 흑설탕, 아몬드, 헤더허니

PALATE ▸▸ 부드럽다, 크리미한 퍼지, 파인애플, 간간히 느껴지는 시나몬

FINISH ▸▸ 브라질너트, 익힌 배, 아주 뚜렷한 향신료와 드라이한 오크

THE GLENLIVET 21-year-old Archive, 43% abv
더 글렌리벳 21년 아카이브 43%

버번 캐스크에서 숙성된 원액과 셰리 캐스크에서 숙성된 원액을 혼합하여 출시하였는데, 이때 최고 40년 숙성 원액까지 블렌딩되어 있다.

SCORE 92

NOSE ▸▸	셰리, 프루트몰트로프, 메이플시럽, 벌꿀, 오래된 가죽
PALATE ▸▸	풍부하고, 토피, 건포도, 브라질너트, 과일케이크믹스
FINISH ▸▸	긴 여운, 가루 향신료, 맥아와 오크

THE GLENLIVET Caribbean Reserve, 40% abv
더 글렌리벳 캐리비안 리저브 40%

══ SCORE 85 ══

NOSE ▸▸	달콤하다, 사탕수수, 열대과일, 맥아, 코코넛, 바노피 파이
PALATE ▸▸	부드럽고, 럼향이 난다, 퍼지, 벌꿀, 곡물, 점점 진해지는 비터 오렌지
FINISH ▸▸	비교적 짧은 여운, 시나몬, 태운 오크

THE GLENLIVET Nàdurra Peated Whisky Cask Finish (Batch No. PW0715), 61.5% abv
더 글렌리벳 나두라 피트 위스키 캐스크 피니쉬 (배치 No PW0715) 61.5%

══ SCORE 86 ══

NOSE ▸▸	보리, 코코넛, 열대과일, 섬세한 우드스모키
PALATE ▸▸	풀 바디, 스위트, 부드러운 병원약 같은 피트 냄새, 소독약 냄새, 페어드롭사탕, 풍만한 각종 향신료
FINISH ▸▸	레몬주스, 톡 쏘는 향신료, 약간의 훈제베이컨

GLENLOSSIE 글렌로씨

소유자 Diageo

지역 Highlands   **지구** Speyside (Lossie)

주소 By Elgin, Morayshire, IV30 3SF

TEL 01343 862000

업계에서 존경받는 위스키(한때 헤이그 블렌드에서 중요한 블렌딩 원액이었던 위스키)지만 몰트 위스키 애호가들 사이에서는 인지도가 매우 낮은 증류소이다. 1990년대 초에 출시된 플로라 앤 파우나 에디션으로 인해 많은 애호가들이 이 증류소를 알게 되었고, 이후 여러 가지 독립 보틀링으로 출시되었다.

엘긴 남쪽의 로씨 계곡에 위치한 이 증류소는 1876년에 지어졌으며, 20년 후 재건축되었고, 1962년에 확장되었다. 바로 옆에는 1971년에 지어진 마노크모어 증류소가 있다. 이 비옥한 농업 지역에는 4km(2.5마일) 이내에 8개 이상의 위스키 증류소가 있다.

하우스 스타일 꽃향기, 깨끗한, 풀내음, 맥아, 식전주

GLENLOSSIE 10-year-old, Flora and Fauna, 43% abv
글렌로씨 10년 플로라 앤 파우나 43%

SCORE 76

NOSE ▸▸   신선한, 풀내음, 헤더, 샌달우드, 백단향

PALATE ▸▸   맥아, 첫맛은 드라이하다가 나중에는 달콤함

FINISH ▸▸   스파이시하다.

GLENMORANGIE 글렌모렌지

소유자 Glenmorangie plc (LVMH)
지역 Highlands **지구** Northern Highlands
주소 Tain, Ross-shire, IV19 1PZ
홈페이지 www.glenmorangie.com **방문자센터** 있음

여전히 스코틀랜드에서 가장 많이 팔리는 싱글몰트 위스키이며, 우드 피니쉬에 대한 헌신으로 의견이 분분하지만(일부 위스키 보수주의자들의 불만을 사고 있음), 아직도 많은 존경과 존경을 받고 있는 회사이다.

글렌모렌지는 1990년대 증류소 공식 제품으로는 처음으로 캐스크 스트랭스 제품을 출시하였다. 그리고 1990년대 중반 셰리 캐스크부터 시작해 피노, 마데이라, 포트, 프렌치와인 캐스크 등 다양한 우드 피니쉬 공법을 도입하였다. 그 후 새 아메리칸 오크 캐스크를 도입하였다.

이 회사는 미주리주 오자크 산맥에서 직접 나무를 선택하고, 나무를 가마가 아닌 자연 건조 방식으로 숙성시킨 후 테네시주 린치버그에 있는 잭 다니엘스(Jack Daniel's) 증류소에 4년 동안 통을 빌려준다. 켄터키주 바드스타운에 있는 헤번 힐(Heaven Hill)도 비슷한 계약을 맺었으나, 이 버번 증류소는 화재로 상당한 양의 목재를 잃어버렸다. 글렌모렌지의 오크통의 목재 정책은 업계에서 가장 고도로 발전된 수준이다. 이를 개발한 사람은 증류 및 위스키 제조 책임자인 빌 럼스덴(Bill Lumsden) 박사이다. 2004년부터 글렌모렌지는 프랑스 명품 회사 LVMH가 소유하고 있으며, 2008년에는 4개의 증류기를 새로 설치하여 생산량을 50% 늘렸다. 글렌모렌지 증류소는 사암으로 이루어진 아름다운 마을 테인 근처에 있다. 이 마을과 증류소는 인버네스에서 북쪽으로 약 65km(40마일) 떨어진 해안에 있다. A9에서 출발해 짧은 전용 도로를 따라가면 다양한 나무와 물레방아 연못 같이 생긴 댐 사이를 지나게 된다. 그 너머로 도르노크만의 바다를 볼 수 있다. 사암언덕에서 솟아난 물은 헤더와 클로버 위로 흘러가다가 증류소에서 반마일 떨어진 모래 연못으로 나온다. 사암은 위스키의 단단한 바디감에 영향을 주고, 꽃들은 아마 글렌모렌지의 유명한 향기로운 캐릭터에 영향을 줄 것이다(프랑스의 향수회사는 글렌모렌지에서 아몬드, 베르가못, 시나몬, 버베나, 바닐라, 야생민트 등 26가지 향을 확인했다. 좀 더 최근에는 뉴욕의 향수회사가 22가지 향을 확인했다).

하우스 스타일 크리미, 나뭇잎. 휴식시간이나 디저트와 함께 추천

GLENMORANGIE 10-year-old, The Original, 40% abv
글렌모렌지 10년 오리지널 40%

2007년에 처음 출시되었는데 기존 10년 제품을 대체한 제품이다.

⊏ SCORE 81 ⊐

NOSE ▸▸ 꽃향기, 신선한 과일향, 버터스카치, 토피

PALATE ▸▸ 이전 10년 제품보다 토피맛이 더 진하다. 견과류, 신선한 오렌지, 레몬

FINISH ▸▸ 점점 더 자극적인 스파이시함. 생강의 여운이 중간 길이 정도로 입안에 남는다.

GLENMORANGIE Extremely Rare 18-year-old, 43% abv
글렌모렌지 익스트림리 레어 18년 43%

⊏ SCORE 81 ⊐

NOSE ▸▸ 바닐라, 민트, 호두, 나무수액 느낌, 오크향

PALATE ▸▸ 첫맛은 쿠키 같으며 달다. 점점 호두맛이 나며, 다음으로는 각종 향신료를 넣은 포푸리단지 느낌

FINISH ▸▸ 향기로우며, 견과류, 가벼운 오크의 여운

GLENMORANGIE Signet, 46% abv
글렌모렌지 시그넷 46%

초콜릿 몰트를 사용하여 만들었으며 다양한 오크통에서 숙성시켜 원액을 블렌딩하여 출시하였다.
최고 35년 숙성 원액도 함께 첨가되었다.

⊏ SCORE 88 ⊐

NOSE ▸▸ 풍부한 과일향, 벌꿀, 오렌지 마멀레이드, 메이플, 셰리, 달콤한 오크향, 향신료

PALATE ▸▸ 과일, 생생한 향신료, 다크초콜릿, 바닐라, 약간의 가죽향

FINISH ▸▸ 중간 길이 정도의 여운, 바닐라와 생강

GLENMORANGIE Nectar d'Or, 46% abv
글렌모렌지 넥타도르 46%

기존의 소테른 우드 피니쉬 제품을 대체한 제품으로 최소 10년 동안 버번 캐스크에서 숙성시킨 후
프랑스 와인 바리끄 오크통에서 숙성시킴

SCORE 87

NOSE ▸▸ 디저트 와인, 벌꿀, 부드러운 과일향, 향신료

PALATE ▸▸ 설타나와 대추, 진저브레드와 커스터드, 레몬 노트로 균형을 잡았다.

FINISH ▸▸ 길고, 스파이시하며, 감귤류의 맛이 점점 진해진다.

GLENMORANGIE Quinta Ruban, 46% abv
글렌모렌지 퀸타루반 46%

기존 포트우드 피니쉬 제품을 대체한 제품으로 최소 10년 동안 버번 캐스크에서 숙성시킨 후
포트와인 캐스크에서 추가 숙성

SCORE 86

NOSE ▸▸ 풍부한 과일향, 민트초콜릿, 호두

PALATE ▸▸ 가득 찬 느낌, 약간의 후추맛, 갱엿맛과 밀크초콜릿

FINISH ▸▸ 길고 편안한 여운, 다크초콜릿, 오렌지

GLENMORANGIE Lasanta, 46% abv
글렌모렌지 라산타 46%

기존 글렌모렌지 셰리우드 피니쉬 제품을 대체한 제품으로 최소 10년 이상 버번 캐스크에서
숙성시킨 후 스페인 올로로소 셰리 캐스크에서 추가 숙성

SCORE 86

NOSE ▸ 달콤함, 시럽, 시나몬과 생강향

PALATE ▸ 맥아와 스파이시함, 바닐라퍼지, 호두, 건포도

FINISH ▸ 천천히 드라이해지며 지속적이다. 생강 느낌의 오크향, 희미하게 코코아맛이
난다.

GLENMORANGIE Spìos, Private Edition Range, 46% abv
글렌모렌지 스피오스 프라이빗 에디션 46%

라이위스키를 숙성시켰던 아메리칸 오크통에서 숙성시킨 제품

SCORE 87

NOSE ▸ 멜론, 스치는 레몬향, 따뜻한 느낌, 오일리, 곡물, 벌꿀

PALATE ▸ 입안에서 점성이 느껴지고 처음에는 과일맛, 잘 익은 바나나 맛이 나며 나중
에는 부드러운 흙내음과 고소한 향신료, 코코아 파우더맛이 난다.

FINISH ▸ 강렬한 향신료, 핫초콜릿과 어린 오크 느낌으로 마무리된다.

GLENMORANGIE Cadboll Estate, 15-year-old (Batch 2, 2021), 43% abv
글렌모렌지 캐드볼 에스테이트 15년 (배치 2 2021) 43%

SCORE 87

NOSE ▸▸ 장미꽃잎, 생강, 벌꿀, 맥아, 온주귤

PALATE ▸▸ 라운드한 느낌, 과일맛, 맥아맛과 벌꿀맛이 점점 느껴지며, 퍼지와 화이트초콜 릿 맛이 난다.

FINISH ▸▸ 코코아파우더, 스파이시한 오크, 드라이한 여운

GLENMORANGIE X, 40% abv
글렌모렌지 엑스 40%

SCORE 78

NOSE ▸▸ 가벼운 생강향, 사과, 벌꿀, 코코넛, 오크

PALATE ▸▸ 매우 점도가 높다, 자파오렌지, 다이제스티브 비스킷, 벌꿀, 커스터드, 정향

FINISH ▸▸ 가벼운 비터 오렌지, 톡 쏘는 오크향

GLENMORANGIE A Tale of Winter, 46% abv
글렌모렌지 어 테일 오브 윈터 46%

13년 숙성 제품. 마르살라 와인 캐스크에서 피니쉬 숙성

SCORE 85

NOSE ▸▸ 살구잼, 누가, 헤더허니, 베이킹 스파이스, 시나몬
PALATE ▸▸ 부드럽다, 핫 초콜릿, 감귤, 흑설탕, 백후추
FINISH ▸▸ 스파이시한 오렌지껍질, 건포도, 브라질너트, 부드러운 고추맛

GLENMORANGIE 13-year-old Cognac Cask Finish, 46% abv
글렌모렌지 13년 코냑 캐스크 피니쉬 46%

SCORE 84

NOSE ▸▸ 스파이시함, 바나나튀김, 마누카꿀, 아몬드, 새 가죽향
PALATE ▸▸ 매우 오일리하다, 감귤, 적포도, 바닐라, 베이킹 스파이스, 스치듯 느껴지는 정향
FINISH ▸▸ 건포도, 다크초콜릿, 후추알갱이, 파이프담배

GLENMORANGIE Grand Vintage Malt 1997 (bottled 2021), 43% abv
글렌모렌지 그랑 빈티지 몰트 1997 (2021년 병입) 43%

SCORE 90

NOSE ▸▸ 꽃향기, 레드커런트, 브리틀 토피, 밀크초콜릿
PALATE ▸▸ 비단 같은 촉감, 부드러운 향신료, 캐러멜, 크림 속의 통조림 파인애플, 살짝 느껴지는 고춧가루
FINISH ▸▸ 긴 여운, 설탕코팅된 아몬드, 카더멈, 오렌지껍질

GLENROTHES 글렌로시스

소유자 The Edrington Group
지역 Highlands　**지구** Speyside (Rothes)
주소 Burnside Street, Rothes, Aberlour, AB38 7AA
홈페이지 www.theglenrothes.com

런던의 가장 귀족적인 와인 및 주류 상인인 베리 브라더스 앤 러드(Berry Brothers & Rudd, 이하 BBR)는 오랫동안 글렌로시스를 '하우스 몰트'로 사용하면서 인연을 맺어왔으며, 1993년부터 2018년까지 많은 병에 숙성 연도가 아닌 빈티지로 표기하여 왔다. 1999년 에드링턴과 윌리엄 그랜트 앤 선즈(William Grant & Sons)가 이전 증류소 소유주였던 하이랜드 디스틸러스를 인수했고, 10여 년 후 베리 브라더스 앤 러드가 이 브랜드를 인수하였다. 2017년에는 다시 에드링턴의 소유가 되었으며, 이듬해에는 빈티지 제품으로 출시하는 관행이 사라지고 숙성년수를 표기하는 제품들이 그 자리를 대신하게 되었다. 10년 숙성부터 25년 숙성 제품까지 다양한 종류가 있으며, 최근에는 40년과 50년 제품도 한정적으로 출시되고 있다.

글렌로시스의 조용하고 고상한 위스키는 전통적으로 BBR의 국제적으로 유명한 블렌디드 위스키인 커티삭(Cutty Sark)의 원액으로 사용되어 왔으며, 블렌더들이 가장 선호하는 위스키이다. 1878년에 설립된 이 증류소는 로시스라는 작은 마을의 다섯 개 증류소 중 하나이다. BBR은 1690년대에 차, 식료품, 와인을 판매하는 회사로 시작되었다. 커티삭 위스키는 1920년대에 시작되었는데, 스코틀랜드에서 만들어진 차를 운반하는 빠른 범선으로 유명했던 커티삭의 이름을 따서 명명되었다.

하우스 스타일 향수 같고, 달다. 스파이시한 과일 맛이 있으며 복합적이다. 저녁식사 후 추천

THE GLENROTHES 18-year-old, 43% abv
글렌로시스 18년 43%

⊏ SCORE 79 ⊐

NOSE ▸▸   스파이시함, 열대과일, 프랄린, 캐러멜, 마지팬

PALATE ▸▸   바닐라퍼지, 캐러멜, 건포도, 체리 리큐어, 시나몬스틱

FINISH ▸▸   다크초콜릿, 감귤류, 후추 느낌의 오크

THE GLENROTHES 25-year-old, 43% abv
글렌로시스 25년 43%

⊏ SCORE 84 ⊐

NOSE ▸▸   달콤한 셰리, 구운 사과, 커스터드, 손으로 만 담배, 시나몬

PALATE ▸▸   오일리, 부드러운 허브향, 대추, 오래된 가죽

FINISH ▸▸   감초, 점점 강해지는 가죽 느낌, 자두, 희미한 우드스모키

THE GLENROTHES 40-year-old, 43% abv
글렌로시스 40년 43%

⊏ SCORE 85 ⊐

NOSE ▸▸   달콤한 셰리, 잘 익은 체리, 숏브레드, 시나몬

PALATE ▸▸   풍부한 과일케이크, 세비야 오렌지, 육두구, 정향

FINISH ▸▸   견과류의 긴 여운, 건과일, 살짝 느껴지는 팔각, 섬세한 오크

GLENTAUCHERS 글렌토커스

소유자 Chivas Brothers (Pernod Ricard)
지역 Highlands **지구** Speyside
주소 Mulben, Keith, Banffshire, AB5 2YL
TEL 01542 860272

글렌토커스는 1898년에 설립되어 1965년에 재건되었다. 방문자센터도 없고 출시된
제품도 몇 개 안 되기 때문에 그다지 주목받지 못했다. 오크로이스크의 이웃인 이 증
류소는 증류소가 많은 마을인 로시스와 키이스 중간에 위치한 멀번 마을 인근 시골에
위치해 있다. 2005년 페르노리카가 얼라이드 도멕을 인수하면서 시바스 브라더스는
이 증류소를 소유하게 되었다.

하우스 스타일 정향의 드라이함. 맥아의 달콤함. 최고의 진정 효과

GLENTAUCHERS 15-year-old (Series No 003), 40% abv
글렌토커스 15년 시리즈 No 003 40%

⊏ SCORE 85 ⊐

NOSE ▸ 가벼운 향수 느낌. 퍼지. 승도복숭아
PALATE ▸ 부드러움. 달콤한 레드베리. 코코아파우더. 부드러운 우디 스파이스
FINISH ▸ 감귤류. 밀크초콜릿. 스치듯 느껴지는 각종 향신료

GLENTAUCHERS 23-year-old (Series No 003), 40% abv

글렌토커스 23년 시리즈 No 003 40%

⊂⊃ SCORE 87 ⊂⊃

NOSE ▸   풀내음, 스파이시함, 가벼운 허브향, 두껍게 썰은 오렌지 마멀레이드

PALATE ▸   육감적인, 다크베리, 흑설탕, 당밀

FINISH ▸   세비야 오렌지, 생강향의 여운이 길게 느껴진다.

GLENTURRET 글렌터렛

소유자 Lalique Group/Hansjörg Wyss
지역 Highlands 지구 Eastern Highlands
주소 Crieff, Perthshire, PH7 4HA
홈페이지 www.theglenturret.com 방문자센터 있음

지난 20년 동안 글렌터렛 증류소는 방문객들에게 증류소와 인기 블렌디드 위스키 브랜드 사이의 연관성에 대한 혁신적인 경험을 제공하는 '더 페이머스 그라우스 익스피리언스'의 본거지였다. 수년 동안 글렌터렛 주차장의 붉은색 큰 뇌조 동상이 방문객들을 맞이했었다. 그러던 중 2019년, 유리 제품으로 잘 알려진 스위스 명품 기업 라리크와 한스요르그 위스가 에드링턴으로부터 증류소의 소유권을 인수한 이후 그 뇌조 조형물은 블렌디드 위스키에 대한 모든 언급과 함께 사라졌다.

방문자센터는 대대적인 리모델링을 거쳤고, 당연히 방문객들은 이제 위스키뿐만 아니라 유리그릇과 기타 명품 제품도 구매할 수 있게 되었다. 이전에 호평을 받았던 레스토랑도 업그레이드되어 글렌터렛 라리끄 레스토랑, 바, 살롱 및 비노테크로 명명되었다. 2022년에는 증류소 부속 레스토랑으로는 세계 최초로 미슐랭 원스타를 획득했다. NAS 트리플 우드부터 30년 숙성 제품에 이르는 새로운 싱글몰트 위스키 제품라인도 변화를 맞이하였다. 글렌터렛의 세계적으로 유명한 고양이 타우저(Towser)는 지금은 하늘에서 쥐를 사냥하고 있지만 타우저 동상을 통해 계속 기억되고 있다.

이 증류소는 퍼스셔의 크리프 근처 터렛 강 유역에 위치해 있다. 적어도 1717년부터 이 지역에서 위스키가 만들어졌다는 기록이 있으며, 현재 부지에 있는 건물 중 일부는 1775년에 지어졌다. 증류소 자체는 1920년대에 해체되었다가 1959년 위스키 애호가인 제임스 페어리(James Fairlie)에 의해 부활되었다. 1981년 프랑스 리큐어 회사인 쿠앵트로가 인수한 후 1990년 하이랜드 디스틸러스(현 에드링턴)의 일부가 되었다가 라리끄에 매각되었다.

하우스 스타일 드라이, 견과류, 신선함, 꽃향기, 저숙성 제품은 식전주, 고숙성 제품은 저녁식사 후에 추천

GLENTURRET Triple Wood (2021 Release), 44% abv
글렌터렛 트리플 우드 2021년 출시 44%

⸺ SCORE 80 ⸺

NOSE ▸ 처음에는 부드러운 짭쪼름한 향이 느껴지며, 오크 태운 냄새, 진해지는 누가 향, 오렌지향이 느껴진다.

PALATE ▸ 달고 살짝 스파이시하며, 바닐라, 밀크초콜릿, 건자두와 부드러운 오크의 풍미가 있다.

FINISH ▸ 백후추를 뿌린 귀리케이크와 숯내음으로 마무리된다.

GLENTURRET 10-year-old Peat Smoked (2021 Release), 50% abv
글렌터렛 10년 피트 스모크 2021년 출시 50%

⸺ SCORE 81 ⸺

NOSE ▸ 신선한 시가연기, 다이제스티브 비스킷, 바닐라, 레몬, 섬세한 정향

PALATE ▸ 흙내음, 피트 재, 토피, 팔각, 밀크초콜릿

FINISH ▸ 시나몬, 커피, 감귤류, 오크 태운 냄새

GLENTURRET 12-year-old (2021 Release), 46% abv
글렌터렛 12년 2021년 출시 46%

⸺ SCORE 82 ⸺

NOSE ▸ 오일리, 무화과, 오렌지제스트, 오래된 가죽커버

PALATE ▸ 광택 처리된 오크, 브리틀 토피, 몰트, 팔각, 자몽

FINISH ▸ 세비야 오렌지, 마멀레이드, 섬세한 오크의 탄닌

GLENTURRET 15-year-old (2021 Release), 53% abv
글렌터렛 15년 2021년 출시 53%

SCORE 84

NOSE ▶▶ 하드토피, 산딸기잼, 벌꿀, 시나몬
PALATE ▶▶ 입안에서 볼륨감이 있으며, 나무 광택제 느낌, 오렌지, 호두, 밀크커피
FINISH ▶▶ 우디 스파이스의 길고 드라이한 여운으로 마무리

GLENTURRET 25-year-old (2021 Release), 44.3% abv
글렌터렛 25년 2021년 출시 44.3%

SCORE 84

NOSE ▶▶ 향기롭고, 달콤한 셰리, 무화과, 레몬
PALATE ▶▶ 딱딱한 과일사탕, 오렌지, 레몬, 스파이시한 구운 사과
FINISH ▶▶ 긴 여운, 감귤류의 과일맛과 생강향이 있는 오크향이 은은하게 퍼진다.

GLENTURRET 30-year-old (2021 Release), 41.6% abv
글렌터렛 30년 2021년 출시 41.6%

SCORE 83

NOSE ▶▶ 꽃향기, 스파이시함, 퍼지, 열대과일
PALATE ▶▶ 다크베리류, 생강, 바닐라
FINISH ▶▶ 익힌 배, 비교적 단맛 나는 오크의 여운이 길게 남는다.

GLENWYVIS 글렌위비스

소유자 GlenWyvis Distillery Ltd
지역 Highlands **지구** Northern
주소 Upper Dochcarty, Dingwall, Inverness-shire, IV15 9UF
홈페이지 www.glenwyvis.com

글렌위비스는 스코틀랜드 최초의 지역 사회 소유 증류소로, 100% 자급자족하며 완전히 독립적으로 운영되는 혁신적인 증류소이다. 증류소 건물 자체는 현대적인 건축 양식과 전통적인 증류소의 디자인적 요소가 결합되었다. 이 증류소 이름은 지역의 '사라진' 두 증류소인 벤 위비스(Ben Wyvis)와 글렌스키아치(Glenskiach)를 기념하고 기리기 위해 두 증류소의 이름을 따 작명되었다. 전 육군항공단 헬리콥터 조종사이자 농부, 친환경 에너지 옹호자인 설립자 겸 관리이사인 존 맥켄지(John McKenzie)는 2016년 4월 증류소 건립을 위한 크라우드 펀딩 캠페인을 시작했고 총 260만 파운드가 모금되었다.

하이랜드 마을 딩월에서 북서쪽으로 3.2km(2마일) 떨어진 언덕, 벤위비스의 들판이 있는 해발 167m(550피트) 부지에 2017년에 건설이 시작되었다. 가장 작은 매쉬툰을 포함한 모든 설비는 로시스의 포사이스에서 공급했으며, 포사이스 집안도 이 프로젝트의 투자자였다. 이듬해 1월 첫 증류주가 생산되었고, 두 번째 크라우드 펀딩을 통해 진 스틸이 설치되었다. 이 증류소의 최초 싱글몰트 위스키는 2021년도에 출시되었는데 80%는 퍼스트 필 테네시 위스키 배럴에서, 15%는 퍼스프 필 모스카텔 캐스크에서, 5%는 리필 호스크헤드에서 숙성되었다.

하우스 스타일 하이랜드 스타일. 아직은 숙성이 덜 된 느낌이다. 미숙성 증류주(new-make spirit)에서 풀내음이 난다.

GLENWYVIS Inaugural Release 2018 Batch 01/21, 50% abv
글렌위비스 인아구랄 2018년 출시 배치 01/21 50%

SCORE 78

NOSE ▶ 스파이시한 곡물향. 레몬
PALATE ▶ 달콤한 과수원 과일맛. 바닐라. 맥아 벌꿀. 연한 오크 풍미
FINISH ▶ 복숭아와 살구 풍미의 여운이 중간 길이 정도로 남는다.

HIGHLAND PARK 하이랜드 파크

소유자 The Edrington Group
지역 Highlands **섬** Orkney
주소 Kirkwall, Orkney, KW15 1SU
홈페이지 www.highlandparkwhisky.com
방문자센터 있음

하이랜드 파크는 소유주인 에드링턴(Edrington)이 이미 빛나는 명성을 더 높이기 위해 시간과 자원을 투자하면서 바쁜 몇 년을 보냈다. 이 증류소는 스코틀랜드 북동쪽의 오크니 제도에 있으며, 하이랜드 파크만의 독특한 풍미를 형성하는 데에는 지리적 위치가 큰 역할을 수행한다. 강풍이 바다 소금을 증류소 깊은 곳까지 운반하고 증류소 플로어 몰팅에서 나오는 이탄 연기를 날려버리기 때문이다. 바람 때문에 나무가 거의 자라지 않는 섬에서 채취한 이탄은 뿌리가 없고 단맛이 나는 초목으로 이루어져 있다. 그리고 온화한 기후 덕분에 북쪽 지역과는 상반되는 숙성을 보장한다.

하이랜드 파크는 몰트 위스키 세계에서 가장 훌륭한 다재다능한 위스키로 꼽힌다. 확실히 섬 지역 스타일이지만 스모키함(헤더허니향이 강조됨), 맥아, 부드러움, 라운드한 맛, 풍미, 긴 여운 등 클래식 싱글몰트의 모든 요소를 갖추고 있다.

스코틀랜드 최북단 증류소에 대한 관심이 그 어느 때보다 높은데, 이는 최근 몇 년 동안 이 증류소에서 피티드 아일레이 스타일의 위스키부터 부드러운 시트러스 향의 위스키까지 놀라울 정도로 다양한 스페셜 보틀이 많이 출시되었기 때문이 아닐까 생각된다.

하우스 스타일 스모키. 풍미가 강하다. 18~25년은 디저트 혹은 시가와 어울리고, 오래된 빈티지 위스키는 침대 위에서 독서하면서 마시길 추천한다.

HIGHLAND PARK 12-year-old Viking Honour, 40% abv
하이랜드 파크 12년 바이킹 아너 40%

NOSE ▸▸   스모키, 정원 모닥불, 달콤함, 헤더, 맥아, 은근한 셰리

PALATE ▸▸   과즙 느낌, 스모키한 드라이, 헤더허니의 달콤함, 맥아

FINISH ▸▸   은근히 유혹적이며, 헤더향과 맛있는 여운으로 남는다

HIGHLAND PARK 15-year-old Viking Heart, 44% abv
하이랜드파크 15년 바이킹 하트 44%

NOSE ▸▸   걸쭉하고 달콤하다. 보트리티스(Botrytis, 귀부와인을 만드는 곰팡이균), 으깬 살구, 과숙성된 배, 구운 아몬드, 너도밤나무

PALATE ▸▸   캐러멜라이즈된 과일, 벌꿀향과 헤더 스모키 사이에 균형감이 좋음. 입안 가득 채워지는 풍미, 퍼지, 맥아

FINISH ▸▸   당밀, 토피

HIGHLAND PARK 18-year-old Viking Pride, 46% abv
하이랜드 18년 바이킹 프라이드 46%

NOSE ▸▸   당밀 타르트의 강건한 향, 달콤한 우드스모크, 밀크커피

PALATE ▸▸   관능미 있고, 톡 쏘는 오렌지, 맥아, 그리고 점점 강해지는 우드스모크

FINISH ▸▸   밀크초콜릿, 훈연된 자파오렌지

HIGHLAND PARK 21-year-old (November 2020 Release), 46% abv

하이랜드파크 21년, 2020년 11월 출시 46%

SCORE 89

NOSE ▸▸ 부드러운 허브향, 기계 기름, 파인애플, 갱엿, 백후추, 부드러운 우드스모크
PALATE ▸▸ 우디 스파이스, 자파오렌지, 달콤한 우드스모크
FINISH ▸▸ 후추 느낌의 태워진 오크, 홍차와 가벼운 감초맛

HIGHLAND PARK 25-year-old (Spring 2019 Release), 46% abv

하이랜드파크 25년, 2019년 봄 출시 46%

SCORE 94

NOSE ▸▸ 버터스카치, 호두, 누가, 승도복숭아, 섬세하고 달콤한 훈연향
PALATE ▸▸ 부드러움, 만족감, 처음에는 백후추맛이 나며 시간이 지나면 크림맛 오렌지,
대추, 에스프레소 그리고 우드스모크 맛이 난다.
FINISH ▸▸ 고수, 구운 사과, 다크초콜릿, 드라이한 스모크의 여운이 길게 남는다.

HIGHLAND PARK 30-year-old (Spring 2019 Release), 45.2% abv

하이랜드파크 30년, 2019년 봄 출시 45.2%

SCORE 91

NOSE ▸▸ 헤시안, 보리, 생강, 바닐라, 사과꽃
PALATE ▸▸ 풍부하고 달콤한 과수원 과일맛, 밀크초콜릿, 벌꿀, 매우 연한 스모크
FINISH ▸▸ 스파이시한 다크초콜릿, 부드러운 피트 스모크

HIGHLAND PARK 40-year-old (Spring 2019 Release), 43.2% abv
하이랜드파크 40년 2019년 봄 출시 43.2%

SCORE 91

NOSE ▶ 처음에는 매우 절제된 느낌. 꽃향기, 왁스, 파인애플, 벌꿀과 맥아. 최종적으로 숯가루향

PALATE ▶▶ 사과 살구 조림, 블러드오렌지, 벌꿀 그리고 향기로운 피트향

FINISH ▶ 스모키한 토피, 달콤한 오렌지향이 오래간다.

HIGHLAND PARK 50-year-old, 43.8% abv
하이랜드파크 50년 43.8%

SCORE 93

NOSE ▶ 풍부한 향, 오래된 가죽, 설타나, 무화과, 부드러운 향신료, 광택 처리된 오크 향, 헤시안. 최종적으로 연한 훈연된 오렌지향

PALATE ▶▶ 풀 바디, 생기 있는 과일맛, 토피, 우드스모크, 오크가루

FINISH ▶ 감초향, 연한 스모크, 열매가 많이 열린 오래된 오크의 여운이 길게 간다.

HIGHLAND PARK Cask Strength (Release No 2), 63% abv
하이랜드파크 캐스크 스트랭스 릴리즈 No 2 63%

SCORE 88

NOSE ▶ 우드스모크, 오렌지껍질, 벌꿀, 점점 당밀향이 진해진다.

PALATE ▶▶ 달콤한 스모크, 토피, 과수원 과일맛, 점점 신맛이 강해진다.

FINISH ▶ 스파이시하며 벌꿀맛, 모닥불 불씨, 다크초콜릿, 통후추

INCHGOWER 인치고어

소유자   Diageo
지역   Highlands   지역   Speyside
주소   Buckie, Banffshire, AB56 2AB
TEL   01542 836700

스페이사이드보다는 해안에 위치한 몰트 위스키들과 가까운 맛이다. 이 증류소는 어촌 마을 버키 근처 해안에 있지만 스페이강 하구에서 그리 멀지 않다. 조금 더 꽃향기가 많고 우아한 스페이사이드 스타일을 기대하는 사람에게만 이 위스키가 단호하며 심지어 짜게 느껴질 수도 있다. 하지만 익숙해지면 중독성이 생길 수 있다. 인치고어 증류소는 1871년에 지어졌으며 1966년에 확장되었다. 이곳의 위스키는 블렌디드 위스키 벨스(Bell's)에 중요한 블렌딩 원액이다.

하우스 스타일 드라이하며, 짠맛을 가진다. 휴식시간이나 식전주로 적합하다.

INCHGOWER 27-year-old (Diageo Special Releases 2018), 55.3% abv
인치고어 27년, 디아지오 스페셜 릴리즈 2018 55.3%

═ SCORE 82 ═

NOSE ▸▸   간장, 벌꿀, 갱엿, 소나무
PALATE ▸▸   입안에서 감도는 짠맛과 스파이시한 맛, 청사과, 호두, 정향
FINISH ▸▸   자파오렌지, 드문드문 느껴지는 소금의 짠맛, 후추의 여운이 길게 남는다.

ISLE OF RAASAY 아일 오브 라세이

소유자 R&B Distillers
지역 Highland   **섬** Raasay
주소 Borodale House, Isle of Raasay, IV40 8PB
홈페이지 www.raasaydistillery.com

2016년 6월부터 이듬해 9월까지 스카이 해안에 위치한 라세이 섬의 옛 호텔 보로데일 하우스(Borodale House)는 위스키와 진 증류소 및 방문객 시설을 조성하는 프로젝트의 중심지였다. 이 프로젝트는 에든버러에 본사를 둔 R&B 디스틸러스의 작품으로, 라사이의 증류기는 이탈리아의 프릴리가 제작하였다. 워시 스틸에는 냉각 재킷이 장착되어 있고, 스피릿 스틸에는 상방형의 라인암이 장착되어 있어 그들이 원하는 스피릿의 특성을 만들 수 있다.

라세이는 다소 색다른 방식으로 라세이만의 6가지 스피릿을 생산하는데, 피티드 스피릿 3가지와 언피티드 스피릿 3가지이다. 두 스타일 모두 통의 내부를 강하게 태운 우드포드 리저브의 라이 배럴, 아메리칸 버진 오크 배럴, 그리고 보르도 레드와인 캐스크에서 숙성을 시킨다. 2020년에 증류소 최초의 제품을 한정으로 출시하였고 2021년 라세이 증류소의 핵심 제품인 라세이 싱글몰트 위스키를 출시하였다.

하우스 스타일 가벼운 피트, 다크프루트 풍미

ISLE OF RAASAY Single Malt, 46.4% abv
아일 오브 라세이 싱글몰트 46.4%

══ SCORE 75 ══

NOSE ▸ 부드러움, 달콤한 피트, 훈제 베이컨, 바닐라와 레드베리류

PALATE ▸ 부드럽고 오일리한 감촉, 과일맛 피트, 사과 조림, 톡 쏘는 오크

FINISH ▸ 블랙커런트, 감초, 블랙커피

JURA 주라

소유자 Whyte & Mackay Ltd (Emperador Inc)
지역 Highlands **섬** Jura
주소 Craighouse, Jura, Argyll, PA60 7XT
홈페이지 www.jurawhisky.com   **방문자센터** 있음

아일레이를 방문하는 모든 여행객은 주라로 건너간다. 두 섬은 너무 가까워서 하나의 섬처럼 취급되기도 한다. 아일레이에는 9개의 증류소가 있지만 주라에는 단 하나의 증류소만 있으며, 아일레이의 위스키가 매우 독단적인 반면, 주라의 위스키는 섬세하지만 시간이 지날수록 힘을 얻는 편이다.

화이트 앤 맥케이가 소유하고 있는 이 증류소는 신제품 출시와 마케팅에 더욱 적극적으로 나서고 있다. 일본 시장을 겨냥해 3년과 4년 숙성의 숙성년수가 매우 낮은 위스키를 만들고, 둘 다 상당한 잠재력을 보여주고 있었다. 숙성년수가 어린 버전은 깨끗하고 맥아향이 강하며 해양 풍미가 좋다. 조금 더 숙성된 제품은 흙냄새와 꽃향기, 과일향이 강해졌다. 1995년부터 모든 주라 스피릿은 퍼스트 필 버번 캐스크에 채워졌으며, 18년 동안 무려 3만 개의 캐스크가 고급 오크통에 다시 채워졌다.

이 부지에 있는 최초의 증류소는 1810년경에 설립되어 1876년에 재건된 것으로 보인다. 초창기 건물 몇 채가 여전히 사용되고 있지만, 현재의 증류소는 1950년대 말과 1960년대 초에 지어졌으며 1970년대에 증축되었다.

주라라는 이름은 사슴을 뜻하는 북유럽어에서 유래했다. 55×11km(34×7마일)의 섬에 사슴이 사람보다 더 많이 살고 있다. 주라의 인구는 200명 미만으로, 조지 오웰(George Orwell)이 이곳을 방문한 것으로 가장 유명하다. 그는 소설 〈1984〉를 집필할 건강하고 평화로운 장소를 찾기 위해 이곳을 방문했었다. 그의 이름을 딴 위스키가 2003년에 출시되었다.

하우스 스타일 소나무, 살짝 오일리, 부드럽고, 짠맛이 난다. 식전주로 적합하다.

JURA 10-year-old, 40% abv
주라 10년 40%

셰리 캐스크 피니쉬 숙성

═══ SCORE 80 ═══

NOSE ▶▶   오렌지 마멀레이드, 잣, 백후추, 약한 스모크
PALATE ▶▶   잘 익은 자파오렌지, 생강, 밀크초콜릿
FINISH ▶▶   다크초콜릿, 입안이 따뜻해지는 향신료, 커피찌꺼기

JURA 12-year-old, 40% abv
주라 12년 40%

═══ SCORE 81 ═══

NOSE ▶▶   진저브레드, 벌꿀, 소나무, 오래된 가죽, 매우 섬세한 스모크
PALATE ▶▶   퍼지, 가벼운 셰리, 육두구, 자두
FINISH ▶▶   대추, 건포도, 테이블 소금, 슬쩍 느껴지는 스모크

JURA Seven Wood, 42% abv
주라 세븐 우드 42%

6가지 다른 스타일의 프렌치 오크 캐스크에서 피니쉬 숙성

═══ SCORE 80 ═══

NOSE ▶▶   견과류, 갓 썰은 나무, 짭쪼름한 향, 서서히 느껴지는 잘 익은 복숭아향
PALATE ▶▶   감귤 등 매우 과일맛이 강하고, 퍼지, 시나몬, 구운 오크 풍미
FINISH ▶▶   드라이해지며 육두구와 커피맛으로 마무리된다.

JURA 18-year-old, 44% abv
주라 18년 44%

레드와인 캐스크로 피니쉬 숙성

═══ SCORE 83 ═══

NOSE ▸ 복숭아꽃, 산딸기, 맥아, 바닐라 다크초콜릿

PALATE ▸ 레드베리류, 점점 초콜릿맛이 강해지며, 정향과 피트의 풍미가 느껴진다.

FINISH ▸ 드라이한 와인, 과일 느낌의 향신료, 후추

JURA Tide, 21-year-old, 46.7% abv
주라 타이드 21년 46.7%

새 아메리칸 화이트 오크에서 피니쉬 숙성

═══ SCORE 79 ═══

NOSE ▸ 오일리, 바나나, 캐러멜

PALATE ▸ 생강, 아몬드, 벌꿀, 육두구, 건과일

FINISH ▸ 맥아, 스파이시한 오크

JURA French Oak, 42% abv
주라 프렌치 오크 42%

═══ SCORE 80 ═══

NOSE ▸ 향기롭고 스파이시하다. 배향, 연한 육두구향

PALATE ▸ 입안에서 매우 풀 바디, 캐러멜, 백단향, 가볍게 쓴맛 나는 향신료

FINISH ▸ 오크, 백후추, 슬쩍 스치듯 느껴지는 오크 스모크

JURA Winter Edition, 40% abv
주라 윈터 에디션 40%

SCORE 84

NOSE ▶ 시나몬. 섬세한 정향. 캔디드 오렌지. 크리스마스 케이크의 풍부한 아로마.
PALATE ▶ 입안에서 점성이 있으며 따뜻해진다. 점점 정향. 바닐라. 잘 익은 복숭아맛이 강해진다.
FINISH ▶ 스파이시한 망고. 오래된 가죽. 백후추향이 지속된다.

JURA Red Wine Cask Finish, 40% abv
주라 레드와인 캐스크 피니쉬 40%

SCORE 80

NOSE ▶ 꽃향기. 스파이시함. 벌꿀. 바닐라. 그리고 블루베리
PALATE ▶ 시큼털털한. 레드베리류. 부드러운 향신료 느낌과 캐러멜
FINISH ▶ 다크베리류. 후추 느낌의 오크. 다크 초콜릿

JURA Rum Cask Finish, 40% abv
주라 럼 캐스크 피니쉬 40%

SCORE 81

NOSE ▶ 따뜻한 흑설탕. 토피사과. 오크
PALATE ▶ 실키. 맥아. 다크 럼. 생강
FINISH ▶ 시나몬. 살구잼. 드라이한 오크의 여운이 길게 남는다.

KILCHOMAN 킬호만

소유자 Kilchoman Distillery Company
지역 Islay **지구** Machir Bay
주소 Rockside Farm, Bruichladdich, Islay, PA49 7UT
홈페이지 www.kilchomandistillery.com **방문자센터** 있음

2009년, 스코틀랜드 동부에서 홍수로 수백 명의 사람들이 집을 잃고 서부에서 폭풍과 강풍이 몰아쳐 혼란을 겪던 바로 그 주에, 위스키 업계가 새로운 멤버를 맞이하면서 아일레이는 햇살의 축복을 받고 있었다.

새로운 증류소에서 첫 위스키를 출시하는 것은 흔한 일이 아니며, 사실 아일레이의 경우 120여 년 만에 처음 있는 일이었다. 전통적인 스타일과 감성을 담은 몰트 위스키를 파이프에 담아 아일레이의 다른 모든 증류소 대표를 포함한 많은 손님들에게 제공하기도 하였다.

킬호만은 스스로를 농장 증류소라고 부르며, 현재 공식적으로 스코틀랜드에서 가장 서쪽에 위치한 위스키 생산자로 브룩라디에서 북서쪽으로 불과 몇 마일 떨어진 곳에 있다. 기존 증류소는 점진적으로 확장되어 왔으며, 2019년에는 기존 시설과 함께 완전히 새로운 생산 시설이 문을 열어 이제 킬로만 증류소는 연간 최대 65만 리터를 생산할 수 있게 되었다. 킬호만은 아일레이에서 재배한 보리와 아일레이에서 몰팅한 맥아, 그리고 이 지역에서 파낸 피트를 사용한다. 이 위스키는 풍부하고 달콤한 이탄향과 함께 아일레이 특유의 풍미를 느낄 수 있다.

하우스 스타일 스모키하고 소독약 냄새가 난다.

KILCHOMAN Machir Bay, 46% abv
킬호만 마키어베이 46%
버번 캐스크 원액과 셰리 캐스크에서 숙성시킨 원액을 혼합하여 출시

=== SCORE 79 ===

NOSE ▸ 달콤한 피트, 해초, 바다소금, 레몬주스, 저물린(상처 소독 크림), 담배연기
PALATE ▸ 병원소독약, 달콤한 맛, 재 냄새, 소금물과 으깨진 후추
FINISH ▸ 촉촉하게 바른 엘라스토플라스트(상처 연고), 생강, 고추의 화끈거림, 마지막에는 견과류로 마무리된다.

KILCHOMAN Sanaig, 46% abv
킬호만 사닉 46%

버번 캐스크와 셰리 캐스크에서 숙성시킨 원액을 혼합하여 출시

═══ SCORE 80 ═══

NOSE ▸ 달콤함, 토피, 열대과일, 셰리에 젖은 피트불씨
PALATE ▸ 점성이 느껴지고, 딸기류, 벌꿀, 다크초콜릿, 흙내음 나는 피트
FINISH ▸ 향신료, 스모키, 소금물의 여운이 오래간다.

KILCHOMAN Loch Gorm (2021 Release), 46% abv
킬호만 로크 곰 2021년 출시 46%

오직 셰리 캐스크에서만 숙성된 원액으로 출시

═══ SCORE 84 ═══

NOSE ▸ 낡은 가죽, 셰리, 달콤한 피트
PALATE ▸ 오일리, 레드와인, 시나몬, 건포도, 나무불씨, 연한 피트향
FINISH ▸ 블랙커피, 다크베리류, 구운 오크향, 드라이한 여운으로 마무리된다.

KILCHOMAN 100% Islay (11th Edition), 50% abv
킬호만 100% 아일레이 11번째 에디션 50%

═══ SCORE 80 ═══

NOSE ▸ 바다소금, 달콤한 피트, 레몬, 훈제생선, 맥아, 바닐라
PALATE ▸ 소금물, 레몬, 바닐라, 살짝 나는 석탄, 지속되는 피트의 풍미
FINISH ▸ 긴 여운, 재가 된 피트, 점점 바다소금의 짠맛이 강해진다.

KINGSBARNS 킹스반스

소유자 Wemyss Family
지역 Lowlands **지구** Eastern
주소 East Newhall Farm, Kingsbarns, Fife, KY16 8QE
홈페이지 www.kingsbarnsdistillery.com

비교적 최근까지만 해도 '로우랜드'는 스카치 몰트 위스키의 세계에서 낙후된 지역이 었지만, 최근 신생 증류소 중 상당수가 '하이랜드 라인' 남쪽에 위치하고 있다. 그들 중 가장 초창기에 세워진 증류소인 킹스반스는 18세기 버려진 농가를 개조해 만든 곳으로, 파이프의 세인트 앤드루스 근처에 있다. 2015년 3월에 첫 번째 위스키 캐스크가 채워졌고, 2018년에 파운더스 클럽 회원들에게 첫 출시되었다. 이듬해에는 증류소의 대표 싱글몰트 위스키인 드림 투 드램이 출시되었다. 이 증류된 원액의 90%는 첫 미국 헤븐 힐 증류소에서 가져온 퍼스트 필 버번 캐스크에 숙성을 시키고, 10%는 퍼스트 필 STR(shaved, toasted, re-charred) 와인 바리크에 숙성을 시킨다.

디스틸러 리저브 2020, 2021 빈티지 제품이 연속적으로 출시되었으며, 아메리칸 오크 올로로소 셰리 버트 캐스크에서 5년 숙성시킨 발코미(Balcomie)가 출시되었다. 2021년에는 버번 캐스크와 셰리 캐스크에서 숙성된 원액을 블렌딩하여 만든 벨록(Bell Rock)이라는 스코틀랜드 동쪽 해안의 유서 깊은 등대의 이름을 딴 한정품이 출시되었다.

하우스 스타일 전형적인 로우랜드 스타일의 과일과 꽃향기

KINGSBARNS Dream to Dram, 46% abv
킹스반스 드림 투 드램 46%

퍼스트 필 버번 배럴과 퍼스트 필 STR 바리끄에서 숙성

═ SCORE 74 ═

NOSE ▶ 레몬제스트, 숏브레드, 바닐라, 풀 내음
PALATE ▶▶ 비교적 가벼운 바디감, 꽃향기, 섬세한 열대과일
FINISH ▶ 짧은 것보다 살짝 긴 여운, 커피찌꺼기, 다크초콜릿, 생강

KINGSBARNS Balcomie Sherry Cask Matured, 46% abv
킹스반스 발코미 셰리 캐스크 매처드 46%

아메리칸 오크 올로로소 셰리 버트에서 숙성

═ SCORE 76 ═

NOSE ▸▸   가벼운 흙내음, 캐러멜, 가벼운 셰리향, 청사과, 각종 향신료
PALATE ▸▸   가벼운 허브향, 셰리, 레몬주스, 라임주스, 스치듯 느껴지는 고추
FINISH ▸▸   점점 레몬맛이 진해짐, 시나몬, 맥아, 헤이즐넛

KINGSBARNS Bell Rock, 46% abv
킹스반스 벨 락 46%

올로로소 셰리 버트와 버번 배럴에서 숙성된 원액을 혼합하여 출시

═ SCORE 74 ═

NOSE ▸▸   점잖고 부드러운 토피, 벌꿀, 약간의 구리 느낌, 퍼지, 진해지는 라임
PALATE ▸▸   섬세한 셰리, 피넛, 맥아, 건초
FINISH ▸▸   스파이시함, 후추 느낌, 약간 시큼털털함

KINGSBARNS Distillery Reserve 2021, 61.8% abv
킹스반스 디스틸러리 리저브 2021 61.8%

퍼스트 필 버번 배럴과 퍼스트 필 STR 바리끄에서 숙성된 원액을 혼합하여 출시한 제품

═ SCORE 77 ═

NOSE ▸▸   클린베리, 바닐라, 살구, 달콤한 오렌지
PALATE ▸▸   크림, 생강, 세비야 오렌지, 숏브레드
FINISH ▸▸   생강맛이 진해지고, 스파이시한 오크의 여운

KININVIE 키닌비

소유자 William Grant & Sons
지역 Highlands **지구** Speyside
주소 Dufftown, Banffshire, AB55 4DH
홈페이지 www.kininvie.com

키닌비는 스페이사이드에서 가장 인지도가 낮은 증류소 중 하나이다. 9개의 단식 증류기가 설치되어 있는 증류실에 불과한 이 증류소는 '자매' 증류소인 발베니 증류소 뒤에 자리하고 있으며, 발베니 내부에는 키닌비 전용 매쉬툰과 10개의 북미산 미송으로 만든 워시백이 있다.

키닌비는 1990년 그랜트 패밀리 리저브 블렌딩용 몰트 위스키 공급을 주된 목적으로 건설되었지만, 블렌디드 몰트 위스키 몽키숄더의 주요 구성 요소이기도 하다. 블렌딩 원액으로 제삼자에게 판매할 때 그랜트는 키닌비를 '티스푼' 키닌비, 즉 각 캐스크에 다른 위스키 중 하나를 조금씩 첨가하여 키닌비라는 이름의 싱글몰트 위스키를 출시하지 못하도록 하고 있다. 그렇게 출시된 이 블렌디드 몰트 위스키의 이름을 알두니(Aldunie)라고 불렀다.

2007~2008년 그랜트의 아일사 베이 몰트 증류소기 에어서의 거반 단지 내에 개발되면서 키닌비의 중요성이 줄어들었고, 2010~2011년 동안 가동을 멈추었다. 하지만 이후 증류소는 다시 문을 열었고 현재 완전히 다시 가동되고 있다.

키닌비 증류소에서 출시된 위스키는 속담에 나오는 암탉의 이빨만큼이나 희귀한데, 15년과 17년은 헤이즐우드(Hazelwood)라는 이름으로 매우 한정된 수량만 판매되고 있다. 그런데 17년 키닌비가 23년과 함께 키닌비라는 이름으로 등장하였다. 2019년에는 키닌비 윅스 배너 아래 세 가지 실험적인 병입 위스키가 출시되었다. 하나는 트리플 증류 원액으로, 다른 제품들은 호밀과 맥아를 섞어 만든 매쉬빌(곡물배합)로 만들었다.

하우스 스타일 미디엄 바디, 꽃내음

KININVIE 17-year-old, 42.6% abv
키닌비 17년 42.6%

⸺ SCORE 80 ⸺

NOSE ▸ 열대과일, 코코넛, 바닐라커스터드, 살짝 느껴지는 밀크초콜릿
PALATE ▸ 파인애플, 망고, 생강, 아마씨오일, 견과류향 맛이 증가한다.
FINISH ▸ 천천히 드라이해진다. 아마씨, 향신료, 부드러운 오크의 풍미

KNOCKANDO 녹칸두

소유자   Diageo
지역   Highlands   지구   Speyside
주소   Knockando, Aberlour, Banffshire, AB38 7RT
TEL   01340 882000

이 우아한 위스키는 (적어도 영국에서는) 1997년 디아지오가 탄생하기 전, IDV의 포트폴리오에서 가장 많이 홍보된 몰트 위스키였을 때 더 많이 알려졌다.

녹칸두는 J&B 블렌디드 위스키에 영향력이 있는 소수의 몰트 위스키 중 하나이다(글렌스페이 참조). 녹칸두는 세련된 위스키로, 이전에는 특정 숙성 연도를 표기하는 대신 증류일과 병입날짜를 표시하곤 했었는데, 이제는 12~21년 위스키의 숙성 기간을 표기하는 것이 일반적이다. 숙성 기간이 길어질수록 위스키의 복합적인 풍미와 세리 특성이 크게 증가한다.

위스키를 만드는 물은 화강암에서 솟아나 이탄 위로 흐른다. 'knock-AN-do'(혹은 'du)로 발음되는 증류소 이름은 영어 사용자에게는 언뜻 코믹하게 들리지만, '작은 검은 언덕'이라는 뜻이다. 녹칸두는 연어 낚시를 하기에 좋은 스페이 강이 내려다보이는 언덕에 숨겨져 있다. 이 증류소는 1898년에 설립되었다.

하우스 스타일 우아하고, 약간의 딸기향. 식전주로 적합하다.

KNOCKANDO 12-year-old, 43% abv
녹칸두 12년 43%

⊏ SCORE 78 ⊐

NOSE ▸▸ 섬세하고 향기롭다. 스치듯 느껴지는 맥아, 낡은 가죽과 건초
PALATE ▸ 부드럽고 벌꿀맛이 난다. 잘 익은 사과와 생강맛
FINISH ▸▸ 중간 길이 정도의 여운. 곡물향과 생강향이 진해진다.

KNOCKANDO 15-year-old (Distilled 2004), 43% abv
녹칸두 15년 2004년 증류 43%

⊏ SCORE 80 ⊐

NOSE ▸▸ 갓 구운 과일케이크, 체리 설탕 절임, 셰리, 설타나, 육두구, 다크초콜릿
PALATE ▸▸ 부드럽고, 시나몬이 뿌려진 구운 사과맛, 아몬드, 가벼운 셰리맛
FINISH ▸▸ 달콤한 향신료, 구운 오크향

KNOCKANDO 18-year-old (Distilled 2001), 43% abv
녹칸두 18년 2001년 증류 43%

⊏ SCORE 79 ⊐

NOSE ▸ 처음에는 소나무, 구스베리풀, 점점 벌꿀에 절인 호두향이 강해진다.
PALATE ▸▸ 크림맛 퍼지, 곡물, 아몬드, 세비야 오렌지
FINISH ▸▸ 건포도, 다크초콜릿, 오래된 가죽

KNOCKANDO 21-year-old Master's Reserve (Distilled 1997), 43% abv
녹칸두 21년 마스터 리저브 1997년 증류 43%

⊏ SCORE 82 ⊐

NOSE ▸ 스파이시한 오크, 생강, 셰리, 다크베리
PALATE ▸▸ 비단처럼 부드럽다. 밀크초콜릿, 헤이즐넛, 아펠슈트루델, 약간의 라임
FINISH ▸▸ 머그잔에 담긴 코코아, 휘핑크림, 부드러운 향신료, 드라이한 오크

KNOCKDHU 녹두

소유자   Inver House Distillers Ltd (Thai Beverages plc)
지역   Highlands   지구   Speyside (Isla/Deveron)
주소   Knock by Huntly, Aberdeenshire, AB5 5LJ
홈페이지   www.ancnoc.com

녹두(Knockdu)는 작은 검은 언덕(Cnoc Dubh)을 뜻하는 게일어의 영어 표현이다. 하지만 디아지오에는 녹칸두라는 이름의 증류소가 있기 때문에, 인버하우스는 혼동을 피하기 위해 병에 '아녹(anCnoc)'이라는 이름을 사용하도록 장려하였다. 아녹도 게일어로 언덕이라는 뜻이다. 이 두 증류소는 모두 1890년대에 설립되었으며, 원래는 싱글몰트가 아닌 블렌디드용 위스키를 생산하는 곳이었기 때문에 혼동은 없었을 것이다.

녹두는 1894년 헤이그 블렌디드 위스키에 필요한 몰트 위스키를 공급하기 위해 지어졌으며 1983년에 문을 닫았다. 현재의 소유주가 인수하고 다시 문을 연 1990년대 이후에 소규모이기는 하지만 병입제품이 공식적으로 출시되기 시작했다. 최근 몇 년 동안 브랜드가 리패키지 되고, 새로운 익스프레션이 출시되고, 보틀에 '아녹'이라는 이름이 사용되면서 더욱 보편화되었다.

하우스 스타일 크리미하고 과일맛. 디저트로 적합하다.

ANCNOC 12-year-old, 43% abv
아녹 12년 43%

⊂ SCORE 81 ⊃

NOSE ▸   섬세하고 꽃향기가 나며. 보리향. 사과. 벌꿀
PALATE ▸   점점 벌꿀맛과 사과맛이 강해진다. 맥아. 바닐라. 시나몬
FINISH ▸   비교적 짧은 여운. 드라이하고 부드러운 오크의 여운이 남는다.

ANCNOC 18-year-old, 46% abv
아녹 18년 46%

⊂ SCORE 86 ⊃

NOSE ▸   고소한 향신료. 아몬드. 열대과일. 오렌지 마멀레이드. 오래된 가죽향
PALATE ▸   달콤하지만 생기 있다. 스파이시한 토피. 시나몬. 바닐라. 벌꿀
FINISH ▸   옅은 향신료와 드라이함

ANCNOC 24-year-old, 46% abv
아녹 24년 46%

⊏ SCORE 84 ⊐

NOSE ▸▸ 풍부하고, 시럽에 절인 살구, 마지팬, 캐러멜, 갓 벤 건초
PALATE ▸▸ 볼륨감 있으며 톡 쏘는 과일맛, 갱엿, 시나몬, 셰리, 나중에는 커피찌꺼기
FINISH ▸▸ 오키함, 레몬주스, 코코아파우더, 백후추

ANCNOC 2009 Vintage, 46% abv
아녹 2009년 빈티지 46%

⊏ SCORE 84 ⊐

NOSE ▸▸ 사과토피사탕, 바닐라, 차분한 셰리와 오크
PALATE ▸▸ 풍부한 과수원 과일맛, 버터스카치, 벌꿀, 코티드 크림, 가벼운 우디 스파이스
FINISH ▸▸ 백후추, 캐러멜, 점점 드라이한 오크의 여운

ANCNOC Peatheart, 46% abv
아녹 피트하트 46%

⊏ SCORE 82 ⊐

NOSE ▸▸ 부드러운 피트 스모크, 바닐라, 신선한 건초, 레몬과 구운 사과
PALATE ▸▸ 랍상소우총(Lapsang souchong), 라임, 솔티드 캐러멜, 바닐라
FINISH ▸▸ 달콤한 피트와 감귤류의 톡 쏘는 맛

LAGAVULIN 라가불린

소유자 Diageo
지역 Islay 지구 South Shore
주소 Port Ellen, Islay, Argyll, PA42 7DZ
홈페이지 www.malts.com

라가불린은 아일레이의 다른 위대한 증류소들과 어깨를 나란히 하며 상징적인 지위를 누리고 있다. 이는 1980년대, 일주일 중 2일만 생산을 했고 재고량 파악을 잘못하여 라가불린 증류소의 모든 몰트 위스키가 디아지오의 클래식 몰트 컬렉션에 사용되면서 라가불린 16년을 구하기 어려워졌던 시기 덕분이다. 오늘날 이 증류소는 다른 모든 증류소처럼 바쁘게 돌아가고 있으며, 이제 공급 문제는 과거의 일이 되었다.

라가불린 16년은 쉽게 구할 수 있는 위스키 중 가장 드라이하며 꾸준히 공격적인 풍미를 가지고 있지만, 요즘에는 예전보다 덜 강하다고 주장하는 사람들도 있다. 비교적 최근까지 라가불린 16년이 팔리고 있었지만, 1990년대 후반 페드로 히메네즈 셰리 캐스크에서 피니쉬 숙성시킨 디스틸러 에디션이 출시되었다. 위스키에 대해 이렇게까지 의견이 분분한 것은 드문 경우인데, 어떤 사람들은 셰리의 영향이 피트의 강렬함을 약화시켰다고 말하는 반면, 다른 사람들은 이 조합을 두 위스키 헤비급 선수의 '완벽한' 충돌로 묘사하였다.

최근에는 더 높은 도수의 12년 위스키가 잇달아 출시되고 있으며, 때로는 시트러스하고 가벼운 몰트 위스키의 면모를 보여주기도 한다.

라가불린은 아일레이 남쪽 해안에 자리하고 있으며 방문하기 좋은 증류소이다. 라가불린에서는 빠르게 흐르는 개울을 따라 흐르는 물을 사용한다. 증류소에는 자체 부두가 있어 바다로 접근할 수 있지만, 얕은 '항구'로 들어가는 것은 뱃멀미를 하는 사람에게는 적합하지 않으며, 도착하자마자 큰 잔에 가득 채운 라가불린 한 잔을 마셔야 할지도 모른다. 이곳에서 숙성된 위스키는 거의 없으며, 바닷바람을 맞는 창고에 보관된다.

라가불린('lagga-voolin'으로 발음)은 '방앗간이 있는 움푹 들어간 공간'이라는 뜻으로, 1770년대 중반 무렵에는 이 만에 10개의 불법 증류소가 있었다고 한다. 라가불린의 역사는 1816년으로 거슬러 올라간다.

하우스 스타일 드라이하며. 스모크. 복합적인 풍미. 휴식이나 잠자리에서 적합하다.

LAGAVULIN 8-year-old, 48% abv
라가불린 8년 48%

SCORE 86

NOSE ▸▸   병원 거즈, 솔티드 캐러멜, 자극적인 피트

PALATE ▸▸   열대과일, 캐러멜, 흙내음나는 피트와 짠맛

FINISH ▸▸   과수원 과일, 그릴에 구운 베이컨, 석탄과 오크가 타고 남은 재

LAGAVULIN 16-year-old, 43% abv
라가불린 16년 43%

SCORE 84

NOSE ▸▸   풍부한 피트, 훈제된 생선, 셰리, 바닐라, 아이오딘

PALATE ▸▸   풍부한 셰리맛, 아이오딘, 뜨거운 타르, 건자두와 바다소금

FINISH ▸▸   비교적 길고 스파이시한 여운, 오크와 피트 불씨

LAGAVULIN 9-year-old, Game of Thrones – House Lannister, 46% abv
라가불린 9년 왕좌의 게임 – 라니스터 가문 46%

SCORE 84

NOSE ▸▸   비교적 향이 억제되었다. 엘라스토플라스트(Elastoplast), 달콤한 연기, 짧은 빵, 소금물

PALATE ▸▸   바닐라의 달콤함, 딸기류, 피트의 재, 오크 풍미의 향신료

FINISH ▸▸   달콤한 스모크, 후추, 점점 석탄 느낌이 남는다.

LAGAVULIN 12-year-old (Diageo Special Releases 2021), 56.5% abv
라가불린 12년 디아지오 스페셜 릴리즈 2021년 56.5%

SCORE 90

NOSE ▸▸ 레몬 스펀지 케이크, 스파이시한 바닐라, 새 가죽, 소독약, 바다소금의 짠내
PALATE ▸▸ 오일리, 스파이시한 오렌지, 다크초콜릿, 후추, 지속적인 피트의 풍미
FINISH ▸▸ 비교적 긴 여운, 두드러진 스파이시함(생강과 고추), 소금물

LAGAVULIN 26-year-old (Diageo Special Releases 2021), 44.2% abv
라가불린 26년 디아지오 스페셜 릴리즈 2021년 44.2%
퍼스트 필 페드로 히메네즈와 올로로소 셰리 캐스크에서 숙성

SCORE 91

NOSE ▸▸ 만자니야 셰리, 달콤한 피트, 오래된 타르, 아마씨, 해변의 바비큐
PALATE ▸▸ 오일리한 풀 바디, 풍부한 셰리, 과일 케이크, 샤퀴테리, 소금물, 파이프 담배
FINISH ▸▸ 탄닌 느낌이 매우 강하고 재, 홍차의 여운이 남는다.

LAGAVULIN Prima & Ultima 28-year-old 1991, 50.1% abv
라가불린 프리마 앤 울티마 28년 1991 50.1%

SCORE 92

NOSE ▸▸ 달콤한 피트 스모크, 헤더, 가벼운 생강, 훈제된 생선, 레몬즙
PALATE ▸▸ 오일리, 훈제햄, 해변의 모닥불, 레몬, 바다소금
FINISH ▸▸ 매우 긴 여운, 살짝 왁시하며 감초와 타고 남은 피트의 재

LAPHROAIG 라프로익

소유자 Beam Suntory
지역 Islay **지구** South Shore
주소 Port Ellen, Islay, Argyll, PA42 7DU
홈페이지 www.laphroaig.com **방문자센터** 있음

약 냄새가 가장 강한 몰트 위스키다. 라프로익의 광고 슬로건 중 하나는 'Love it or hate it(좋아하든지, 싫어하든지)'이다. 병원의 거즈, 청결제, 소독제, 페놀이 연상되지 않는가? 이것이 바로 아이오딘와 같은 해초의 특성을 지닌 아일레이의 핵심이다. 최근 몇 년 동안 유명한 라프로익의 공격적인 맛이 조금 줄어들면서 몰트 위스키의 단맛이 더 많이 드러난다고 느끼는 사람도 많지만, 여전히 독특한 오일리한 바디감을 지닌 매우 개성 있는 위스키이다. 그리고 쿼터사이즈 캐스크에서 부분적으로 숙성된 몰트 위스키 버전은 라프로익 애호가들이 찾는 강렬함을 일부 복원했다. 라프로익은 아일레이의 피탄층, 킬브라이드 강의 증류소 소유의 댐, 증류소 자체 플로어 몰팅, 비교적 작은 증류기를 보유하고 있다. 숙성창고는 바다와 곧바로 마주 보고 있다.

이 증류소는 1820년대에 존스턴 가문에 의해 지어졌으며, 그 이름이 여전히 라벨에 남아 있다. 1847년 설립자는 제조가 진행 중인 위스키를 담은 큰 통에 빠져 사망했다. 1950년대 말과 1960년대 초, 이 증류소는 벽에 걸린 사진을 통해 알 수 있듯이 매력적인 여성인 베시 윌리엄슨(Bessie Williamson)이 소유하고 있었다. 이 증류소는 낭만적인 분위기를 띠고 있어 여기서 가끔 결혼식이 열리기도 하며, 일부는 마을 회관으로 사용되기도 한다. 현재 이 증류소는 일본의 거대 증류주 회사인 산토리가 소유하고 있으며, 전담 몰트 위스키 팀이 미래를 예측하며 관리하고 있다.

하우스 스타일 나이트캡용(병원 소독약). 자기 전에 추천

LAPHROAIG Select, 40% abv
라프로익 셀렉트 40%

⊏ SCORE 82 ⊐

NOSE ▶▶ 프린터 잉크, 파이프 담배, 피트, 엘라스토플라스트, 마지막은 훈제된 잘 익은
복숭아

PALATE ▶▶ 피트, 홍차, 육두구, 다크베리류, 이와 대조적으로 느껴지는 연한 바닐라

FINISH ▶▶ 비교적 짧은 여운, 허브, 드라이하며 약간의 금속성 여운이 남는다.

LAPHROAIG Quarter Cask, 48% abv
라프로익 쿼터 캐스크 48%

⊏ SCORE 91 ⊐

NOSE ▶▶ 먼지가 많은 느낌, 보트 창고, 공장의 스모크와 타르, 레몬주스, 강렬함

PALATE ▶▶ 스모키한 무지개처럼 다양한 맛, 달콤한 보리, 풍부한 과일향, 강렬한 피트와
해초맛을 뚫고 느껴지는 달콤한 보리맛, 풍부한 과일맛

FINISH ▶▶ 길고 완벽한 무게감, 풍부하고 강렬한 이탄과 스모크, 클래식 라프로익

LAPHROAIG 10-year-old, 40% abv
라프로익 10년 40%

시장에 40%와 43% 제품이 판매 중인데, 43% 제품이 약간 더 풍부하다.

⊏ SCORE 86 ⊐

NOSE ▶▶ 병원 냄새, 페놀, 해초, 약간의 에스테르(구스베리), 달콤한 맛

PALATE ▶▶ 해초, 짠맛, 오일리

FINISH ▶▶ 라운드하며 매우 드라이하다.

LAPHROAIG 10-year-old, Cask Strength (Batch 14), 58.6% abv
라프로익 10년 캐스크 스트랭스 배치 14 58.6%

═══ SCORE 88 ═══

NOSE ▸▸ 맥아, 파도의 비말, 레몬, 소독약, 강한 피트향

PALATE ▸▸ 매우 풀 바디, 감귤류, 소금물, 피트 스모크, 바닐라, 강하게 태운 오크

FINISH ▸▸ 달콤하며 스파이시함, 병원 소독약 냄새, 해초, 피트 불 위에 올려진 감초

LAPHROAIG 10-year-old, Sherry Oak Finish, 48% abv
라프로익 10년 셰리오크 피니쉬 48%

═══ SCORE 86 ═══

NOSE ▸▸ 스모키 셰리, 소금물, 다이제스티브 비스킷, 벌꿀, 그릴에 구운 베이컨

PALATE ▸▸ 짭조름하면서 달콤함, 뜨거운 타르, 구운 파인애플, 건포도, 다크초콜릿

FINISH ▸▸ 소독약, 모닥불 연기와 캐러멜

LAPHROAIG Triple Wood, 48% abv
라프로익 트리플우드 48%

═══ SCORE 91 ═══

NOSE ▸▸ 짠내음, 아이오딘, 섬세하고 드라이한 피트, 설타나, 마라치노 체리, 바닐라

PALATE ▸▸ 처음에는 바닐라, 셰리향에서 아이오딘, 피트, 바다소금, 후추맛으로 변한다.

FINISH ▸▸ 향신료, 가을 딸기, 스모키한 오크의 여운이 길게 간다.

LAPHROAIG Lore, 48% abv
라프로익 로어 48%

⸺ SCORE 81 ⸺

NOSE ▸▸ 새 가죽, 담배연기, 뜨거운 타르, 오렌지껍질, 스파이시한 피트
PALATE ▸▸ 달콤한 피트, 가죽의 맛이 많이 나고 버터스카치, 점점 진해지는 소독약
FINISH ▸▸ 후추 느낌, 드라이하다.

LAPHROAIG 16-year-old, 48% abv
라프로익 16년 48%

⸺ SCORE 89 ⸺

NOSE ▸▸ 훈제 연어에 뿌려진 레몬즙, 바닐라, 우드스모크, 바다소금, 콜타르
PALATE ▸▸ 풍부한 열대과일맛, 벌꿀, 갯엿, 후추 느낌의 오크, 달콤한 피트 스모크
FINISH ▸▸ 부드러운 병원소독약 냄새, 다크초콜릿, 드라이한 피트, 해초, 후추

LAPHROAIG 25-year-old (2021 Release), 52% abv
라프로익 25년 2021년 릴리즈 52%

⸺ SCORE 87 ⸺

NOSE ▸▸ 오일리, 손으로 말아 피우는 담배, 훈제 베이컨, TCP(trichlorophenyl, 방부 살
균제)
PALATE ▸▸ 피트, 아이오딘, 건과일, 바닐라, 청사과, 후추
FINISH ▸▸ 긴 여운, 짠맛, 피트의 재, 점점 후추맛이 강해진다.

LINDORES 린도어스

소유자 The Lindores Distilling Co Ltd
지역 Lowlands **지구** Eastern
주소 Abbey Rd, Newburgh, Fife, KY14 6HH
홈페이지 www.lindoresabbeydistillery.com

2017년 12월 13일 린도어스 수도원 증류소의 증류기에서 처음 스피릿이 흘러나왔을 때 500년 이상 거슬러 올라가는 역사적 연결고리가 성공적으로 복원되었다. 린도어스는 1494년 스카치위스키에 관한 가장 오래된 기록에 등장하는 유명한 존 코르 (John Cor) 수사의 고향이었을지도 모른다. 세금 기록에는 라틴어로 번역된 '...맥아 8볼을 존 코르 수사에게 주어 왕을 위한 아쿠아 비테를 만들게 했다'는 문장이 있다.

21세기에 린도어스에 증류소를 만들거나 재현하는 아이디어는 드류 맥켄지-스미스와 그의 아내 헬렌으로부터 나왔는데, 맥켄지-스미스(McKenzie-Smith) 가족은 1913년부터 수도원 유적과 주변 농지를 소유하고 있었다. 세 명의 유럽 투자자를 통해 자금을 마련한 후, 2013년 수도원 맞은편에 있는 250년 된 농장을 활용해 수도원의 석재로 지어진 1,000만 파운드 규모의 프로젝트가 시작되었다.

증류소의 매쉬툰과 세 개의 증류기는 구리전문회사 포사이스 오브 로스(Forsyths of Rothes)가 제작했으며, 나무로 된 워시백은 몇 마일 떨어진 더프타운의 조셉 브라운 배츠(Joseph Brown Vats)가 제작하였다. 린도어스는 3개의 증류기를 자랑하지만, 이는 3회 증류라는 로우랜드의 오래된 관행으로 돌아간 것이 아니라 하나의 큰 1차 증류기에서 나온 원액을 상대적으로 작은 두 개의 증류기에 나누어 공급하여 최대한 구리 접촉을 늘려 깨끗하고 섬세한 스타일의 증류주를 만들기 위해서이다.

린도어스 싱글몰트는 2021년에 처음 출시되었으며, 버번과 셰리 캐스크와 와인 바리끄에서 숙성된 원액을 혼합하여 출시하였다. 마이클 잭슨은 린도어스 수도원에 대해 '위스키 애호가들의 순례지'라고 말한 적이 있으며, 존 코어 수사의 역사적인 증류 과정이 오늘날의 위스키 애호가들을 위해 재현되고 있는 지금, 그 순례는 더욱 가치 있는 일이 되었다.

하우스 스타일 버번 배럴, 와인 바리끄, 셰리 버트의 사용하여 달콤하고 스파이시한 맛이 특징이다.

LINDORES MCDXCIV (1494), 46% abv

린도어스 MCDXCIV(로마 숫자로 1494) 46%

⊂ SCORE 81 ⊃

NOSE ▸▸ 처음에는 달콤한 레드베리류, 꽃향기, 부드러운 향신료, 맥아, 셰리, 약간의 스
모키

PALATE ▸▸ 육두구, 비교적 건조한 과일향과 후추가 부드러운 입맛을 선사한다.

FINISH ▸▸ 감초, 쌉싸름한 오크의 살짝 쓴맛. 중간 길이 정도의 여운

LINKWOOD 링크우드

소유자 Diageo

지역 Highlands **지구** Speyside (Lossie)

주소 Elgin, Morayshire, IV30 3RD

TEL 01343 862000

비밀 자연보호구역인지 증류소인지 헷갈리는 링크우드의 적당한 꽃향기가 나는 스페이사이드 위스키는 수많은 독립병입자 제품을 통해 점점 더 인정받고 있다. 냉각수를 공급하는 댐은 댕기흰죽지와 흰뺨오리의 중간 기착지이자 계절에 따라 할미새, 검은머리물떼새, 혹고니, 수달이 서식하는 곳이기도 하다. 4헥타르(10에이커)에 달하는 부지에는 쐐기풀이 붉은제비나비와 작은 신선나비를 불러들이고, 꽃냉이가 갈고리나비를 유혹하며, 블루벨이 꿀벌을 유혹한다.

링크우드 증류소는 1821년에 설립되었으며, 두 번째 증류실은 1971년에 설치하여 수년 동안 두 개의 증류실로 운영되었다. 그러나 2013년에 대대적인 확장 공사를 통해 일부 오래된 건물을 철거하고 '새로운' 증류실을 확장하여 현재 세 쌍의 증류기가 있는 증류실을 건설하였다.

하우스 스타일 꽃향기(장미수?), 체리, 맛있는 과일케이크 한 조각

LINKWOOD 12-year-old, Flora and Fauna, 43% abv

링크우드 12년 플로라 앤 파우나 43%

NOSE ▸   두드러진 꽃향기, 버터컵, 풀내음, 향기롭다.

PALATE ▸   천천히 시작하고, 마지팬, 장미, 신선한 달콤함, 지속적인 풍미가 증가하며 오
랫동안 여운이 남는다.

FINISH ▸   향수 같고, 드라이하며, 레몬제스트의 풍미로 마무리된다.

LOCH LOMOND 로크로몬드

소유자 Loch Lomond Group (Hillhouse Capital Management)
지역 Highlands   **지구** Western Highlands
주소 Lomond Estate, Alexandria, Dunbartonshire, G83 0TL
홈페이지 www.lochlomondwhiskies.com

이 특별한 건물에 서서히 변화가 일어나고 있다. 옥양목 염색공장이었던 이 건물의 과거는 더 이상 찾아볼 수 없다. 복잡하지만 매우 기능적인 증류소로 스마트하게 재탄생했다. 세 쌍의 단식 증류기는 눈에 띄는 차이가 있다. 두 쌍의 증류기에는 정류 기둥이 부착되어 있다. 이 증류기는 서로 다른 방식으로 작동하여 최소 6가지 이상의 다양한 몰트를 생산할 수 있다. 이 몰트 중 일부는 싱글몰트로 병에 담겨 판매되지만, 이 증류소는 자체 블렌디드 위스키를 위한 원액을 생산하도록 설계되었다. 로크로몬드에는 5개의 연속 증류기도 있다.

2008년에 스테인리스 스틸로 둘러싸인 두 개의 구리 기둥으로 구성된 새로운 증류기가 설치되어 몰트 증류주를 만들었는데, 몰트 위스키는 반드시 팟 스틸로 만들어야 한다고 주장하는 스카치위스키 협회와 논란을 일으켰다.

이 증류소는 클라이드 강과 로몬드 호수를 잇는 레벤 강변의 산업 단지에 있다. 로크로몬드라는 이름은 싱글몰트와 '싱글블렌디드(그레인위스키와 몰트 위스키가 한 증류소에서 생산된 것)'에 사용된다. 인치무린(Inchmurrin)과 같은 다른 몰트 위스키는 호수에 있는 섬이나 기타 지역 명소의 이름을 따서 지었다.

이 중 네 가지 몰트 위스키는 일반적으로 싱글몰트 위스키로 출시되지 않는다. 여기에는 글렌 더글러스(Glen Douglas)와 점점 더 많은 피트를 느낄 수 있는 크레이글로지(Craiglodge), 인치몬(Inchmoan), 크로프트엔게이(Croftengea)가 포함된다. 7년 숙성이 진행되었을 때 테이스팅 했는데, 크로프트엔게이는 달콤하고 오일리하고 입 안에서 모닥불의 풍미가 느껴지는 스모키한 아로마를 지녔으며, 희미하게 과일나무, 들장미 그리고 오크의 스모키함이 지속된다.

로크로몬드의 특이한 비즈니스 패턴은 1987년 글렌 캐트린(Glen Catrine)이라는 위스키 도매상이 인수하면서 시작되었다. 글렌 캐트린은 면허를 받은 식료품점에서 시작해 소매점 체인으로 성장하였다. 로크로몬드 증류소는 1960년대 중반에 미국 회사인 바튼 브랜드가 소유했던 증류소로, 1960년대 중반에 설립되었다. 2019년 로크로몬드는 힐하우스 캐피털 인베스트먼트에 인수되었고, 이듬해 위스키 라인업을 새롭게 확장하여 출시하였다.

하우스 스타일 로크로몬드: 견과류, 휴식용. 인치무린: 과일향. 식전주용

LOCH LOMOND Original, 40% abv
로크로몬드 오리지널 40%

SCORE 75

NOSE ▸	농장의 향기. 맥아. 캐러멜. 부드러운 오크
PALATE ▸	감귤류. 토피. 각종 향신료. 부드러운 스모크
FINISH ▸	중간 길이의 여운. 스파이시함. 연한 감귤류. 곡물

LOCH LOMOND 12-year-old, 46% abv
로크로몬드 12년 46%

SCORE 78

NOSE ▸	맥아. 생강. 벌꿀. 흑설탕. 레몬주스 몇 방울
PALATE ▸	꿀과 바닐라를 전면에 내세우고 사과. 살구. 각종 향신료가 가미된다.
FINISH ▸	견과류. 지속되는 바닐라와 끈끈한 느낌의 오크

LOCH LOMOND 18-year-old, 46% abv
로크로몬드 18년 46%

SCORE 80

NOSE ▸	복숭아. 바닐라. 부드러운 향신료. 파이프 담배. 희미하게 느껴지는 달콤한 우드스모크
PALATE ▸	대담하고 달콤하다. 감귤류. 바닐라. 아몬드. 코코아파우더
FINISH ▸	긴 여운. 견과류. 부드러운 스파이시함. 커피. 섬세한 피트

LOCH LOMOND 21-year-old, 46% abv

로크로몬드 21년 46%

SCORE 78

NOSE ▸▸   가득한 꽃향기, 곡물, 바닐라, 시나몬, 사과

PALATE ▸▸   부드럽다. 프루트 너트 밀크초콜릿, 생강, 가벼운 피트 스모크

FINISH ▸▸   은은한 열대과일향, 구운 참나무, 잿빛 토탄 연기

LOCH LOMOND Inchmurrin 12-year-old, 46% abv

로크로몬드 인치무린 12년 46%

SCORE 78

NOSE ▸▸   부드럽고 따뜻하다. 시럽에 절인 복숭아, 헤더, 헤이즐넛, 부드러운 생강향

PALATE ▸▸   살짝 오일리, 풍부한 과일맛, 살구, 점점 강해지는 복숭아, 스템 진저(Stem

                Ginger), 스파이시한 오크

FINISH ▸▸   부드러운 향신료와 드라이한 오크의 여운이 남는다.

LOCH LOMOND Inchmoan 12-year-old, 46% abv

로크로몬드 인치몬 12년 46%

SCORE 79

NOSE ▸▸   처음에는 해초류, 소금물, 태운 나무

PALATE ▸▸   부드럽고, 달콤한 열대과일, 단맛 나는 우드스모크, 생기 있는 향신료

FINISH ▸▸   나무 느낌, 부드럽고 오일리한 피트, 후추

LOCHLEA 로크리

소유자 Lochlea Distilling Company
지역 Lowlands   **지구** Western
주소 Lochlea Farm, Craigie, Ayrshire, KA1 5NN
홈페이지 www.lochleadistillery.com

로크리 증류소는 스코틀랜드의 국민 시인 로버트 번즈(Robert Burns)가 1777년부터 1784년까지 살면서 농사를 짓고 가장 유명한 시를 썼던 농장에 위치해 있다.

이 증류소 프로젝트는 조용하게 시작되었고, 2021년 로크리의 첫 싱글몰트가 출시될 때까지도 많은 애호가들이 이 프로젝트에 대해 전혀 알지 못했다. 로크리의 위스키 제조는 2018년 봄에 증류소 설립자 닐 맥기치(Neil McGeoch)가 농장에서 재배한 보리를 사용하면서 시작되었다. 이 프로젝트의 중심에는 라프로익 출신의 제조 책임자 겸 마스터 블렌더인 존 캠벨(John Campbell)이 있다. 로크리의 첫 번째 출시 제품은 버번과 페드로 히메네즈 캐스크에서 숙성되었지만, 현재까지 14가지 이상의 캐스크가 채워졌다. 향후 어느 시점에는 피티드 위스키 생산도 이루어질 것으로 보인다.

하우스 스타일 과일향이 가득하고 스타일리시함

LOCHLEA First Release, 46% abv

로크리 퍼스트 릴리즈 46%

SCORE 76

NOSE ▶ 꽃향기, 곡물향, 스파이시한 배향, 온주귤, 토피

PALATE ▶ 구운 사과, 맥아, 진해지는 오크, 후추

FINISH ▶ 비교적 드라이하며 후추 느낌의 오크 여운이 남는다.

LOCHRANZA 로크란자

소유자 Isle of Arran Distillers Ltd
지역 Highlands   **섬** Arran
주소 Lochranza, Isle of Arran, Argyll, KA27 8HJ
홈페이지 www.arranwhisky.com   **방문자센터** 있음

1995년에 문을 열고 1998년에 첫 위스키를 출시한 이후 아란 섬 증류소는 스코틀랜드 다른 여러 곳의 유사한 프로젝트에 영감을 불어넣었다. 아란 증류소의 출범은 위스키의 역사에서 번영과 풍요의 시작을 알리는 신호탄이 되었다.

하이킹을 즐기는 사람들과 조류 관찰가들이 즐겨 찾는 이 섬은 쉽게 접근할 수 있다. 글래스고에서 남쪽으로 조금만 달리면 에어셔의 아드로산 항구로 가는데, 이곳에서 섬 동쪽의 브로딕으로 가는 페리가 자주 운행된다. 좁은 도로를 따라 북쪽 해안을 돌아 로크란자 마을에 있는 증류소로 향한다. 로크란자에는 숙박시설이 있으며, 캠벨타운 증류소를 방문하고자 하는 사람들을 위해 킨타이어로 가는 페리가 있다. 페리를 몇 번 더 타면 아일레이와 주라로 여행을 계속할 수 있다.

아란에는 극적인 화강암 산과 이탄이 많은 땅, 좋은 물이 있다. 이 섬은 한때 위스키로 유명했지만 한 세기 반 동안 합법적인 증류소가 없었다. 새로운 증류소에 대한 영감은 1992년 아란 소사이어티의 한 강연에서 나왔다. 시바스의 은퇴한 전무이사였던 위스키 업계 베테랑 해롤드 커리(Harold Currie)는 2,000개의 채권을 새 증류소에서 생산되는 위스키와 교환하는 계획을 세웠다. 아란 섬은 방문객이 많기 때문에 증류소는 관광객을 위한 또 다른 명소로 여겨졌다. 이곳에는 훌륭한 주방을 갖춘 상점과 레스토랑이 같이 있다. 2017년부터 2019년까지 섬 남쪽에 라그(www.laggwhisky.com)라는 이름의 새로운 증류소가 건설되면서 기존 아란은 로크란자로 이름이 바뀌었다. 라그는 피티드 위스키 생산에 전념하고 있으며, 기존 증류소는 언피티드 위스키 생산에 집중하고 있다.

하우스 스타일 크리미. 잎사귀. 휴식시간이나 디저트를 먹을 때 적당하다. 뚜렷한 섬 지역 위스키의 특징이 없다.

ARRAN 10-year-old, 46% abv
아란 10년 46%

SCORE 83

NOSE ▸▸ 가볍다. 스피어민트, 바닐라, 버터스카치

PALATE ▸▸ 입안에서 풍부한 멜론맛, 신선한 보리, 깨끗하고 달콤하다. 질감이 씹히는 감촉이 있다.

FINISH ▸▸ 바닐라, 우아한 향신료, 풍부하다.

ARRAN 18-year-old, 46% abv
아란 18년 46%

SCORE 91

NOSE ▸▸ 풍부하다. 스파이시한 셰리, 살짝 짠내음, 구운 오크

PALATE ▸▸ 부드럽고 달콤하다. 블러드오렌지, 마라스치노 체리, 밀크초콜릿

FINISH ▸▸ 토피, 사과, 다크초콜릿, 체리 리큐어

ARRAN 21-year-old, 46% abv
아란 21년 46%

SCORE 89

NOSE ▸▸ 생강, 다크초콜릿, 터키쉬 딜라이트

PALATE ▸▸ 스무스, 부드러운 향신료, 감귤류, 헤이즐넛

FINISH ▸▸ 광택 처리된 나무의 스파이시함, 칵테일 체리

ARRAN 25-year-old, 46% abv
아란 25년 46%

SCORE 89

NOSE ▸▸   매우 스파이시하다. 살짝 짠맛. 향기롭고, 달콤한 셰리향
PALATE ▸▸   매우 스파이시한 셰리. 산딸기잼. 누가, 건포도
FINISH ▸▸   코코아 파우더. 약간 쓴맛의 오크. 백후추

ARRAN Quarter Cask, The Bothy, 56.2% abv
아란 쿼터 캐스크 보티 56.2%

SCORE 84

NOSE ▸▸   맥아. 나무대패. 감귤류. 풍부한 향신료
PALATE ▸▸   견과류. 생강. 코코넛과 강한 오렌지맛
FINISH ▸▸   맥아와 신선한 오크의 풍미

ARRAN Sherry Cask, The Bodega, 55.8% abv
아란 셰리 캐스크 더 보데가 55.8%

SCORE 85

NOSE ▸▸   가죽. 나무 광택제. 건과일. 밀크초콜릿
PALATE ▸▸   달콤한 셰리. 칵테일체리. 건자두. 건포도. 신선한 향신료
FINISH ▸▸   드라이한 오크. 감귤류

ARRAN Barrel Reserve, 43% abv

아란 배럴 리저브 43%

SCORE 84

NOSE ▸▸ 신선한 배주스, 곡물, 허브향
PALATE ▸▸ 크리미, 복숭아, 배, 생강, 오크
FINISH ▸▸ 레몬, 후추, 살짝 느껴지는 피트향

ARRAN Machrie Moor, 46% abv

아란 마크리 무어 46%

SCORE 84

NOSE ▸▸ 부드러운 짭조름함, 고소한 피트, 스파이시한 맥아, 토피, 레몬
PALATE ▸▸ 감귤류, 모닥불 연기, 각종 향신료, 헤이즐넛, 다크 초콜릿
FINISH ▸▸ 비교적 긴 여운, 감귤류, 스파이시한 맛

ARRAN Machrie Moor, Cask Strength, 56.2% abv

아란 마크리 무어 캐스크 스트랭스 56.2%

SCORE 85

NOSE ▸▸ 단내나는 우드스모키, 바닐라, 청사과향이 매우 아로마틱하다.
PALATE ▸▸ 맥아, 그릴에 구운 파인애플, 샤퀴테리
FINISH ▸▸ 훈연된 과수원 과일, 부드러운 고추의 여운이 남는다.

ARRAN Robert Burns, 43% abv
아란 로버트 번즈 43%

☐ SCORE 77 ☐

NOSE ▸▸ 배, 토피애플, 바닐라의 신선하고 과일향이 나며, 시나몬과 생강향이 난다.

PALATE ▸▸ 스파이시한 오크, 달콤하고 벌꿀맛이 난다.

FINISH ▸▸ 밀크초콜릿과 견과류, 신선한 향신료의 풍미

LONGMORN 롱몬

소유자 Chivas Brothers (Pernod Ricard)
지역 Highlands   **지구** Speyside (Lossie)
주소 Elgin, Morayshire, IV30 3SJ
TEL 01542 783042

롱몬은 애호가들이 소중히 여기는 최고의 스페이사이드 몰트 위스키 중 하나이지만 그동안 많이 알려져 있지 않았다. 복합적인 맛, 부드러움과 풍성한 캐릭터의 조합, 강한 부케부터 긴 여운까지 다양한 특징으로 찬사를 받고 있다. 곡물, 맥아, 밀랍 풍미, 에스테르 과일향으로 유명하다.

이 증류소는 1894~1895년에 지어졌으며, 사용하지 않는 물레방아와 작동 가능한 증기기관을 보유하고 있다. 스테인리스 스틸의 매쉬 믹서와 매우 인상적인 스피릿 세이프 등 대부분의 장비는 매우 전통적이며, 그 크기와 아름다운 상태가 인상적이다. 증류소 옆에는 사용되지 않는 롱몬 철도역이 있다.

하우스 스타일 혀를 코팅하는 느낌, 맥아, 복합적인 풍미, 식사 전의 분위기 전환용부터 식후 맛있는 디저트와 함께 즐겨도 되는 다목적 위스키

LONGMORN 18-year-old (Secret Speyside Collection), 48% abv
롱몬 18년 시크릿 스페이사이드 컬렉션 48%

━━ SCORE 83 ━━

NOSE ▸▸   부드러운 토피, 헤이즐넛 패션프루트, 살짝 나는 바나나향

PALATE ▸▸   아몬드, 오렌지껍질, 맥아 그리고 가벼운 시나몬의 풍미가 가볍고 라운드하게 느껴진다.

FINISH ▸▸   고소하며, 살구 조림, 생강의 여운으로 마무리

LONGMORN 23-year-old (Secret Speyside Collection), 48% abv
롱몬 23년 시크릿 스페이사이드 컬렉션 48%

━━ SCORE 86 ━━

NOSE ▸   오렌지꽃, 골든 시럽, 코코넛, 사과, 생강

PALATE ▸▸   부드러운 질감, 온주귤, 더블크림, 밀크초콜릿, 각종 향신료

FINISH ▸▸   흙내음나는 향신료, 세비야 오렌지 마멀레이드

LONGMORN 25-year-old (Secret Speyside Collection), 52.2% abv
롱몬 25년 시크릿 스페이사이드 컬렉션 52.2%

━━ SCORE 88 ━━

NOSE ▸   꽃향기, 인스티티아 자두, 살구, 시나몬

PALATE ▸▸   풀 바디, 라운드한 느낌, 단맛, 스파이시한 사과, 감귤

FINISH ▸▸   핫초콜릿, 육두구

THE MACALLAN 맥캘란

소유자 The Edrington Group
지역 Highlands   **지구** Speyside
주소 Aberlour, Banffshire, AB38 9RX
홈페이지 www.themacallan.com   **방문자센터** 있음

맥캘란은 위스키 세계와 몰트 위스키 애호가들의 마음속에서 독보적인 위치를 차지하고 있다. 맥캘란은 모든 몰트 위스키 중 가장 소장 가치가 높은 것으로 여겨져 왔으며, 수년에 걸쳐 반복적으로 그 역사를 지켜 왔다. 하지만 동시에 하이 스트리트부터 고급 위스키까지 다양한 가격대의 제품을 선보이며, 일반 몰트 위스키 애호가들에게도 꾸준한 인기를 얻고 있다는 것을 증명해 왔다. 이 몰트 위스키는 상징성을 내세우면서도 상업성을 유지하고 일반 소비자들이 부담 없이 즐길 수 있도록 재창조된 유비쿼터스 몰트 위스키다.

전통적으로 이 증류소는 강하고 풍부하며 셰리 풍미가 넘치는 스페이사이드 스타일의 위스키였지만, 동남아시아에서 셰리 캐스크 숙성 제품에 대한 수요가 한계에 다다르자 소유주인 에드링턴은 파인오크(Fine Oak)라는 이름으로 새 제품들을 출시하였다. 맥캘란이 전통적인 영역에서 벗어나고 있다는 우려는 2012~2013년도에 숙성년수 표기가 없는 새로운 핵심 4가지 익스프레션을 도입하고 색상별로 판매하면서 더욱 심화되었다. 그 이후에는 맥캘란의 보수적인 팬들 사이에서 긍정적인 변화가 이루어졌으며, 현재는 셰리 캐스크를 사랑하고 숙성년수의 표시를 좋아하는 소비자가 원하는 모든 것을 갖춘 제품을 비롯하여 다양한 라인이 제공되고 있다.

맥캘란은 여전히 큰 영향력을 발휘하고 있다. 수집가들에게 맥캘란만큼 마법 같은 매력을 가진 증류소는 없다. 맥캘란이라는 이름은 지금은 폐허가 된 이스터 엘키스 영지에 있는 맥캘란 교회에서 유래한 것으로, 크라이겔라키에 있는 스페이의 텔포드 다리가 내려다보이는 곳에 있었다. 1700년대에 한 농부가 직접 재배한 보리로 위스키를 만들었다고 전해진다. 맥캘란은 1824년에 합법적인 증류소가 되었다. 1998년, 맥캘란 소유의 농장은 맥캘란의 요구 사항에 따라 비록 적은 양이지만 골든 프로미스 보리를 재배하기 위해 다시 사용되었다. 초창기의 저택은 방문객을 위한 장소로 복원되어 손님을 맞이하고 있다.

현재의 증류소는 최근 몇 년 동안 1억 4천만 파운드를 투자하여 완전히 새롭고 시각적으로 혁신적인 위스키 생산 시설을 건설하면서 극적인 변화가 일어났다. 물결 모양의 잔디와 야생화 지붕으로 덮인 일련의 '포드(Pod, 유선형의 공간)' 모양으로 설계된 이 시설에는 맥캘란만의 독특한 모양의 단식 증류기 36개가 있으며, 연간 1,500만 리터를 생산할 수 있는 능력을 갖추고 있다.

맥캘란은 오랫동안 블렌디드 위스키 원액 공급으로 명성을 쌓아왔으며, 그 예로 페이머스 그라우스(Famous Grouse)가 있다. 맥캘란의 오일리하고 크리미하며 풍부한 원액의 특징은 특히 배불뚝이 땅돼지처럼 생긴 작은 증류기를 사용함으로써 더욱 증가된다. 회사는 늘어난 수요에 대응하고자 생산량을 늘리기 위해 증류기 사이즈를 키우는 대신, 1965년에서 1975년 사이에 6개에서 21개로 증류기 숫자를 늘렸다. 현재 어느 때보다 다양한 종류의 위스키를 보유하고 있으며, 대부분의 주머니 사정에 맞는 제품군을 갖추고 있다. 이 위스키는 계속해서 특히 동남아시아의 수출 시장에서 매우 좋은 성과를 거두고 있다.

하우스 스타일 강하고 오크하며, 건포도, 셰리 풍미, 꽃향기, 과일맛, 스파이시함, 긴 여운. 저녁식사 후 적합하다.

THE MACALLAN Double Cask Gold, 40% abv

맥캘란 더블 캐스크 골드 40%

SCORE 82

NOSE ▸▸   레몬주스, 곡물, 바닐라, 밀크초콜릿

PALATE ▸▸ 시나몬이 뿌려진 애플파이, 설탕 코팅된 아몬드, 캐러멜

FINISH ▸▸   부드러운 향신료와 드라이한 오크 풍미

THE MACALLAN Double Cask, 12-year-old, 40% abv
맥캘란 더블 캐스크 12년 40%

아메리칸 오크와 유러피안 셰리 오크 캐스크에서 숙성된 원액을 혼합하여 출시

━━ SCORE 87 ━━

NOSE ▸ 흙내음 나는 셰리, 오래된 가죽, 토피, 광택된 오크, 체리꽃

PALATE ▸ 셰리, 벌집, 자파오렌지, 코코아, 고수한 바닐라, 점점 우디 스파이스 느낌이
강해진다.

FINISH ▸ 크리미, 호두, 시나몬, 코코아, 자극적인 오크 느낌

THE MACALLAN Double Cask, 15-year-old, 43% abv
맥캘란 더블 캐스크 15년 43%

━━ SCORE 89 ━━

NOSE ▸ 잠깐 느껴지는 농장 냄새, 이어지는 가구 광택제, 향신료, 사과껍질, 칵테일 체리

PALATE ▸ 건과일, 쫄깃한 오크 느낌, 건포도, 칵테일 체리

FINISH ▸ 스파이시한 다크베리, 감초, 생강

THE MACALLAN Double Cask, 18-year-old, 43% abv
맥캘란 더블 캐스크 18년 43%

SCORE 90

NOSE ▸ 꽃향기, 나무 광택제, 토피, 훅 들어오는 정향
PALATE ▸ 크리스마스 푸딩처럼 매끈하고, 오렌지, 캐러멜, 오크, 다크초콜릿
FINISH ▸ 블랙커피, 감귤류, 생강, 통후추의 여운이 길다.

THE MACALLAN Double Cask, 30-year-old (2021 Release), 43% abv
맥캘란 더블 캐스크 30년 2001년 출시 43%

SCORE 92

NOSE ▸ 토피 사과, 바닐라, 나무 광택제
PALATE ▸ 건과일, 바닐라, 밀크커피, 핫초콜릿
FINISH ▸ 시나몬, 잘 손질된 오크

THE MACALLAN 12-year-old, Triple Cask, 40% abv
맥캘란 12년 트리플 캐스크 40%

유러피안 오크, 아메리칸 셰리 시즈닝된 오크 캐스크 그리고 아메리칸 버번 배럴에서 숙성된 원액을 혼합하여 출시한 제품

SCORE 87

NOSE ▸ 가볍고, 자몽 풍미, 클레멘타인, 바닐라
PALATE ▸ 점점 강해지는 감귤류와 바닐라 맛 벌꿀, 달콤한 오크, 건포도, 다크초콜릿
FINISH ▸ 캔털루프, 벌꿀, 우디 스파이스, 토스팅된 오크

THE MACALLAN 15-year-old, Triple Cask, 43% abv
맥캘란 15년 트리플 캐스크 43%

SCORE 88

NOSE ▸ 신선한 오렌지꽃, 청사과, 점점 강해지는 나무 광택제
PALATE ▸ 캐러멜, 잘 익은 배, 밀크초콜릿 퐁당, 오렌지제스트
FINISH ▸ 긴 여운, 시나몬, 밀크초콜릿, 헤이즐넛

THE MACALLAN 18-year-old, Triple Cask, 43% abv
맥캘란 18년 트리플 캐스크 43%

SCORE 88

NOSE ▸ 스파이시함, 광택 처리된 오크, 살구
PALATE ▸ 베리류, 육두구, 퍼지 브라우니의 풍미가 라운드하다.
FINISH ▸ 조린 과일, 생강, 섬세한 오크

THE MACALLAN Sherry Oak, 12-year-old, 43% abv
맥캘란 셰리 오크 12년 43%

SCORE 88

NOSE ▸ 셰리, 구운 크리스마크 케이크, 건과일, 뜨거운 버터, 오래된 가죽
PALATE ▸ 오렌지 마멀레이드, 브리틀 토피, 설타나, 가벼운 오크 풍미
FINISH ▸ 비교적 긴 여운, 정향, 맥아, 드라이한 오크맛, 스치듯 느껴지는 스모키로 마무리

THE MACALLAN Estate Reserve, 45.7% abv
맥캘란 에스테이트 리저브 45.7%

SCORE 90

NOSE ▶ 매우 강한 나무 광택제, 레몬제스트, 오렌지, 마지팬, 삼나무
PALATE ▶ 부드러운 질감, 코코아파우더, 밀크초콜릿, 오래된 가죽, 육두구
FINISH ▶ 다크초콜릿, 다크베리류, 헤이즐넛, 후추

THE MACALLAN Rare Cask (2021 Release), 43% abv
맥캘란 레어 캐스크 2021 출시 43%

SCORE 90

NOSE ▶ 스파이시한 자파오렌지, 따뜻한 가죽, 바닐라, 건포도
PALATE ▶ 볼륨감 있으며 매우 과일맛이 강하다. 설타나, 구운 살구맛이 나며 점점 오크
의 탄닌감과 후추맛이 강해진다.
FINISH ▶ 긴 여운, 관목에 열린 베리류, 후추 느낌의 오크

THE MACALLAN M Decanter (2020 Release), 45% abv
맥캘란 M 디캔터 2020 출시 45%

SCORE 91

NOSE ▶ 제비꽃, 대추, 무화과, 생강, 후추
PALATE ▶ 삶은 과일의 단맛, 온화한 오래된 오크, 가염버터
FINISH ▶ 감귤류 과일, 생강, 점점 증가하는 오크의 탄닌

THE MACALLAN M Black Decanter, 45% abv
맥캘란 M 블랙 디캔터 45%

▭ SCORE 92 ▭

NOSE ▶▶   스모키한 바닐라, 레몬, 후추, 흙내음 나는 피트
PALATE ▶▶   점성이 있으며, 건과일, 부드러운 피트, 아몬드, 점점 강해지는 세비야 오렌지
FINISH ▶▶   피트 스모크와 건과일맛이 남는다.

THE MACALLAN Sherry Oak, 18-year-old, 43% abv
맥캘란 셰리 오크 18년 43%

▭ SCORE 92 ▭

NOSE ▶▶   따뜻한 가죽, 세비야 오렌지, 정향, 시나몬, 생강, 건과일
PALATE ▶▶   풍부하고 스파이시하며, 오렌지 맛이 강해지며, 바닐라, 동나무 태운 맛이 난다.
FINISH ▶▶   긴 여운. 스모키한 셰리, 생강, 건과일, 시즈닝된 오크

THE MACALLAN Sherry Oak, 25-year-old (2021 Release), 43% abv
맥캘란 셰리 오크 25년 2021년 출시 43%

▭ SCORE 93 ▭

NOSE ▶▶   꽃향기, 스파이시함, 살짝 짠맛, 자파오렌지, 섬세한 우드스모크
PALATE ▶▶   풀 바디, 달콤하고 풍부하다. 씹는 느낌의 과수원 과일, 육두구, 통후추
FINISH ▶▶   당밀과 후추 느낌의 오크 풍미가 길게 남는다.

THE MACALLAN Sherry Oak, 30-year-old (2021 Release), 43% abv
맥캘란 셰리 오크 30년 2021년 출시 43%

SCORE 93

NOSE ▸ 맥아, 오크가루, 오렌지껍질, 미디엄 스위트 셰리향

PALATE ▸ 아몬드, 바닐라, 퍼지, 부드럽고 스모키한 오크, 과즙 많은 오렌지, 설타나

FINISH ▸ 오래된 가죽, 블랙커피, 우디 스파이스

THE MACALLAN Sherry Oak, 40-year-old, 40% abv
맥캘란 셰리 오크 40년 40%

SCORE 95

NOSE ▸ 오일리, 숙성창고의 쿰쿰한 냄새, 크리스마스 향신료, 섬세한 셰리

PALATE ▸ 풀 바디, 달콤한 오크, 토피, 말린 자두, 코코아

FINISH ▸ 시나몬, 다크초콜릿, 천천히 느껴지는 드라이한 오크의 여운이 오래간다.

MACDUFF 맥더프

소유자 John Dewar & Sons Ltd (Bacardi)
지역 Highlands   **지구** Speyside (Deveron)
주소 Macduff Distillery, Banff, Banffshire, AB45 3JT
홈페이지 www.thedeveron.com

이 증류소는 '1700년대의 교회 기록에 이 지역 위스키가 훌륭하다고 묘사되어 있다'
라는 점을 들어 수세기 전부터 위스키를 생산했다고 주장하지만, 맥더프는 증류소들
의 공급이 수요를 따라잡지 못하던 낙관적인 1960년대에 지어졌다. 그 무렵 건축학
적으로 더 세련된 증류소들과 비교했을 때 맥더프의 외관은 평범하다. 깔끔하고 정돈
된 인테리어는 맥더프 증류소 위스키의 특징에도 반영되어 있다. 맥더프의 위스키들
역시 깔끔하고 군더더기가 없는 맛의 몰트 위스키다. 2015년부터 맥더프에서 생산되
는 싱글몰트는 더 데브론(The Deveron)이라는 이름으로 출시되고 있다.

증류소는 맥더프의 오래된 어촌 마을이자 옛 온천이었던 곳에 있으며, 데브론강이 바
다에 닿는 지점에 위치해 있다(현재 핵심 위스키에 '더 데브론'이라는 이름을 붙여 판
매하는 이유이다). 강 건너편에는 밴프 마을이 있다. 한 마디로 이곳이 스페이사이드
의 서쪽 끝이다. 맥더프 증류소는 스페이사이드 변두리였을 뿐만 아니라 몇 년 동안
윌리암 로슨(William Lawson) 소유의 유일한 증류소였다. 이 증류소에서 생산된 많
은 양의 위스키들이 블렌디드 위스키 로슨의 블렌딩용 원액으로 사용되었다. 1992년
맥더프는 듀어스를 소유하고 있는 바카디로 인수되었다.

하우스 스타일 맥아맛. 오래 숙성된 제품에서는 달콤한 라임맛. 휴식시간 혹은 저녁식사
후에 어울린다.

THE DEVERON 10-year-old, 40% abv

데브론 10년 40%

═══ SCORE 73 ═══

NOSE ▶▶ 신선한 열대과일, 갓 벤 건초, 곡물
PALATE ▶▶ 매우 강한 과일맛, 헤이즐넛, 밀크초콜릿, 캐러멜, 진해지는 곡물맛
FINISH ▶▶ 벌꿀, 복숭아, 점점 강해지는 후추 느낌의 오크

THE DEVERON 12-year-old, 40% abv

데브론 12년 40%

═══ SCORE 75 ═══

NOSE ▶▶ 스파이시한 곡물, 누가, 토피애플
PALATE ▶▶ 과수원 과일, 브리틀 토피, 아몬드
FINISH ▶▶ 점점 드라이해지며 섬세한 오크의 탄닌 여운이 남는다.

THE DEVERON 18-year-old, 40% abv

데브론 18년 40%

═══ SCORE 76 ═══

NOSE ▶▶ 꽃향기, 청사과, 부드러운 토피, 설타나
PALATE ▶▶ 맥아, 복숭아통조림, 감귤
FINISH ▶▶ 건포도, 호두, 점점 오키해진다.

MANNOCHMORE 마노크모어

소유자 Diageo
지역 Highlands   **지구** Speyside (Lossie)
주소 By Elgin, Morayshire, IV30 3SF
홈페이지 www.malts.com

지금은 소장 가치가 높은 '블랙' 위스키인 로크 듀(Loch Dhu)는 1996~1997년에 이 곳에서 생산되었다. 호기심을 자극하는 이 제품은 '이미지에 민감한 젊은 남성'을 겨냥했었다. 젊은 여성들 사이에서 검은색이 유행하는 것을 감안할 때, 그들은 아마 소외감을 느꼈을지도 모른다. 디아지오는 이 위스키의 색이 '엄선된 버번 배럴 내부를 두 번 숯불에 태우는 비밀 제조법'에서 유래했다고 주장했다. 가장 좋은 추측은 이 '준비 과정'(아마도 먼저 물을 분무한 다음 숯불에 태우는 과정)에 캐러멜화가 되었을 것이라는 점이다.

이 증류소는 1971~1972년에 설립되어 꽤 젊은 증류소이다. 원래의 역할은 몰트 위스키를 블렌디드 위스키 헤이그의 블렌딩 몰트로 공급하여 더 오래된 이웃인 글렌로씨(Glenlossie)의 생산을 늘리는 것이었다. 이 두 양조장은 엘긴 남쪽에 있으며 마노크 언덕에서 물을 공급받는다. 원료와 위치가 같은 두 곳은 비슷한 몰트 위스키를 생산한다. 마노크모어는 약간 덜 복합적인 풍미를 보이지만 그럼에도 불구하고 매우 즐길 만하다.

하우스 스타일 신선하고 꽃향기가 나며, 드라이하다. 식전주로 적합

MANNOCHMORE 12-year-old Flora and Fauna, 43% abv
마노크모어 12년 플로라 앤 파우나 43%

SCORE 81

NOSE ▸▸ 향기롭다. 레몬껍질, 초크, 곡물, 희미한 벌꿀향
PALATE ▸▸ 달콤한 바닐라, 생강, 건초, 헤이즐넛, 익힌 배
FINISH ▸▸ 입안에 남는 아몬드 풍미, 감귤류, 우디 스파이스

MANNOCHMORE 25-year-old (Diageo Special Releases 2016), 53.4% abv
마노크모어 25년 디아지오 스페셜 릴리즈 2016년 53.4%
퍼스트 필 아메리칸 오크 호그스헤드와 유러피안 오크 버트

SCORE 86

NOSE ▸▸ 오일리한 오렌지, 바닐라, 브리틀 토피, 벌꿀
PALATE ▸▸ 풍부하고 달콤하다. 무화과, 설타나, 바나나, 벌꿀맛과 정향의 풍미가 진해진다.
FINISH ▸▸ 길고 스파이시한 여운, 다크초콜릿, 건포도

MILTONDUFF 밀튼더프

소유자 Chivas Brothers (Pernod Ricard)
지역 Highlands   지구 Speyside (Lossie)
주소 Elgin, Morayshire, IV30 3TQ
TEL 01343 547433

지금도 여전히 존재하는 플러스카덴의 베네딕트 수도원은 한때 맥주 양조장이었으며, 밀튼더프 증류소가 있는 땅을 제공했다. 연관성은 없지만 밀튼더프 위스키병이 들어 있는 상자에는 이 수도원의 이름이 새겨져 있다. 1824년 엘긴 남쪽에 설립된 이 증류소는 1930년대와 1970년대에 각각 대대적인 현대화 작업을 거쳤다. 이곳에서 생산되는 위스키는 블렌디드 위스키, 발렌타인에서 매우 중요한 역할을 한다. 이전에 얼라이드 디스틸러스가 소유했던 밀튼더프는 2005년에 페르노리카가 인수했다. 한동안 이 회사에서는 로몬드 스틸(증류기의 한 종류)도 가동했었다. 그렇게 생산된 몰트 위스키는 밀튼더프와 비슷한 특성을 가지고 있지만 더 무겁고 오일리하며 스모키한 맛이 나는 모스토위(Mosstowie)라는 몰트 위스키를 생산했다. 로몬드 스틸 증류기는 현재 해체되었지만 가끔 독립병입자 제품에서 발견되기도 한다. 밀튼더프 몰트 위스키는 블렌더들에게 좋은 평가를 받고 있으며 품질 좋은 싱글몰트 위스키를 만들고 있다.

하우스 스타일 꽃향기. 향긋하고, 깨끗하며 견고하다. 식전주로 어울린다.

MILTONDUFF 15-year-old, 40% abv
밀튼더프 15년 40%

SCORE 82

NOSE ▸   복숭아. 생강. 가벼운 셰리. 코코넛
PALATE ▸   크리미. 레드베리. 벌꿀. 바닐라. 시나몬
FINISH ▸   캐러멜. 정향. 살짝 시큼털털한 오크 풍미가 점점 진해진다.

MORTLACH 몰트락

소유자 Diageo

지역 Highlands   지구 Speyside (Dufftown)

주소 Dufftown, Banffshire, AB55 4AQ

홈페이지 www.mortlach.com

몰트락에서는 꽃향기, 이탄향, 스모크향, 몰트향, 과일향 등 좋은 스페이사이드 싱글 몰트의 모든 즐거움을 발견할 수 있다. 몰트락의 복합적인 맛은 다양한 증류기에서 비롯된 것으로 보인다. 합법적인 증류 초기부터 이어져온 역사 속에서 역대 관리자들은 원하는 결과를 얻기 위해 증류기의 모양, 크기 및 디자인을 손보는 등 이단자처럼 행동했다. 그들은 위스키 산업의 정통성에서 너무 멀리 벗어나 정제될 수가 없었는데, 위스키 맛이 너무 좋아서 아무도 그것을 바꾸는 위험을 감수하고 싶어 하지 않았던 것 같다. 증류기들의 조합이 어떻게 특별한 결과를 만들어 내는지 완전히 이해하는 사람도 전혀 없었다. 이 위스키는 세리 숙성에 압도되지 않을 만큼 개성이 강하다. UDV/디아지오는 수년에 걸쳐 세리 캐스크의 영향에서 벗어나 '증류소 특성'을 주장해 왔지만, 몰트락 역시 이러한 정통성에 얽매이지 않았다. 과거에는 16년 플로라 앤 파우나 시리즈로 병입되어 판매되었지만, 2018년에는 12년에서 20년에 이르는 세 가지 새로운 핵심 제품들을 선보이며 이 훌륭한 증류소에 대한 찬사를 보냈다.

하우스 스타일 전형적인 스페이사이드인 우아하고, 꽃향기. 부드럽지만 근육질의 느낌이다. 매우 복합적이며 훌륭한 긴 여운을 가졌다. 저녁식사 후나 잠자리에 어울린다.

MORTLACH 12-year-old The Wee Witchie, 43.4% abv
몰트락 12년 위 위치 43.4%

SCORE 86

NOSE ▸ 구운 살구, 생강, 후추, 밀크초콜릿, 허브향

PALATE ▸ 부드럽고 짭조름. 맛이 진해지는 밀크초콜릿, 바닐라, 과수원 과일, 시나몬

FINISH ▸ 초콜릿 생강 맛이 입안에 남으며, 건자두와 드라이한 오크의 여운이 있다.

MORTLACH 16-year-old Distiller's Dram, 43.4% abv
몰트락 16년 디스틸러스 드램 43.4%

SCORE 86

NOSE ▸▸ 살짝 왁시하며 가벼운 셰리, 마지팬, 생강, 파이프담배, 흙내음

PALATE ▸▸ 입안에서 매끈함. 잘 익은 복숭아. 강해지는 생강맛. 무화과와 시나몬

FINISH ▸▸ 매우 긴 여운. 오렌지껍질. 오래된 가죽. 오크의 탄닌이 입안에서 등장한다.

MORTLACH 20-year-old Cowie's Blue Seal, 43.4% abv
몰트락 20년 코위스 블루 씰 43.4%

SCORE 88

NOSE ▸▸ 밀크초콜릿. 너트. 커피. 고기향이 증가한다.

PALATE ▸▸ 부드럽고 살짝 왁시하다. 살구. 아몬드와 각종 향신료

FINISH ▸▸ 비교적 긴 여운. 밀크초콜릿. 스파이시한 오렌지

MORTLACH 13-year-old (Diageo Special Releases 2021), 55.9% abv
몰트락 13년 디아지오 스페셜 2021년 출시 55.9%
버진 오크와 리필 아메리칸 캐스크에서 숙성시킨 원액을 혼합하여 출시

SCORE 89

NOSE ▸▸ 파인애플. 생강. 그릴에 구운 고기. 신선한 오크

PALATE ▸▸ 살짝 오일리함. 신선하고. 생기 있는 과수원의 과일맛. 바닐라. 백후추

FINISH ▸▸ 스파이시한 오크. 후추

MORTLACH Prima & Ultima 25-year-old 1995 (Cask No 2652), 55.1% abv

몰트락 프리마 앤 울티마 25년 1995 캐스크 No 2652 55.1%

페드로 히메네즈 올로로소 시즈닝된 유러피안 오크 버트에서 숙성

SCORE 92

NOSE ▶ 오일리, 탄 성냥, 나무 수지, 그릴에 구운 고기, 바닐라, 감귤류, 진해지는 꽃향기

PALATE ▶▶ 근육질이며, 처음에는 매우 과일향이 강하며, 으깬 후추맛, 뿌리채소로 만든 스튜, 다크초콜릿 맛이 난다.

FINISH ▶▶ 후추 느낌의 오크, 생강, 간장

NC'NEAN 늑니안

소유자 Nc'nean Distillery Ltd
지역 Highlands 지구 West
주소 Drimnin, Lochaline, Argyllshire, PA80 5XZ
홈페이지 www.ncnean.com

늑니안은 멀섬 맞은편, 웨스트 하이랜드의 외딴 모벤반도에 있는 드림닌 사유지 내에 위치하고 있다. 증류소의 이름은 고대 게일족의 여신 니흐네오하인(Neachneohain)에서 영감을 받았으며, 2017년에 두 개의 증류기에서 증류를 시작했다. 이 증류소는 증류소가 위치한 부동산 소유주인 데릭과 루이즈 루이스, 딸인 애나벨 토마스의 아이디어로 탄생했다. 이 시설은 최적의 지속가능성을 염두에 두고 만들어졌다. 보일러는 나무칩으로 연료를 공급하고 폐열은 숙성창고의 온도를 조절하는 데 사용된다. 늑니안의 독특한 위스키 병은 100% 재활용 유리로 만들어진다. 2021년, 늑니안은 탄소 배출 제로 기업으로 독립적으로 인증받은 최초의 스카치위스키 증류소가 되었다. 유기농 스코틀랜드 보리로 두 가지 증류주를 생산하는데, 하나는 오가닉 배치 4와 같이 비교적 젊게 마시기 위한 것이고, 두 번째 스타일은 증류 시 컷팅 포인트를 낮춰 더 오랜 기간 숙성하는 것이다. 증류주는 특별하게 다룬 레드와인과 아메리칸 위스키 배럴에서 숙성된다.

하우스 스타일 캐스크 숙성의 영향으로 가볍고, 과일향이 많다.

NC'NEAN Organic Batch 4, 46% abv
늑니안 오가닉 배치 4 46%

═══ SCORE 79 ═══

NOSE ▸▸ 헤이즐넛. 벌꿀. 바닐라. 섬세한 와인 아로마. 스파이시한 오크. 감귤류. 생강

PALATE ▸▸ 바닐라. 밀크초콜릿. 과즙이 풍부한 열대과일. 곡물

FINISH ▸▸ 드라이하며. 토스팅된 오크. 후추

OBAN 오반

소유자 Diageo
지역 Highlands   **지구** Western Highlands
주소 Stafford Street, Oban, Argyll, PA34 5NH
홈페이지 www.obanwhisky.com   **방문자센터** 있음

웨스턴 하이랜드 몰트 애호가들은 때때로 오반이 너무 절제되어 있다고 평가절하한
다. 하지만 14년 몬틸라 피노, 18년 NAS 오반 베이에 이어 2018년에 21년, 2021년
에는 12년 등 다양한 리미티드 에디션이 출시되면서 오반은 이제 그 우려를 불식시키
기에 충분한 라인업을 갖추게 되었다.
오반은 본토에 있는 몇 안 되는 웨스턴 하이랜드 증류소 중 하나이다. 웨스턴 하이랜
드의 수도로 여겨지는 마을의 작은 증류소로, 바다를 마주 보고 있는 중심가의 중앙
부지에 자리 잡고 있다.
이 증류소의 대표 제품인 14년 위스키의 라벨 디자인에는 기원전 5,000년 이전에 메
소포타미아 동굴 거주자들이 정착하고, 이후 켈트족, 픽족, 바이킹이 정착한 마을의
역사를 요약한 문구가 새겨져 있다. 어촌 마을이었던 이곳은 철도와 증기선 시대가
열리면서 서쪽 섬으로 가는 관문이 되었다. 멘델스존, 터너, 키츠, 워즈워스의 뮤즈
를 따라 멀, 이오나 또는 핑갈스 케이브를 방문하는 여행자들은 항구 중심에서 증류
소를 볼 수 있으며, 그 증류소 뒤로 이끼와 피트로 이루어진 언덕과 그 언덕으로부터
물이 흘러내리는 모습을 볼 수 있다.
이 마을의 한 상인 가족이 1794년에 맥주 양조자와 증류주 제조업자가 되었지만, 현
재의 건물은 1880년대에 지어진 것으로 추정된다. 양조장은 1960년대 말과 1970년
대 초에 재건되었다.

하우스 스타일 미디엄 바디, 신선한 피트, 약간의 바다내음. 해산물, 게임, 저녁식사 후에
어울린다.

OBAN LITTLE BAY, 43% abv
오반 리틀 베이 43%

SCORE 79

NOSE ▸ 복숭아, 말린 사과, 브리틀 토피, 백후추, 각종 향신료

PALATE ▸ 생강, 살구 체리, 정향, 오크의 풍미가 풍부하다.

FINISH ▸ 살짝 스모키하며, 생강과 오크의 풍미가 강해지고, 희미하게 바다소금의 여운이 있다.

OBAN Oban Bay Reserve, 43% abv
오반 베이 리저브 43%

SCORE 78

NOSE ▸ 톡 쏘는 시트러스, 브리틀 토피, 바닐라

PALATE ▸ 감귤, 코티드 크림, 고소함이 증가되고, 밀크초콜릿, 살짝 숯맛이 난다.

FINISH ▸ 생기 있는 향신료, 토피, 팔각, 오크

OBAN 2006 Distillers Edition, bottled 2020, 43% abv
오반 2006 디스틸러 에디션 2020년 병입 43%

몬틸라 피노 캐스크에서 피니쉬 숙성

SCORE 81

NOSE ▸ 맥아, 자파오렌지, 섬세한 스모크, 바다 해무

PALATE ▸ 풍부한 토피, 캐러멜, 복숭아, 짠맛

FINISH ▸ 벌꿀, 생강, 거친 오크, 살짝 스모크

OBAN 14-year-old, 43% abv

오반 14년 43%

━━ SCORE 79 ━━

NOSE ▸ 한 시음자는 '해변의 자갈'이라고 말했다. 바다 냄새와 신선한 이탄과 약간의 맥아향이 느껴진다.

PALATE ▸ 처음에는 믿을 수 없을 정도로 섬세한 맛, 향수, 약간의 과일맛 나는 해초 느낌. 나중에는 가벼운 왁스. 스모키해지면서 드라이한 맛

FINISH ▸ 향기로움. 부드럽고, 식욕이 돋는다.

OBAN 12-year-old (Diageo Special Releases 2021), 56.2% abv

오반 12년 디아지오 스페셜 2021년 출시 56.2%

갓 태운 아메리칸 오크 캐스크에서 숙성

━━ SCORE 85 ━━

NOSE ▸ 향기롭다. 복숭아, 해안의 해초, 바다소금, 올리브오일과 연한 스모키

PALATE ▸ 부드럽고, 오일리하며, 견과류, 맥아, 달콤한 과수원의 열매, 점점 짠맛이 느껴진다.

FINISH ▸ 후추 느낌의 오크와 레몬

PULTENEY 풀트니

소유자 Inver House Distillers Ltd (Thai Beverages plc)
지역 Highlands　**지구** Northern Highlands
주소 Huddart Street, Wick, Caithness, KW1 5BD
홈페이지 www.oldpulteney.com　**방문자센터** 있음

해안에 있는 풀트니 증류소는 2013년 서소에 울프번이 설립되기 전까지 스코틀랜드 본토에서 가장 북쪽에 있는 증류소로, 피트와 바위로 유명한 케이딘스 카운티의 윅 마을에 위치해 있었다. 마을의 일부는 토마스 텔포드가 설계했고 1810년 윌리엄 풀트니 경이 어항마을을 모델로 건설했다. 1826년에 설립된 증류소는 '풀트니타운'에 위치해 있다. 따라서 항구에서 가장 가까운 곳에서 250야드밖에 떨어져 있지 않지만, 몇 안 되는 도시 증류주 양조장 중 하나이다. 심지어 바닷바람이 많이 불어 산책할 때도 위스키 한잔이 필요할 정도이다. 생명의 물에 관하여 초기에 글을 썼던 R.J.S. 맥도월(R.J.S. McDowall) 교수는 케이스네스는 벌거벗은 카운티(군)라 몸을 따뜻하게 해 줄 좋은 위스키가 필요하다고 했다. 그는 이 증류소에서 생산된 올드 풀트니를 언급했다.

하우스 스타일 신선하고, 짠맛이 나며, 식전주로 적합하다.

OLD PULTENEY Huddart, 46% abv
올드 풀트니 허다트 46%

이전에 피트위스키를 숙성시켰던 캐스크에서 피니쉬 숙성한 제품

═ SCORE 79 ═

NOSE ▸▸   단내나는 우드스모크, 크림브륄레, 청사과, 달고나
PALATE ▸▸   마일드한 피트 스모크, 바나나칩, 시나몬, 소금물
FINISH ▸▸   드라이한 오크, 짠맛, 향신료 느낌의 여운

OLD PULTENEY 12-year-old, 40% abv
올드 풀트니 12년 40%

═ SCORE 79 ═

NOSE ▸▸   드라이, 피트, 풀내음, 달콤한 금작화
PALATE ▸▸   가볍고, 벌꿀, 견과류, 점점 오일리해진다.
FINISH ▸▸   오일리, 진정되는 느낌, 짠맛

OLD PULTENEY 15-year-old, 46% abv
올드 풀트니 15년 46%

▭ SCORE 83 ▭

NOSE ▸ 셰리, 갓 구운 과일케이크, 벌꿀, 각종 향신료

PALATE ▸ 달콤한 맛, 스파이시함, 자파오렌지, 바다소금, 토피, 다크초콜릿

FINISH ▸ 중간 길이 정도의 여운, 세비야 오렌지, 광택 처리된 오크

OLD PULTENEY 18-year-old, 46% abv
올드 풀트니 18년 46%

▭ SCORE 84 ▭

NOSE ▸ 풍부하고, 시나몬의 따뜻한 아로마, 벌꿀, 밀크초콜릿, 부드러운 오크

PALATE ▸ 다크초콜릿, 잘 익은 배, 크림브륄레

FINISH ▸ 긴 여운, 감귤류, 가벼운 오크, 살짝 느껴지는 짠맛

OLD PULTENEY 25-year-old, 46% abv
올드 풀트니 25년 46%

▭ SCORE 83 ▭

NOSE ▸ 오렌지, 레몬, 라임, 바닐라, 부드러운 토피, 다크 초콜릿

PALATE ▸ 실크, 단맛 나는 오렌지, 점점 진하게 느껴지는 바닐라, 코코아 파우더

FINISH ▸ 긴 여운, 코코아, 육두구, 드라이한 셰리, 우디 스파이스

ROYAL BRACKLA 로얄 브라클라

소유자 John Dewar & Sons (Bacardi)
지역 Highlands   지구 Speyside (Findhorn Valley)
주소 Cawdor, Nairn, Nairnshire, IV12 5QY
홈페이지 www.royalbrackla.com

이 증류소는 1812년 스페이사이드 서쪽 변두리, 네언에서 멀지 않은 코도르 (Cawdor) 영지에 설립되었다. 1970년대에 증축되었고 초기에 두 차례 재건되었다. 1835년, 브라클라는 최초로 로얄워런트를 받은 증류소가 되었다. 이 로얄워런트는 왕실에 물품을 공급하는 기업에게 수여된다. 1998년 바카디는 디아지오로부터 로얄 브라클라를 인수하고 2004년에 플로라 앤 파우나 10년 제품을 같은 숙성 연도의 새로운 자사 제품으로 교체하였다. 2015년에 완전히 새로운 제품라인이 출시되었지만, 그 제품라인은 2021년에 현재의 라인업으로 또다시 교체되었다. 현재 브라클라는 두 쌍의 증류기를 갖추고 있으며 연간 420만리터 이상의 생산 능력을 갖추고 있다.

하우스 스타일 과일맛. 깨끗한 느낌. 가끔씩 드라이하게 느껴진다. 뜨거운 여운. 가볍게 마시거나 식전주로 적합하다.

ROYAL BRACKLA 12-year-old, 46% abv
로얄 브라클라 12년, 46%

═══ SCORE 84 ═══

NOSE ▸ 무화과, 생강, 토피애플, 아몬드, 점점 진해지는 정향

PALATE ▸ 매끄러운 질감, 달콤한 셰리, 버터스카치, 딸기류, 밀크초콜릿, 오크 풍미의 향신료

FINISH ▸ 벌꿀, 바닐라, 올로로소 셰리의 풍미가 지속된다.

ROYAL BRACKLA 18-year-old, 46% abv
로얄 블라클라 18년 46%
팔로 코르타도 셰리 캐스크 피니쉬 숙성

═══ SCORE 82 ═══

NOSE ▸ 자몽, 소나무, 맥아, 구운 아몬드

PALATE ▸ 풀 바디, 파인애플, 맥아, 건포도, 다크초콜릿, 연한 허브향

FINISH ▸ 스파이시한 과수원 과일, 부드러운 오크의 탄닌

ROYAL BRACKLA 21-year-old, 46% abv
로얄 브라클라 21년 46%

═══ SCORE 85 ═══

NOSE ▸ 딸기류, 캐모마일, 레몬, 톱밥

PALATE ▸ 가벼운 오일리, 캔디드 과일, 마시멜로, 시나몬, 허브향

FINISH ▸ 긴 여운, 셰리, 토피, 점점 시나몬의 여운이 진해진다.

ROYAL LOCHNAGAR 로얄 로크나가

소유자 Diageo
지역 Highlands 지구 Eastern Highlands
주소 Crathie, Ballater, Aberdeenshire, AB35 5TB
홈페이지 www.malts.com 방문자센터 있음

빅토리아 여왕이 가장 좋아했던 이 증류소는 최근 디아지오가 몰트 위스키를 주제로
직원과 고객을 교육하는 데 사용되었다. 위스키 제조 과정은 소규모에서, 그리고 전
통적인 증류소에서 가장 잘 교육할 수 있는데, 로크나가는 이 두 가지 측면에서 모
두 적합했다. 디아지오 소유 증류소 중 가장 작은 증류소로 매우 아름다우며, 맛있
는 위스키를 만든다. 이 증류소는 애버딘에서 멀지 않은 디(Dee)강 근처의 로크나가
산기슭에 위치해 있다. 창립자는 불법 위스키 제조자였다가 1826년 처음으로 합법적
인 로크나가 증류소를 설립했고 1845년에 현재의 건물을 지었다. 그로부터 3년 후,
영국 왕실은 인근에 위치한 발모랄성을 스코틀랜드의 시골 별장용도로 인수했다. 당
시 증류소의 소유주였던 존 베그는 앨버트 왕자에게 증류소로 초대하는 편지를 썼
고, 바로 다음 날 앨버트 왕자와 빅토리아 여왕이 증류소를 방문하였다. 얼마 지나
지 않아 이 증류소는 여왕에게 위스키를 공급하기 시작했고, 로얄 로크나가(Royal
Lochnagar)로 알려지게 되었다.

하우스 스타일 맥아, 과일맛, 스파이시함, 케이크, 저녁식사 후

ROYAL LOCHNAGAR Selected Reserve, NAS, 43% abv
로얄 로크나가 셀렉티드 리저브 NAS 43%

SCORE 83

NOSE ▸▸ 셰리 성격이 매우 강하다. 향신료와 생강을 넣어 만든 케이크

PALATE ▸▸ 풍부한 셰리 풍미. 맥아의 달콤함. 향신료를 넣은 빵과 생강케이크. 명백하게
잘 숙성된 위스키로 블렌딩되었다.

FINISH ▸▸ 스모키하다.

ROYAL LOCHNAGAR 12-year-old, 40% abv
로얄 로크나가 12년 40%

SCORE 80

NOSE ▸▸ 향이 풍부하다. 약간의 스모크

PALATE ▸▸ 가벼운 스모크. 절제된 과일맛. 그리고 맥아의 달콤함

FINISH ▸▸ 다시 드라이한 스모크. 맥아의 달콤함. 처음에는 드라이한 느낌이 인상적이고
나중에는 달콤한 맥아의 느낌이 대조적으로 다가온다.

ROYAL LOCHNAGAR 16-year-old (Diageo Special Releases 2021), 57.5% abv
로얄 로크나가 16년 디아지오 스페셜 릴리즈 2021 57.5%

아메리칸 오크와 유러피안 오크 리필 캐스크에서 숙성된 원액을 혼합시켜 출시한 제품

SCORE 87

NOSE ▸▸ 꽃향기. 바닐라. 만다린. 잘 익은 사과. 히비스커스

PALATE ▸▸ 크리미하며. 아몬드. 복숭아. 자몽. 그리고 가벼운 오크

FINISH ▸▸ 그린오크. 레몬. 번트 캐러멜의 여운이 길게 남는다.

SCAPA 스카파

소유자 Chivas Brothers (Pernod Ricard)
지역 Highlands   **섬** Orkney
주소 St Ola, Kirkwall, Orkney, KW15 1SE
홈페이지 www.scapawhisky.com

이전에 얼라이드 디스틸러스가 소유했던 스카파는 2005년에 페르노리카가 인수하였다. 이 증류소는 간헐적으로 운영되고 산발적으로 판매되었지만, 120주년이 가까워지던 2004년, 전면적인 리노베이션을 거쳐 다시 문을 열었다. 이곳은 두 개의 증류기와 19세기 초 증류소의 동력이었던 물레방아를 복원해 그대로 유지하고 있다. 스카파의 가장 큰 자산은 추억을 불러일으킨다는 것이다. 북해와 대서양을 잇는 스카파 해류는 두 차례의 세계 대전에서 중요한 역할을 한 곳으로 유명하다.

증류소의 매쉬툰에 사용되는 물은 링로 번이라는 개울로 흘러들어가는 샘물에서 채취한다. 이 물은 피트 성분이 많지만, 이 증류소는 피트 처리를 하지 않은 몰트를 사용한다. 스카파는 로몬드 워시 스틸을 사용하므로 위스키가 약간 오일리할 수 있다. 숙성은 버번 캐스크에서 이루어진다. 위스키의 풍미는 매우 가볍지만 바닐라 향이 독특하고 복합적으로 느껴지며, 때로는 매우 스파이시한 초콜릿과 견과류, 채소뿌리, 짠맛이 느껴지기도 한다.

하우스 스타일 소금, 건초, 오일리, 스파이시한 초콜릿. 적당한 산책 후, 저녁식사 전에 추천

SCAPA Glansa, 40% abv
스카파 그란사 40%

SCORE 78

NOSE ▸▸ 마데이라, 바닐라, 벌꿀, 배

PALATE ▸▸ 풍부한 과일, 코코아파우더, 캐러멜, 마일드한 피트 스모크, 서서히 느껴지는 다크베리류

FINISH ▸▸ 점차 강해지는 스모크, 좀 더 진해지는 다크 프루트의 여운

SCAPA Skiren, 40% abv
스카파 스키렌 40%

SCORE 76

NOSE ▸▸ 라임 코디얼, 퀴퀴한 복숭아향, 아몬드, 시나몬, 소금

PALATE ▸▸ 복숭아맛이 강해지고 통조림 배맛, 바닐라, 약간의 벌꿀맛, 간간히 느껴지는 소금맛

FINISH ▸▸ 입안이 얼얼할 정도의 향신료, 살짝 쓴맛의 여운이 있다.

SPEYBURN 스페이번

소유자 Inver House Distillers Ltd (Thai Beverages plc)
지역 Highlands   **지구** Speyside (Rothes)
주소 Rothes, Aberlour, Morayshire, AB38 7AG
홈페이지 www.speyburn.com

꽃향기와 과일향을 지닌 다양한 라인업의 위스키와 깊고 넓은 계곡, 나무에 가려진 빅토리아 시대의 고전적인 증류소 모두 한 폭의 그림처럼 아름답다. 스페이번은 로시스를 벗어나 엘긴으로 향하는 길목에서 장관을 만들어낸다. 1897년에 지어져 수년에 걸친 다양한 현대화 작업에도 불구하고 큰 변화는 없었지만, 2014년에는 연간 생산량을 400만리터로 두 배 이상 증가시켰다. 1990년대 초, 스페이번은 인버하우스 디스틸러스에 인수되었다.

하우스 스타일 꽃향기, 허브, 헤더, 식전주로 좋다.

SPEYBURN Bradan Orach, 40% abv
스페이번 브라단 오라크 40%

═══ SCORE 75 ═══

NOSE ▸ 조리되지 않은 귀리, 매쉬툰, 잘 익은 바나나, 벌꿀
PALATE ▸ 입안에서 맥아맛, 브리틀 토피, 바닐라, 향신료
FINISH ▸ 생강, 바닐라, 중간 길이 정도의 여운

SPEYBURN 10-year-old, 40% abv
스페이번 10년 40%

SCORE 78

NOSE ▸ 꽃향기
PALATE ▸ 깨끗하다. 가벼운 맥아. 신선한 느낌이 증가되고. 허브와 헤더향
FINISH ▸ 신선하다. 매우 달콤하고 가벼운 시럽맛

SPEYBURN 15-year-old, 46% abv
스페이번 15년 46%

SCORE 80

NOSE ▸ 확연한 과일맛. 열대과일. 벌꿀. 바닐라. 토피
PALATE ▸ 클레멘타인 오렌지. 캐러멜. 밀크초콜릿. 풍부한 바닐라
FINISH ▸ 중간 길이 정도의 여운. 바나나. 생강

SPEYBURN 18-year-old 46% abv
스페이번 18년 46%

SCORE 78

NOSE ▸ 무화과. 시나몬. 파인애플. 점점 진해지는 스모키한 퍼지
PALATE ▸ 입안에서 풍부하고 크리미하며. 퍼지. 벌꿀. 감귤. 생기 있는 향신료
FINISH ▸ 긴 여운. 섬세한 우드스모크. 후추 느낌의 오크

SPEYSIDE 스페이사이드

소유자 Speyside Distillers Co. Ltd
지역 Highlands **지구** Speyside
주소 Tromie Mills, Glentromie, Kingussie, PH21 1HS
홈페이지 www.speysidedistillery.co.uk **예약 방문만 가능**

스페이사이드는 1990년 말에 첫 증류를 시작한 소규모 증류소이다. 처음에는 다른 이름을 사용하였다가, 최근에는 스페이사이드라는 이름으로 위스키 포트폴리오를 늘리고 있다. 멋진 박공지붕의 석조 건물은 오래되고 전통적으로 느껴지도록 설계되었다. 이 건물의 개장은 위스키 블렌더이자 오너였던 조지 크리스티(George Christie)가 30~40년 동안 꿈꾸어온 것을 실현한 것이었다. 그의 프로젝트 진행 상황은 위스키 업계의 운명과 함께 들쑥날쑥했다. 그의 초기 시도 중 하나는 '글렌트로미(Glentromie)'라는 이름으로 미국에서 인기를 끌었던 배티드 몰트 위스키였다.

이 증류소는 작은 트로미강이 스페이의 최상류로 흘러드는 드럼기시(Drumguish) 마을에 있으며, 이 때문에 이 증류소에서 생산되는 일부 위스키의 이름도 트로미강에서 유래하였다. 스페이사이드라는 이름은 그 지리적 위치뿐만 아니라 1895년부터 1910년까지 인근 킹구시에서 운영되었던 증류소 이름에서 따왔다.

2012년 위스키 딜러인 하비스 오브 에든버러(Harvey's of Edinburgh Ltd)의 소유주인 존 하비 맥도너는 스페이사이드 디스틸러스(Speyside Distillers Co. Ltd)를 인수하였다. 하비스는 '스페이'라는 라벨로 다양한 싱글몰트를 생산하고 있다.

하우스 스타일 오일리, 고소하며, 가벼운 피트향. 식전주로 어울린다.

SPEY Chairman's Choice, 40% abv
스페이 체어맨스 초이스 40%

SCORE 75

NOSE ▸ 스파이시한 마지팬, 익힌 배, 아몬드
PALATE ▸ 맥아, 바닐라, 애플파이, 벌목된 목재, 정향
FINISH ▸ 시나몬, 후추 느낌의 오크

SPRINGBANK 스프링뱅크

소유자 Springbank Distillers Ltd
지역 Campbeltown **지구** Argyll
주소 Well Close, Campbeltown, Argyll, PA28 6ET
홈페이지 www.springbank.scot **여름철에 예약 방문만 가능**

2004년 스프링뱅크의 새로운 '자매' 증류소인 글렌가일 증류소가 문을 열면서, 한때 위스키의 수도였던 스코틀랜드의 캠벨타운은 몰트 위스키의 자치 지구로서 새로운 신뢰를 얻게 되었다. 1997년부터 스프링뱅크에서 3번 증류하고 피트 처리를 하지 않은 헤이즐번(Hazelburn)이라는 이름의 싱글몰트 위스키를 생산하면서 더욱 탄력을 받았다. 8년산과 12년산으로 출시된 헤이즐번은 이제 스프링뱅크의 핵심 위스키 제품군이 되었다. 1796년부터 운영되다가 1925년에 문을 닫은 오리지널 헤이즐번 증류소는 바로 이웃에 있다. 스프링뱅크는 1820년대부터 시작되었으며, 그 이전에는 불법 증류소로 운영되었다. 현 소유자이자, 지칠 줄 모르는 캠벨타운의 증류 부흥을 이끈 헤들리 라이트(Hedley Wright)는 설립자인 미첼 집안의 가족이다.

스프링뱅크는 미디엄 피티드 몰트를 사용하며 2.5회 증류를 한다. 짠맛, 오일리, 코코넛 등 매우 복합적인 풍미를 가지고 있는 스프링뱅크는 거의 모든 위스키 러버들의 탑10 몰트에 들어간다.

1990년 초반 스프링뱅크는 자체 플로어 몰팅을 부활시켰다. 그리고 지금은 자신들이 만든 맥아만을 사용한다. 이는 1985년에 처음 출시된 또 다른 부흥의 몰트인 롱로우(Longrow)를 생산할 때 특히 유용했다. 스프링뱅크는 1973~1974년에 롱로우를 처음 증류했다. 롱로우는 강하게 피트 처리한 맥아를 이용해 2회 증류한다. 이 증류소는 자체 몰팅을 통해 필요한 피트 처리를 정확하게 구현할 수 있다. 이탄의 스모크, 오일리함, 소금기, 절제된 힘으로 인해 롱로우 위스키는 컬트 위스키로 자리 잡았다. 원래 롱로우 증류소는 스프링뱅크 부지에 인접해 있었지만 1896년에 문을 닫았다.

1969년, 활용도가 낮은 자체 병입 라인을 갖춘 고립된 독립 증류소였던 J&A 미첼(Mitchell)은 100년 전통의 카덴헤드를 인수했다. 이 회사는 전에 애버딘에 본사를 둔 독립병입자였다. 스프링뱅크와 카덴헤드는 모두 캠벨타운에 있는 동일한 병입 라인을 사용하지만 별도의 회사로 운영되고 있다.

두 회사 모두 위스키를 냉각 여과하거나 캐러멜을 첨가하여 색의 균형을 맞추지 않고 있다. 오랜 전통을 가진 기업이기 때문에 상당한 양의 캐스크 재고를 보유하고 있는데, 한때 일부 스프링뱅크 원액을 아카시아 나무통 두 개에 넣기도 했다. 업계에서 목재에 대한 인식이 높아지면서 스프링뱅크는 위스키 자체의 특성을 강조하기 위해 주로 버번 배럴을 구입했지만, 대부분의 병입된 제품은 셰리 캐스크의 색과 단맛을 더하기 위해 큰 통에 담아 배팅한다.

자체 몰팅, 2개의 증류소, 4개의 싱글몰트 위스키, 독립적인 병입자 사업, 위스키 상점 체인(캠벨타운의 이글섬, 에든버러와 런던의 카덴헤드)을 보유한 J&A 미첼은 캠벨타운이 위스키의 중심지로 남을 수 있도록 노력해 왔다. 이러한 끊임없는 활동은 스프링뱅크와 지역 라이벌인 글렌스코시아가 이 마을이 스코틀랜드의 위스키 지역 중 하나인 아일레이, 하이랜드, 로우랜드와 함께 그 지위를 유지할 수 있는 근거가 부족하다는 일부 지적에 대한 헤들리 라이트의 응답이었다. 라이트는 과묵하고 무뚝뚝하기로 유명하지만 행동만은 분명했다.

지형 자체는 빈약하다. 폭이 1.6km(1마일)에 불과한 육지가 해안과 맞닿아 있는 킨타이어는 섬처럼 보이지만 실제로는 남쪽으로 65km(40마일) 뻗은 반도이다. 남쪽 끝자락에 있는 마을까지는 증류소가 없다. 이 지점은 반도에서 가장 넓은 곳이지만, 여전히 폭이 16km(10마일) 미만이다. 차를 타고 크로스힐 로크(호수)에 오르면 동쪽과 서쪽 모두 바다가 보이고, 맑은 날에는 아란까지 보인다. 이 호수는 캠벨타운의 모든 양조장에 물을 공급해 왔는데, 이런 특이한 상황이 아마도 캠벨타운 위스키들 간 성격의 유사성을 설명할 수 있을 것이다. 마을의 바로 남쪽에는 반도의 끝, 즉 '멀'에서 땅이 좁아진다. 이곳이 바로 폴 매카트니가 말한 대로 바다에서 안개가 피어오르는 킨타이어만(Mull of Kintyre)이다. 이 안개는 신기한 도시 양조장의 뒷골목 창고에 드리워져 과거 모든 위스키의 유령들을 가둬버린다. 스프링뱅크와 롱로우가 개성이 넘치는 것은 당연하다(역주 - 헤들리 라이트는 2023년 사망하였고, 그의 친자식이 없어 스프링뱅크는 지역의 펀드 3곳이 참여하는 회사에 속하게 되었다. 대신 헤들리 라이트의 조카가 대표이사에 취임하여 가족 경영의 명맥을 잇게 되었다).

하우스 스타일 스프링뱅크: 짜고 오일리하고 코코넛 풍미가 있다. 식전주로 적합하다.

롱로우: 소나무, 젖은 흙내음. 숙면을 위한 한잔으로 적합하다.

SPRINGBANK 10-year-old, 46% abv
스프링뱅크 10년 46%

=== SCORE 83 ===

NOSE ▸▸ 가벼운 짠맛, 향신료, 라운드한 몰트, 배, 숙성년수에 비해 우아하다.

PALATE ▸▸ 드라이함과 달콤함의 환상적인 혼합, 배 통조림, 약간의 스모크

FINISH ▸▸ 멜론

SPRINGBANK 15-year-old, 46% abv
스프링뱅크 15년 46%

=== SCORE 90 ===

NOSE ▸▸ 세련된 향, 던디케이크(스코틀랜드의 아몬드를 넣은 과일 케이크), 바닐라, 새
가죽, 파이프담배, 건살구, 피트, 차향기

PALATE ▸▸ 유러피안 오크의 풍미가 있지만 지배적이지는 않다. 달콤한 담배, 견과류, 밑
바탕에 스모크가 있음. 복합적이다.

FINISH ▸▸ 그을림, 맥아

SPRINGBANK 18-year-old, 46% abv
스프링뱅크 18년 46%

=== SCORE 90 ===

NOSE ▸▸ 달콤한 셰리, 헤이즐넛, 살구, 안젤리카, 맥아

PALATE ▸▸ 신선한 과일, 당밀, 감초, 백후추, 셰리, 달콤한 스모크

FINISH ▸▸ 천천히 드라이하게 느껴짐, 시나몬, 부드러운 오크의 탄닌

LONGROW Peated, 46% abv
롱로우 피티드 46%

=== SCORE 82 ===

NOSE ▸▸ 복숭아, 바닐라, 가벼운 스모크, 부드러운 정향과 짠맛

PALATE ▸▸ 달콤한 향신료, 부드러움, 과일맛 피트 그리고 스모크한 풍미가 강조되었다.

FINISH ▸▸ 중간 길이 정도의 어운, 점점 더 날콤한 향신료, 간혹 느껴지는 짠맛

LONGROW 18-year-old, 46% abv
롱로우 18년 46%

━━ SCORE 88 ━━

NOSE ▶ 처음에는 흙맛과 짠맛. 아마씨. 오래된 가죽. 정향 그리고 작은 바위 사이의 웅덩이 냄새

PALATE ▶ 달콤하고 스파이시함. 후추 느낌의 피트

FINISH ▶ 꾸준히 드라이한 맛. 피트 스모크와 생생한 향신료

HAZELBURN 10-year-old, 46% abv
헤이즐번 10년 46%

━━ SCORE 87 ━━

NOSE ▶ 레몬. 벌꿀. 솔티드 캐러멜. 백후추

PALATE ▶ 살구. 크림. 벌꿀. 부드러운 향신료

FINISH ▶ 과수원 과일맛. 부드러운 오크. 살짝 나는 팔각 풍미

STRATHEARN 스트라선

소유자 Douglas Laing & Co
지역 Highlands   지구 Southern Highlands
주소 Bachilton Farm Steading, Methven, Perthshire, PA1 3QX
홈페이지 www.strathearndistillery.com

스트라선의 퍼스셔 증류소는 2013년 토니 리먼-클라크(Tony Reeman-Clark)가 옛 농장 건물에 설립했다. 이 증류소는 진정한 의미의 마이크로 증류소로 설립되었으며, 독특한 한 쌍의 소형 알렘빅 증류기와 연간 약 3만리터의 생산 능력을 갖추고 있다. 2019년부터 스트라선은 글래스고에 본사를 둔 더글라스 랭(Douglas Laing & Co) 이 소유하고 있으며, 이들은 매싱 및 증류 용량을 늘려 연간 생산량을 약 15만리터로 늘릴 계획을 발표했다. 피티드 증류주와 언피티드 증류주를 모두 생산하며, 이전 체제에서는 50리터 캐스크가 많이 채워졌지만 더글러스 랭은 보다 전통적인 캐스크 체제로 전환하고자 했다. 스트라선의 첫 싱글몰트 위스키는 2016년(배치 001)에 출시됐지만, 2019년에는 새로운 소유주가 새롭게 병입을 시작했다. 이 제품은 2013년과 2014년에 증류한 위스키를 유럽산 오크통과 셰리 캐스크에서 숙성시킨 위스키로 구성되어 있다.

하우스 스타일 꽃향기, 허브, 헤더, 식전주

STRATHEARN Batch 001, 46.6% abv
스트라선 배치 001, 46.6%

⊏ SCORE 77 ⊐

NOSE ▸	처음에는 터키쉬딜라이트, 나중에는 풀셰리 캐릭터, 토피, 클레멘타인 오렌지, 육두구, 새 가죽향
PALATE ▸	셰리향이 강해지고, 퍼지, 달콤한 오렌지, 시나몬, 부드러운 오크
FINISH ▸	드라이한 셰리, 토피, 호두, 드라이한 오크

STRATHISLA 스트라스아이라

소유자 Chivas Brothers (Pernod Ricard)
지역 Highlands **지구** Speyside (Strathisla)
주소 Seafield Avenue, Keith, Banffshire, AB55 3BS
홈페이지 www.chivas.com **방문자센터** 있음

스코틀랜드 북부에서 가장 오래된 증류소는 13세기 도미니크회 수도사들이 맥주 양조용 물을 공급하기 위해 인근 샘물을 사용했던 것에 그 뿌리를 두고 있다. 칼슘 경도가 약간 있고 이탄 성분이 거의 없는 이 물은 적어도 1786년부터 위스키 증류에 사용되었다. 방앗간 마을이라고도 알려진 스트라스아이라의 역사는 농장 증류소로 시작되었다. 1876년 화재로 인해 재건되었으며, 수년에 걸쳐 복원 및 증축이 이루어지면서 이상적인 전통 증류소로 거듭났다.

이 증류소는 시바스가 1950년대에 인수하였다. 가볍게 피트 처리한 맥아를 사용하며, 우드 워시백과 작은 스틸을 사용한다. 우드 워시백은 결코 드문 일이 아니지만, 스트라스아이라에서는 발효 특성이 드라이하고 과일향과 오키한 몰트 위스키의 특징에 매우 중요한 역할을 한다고 믿고 있다.

하우스 스타일 드라이한 과일향이 특징. 저녁식사 후 추천

STRATHISLA 12-year-old, 43% abv
스트라스아이라 12년 43%

SCORE 80

NOSE ▸ 살구, 곡물, 신선함, 수분이 많은 오크향

PALATE ▸ 셰리 풍미가 있으며, 과일맛이 난다. 입안이 코팅된 느낌이며, 달고 드라이한 느낌이 교차하는 짓궂은 캐릭터이다.

FINISH ▸ 부드럽고 진정되는 느낌, 제비꽃과 바닐라맛이 남는다.

STRATHMILL 스트라스밀

소유자 Diageo
지역 Highlands   **지구** Speyside (Strathisla)
주소 Keith, Banffshire, AB55 5DQ
홈페이지 www.malts.com

포도는 으깨고 곡물은 제분해야 한다. 키이스 마을은 한때 곡물 제분의 중심지였을 것이다. 글렌키스 증류소는 옥수수 제분소 부지에 지어졌다. 이름에서 알 수 있듯이 스트라스밀은 한 단계 더 발전하였다. 위스키 산업이 주기적으로 호황을 누리던 1891년에 옥수수 제분소(mill)를 재건한 것이다. 3년 후 길베이가 인수했고, 길베이는 IDV(디아지오)를 통해 저스테리니 앤 브룩스의 자회사가 되었다. 이 위스키는 한 세기가 넘도록 같은 소유주 아래에 있다. 이 위스키는 오랫동안 블렌디드 위스키 던힐 올드마스터(Dunhill/Old Master)의 중심이었지만, 1993년 와인 판매 체인인 오드빈스에서 1980년 산 빈티지 제품을 출시하면서 1909년 이후 처음으로 싱글몰트 위스키로 판매되기 시작하였다.

하우스 스타일 이 위스키는 오렌지 머스캣이라는 의문에 대한 위스키 세계의 답변이다. 디저트와 곁들이는 걸 추천

STRATHMILL 12-year-old Flora and Fauna, 43% abv

스트라스밀 12년 플로라 앤 파우나 43%

SCORE 80

NOSE ▸   부드러운 향. 꽃향기. 보리. 제초된 풀. 사과껍질

PALATE ▸   라운드. 살짝 오일리하여 바닐라. 부드러운 베리류. 시나몬. 후추맛이 난다.

FINISH ▸   오렌지 마멀레이드. 초콜릿 브라우니. 생강 느낌의 오크

TALISKER 탈리스커

소유자 Diageo
지역 Highlands 섬 Skye
주소 Carbost, Isle of Skye, IV47 8SR
홈페이지 www.malts.com
방문자센터 있음

이미 화산처럼 강력한 탈리스커는 최근 몇 년 동안 새로운 제품들을 추가하여 그 영향력을 더 강화했다. 다양한 버전이 존재하지만 탈리스커는 여전히 독보적인 몰트 위스키다. 특유의 후추향이 특징이며, 시음하는 사람의 관자놀이를 뜨겁게 달아오르게 할 정도로 화끈하다. '입안에서 폭발한다'는 표현은 디아지오의 블렌더들이 특정 위스키를 설명할 때 사용하는 표현 중 하나인데, 이 표현을 만들 때 탈리스커를 염두에 둔 것이 분명하다. '쿨린의 용암(The lava of the Cuillins)'이라는 또 다른 시음자의 평도 있었다. 쿨린은 탈리스커의 고향인 스카이 섬의 장엄한 언덕의 이름이다. 이 증류소는 섬의 서쪽 해안, 로크 하포트 기슭에 있으며 여전히 게일어를 사용하는 지역에 있다.

다른 곳에서 여러 차례 실패를 거듭한 끝에 1831년에 증류소가 설립되고 1900년에 확장되었다. 대부분의 기간 동안 3회 증류를 하였으며, 당시 소설가 로버트 루이스 스티븐슨은 탈리스커를 아일레이 및 리벳 위스키와 비교할 수 있는 독자적인 스타일로 평가했다. 1928년에 2회 증류로 전환했고 1960년에 부분적으로 재건되었다.

이 증류소는 전통적인 냉각 코일인 '웜텁'을 사용하여 현대식 콘덴서를 사용한 것보다 풍미가 더 풍부하다. 일부 몰트 위스키 애호가들은 현재의 2년 더 숙성된 버전 이전에 출시되던 8년 숙성 제품의 강렬한 맛을 그리워한다. 한동안은 10년 제품이 유일한 제품이었지만 증류소 공식 제품이 늘어났다. 마치 방정식의 균형을 맞추기라도 하듯, 이제 독립병입자 제품은 극히 드물어졌다. 이 섬에는 포치구(Poit Dhubh)라는 블렌디드 몰트 위스키와 블렌디드 위스키인 테백(Tè Bheag)을 만드는 탈리스커와 관련 없는 회사도 있다. 두 제품 모두 탈리스커를 일부 함유하고 있다고 알려져 있으며, 풍성한 맛이 이를 뒷받침하는 증거로 보인다. 글렌고인과 탐두 증류소의 소유주인 이안 맥클라우드(Ian Macleod)가 만든 드라이하고 향기로운 블렌디드 위스키인 아일 오브 스카이(Isle of Skye)라는 위스키가 있다. 드램뷰이(Drambuie)로 대표되는 위스키 리큐어 역시 스카이 섬에서 만들어졌다고 알려져 있지만, 그 기원은 스카치 안개에 가려져 다소 흐릿하게 남아 있다.

하우스 스타일 입안에서 화산 같이 강렬하다. 겨울철 몸을 데우는 용도로 적합

TALISKER Skye, 45.8% abv
탈리스커 스카이 45.8%

═ SCORE 81 ═

NOSE ▸ 감귤, 벌꿀, 밀크초콜릿, 생강, 오존, 그리고 점점 진해지는 피트 스모크가 유혹적이다.

PALATE ▸ 살짝 오일리하며, 감귤류, 생기 있는 향신료 느낌이 강해진다.

FINISH ▸ 고소하며, 스파이시한 피트, 백후추, 팔각

TALISKER Storm, 45.8% abv
탈리스커 스톰 45.8%

═ SCORE 86 ═

NOSE ▸ 짠맛, 불타는 나무 불씨, 바닐라, 벌꿀

PALATE ▸ 달콤하면서 스파이시하다. 크랜베리, 블랙커런트, 오존, 피트, 후추

FINISH ▸ 스파이시함, 호두, 과일맛 나는 피트

TALISKER Select Reserve, 45.8% abv
탈리스커 셀렉트 리저브 45.8%

═ SCORE 86 ═

NOSE ▸ 축축한 트위드, 블랙 페퍼, 스모키 바닐라, 오존

PALATE ▸ 달콤한 스모크, 감귤류, 이어 피트, 무화과, 부드러운 토피

FINISH ▸ 흙내음, 오랫동안 남는 토피, 으깨진 후추맛

TALISKER 10-year-old, 45.8% abv
탈리스커 10년 45.8%

⊂═ SCORE 90 ═⊃

NOSE ▶▶ 꽃향기

PALATE ▶▶ 스모크, 맥아의 달콤함. 신맛과 매우 강해지는 화끈한 맛

FINISH ▶▶ 후추 느낌이 매우 강해지며, 거대하고 오래간다.

TALISKER 18-year-old, 45.8% abv
탈리스커 18년 45.8%

⊂═ SCORE 94 ═⊃

NOSE ▶▶ 해변, 피트, 해초, 후추

PALATE ▶▶ 입안에서 크고 꽉 차는 느낌. 전형적인 탈리스커. 10년보다 훨씬 풍부하다. 오크향을 뒤따르는 피트향이 느껴진다.

FINISH ▶▶ 완벽한 밸런스를 이루며, 기분 좋은 향이 오래간다. 나중에는 후추와 피트의 여운에 이른다.

TALISKER 25-year-old, 45.8% abv
탈리스커 25년 45.8%

⊂═ SCORE 78 ═⊃

NOSE ▶▶ 꽃향기

PALATE ▶▶ 맑다. 가벼운 맥아. 진해지는 신선함. 허브, 헤더 풍미

FINISH ▶▶ 신선하고, 매우 달콤하며 살짝 시럽 같은 여운이 있다.

TALISKER Port Ruighe, 45.8% abv
탈리스커 포트 리 45.8%

유러피안 오크 버트에서 숙성

═ SCORE 80 ═

NOSE ▸▸ 확연한 과수원 과일과 열대과일향, 벌꿀, 토피

PALATE ▸▸ 클레멘타인 오렌지, 캐러멜, 시나몬, 밀크초콜릿, 풍부한 바닐라

FINISH ▸▸ 중간 정도 길이의 여운, 바나나와 생강

TALISKER 8-year-old (Diageo Special Releases 2021), 59.7% abv
탈리스커 8년 디아지오 스페셜 릴리즈 2021 59.7%

헤비 피티드 리필 캐스크에서 숙성

═ SCORE 85 ═

NOSE ▸▸ 매우 달콤하고, 향기롭다. 바닐라, 피트, 진한 파이프담배

PALATE ▸▸ 강한 피트 풍미, 짠맛, 고추의 매운맛, 우디 스파이스

FINISH ▸▸ 비교적 긴 여운, 입안이 따뜻해지고, 짠맛이 있으며, 통후추와 꾸준한 피트 스모크

TALISKER Dark Storm, 45.8% abv

탈리스커 다크스톰 45.8%

══ SCORE 86 ══

NOSE ▸	감귤향, 과일 느낌의 향신료, 짠맛, 강렬한 우드스모크
PALATE ▸▸	후추, 살구, 바닐라, 풍부한 스모크와 살짝 나는 숯내음
FINISH ▸▸	중간 길이의 여운, 생강, 세비야 오렌지, 매운 후추, 석탄

TALISKER Neist Point, 45.8% abv

탈리스커 네이스트 포인트 45.8%

══ SCORE 83 ══

NOSE ▸	매우 달콤한 과일, 바닐라, 새 가죽, 가벼운 짠내음
PALATE ▸▸	부드러움, 훈제된 다크베리, 생기 있는 향신료, 크림브륄레
FINISH ▸▸	다크초콜릿, 살짝 탄닌의 쓴맛, 생강, 부드러운 매운맛

TAMDHU 탐두

소유자   Ian Macleod Distillers Ltd
지역   Highlands   지구   Speyside
주소   Knockando, Morayshire, AB38 7RP
홈페이지   www.tamdhu.com

이 증류소는 같은 강 6~7마일 하류에 있는 카리스마 넘치는 이웃, 맥캘란에 여전히 가려져 있다. 전통적으로 두 몰트 위스키는 스코틀랜드에서 가장 많이 팔리는 블렌디드 위스키인 페이머스 그라우스에 중요한 공헌을 해왔다. 그러나 싱글몰트 위스키의 경우 두 증류소의 운명은 달랐다. 에드링턴의 소유 아래 맥캘란은 그룹의 주요 스페이사이드 몰트 위스키로 승격되었다. 하지만 에드링턴이 탐두를 휴업시킨 지 2년 뒤인 2011년에 이안 맥클라우드(Ian Macleod)가 탐두를 인수한 이후로 모든 것이 바뀌었다.

다른 스페이사이드 증류소와 마찬가지로 탐두는 계곡을 오르내리던 철도역의 이름을 따서 지어졌다. 두 개의 기다란 플랫폼과 신호 박스를 갖춘 탐두역은 어느 역보다 정교하게 지어져 있다. 이 증류소는 1896년에 설립되었으며 1970년대에 대대적으로 재건되었다. 물은 탐두 개울에서 나오는데, 이 물은 숲을 지나 스페이강으로 흐른다.

탐두는 희귀하게 살아남은 살라딘박스를 이용한 몰팅으로 유명했지만, 현재는 수리 상태가 좋지 않아 문을 닫았다. 하지만 이안 맥클라우드는 탐두 싱글몰트에 새로운 생명을 불어넣었다. 그들은 스페이강 가까이에 있는 흠잡을 데 없이 잘 보존된 이 증류소에서 생산을 재개한 지 1년 후인 2013년부터 열정적으로 마케팅에 나서고 있다.

하우스 스타일 온화하고 세련된. 때로는 토피맛이 난다. 다목적 위스키이다.

TAMDHU 10-year-old, 40% abv
탐두 10년 40%

SCORE 83

NOSE ▸   부드러운 셰리향. 새 가죽. 아몬드. 마지팬. 살짝 스치듯 하는 피트
PALATE ▸   감귤류. 부드러운 향신료. 달콤한 셰리
FINISH ▸   스파이시한 가죽 맛이 오래가며. 간간히 느껴지는 후추의 여운이 있다.

TAMDHU 12-year-old, 43% abv
탐두 12년 43%

═══ SCORE 87 ═══

NOSE ▸ 감귤류, 헤이즐넛, 매우 드라이한 셰리

PALATE ▸ 풍부하고 달콤한 셰리향, 시나몬, 바노피 파이

FINISH ▸ 세비야 오렌지, 자두, 핫초콜릿, 부드러운 오크의 탄닌

TAMDHU 15-year-old, 46% abv
탐두 15년 46%

═══ SCORE 88 ═══

NOSE ▸ 당밀, 오렌지껍질, 드문드문 느껴지는 오크 풍미의 향신료, 점점 강해지는 초록내음, 허브

PALATE ▸ 풀 바디, 달콤한 셰리, 터키쉬 딜라이트, 살구, 과일케이크, 토피, 강하게 느껴지는 시나몬, 다크초콜릿

FINISH ▸ 정향, 다크초콜릿이 진하게 느껴지고 입안이 드라이한 오크 느낌이 난다.

TAMDHU Batch Strength (#006), 56.8% abv
탐두 배치 스트랭스 #006 56.8%

═══ SCORE 90 ═══

NOSE ▸ 갓 인쇄된 신문, 축축한 나뭇잎, 팔각, 바닐라, 우디 스파이스

PALATE ▸ 풀 바디, 셰리, 설타나, 무화과, 과일 향신료, 점점 감귤류 맛이 진해진다.

FINISH ▸ 긴 여운, 다크초콜릿, 매운 소스

TAMNAVULIN 탐나불린

소유자 Whyte & Mackay Ltd (Emperador Inc)
지역 Highlands **지구** Speyside (Livet)
주소 Ballindalloch, Banffshire, AB37 9JA
홈페이지 www.tamnavulinwhisky.com

리벳강 계곡의 가파른 쪽, 강물은 지류 중 하나인 올트 아 초이레(Allt a Choire. 영어로는 '코리')라는 개울과 합류한다. 이곳은 탐나불린 증류소가 있는 곳으로, '언덕 위의 방앗간'의 이름이다. 이 위치는 톰나불린(Tomnavoulin)으로 더 자주 표기되지만 스코틀랜드에서는 이러한 불일치가 드문 일은 아니다. 1960년대에 지어진 이 증류소는 다소 산업적인 외관을 하고 있다.

탐나불린은 1996년 문을 닫았다가 2006년 UB 그룹이 화이트 앤 맥케이를 인수한 후 놀랍게도 다시 문을 열었지만, 현재 화이트 앤 맥케이의 소유권은 필리핀에 본사를 둔 엠페라도(Emperador Inc.)가 가지고 있다. 리벳강 협곡과 그 주변에서 생산되는 몰트 위스키 중 우아한 편에 속하는 탐나불린은 바디감이 가볍지만 입안에서는 결코 가볍지 않다. 맛에 있어서는 가장 가깝게 비교될 수 있는 토민타울보다 조금 더 강한 편이다.

하우스 스타일 아로마틱. 허브향. 식전주로 적합하다.

TAMNAVULIN Double Cask, 40% abv
탐나불린 더블 캐스크 40%

SCORE 80

NOSE ▸	셰리, 헤이즐넛, 생강, 시나몬, 밀크초콜릿
PALATE ▸▸	달콤한 셰리, 인스티티아 자두, 구운 견과류, 가벼운 향신료, 브리틀 토피
FINISH ▸▸	과일맛 나는 오크, 가벼운 감초

TAMNAVULIN Sherry Cask Edition, 40% abv
탐나불린 셰리 캐스크 에디션 40%

SCORE 78

NOSE ▸	연한 짭조름, 생강, 맥아, 보리
PALATE ▸▸	달콤한 셰리, 칵테일 체리, 밀크초콜릿
FINISH ▸▸	살짝 날카로운 느낌, 스파이시한 살구와 오크

TAMNAVULIN Red Wine Cask Edition, 40% abv
탐나불린 레드와인 캐스크 에디션 40%

SCORE 79

NOSE ▸	구운 살구, 맥아와 퍼지
PALATE ▸▸	부드러움, 자두, 바닐라, 밀크초콜릿, 시나몬
FINISH ▸▸	시큼털털한 베리류, 대추, 스파이시한 오크

TEANINICH 티니닉

소유자 Diageo
지역 Highlands **지구** Northern Highlands
주소 Alness, Ross-shire, IV17 0XB
홈페이지 www.malts.com

글렌모렌지와 달모어의 이웃인 잘 알려지지 않은 이 증류소는 전체적인 향이 강하고, 맥아향, 과일향이 풍부하고 스파이시한 위스키로 마니아층을 형성하기 시작했다. 1817년 개인의 토지에 설립된 티니닉 증류소는 이후 VAT 69와 헤이그, 딤플 등 잘 알려진 위스키 블렌디드 위스키에 블렌딩용 원액을 공급했다. 1970년대에 클래식한 DCL 증류실을 갖게 되었다. 티니닉(보통 '티니닉'으로 발음하지만 '치니닉'이라고도 함)은 1990년대에 플로라 앤 파우나 시리즈에 몰트 위스키를 병입하면서 더 널리 알려지기 시작했다. 이후 세 가지 레어 몰트 제품이 출시되었다. 2013년에는 티니닉 증류소의 용량을 두 배로 늘리고 새로운 '슈퍼 증류소'를 함께 건설할 것이라는 발표가 있었지만, 그 계획은 나중에 무산되었다.

하우스 스타일 강건하고, 토피맛이 나며, 스파이시하고 나뭇잎 느낌이 있다. 휴식시간이나 저녁식사 후 적합하다.

TEANINICH 10-year-old, Flora and Fauna, 43% abv
티니닉 10년, 플로라 앤 파우나, 43%

SCORE 74

NOSE ▸ 향이 강하고, 신선한 아로마. 과일향. 희미한 사과향이 있다. 스모키하다.

PALATE ▸ 달고 드라이하다. 초콜릿 라임. 과일향. 두드러진 나뭇잎. 살짝 피티하며, 풍미의 불꽃이 일어날 때까지 입안이 점차 따뜻해진다. 매우 식욕이 돈다.

FINISH ▸ 고수씨앗, 허브, 라운드하다.

TOBERMORY 토버모리

소유자 Distell International Ltd
지역 Highlands   **지구** Mull
주소 Tobermory, Isle of Mull, Argyllshire, PA75 6NR
홈페이지 www.tobermorydistillery.com   **방문자센터** 있음

증류 기술이 아일랜드에서 자이언트 코즈웨이를 넘어 스코틀랜드로 전해진 것이 맞다면 작은 섬 스태파의 핑갈스 동굴에 도착했던 것이 틀림없다. 나중에 아일랜드에서 이민 온 세인트 콜롬바는 인근 이오나에 수도원을 설립하고 지역 주민들에게 보리 재배를 장려했다. 그로부터 1,500년 후 '이오나(Iona)'라는 위스키가 출시되었다.

스태파와 이오나는 항구 마을인 이 지역 증류소의 본거지이자 지역 증류소에게 이름을 제공했던 토버모리가 있는 멀섬에서 떨어져 있다(문학 상식을 좋아한다면 이 이름이 사키(Saki)라는 필명으로 더 잘 알려진 에드워드 시대의 작가 헥터 휴 먼로가 말하는 고양이에게 붙인 이름이라는 사실을 알고 있을 것이다). 이 마을은 한때 레칙(Ledaig, 게일어로 '안전한 피난처'라는 뜻의 '레드칙'로 발음되기도 함)으로 알려졌었다. 이 증류소의 기원은 1795년으로 거슬러 올라가는데, 소유주가 계속 바뀌면서 역사가 많이 단절된 상태이다.

증류소 책임자들은 때때로 블렌디드 위스키와 블렌디드 몰트 위스키에 토버모리라는 이름을 사용했는데, 지금은 1989~1990년 증류소 재개장 이후 생산된 싱글몰트 위스키에 토버모리라는 이름을 명확하게 표기하고 있다. 이 버전은 가벼운 피트향을 지니고 있는데 이는 전적으로 물에서 비롯한 것이다.

보리 맥아는 피트 처리를 하지 않았다. 레칙이라는 이름은 몇 년 동안 피티드 몰트를 사용한 구형 위스키에 사용되었다. 페놀수치 30~40ppm으로 피팅한 레칙은 현재 증류소 생산량의 절반 정도를 차지한다. 금융위기 당시 이전 소유주가 아파트 건설을 위해 창고를 매각하면서 위스키의 해양적 특성이 약화되었다. 하지만 2007년에 증류소에 작은 창고 시설을 만들어 일부 증류주를 섬에서 숙성시킬 수 있게 되었다.

하우스 스타일 희미한 피트, 민트, 단맛. 휴식시간에 적합하다.

TOBERMORY 12-year-old, 46.3% abv
토버모리 12년 46.3%

═══ SCORE 80 ═══

NOSE ▸▸   벌집, 바닐라 퍼지, 오렌지꽃, 열대과일, 시나몬
PALATE ▸▸   정향, 살구, 맥아, 보리, 오크 대패질
FINISH ▸▸   허브, 감초, 다크베리, 정향의 풍미가 강해진다.

TOBERMORY 23-year-old Oloroso Cask Finish, 46.3% abv
토버모리 23년 올로로소 캐스크 피니쉬 46.3%

═══ SCORE 84 ═══

NOSE ▸▸   따뜻한 엔진오일, 따뜻한 가죽, 대추, 건포도, 자극적인 향신료
PALATE ▸▸   부드럽고, 셰리, 다크 럼, 소금, 파프리카, 바닐라
FINISH ▸▸   인스티티아 자두, 짠맛 나는 셰리, 스파이시한 오크

LEDAIG 10-year-old, 46.3% abv
레칙 10년 46.3%

═══ SCORE 77 ═══

NOSE ▸▸   훈제생선, 바다소금, 보리, 오존, 레몬과 라임
PALATE ▸▸   흙내음, 피트 타고 남은 재, 감귤류, 후추
FINISH ▸▸   후추, 매운맛, 지속되는 피트 스모크

LEDAIG 18-year-old, 46.3% abv
레칙 18년 46.3%

〓 SCORE 78 〓

NOSE ▸▸   헤더, 레드커런트, 솔티페어, 달콤한 우드스모크
PALATE ▸▸   나무 광택제, 시나몬, 단맛나는 피트, 후추, 훈제대구
FINISH ▸▸   건조한 여운, 셰리와 오래된 가죽

LEDAIG Sinclair Series, 46.3% abv
레칙 싱클레어 시리즈 46.3%
리오하 캐스크 피니쉬

〓 SCORE 78 〓

NOSE ▸▸   레드와인에 찍은 퍼지, 육두구, 백후추, 시나몬
PALATE ▸▸   풍부하고 달콤함, 스모키 레드베리, 다크초콜릿
FINISH ▸▸   피트, 불꽃, 정향, 진해지는 다크초콜릿의 여운

TOMATIN 토마틴

소유자 The Tomatin Distillery Co. Ltd
지역 Highlands   **지구** Speyside (Findhorn)
주소 Tomatin, Inverness-shire, IV13 7YT
홈페이지 www.tomatin.com   **방문자센터** 있음

핀드혼강 상류에 위치한 토마틴 증류소는 1897년에 설립되었지만 1950년대부터 1970년대까지 엄청난 전성기를 보냈다. 이 기간 동안 스코틀랜드에서 가장 큰 몰트 위스키 증류소가 되었는데, 일본 산토리의 하쿠슈 증류소보다는 약간 작은 규모였다. 이 두 증류소 모두 전성기 시절 이후 생산량을 줄였다. 토마틴은 증류기의 거의 절반을 없애고, 하쿠슈는 가장 큰 증류실을 가동하지 않았다. 대형 증류소인 토마틴은 호황기 시절 수많은 블렌디드 위스키의 원액을 책임지는 몰트 위스키 생산자로 발전하였다. 이 몰트는 가장 복잡하거나 독단적인 몰트 위스키는 아니지만, 알려진 것보다 훨씬 맛있다. 가벼운 싱글몰트 위스키에서 좀 더 인상적인 몰트 위스키로 넘어가고 싶은 초심자라면 토마틴부터 시작하는 것은 매우 가치 있는 일이 될 것이다. 2013년부터 이 증류소에서는 쿠 보칸(Cù Bòcan)이라는 이름의 피티드 몰트 위스키도 선보이고 있다.

하우스 스타일 맥아맛, 스파이시하며, 풍부한 성격이다. 휴식시간이나 저녁식사 후에 추천

TOMATIN Legacy, 43% abv
토마틴 레거시 43%

▭ SCORE 75 ▭

NOSE ▸ 벌꿀, 맥아, 멜론, 약간의 당밀향이 향기롭다.
PALATE ▸ 과일향이 많다. 파인애플, 갓 구운 스펀지케이크, 백후추
FINISH ▸ 비교적 드라이하며 생강의 여운이 있다.

TOMATIN 12-year-old, 40% abv
토마틴 12년 40%

▭ SCORE 75 ▭

NOSE ▸ 비스킷의 달콤함, 바닐라, 부드러운 민트 알약
PALATE ▸ 달콤하면서 라운드하다. 토피 맛이 있다. 잣, 사과와 배
FINISH ▸ 기분좋은 단맛, 신선한 민트

TOMATIN 18-year-old, 43% abv
토마틴 18년 43%

8개월 동안 올로로소 셰리 캐스크에서 피니쉬 숙성

▭ SCORE 78 ▭

NOSE ▸ 부드러운 바닐라, 시나몬, 건포도
PALATE ▸ 오크, 건포도, 벌꿀, 헤더, 살짝 느껴지는 삼나무, 연하게 느껴지는 스모크
FINISH ▸ 중간 길이 정도의 여운, 우디 스파이스, 스파이시함

TOMATIN 30-year-old, 46% abv
토마틴 30년 46%

SCORE 79

NOSE ▸▸	살구, 오렌지, 흙내음
PALATE ▸▸	오렌지와인 껌, 부드러운 오크와 생강향
FINISH ▸▸	긴 여운, 드라이하며 팔각향이 점점 진해진다.

TOMATIN 36-year-old, 46% abv
토마틴 36년 46%

SCORE 84

NOSE ▸▸	밀크초콜릿, 바닐라, 바탕에는 살구향, 맥아와 생강, 나중에는 감귤류와 셰리향
PALATE ▸▸	생기 있는 달콤한 과일맛, 정향, 점점 강해지는 생강향
FINISH ▸▸	길고, 천천히 드라이한 여운에서 과일맛 나는 감초 느낌, 다크 초콜릿의 여운

TOMATIN 13-year-old 2006 Fino Sherry Cask, 46% abv
토마틴 13년 2006년 증류 피노셰리 캐스크 46%

SCORE 83

NOSE ▸▸	풍부한 구운 과수원 과일향, 강렬한 향신료, 바닐라
PALATE ▸▸	설타나, 아몬드, 몰트, 마지팬, 에스프레소 커피
FINISH ▸▸	입안에서 지속되는 커피와 고소한 오크향

TOMATIN 14-year-old, Port Wood Finish, 46% abv

토마틴 14년 포트우드 피니쉬 46%

SCORE 76

NOSE ▸▸ 과수원 과일, 토피, 벌꿀, 점점 깊어지는 달콤한 체리향

PALATE ▸▸ 달다, 육두구, 호두, 잘 익은 인스티티아 자두

FINISH ▸▸ 중간 길이의 여운, 과일향, 살짝 느껴지는 오크

TOMATIN Cù Bòcan, 46% abv

토마틴 쿠보칸 46%

가벼운 피트 몰트

SCORE 78

NOSE ▸▸ 코코넛, 레모네이드, 아몬드, 흙내음, 달콤한 스모크

PALATE ▸▸ 훈연된 맥아, 벌꿀, 시나몬과 정향

FINISH ▸▸ 오크, 드라이한 피트 스모크

TOMINTOUL 토민타울

소유자   Angus Dundee Distillers plc
지역 Highlands   지구 Speyside (Livet)
주소   Ballindalloch, Banffshire, AB37 9AQ
홈페이지   www.tomintoulwhisky.com

토민타울 마을(역주-'tom in t'owl'로 발음하지만 수입사에서 토민타울로 수입하고 있음)은 아본 강과 리벳강 주변 지역의 등반가와 보행자를 위한 베이스캠프이다. 근처에 크롬데일과 레더힐스가 케언곰 산맥의 시작을 알리고 있다. 마을에서 숲 가장자리에 위치한 증류소까지 약 13km(8마일)이며 아본강과 가까이 있다. 증류소는 1960년대에 지어졌으며 대형 창고와 파고다 지붕이 없는 현대적인 외관을 자랑한다. 주변 환경의 야생성은 이 지역 몰트 위스키의 섬세함과 대조를 이룬다. 토민타울은 이웃한 탐나불린보다 바디감이 조금 더 있지만, 전통적으로 그중 가장 가벼운 맛으로 여겨져 왔다.

하우스 스타일 섬세하고, 풀내음, 향수 같은 풍미, 식전주로 적합

TOMINTOUL 10-year-old, 40% abv
토민타울 10년 40%
SCORE 77

NOSE ▸▸   풀내음, 레몬글라스, 오렌지 플라워 워터
PALATE ▸▸   달콤함, 으깬 보리, 포푸리
FINISH ▸▸   생기있고 부드러운 여운, 견과류, 레몬글라스

TOMINTOUL 14-year-old, 46% abv
토민타울 14년 46%
SCORE 79

NOSE ▸▸   가볍고 신선하고 과일향이 난다. 잘 익은 복숭아, 파인애플, 치즈케이크, 섬세한 향신료, 바탕에는 맥아향이 있다.
PALATE ▸▸   라운드한 풍미, 과일맛, 무석무석하다.
FINISH ▸▸   와인껌, 부드럽고 점잖은 향신료 풍미의 오크, 맥아, 희미하게 스모크

TOMINTOUL 16-year-old, 40% abv

토민타울 16년 40%

SCORE 78

NOSE ▸▸ 치즈케이크에 올려진 오렌지크림 아이싱
PALATE ▸▸ 곱게 갈아진 강한 감귤류의 껍질향. 밀크주, 자발리오네, 누가
FINISH ▸▸ 상쾌하지만 동시에 포근한, 마치 트라이플의 셰리와 같은 맛이다.

TOMINTOUL 18-year-old, 40% abv

토민타울 18년 40%

SCORE 80

NOSE ▸▸ 자파오렌지, 구운 사과, 벌꿀, 누가
PALATE ▸▸ 활기찬 오렌지와 복숭아, 맥아, 헤이즐넛, 아몬드
FINISH ▸▸ 인스턴트 커피, 스타프루트, 약간 오크의 풍미

TOMINTOUL 21-year-old, 40% abv

토민타울 21년 40%

SCORE 80

NOSE ▸▸ 잘 익은 허니듀 멜론, 배, 따뜻한 향신료, 갱엿
PALATE ▸▸ 풍부하고, 스파이시하다. 토피, 맥아
FINISH ▸▸ 중간 길이보다 살짝 더 긴 여운. 부드럽게 입안이 드라이해진다. 코코아파우
더. 스파이시한 느낌으로 마무리된다.

TOMINTOUL 25-year-old, 43% abv
토민타울 25년 43%

===== SCORE 83 =====

NOSE ▸▸   토피, 복숭아, 새로 광택제 바른 가구
PALATE ▸▸   자파오렌지, 벌꿀, 맥아, 후추, 강해지는 탄닌
FINISH ▸▸   진하게 느껴지는 맥아, 청사과, 홍차, 생기 있는 향신료, 고소한 오크 느낌

TOMINTOUL Cigar Malt, 43% abv
토민타울 시가몰트 43%

===== SCORE 78 =====

NOSE ▸▸   살짝 토피, 연한 셰리, 시나몬, 가벼운 우드스모크
PALATE ▸▸   매끄럽고 살짝 스모키하다. 달콤한 셰리, 새 가죽, 밀크초콜릿, 블랙커피
FINISH ▸▸   스파이시한 셰리, 후추

TOMINTOUL Peaty Tang, 40% abv
토민타울 피티 탕 40%

===== SCORE 80 =====

NOSE ▸▸   피트, 보리매쉬, 맥아
PALATE ▸▸   풀 바디, 맑은 느낌, 섬세한 맥아
FINISH ▸▸   맑다. 적당한 여운, 마지막에는 복합적인 풍미가 느껴진다.

TOMINTOUL Peaty Tang 15-year-old, 40% abv
토민타울 피티 탕 15년 40%

SCORE 83

NOSE ▸▸ 풍부한 향. 달콤한 담배연기, 바닐라. 맥아 그리고 신선한 과수원의 열매향

PALATE ▸▸ 달콤한 스모크, 가벼운 소독약. 맥아. 보리와 오크

FINISH ▸▸ 달콤한 맛이 지속적으로 남는다. 과일맛 나는 피트

TORABHAIG 토라베이그

소유자 Mossburn Distillers
지역 Highlands **섬** Skye
주소 Teangue, Sleat, Isle of Skye, IV44 8RE
홈페이지 www.torabhaig.com

2017년 토라베이그는 탈리스커에 이어 두 번째로 스카이섬의 증류소가 되었다. 이 증류소는 섬 남서쪽의 슬랫('슬레이트'로 발음하기도 함) 반도에 있는 역사적인 농장을 개조하고 확장한 건물에 자리하고 있다. 현지 지주이자 게일족 애호가인 고 이안 노블(Iain Noble) 경이 처음 이 부지에 증류소를 만들 계획을 세웠지만, 결국 토라베이그는 현재 스코틀랜드 국경 지역에서 위스키를 제조하는 모스번 디스틸러(Mossburn Distillers Ltd)에 의해 개발되었다.

2017년 1월에 토라베이그의 한 쌍의 짧고 둥근 증류통에서 첫 번째 증류주가 흘러나왔으며, 강한 피트 위스키 스타일의 증류주가 생산되었을 때 증류업자들은 이 위스키를 '아일레이 위스키가 아닌 섬 스타일(아일랜드)의 위스키'라고 묘사했다.

2021년 2월에 처음 출시된 토라베이그 레거시는 퍼스트 필 버번 캐스크에서 숙성되었고 그로부터 5개월 후 알트 글론(Allt Gleann)이 출시되었다. 각각의 토라베이그는 배치당 30개 이상의 캐스크를 혼합한다.

하우스 스타일 피트가 풍부하지만 아일레이 스타일이 아닌 섬 지역 위스키 스타일이다.

TORABHAIG Allt Gleann, The Legacy Series 2nd Edition, 46% abv
토라베이그 알트 글론 더 레거시 시리즈 세컨드 에디션 46%

SCORE 78

NOSE ▸ 흙내음. 살짝 짠맛. 날콤한 파이트 담배연기. 구운 사과와 살구
PALATE ▸ 과일 풍미의 피트. 짠맛. 레몬주스. 점점 진해지는 흑당
FINISH ▸ 모닥불 연기. 약간의 아이오딘. 커피찌꺼기. 감초

TORMORE 토모어

소유자 Chivas Brothers (Pernod Ricard)
지역 Highlands 지구 Speyside
주소 Advie by Grantown-on-Spey, Morayshire, PH26 3LR
홈페이지 www.tormoredistillery.com

모든 위스키 증류소 중 건축적으로 가장 우아한 토모어는 스페이강이 내려다보이는 크롬데일 언덕 사이에 자리하고 있다. 왕립 아카데미 회장이었던 앨버트 리처드슨 경이 설계했으며, 스카치위스키 산업이 호황을 누리던 1958~1960년대에 그 위용을 과시하기 위해 세워졌다. 외관은 마치 스파처럼 보인다. 이 위스키는 원래 블렌디드 위스키 롱 존(Long John)의 원액 공급용이었으나 나중에 블렌디드 위스키 발렌타인의 몰트 위스키 원액도 공급하게 되었다. 애호가들은 향기롭고 달콤하며 쉽게 마실 수 있는 위스키라고 생각하지만, 좀 더 신중한 사람들은 그 견고함을 '금속성(metallic)'이라고 생각한다. 이 증류소는 애석하게도 투어를 제공하지 않는데, 시각적 감동을 제공한다는 증류소 본연의 목적을 아쉽게도 망각하고 있는 것으로 보인다. 2005년 페르노리카가 얼라이드 도멕을 인수하면서 시바스 브라더스가 이 증류소의 경영권을 갖게 되었다.

하우스 스타일 드라이한 과일향. 저녁식사 후에 어울림

TORMORE 7-year-old, Hepburn's Choice, 46% abv
토모어 7년 햅번스 초이스 46%

SCORE 78

NOSE ▸ 절제된 향. 곡물. 가벼운 과일맛. 믹스너트
PALATE ▸ 견과류. 몰트. 우드칩과 섬세한 후추
FINISH ▸ 오크. 코코아. 지속되는 유채기름

TULLIBARDINE 툴리바딘

소유자 Picard Vins & Spiritueux
지역 Highlands **지구** Midlands
주소 Stirling Street, Blackford, Perthshire, PH4 1QG
홈페이지 www.tullibardine.com

툴리바딘은 폐업한 지 거의 10년이 지난 2003년에 컨소시엄에 의해 다시 문을 열었다. 이 경영체제의 성공으로 2011년에는 프랑스 가족 기업인 피카르가 이 증류소를 인수했고, 2년 후 완전히 새로운 싱글몰트 제품들이 출시되었다.

툴리바딘 황야(Tullibardine Moor)는 오칠 힐즈에 있다. 이 지역의 블랙포드 마을은 생수회사 하이랜드 스프링의 수원이다. 이 언덕과 샘은 적어도 12세기부터 양조용 물을 공급해 왔다. 1488년에는 툴리바딘 양조장에서 열린 제임스 4세의 대관식을 위해 스콘에서 에일을 양조하기도 했었다. 증류소는 이전 양조장 부지에 있다.

1700년대 후반부터 이곳에서 위스키를 제조하기 시작했지만 현재의 증류소가 건설된 것은 1949년이 지나서였다. 툴리바딘은 증류소 디자이너로 유명한 윌리엄 델메-에반스(William Delmé-Evans)의 작품으로, 그의 기능적인 스타일링은 글렌알라키와 주라에서도 볼 수 있다. 에반스는 양조장과 증류주에 매료되어 있었다. 그가 열정을 쏟은 것 중 하나는 1800년대 후반에 유행했던 '타워형' 양조장 디자인이었다. 이 시스템에서는 지붕에 있는 물탱크와 맥아 로프트가 펌프 없이 중력에 의해 내용물을 배출하여 맥주로 가득 찬 저장고로 이어지는 과정을 거친다. 툴리바딘에서 그는 중력 흐름을 증류소에 도입하고자 했었다. 델메-에반스는 증류소가 다시 문을 열기 직전에 사망했다.

하우스 스타일 와인 느낌, 향기롭다. 식사 전 피스타치오와 함께 즐기거나 셰리의 풍미가 조금 더 강한 제품이라면 바클라바(Baklava, 터키 전통 파이)같은 벌꿀 디저트류와 어울린다.

TULLIBARDINE Sovereign, 43% abv
툴리바딘 소버린 43%

SCORE 77

NOSE ▸ 토피, 복숭아, 새로 광택제 바른 가구
PALATE ▸ 자파오렌지, 벌꿀, 맥아, 후추, 그리고 강해지는 탄닌
FINISH ▸ 점점 맥아맛이 강해지고, 청사과, 홍차, 신선한 향신료, 고소한 오크

TULLIBARDINE 225 Sauternes Cask Finish, 43% abv
툴리바딘 225 소테른 캐스크 피니쉬 43%

SCORE 77

NOSE ▸ 가벼운 토피, 약간의 셰리, 시나몬, 가벼운 우드스모크
PALATE ▸ 매끈하고 살짝 스모키하다, 달콤한 셰리, 새 가죽, 밀크초콜릿, 홍차
FINISH ▸ 스파이시한 셰리와 후추

TULLIBARDINE 228 Burgundy Cask Finish, 43% abv
툴리바딘 228 버건디 캐스크 피니쉬 43%

SCORE 79

NOSE ▸ 피트, 보리 매쉬, 맥아
PALATE ▸ 풀 바디, 매우 맑은 느낌, 맛있는 맥아맛
FINISH ▸ 맑고, 적당한 여운, 끝에는 복합적인 맛이 느껴진다.

TULLIBARDINE 500 Sherry Cask Finish, 43% abv
툴리바딘 500 셰리 캐스크 피니쉬 43%

SCORE 81

NOSE ▸ 토피 애플, 새 가죽, 가을 과일, 바닐라

PALATE ▸ 토피, 바닐라, 대추, 오렌지껍질, 조금 더 가죽맛이 진해지며 곡물맛이 난다.

FINISH ▸ 과일맛, 스파이시함, 중간 길이 정도의 여운

TULLIBARDINE 15-year-old, 43% abv
툴리바딘 15년 43%

SCORE 85

NOSE ▸ 크리미하고 꽃향기가 난다. 바닐라 퍼지, 벌꿀, 나무딸기

PALATE ▸ 바닐라 커스터드, 레드베리류, 밀크초콜릿

FINISH ▸ 고소함, 적당히 스파이시한 오크

TULLIBARDINE 20-year-old, 43% abv
툴리바딘 20년 43%

SCORE 85

NOSE ▶ 살짝 오일리하다. 코코아, 벌꿀, 부드러운 토피

PALATE ▶▶ 밀크초콜릿, 바닐라, 딸기, 크림, 옅은 향신료

FINISH ▶▶ 긴 여운, 바닐라, 코코아

TULLIBARDINE 25-year-old, 43% abv
툴리바딘 25년 43%

SCORE 84

NOSE ▶ 애플파이, 맥아, 갓 대패질한 나무

PALATE ▶▶ 오렌지 마멀레이드, 구운 아몬드 코코아파우더

FINISH ▶▶ 향신료, 잘 익은 바나나, 이후 탄닌감이 늘어난다.

WOLFBURN 울프번

소유자 Aurora Brewing Ltd

지역 Highlands **지구** Northern

주소 Henderson Park, Thurso, Caithness, KW14 7XW

홈페이지 www.wolfburn.com

울프번은 2013년 문을 열었을 때 윅의 올드 풀트니(Old Pulteney)에게서 '스코틀랜드에서 가장 북쪽에 위치한 위스키 증류소'라는 칭호를 가져왔지만, 곧 존 오그로츠의 8도어스 증류소에 의해 빼앗길 예정이다. 울프번은 서소 비즈니스 파크 (Thurso Business Park)의 여러 건물 중 하나에 입주해 있으며, 실제로는 두 번째 울프번 증류소이다. 1821년에서 1850년대 사이에 운영되었던 증류소가 첫 번째 울프번 증류소였다. 19세기 초의 세금 기록에 따르면 울프번은 1826년 한때 약 125,000리터의 증류주를 생산하는 케이니스(Caithness)에서 가장 큰 증류소였다.

두 번째 울프번 증류소는 첫 번째 증류소였던 자리에서 불과 몇 야드 떨어진 곳에 위치하고 있으며, 동일한 수원지인 울프번에서 물을 끌어오고 있다. 대부분의 울프번 증류주는 피트 처리를 하지 않은 몰트를 사용하지만, 2014년부터 가볍게 피티한 위스키를 생산하고 있으며, 증류소에는 1.1톤의 세미 라우터 매쉬툰, 4개의 스테인리스 스틸 소재의 워시백, 5,500리터 워시스틸 1기, 3,600리터 스피릿 스틸 1기를 갖추고 있다.

울프번의 첫 번째 제품은 2016년 2월에 출시되었으며, 이전에 스페인산 오크통에서 숙성된 원액과 아일레이 증류소에서 위스키를 숙성시켰던 미국산 오크통에서 가져와 숙성시킨 후 혼합한 3년 숙성 위스키였다. 처음에는 울프번 싱글몰트라는 이름으로 출시되었지만 이후 노스랜드(Northlands)라는 이름으로 변경하였다.

이 증류소에서 두 번째로 출시한 오로라(Aurora)는 셰리 호그스헤드 원액(20%)과 버번 배럴 원액(80%)을 혼합하여 만든 위스키이다. 2017년에는 모번이라는 이름의 피티드 위스키가 라인업에 추가되었고, 2018년에는 버번 배럴 숙성 위스키인 랭스킵 (Langskip)이 출시되었다. 현재 판매 중인 '킬버(Kylver)' 제품군을 포함해 다양한 한정판 제품도 출시되었다.

하우스 스타일 약간 해양성 특징이 있으며, 부드럽고, 과일맛, 견과류맛이 특징이다.

WOLFBURN Northland, 46% abv

울프번 노스랜드 46%

SCORE 77

NOSE ▸▸ 과일향 맥아. 곡물. 살짝 바탕에 깔려 있는 스모크
PALATE ▸▸ 벌꿀. 감초. 살짝 짠맛이 느껴짐
FINISH ▸▸ 대추. 후추. 오크숯

WOLFBURN Aurora, 46% abv

울프번 오로라 46%

SCORE 74

NOSE ▸▸ 스파이시함. 사과. 바닐라. 달콤한 셰리
PALATE ▸▸ 매우 달콤한 셰리. 맥아. 약하게 느껴지는 스모크
FINISH ▸▸ 가벼운 허브향. 지속적으로 느껴지는 셰리. 건과일. 후추 느낌의 오크

WOLFBURN Morven, 46% abv
울프번 모벤 46%

⸺ SCORE 74 ⸺

NOSE ▶▶   부드럽고 향기롭다. 과일 느낌의 피트, 복숭아, 바닐라

PALATE ▶▶   가벼운 피트 스모크, 뜨거운 버터 토스트, 헤이즐넛, 다크초콜릿

FINISH ▶▶   지속적으로 느껴지는 스모크, 약간의 아이오딘, 후추

WOLFBURN Langskip, 58% abv
울프번 랭스킵 58%

⸺ SCORE 76 ⸺

NOSE ▶▶   맑고, 바닐라, 신선한 청사과, 생강 그리고 백후추

PALATE ▶▶   자몽, 레몬글라스 아몬드, 바닐라, 육두구

FINISH ▶▶   살짝 짠맛, 우디 스파이스, 매운맛, 통후추

불특정 몰트

일부 병에는 증류소 이름이 표시되지 않는다. 독립병입자가 증류소와 계약을 맺었거나 반대로 증류소와의 분쟁을 원하지 않기 때문이다. 또는 병입자가 증류소 자체보다는 특정 몰트 위스키의 풍미를 홍보하고 싶기 때문일 수도 있다. 혹은 글렌고인의 번풋(Burnfoot)처럼 전통적인 라벨링에 거부감을 느끼는 소비자에게 어필하기 위해 이러한 접근 방식을 사용하는 회사도 있다.

AS WE GET IT Cask Strength Highland, Ian Macleod, 62.3% abv
애즈 위 겟 잇 캐스크 스트랭스 하이랜드 이안 맥클라우드 62.3%

═══ SCORE 86 ═══

NOSE ▸ 자두, 체리, 스파이시한 오크, 부드러운 허브
PALATE ▸ 새 가죽, 캐러멜, 무화과
FINISH ▸ 아몬드, 다크초콜릿, 후추

AS WE GET IT Cask Strength Islay, Ian Macleod, 61% abv
애즈 위 겟 잇 캐스크 스트랭스 아일레이 이안 맥클라우드 61%

═══ SCORE 84 ═══

NOSE ▸ 흙내음, 점점 진해지는 육두구, 피트 스모크
PALATE ▸ 보리, 소독약, 지속적인 피트와 후추
FINISH ▸ 지속적인 스모크, 소금물과 오크숯

CASK ISLAY A.D. Rattray, 46% abv
캐스크 아일레이 AD 래트레이 46%

⸺ SCORE 84 ⸺

NOSE ▸▸ 소독약, 달콤한 피트, 레몬주스, 작은 바위 사이의 웅덩이
PALATE ▸▸ 갱엿, 후추 느낌의 피트, 아이오딘
FINISH ▸▸ 구운 사과, 피트의 불꽃, 으깨진 후추

CASK SPEYSIDE A.D. Rattray, 12-year-old Sherry Finish, 46% abv
캐스크 스페이사이드 AD 래트레이 12년 셰리 피니쉬 46%

⸺ SCORE 82 ⸺

NOSE ▸▸ 사과, 퍼지, 아몬드
PALATE ▸▸ 견과류, 자파오렌지, 자두, 시나몬
FINISH ▸▸ 스파이시함, 살짝 오크의 쓴맛, 레드베리류

GLENKEIR TREASURES Secret Islay (NAS), 40% abv
글렌키어 트레져스 시크릿 아일레이 NAS 40%

⸺ SCORE 84 ⸺

NOSE ▸▸ 해양성, 부드럽고 달콤한 향신료, 피트 불꽃, 가염버터
PALATE ▸▸ 감귤류, 소금물, 매우 달콤한 피트
FINISH ▸▸ 중간 길이 정도의 여운, 자몽, 라임, 스파이시한 피트

GLENKEIR TREASURES Secret Highland, 8-year-old, 46% abv
글렌키어 트레져스 시크릿 하이랜드 8년 46%

⸺ SCORE 88 ⸺

NOSE ▸▸ 달콤한 꽃향기, 사과, 바닐라, 숏브레드
PALATE ▸▸ 풍부한 스파이시함, 토피, 사과, 약간의 피트 풍미
FINISH ▸▸ 비교적 긴 여운, 가벼운 후추와 부드러운 오크

GLENKEIR TREASURES Secret Speyside, 11-year-old, 46% abv
글렌키어 트레져스 시크릿 스페이사이드 11년 46%

⸺ SCORE 85 ⸺

NOSE ▸▸ 페어 드롭, 청사과, 바닐라, 갓 벤 풀내음
PALATE ▸▸ 과수원 과일맛, 맥아, 생강
FINISH ▸▸ 부드러운 스파이시함, 드라이한 과일맛

MAC-TALLA Strata, 15-year-old, 46% abv
막칼라 스트라터 15년 46%

⸺ SCORE 85 ⸺

NOSE ▸▸ 아이오딘, 소금물, 레몬주스, 새 가죽, 조린 과일, 스치듯 느껴지는 셰리
PALATE ▸▸ 풍부한 맛, 톡 쏘는 겨울 향신료들, 레몬주스, 흙내음 나는 피트
FINISH ▸▸ 비교적 긴 여운, 우디 스파이스, 스모키한 오크

PORT ASKAIG 100 Proof, Speciality Drinks Ltd, 57.1% abv
포트 에스케이그 100 프루프 스페셜리티 드링크 57.1%

⸺ SCORE 87 ⸺

NOSE ▸▸ 레몬주스, 따뜻한 화강암, 달콤한 헤더, 생강, 진해지는 자파오렌지, 약한 느낌의 피트, 샤퀴테리

PALATE ▸▸ 라임, 바다소금, 훈제 베이컨, 서서히 드러나는 다크베리류

FINISH ▸▸ 흙내음, 지속적으로 느껴지는 피트, 달콤한 향신료, 숯

SEAWEED & AEONS & DIGGING & FIRE 10-year-old, 40% abv
씨위드 앤 애온 앤 디깅 앤 파이어 10년 40%

⸺ SCORE 83 ⸺

NOSE ▸▸ 농장의 향기, 오래된 가죽, 은은한 셰리, 이탄, 소금물, 레드베리

PALATE ▸▸ 설타나, 달콤한 셰리, 후추, 흙내음 나는 피트, 그릴에 구운 고기, 진해지는 오크

FINISH ▸▸ 톡 쏘는 베리류, 우드스모크, 캐러멜, 바다소금

SMOKEHEAD Ian Macleod, 43% abv
스모크헤드 이안 맥클라우드 43%

⸺ SCORE 83 ⸺

NOSE ▸▸ 오일리, 약 냄새, 페놀의 스모크, 소나무, 오크

PALATE ▸▸ 곡물, 강하게 느껴지는 피트의 재, 타고 남은 성냥, 시트러스 과일

FINISH ▸▸ 긴 여운, 훈제 햄, 아이오딘, 매운맛

STRONACHIE 10-year-old, A.D. Rattray, 40% abv

스토로나키 10년 AD 레트레이 40%

SCORE 84

NOSE ▶ 부드러운 짭조름함. 토피. 벌꿀. 자두와 건자두

PALATE ▶ 스파이시함. 다이제스티브 비스킷. 은은하면서도 상쾌한 과일맛

FINISH ▶ 중간 길이 정도의 여운. 드라이한 오크. 지속적인 생강 맛

블렌디드 몰트(BLENDED MALTS)

블렌디드 몰트 위스키는 블렌디드 위스키와는 다르며, 발아된 보리로만 만들어지기 때문에 이 책에서는 블렌디드 몰트 위스키를 따로 소개하고자 한다. 싱글몰트 위스키와 다른 점은 두 곳 이상의 증류소에서 생산된 몰트 위스키로 만든다는 점이다.

이 차이는 2009년에야 법에 명시되었지만 새로운 것은 없다. 이 위스키 스타일은 '배티드(vatted)'로 알려졌지만 스코틀랜드 위스키 협회는 영국에서 이 혼란스러운 용어의 사용을 금지하고 다른 용어로 대체하였는데, 그것이 사람들을 오히려 더 혼란스럽게 만들었다. 이 섹션에 포함된 위스키를 제조하는 콤파스 박스(Compass Box)의 존 글레이저(John Glaser)는 빅벤이 자정을 알리는 순간 웨스트민스터 다리에서 마지막 스코틀랜드산 배티드 몰트를 섞어 이 날을 기념했다.

서로 다른 증류소의 몰트 위스키를 섞는다는 개념은 새로운 것이 아니다. 1800년대 초부터 몰트 위스키들을 혼합해 왔으며, 1853년에 이미 법으로 인정받았다. 앤드류 어셔(Andrew Usher)가 블렌딩의 과학을 처음 접하기 전에도 그는 몰트 위스키만을 사용해 균형과 품질을 낳성하고자 했으며, 그의 첫 번째 큰 성공작인 어셔의 올드 배티드 글렌리벳(Usher's Old Vatted Glenlivet)은 이름에서 단서를 찾을 수 있다. 최근에는 배티드 몰트 위스키 제품이 꾸준히 출시되고 있다. 하지만 스카치위스키의 역사적 짐을 덜어내고, 새롭고 현대적인 방식으로 새로운 세대의 애주가들에게 어필하며 하나의 카테고리로 꽃을 피울 것 같았던 밀레니엄 초반만큼은 성장하지는 못했다. 싱글몰트 위스키가 위스키 세계의 솔로 연주자라면 블렌디드 위스키는 오케스트라에 비유할 수 있으며, 배티드 몰트 위스키는 위스키 세계에 흥분과 다양성을 불어넣는 록 그룹이라고 할 수 있다.

이 카테고리의 부흥이 시작되었을 때 두 명의 강력한 플레이어가 있었다. 존, 마크, 로보의 이지 드링킹 위스키 컴퍼니(Easy Drinking Whisky Company)는 라벨의 중후하고 무거운 제목, 연령 표시를 현대적이고 세련된 라벨로 대체하였다. 이 회사의 설립자들은 위스키의 맛만으로 위스키를 판매하려고 노력했고, 일반적인 위스키 페스티벌이나 전통적인 무역 잡지 광고에서 벗어나 스키, 자전거, 요트, 등산 등을 즐기는 보다 활기찬 고객층을 대상으로 위스키를 홍보하였다.

반면, 콤파스 박스의 존 글레이저는 위스키 연금술을 위스키 카테고리에 도입하여, 스타일리시하고 눈길을 사로잡는 병과 상자에 포장한 혁신적인 부티크 위스키를 만들어냈다. 윌리엄 그랜트 앤 선즈가 '몽키숄더'를 출시하며 업계의 최첨단을 지킨다는 명성을 유지했을 때, 배티드 몰트 위스키 카테고리는 활짝 열릴 것처럼 보였다. 이 제품은 세 가지 몰트 위스키를 세련된 패키지로 포장한 혼합 제품으로, 마케팅에 창의력을 발휘할 수 있는 공간을 제공하면서도 실제로는 전통의 색채가 있는 기발한 이름이다. 이 카테고리는 최근 몇 년 동안 '급성장'하는 대신, 오랜 전통을 지닌 글래스고의 독립병입자이자 더글러스 랭(Douglas Laing)이 컴퍼스 박스에 합류하여 블렌디드 몰트를 매우 성공적인 레퍼토리로 만들면서 꾸준한 성장세를 보이고 있다. 킹스반스 증류소의 소유주인 파이프에 본사를 둔 위미스 몰츠(Wemyss Malts)는 블렌디드 몰트를 성공적으로 도입한 또 다른 독립 기업이다.

최근 몇 년 동안 합리적인 가격대의 사치품으로써 위스키의 인기가 높아지면서 싱글 몰트 위스키가 전반적으로 부족해졌고, 이에 따라 새로운 시장이 등장했다. 이는 결과적으로 블렌디드 몰트 위스키의 문을 여는 데 도움이 되었다. 위스키 품귀 현상에 대응할 수 있는 방법은 두 가지뿐이다. 어린 숙성년수의 원액을 병입하여 제품의 가치를 떨어뜨리거나 기다리는 것이다. 어린 숙성년수의 원액을 병에 넣을거라면 차라리 다른 몰트 위스키와 결합하여 더 흥미롭고 더 좋은 맛의 새로운 블렌디드 몰트를 만들어 보는 것은 어떨까?

이러한 이유로 최근 몇 년 동안 숙성 기간보다 풍미를 선호하는 주장이 더욱 강해졌다. 이는 블렌디드 몰트 위스키에 유리하게 작용하며, 이 카테고리의 품질이 상당히 뛰어날 수 있다는 점을 잊지 말아야 한다.

COMPASS BOX Orchard House, 46% abv
콤파스박스 오차드 하우드 46%

═══ SCORE 86 ═══

NOSE ▸▸ 감귤류, 시나몬, 바닐라

PALATE ▸▸ 감미로움, 왁스, 복숭아, 꿀을 찍은 오렌지, 생강, 백후추

FINISH ▸▸ 지속적인 과일향이 열대 과일로 변하다가 약간의 시큼털털한 맛이 나며, 베이킹 소다와 부드러운 오크향이 느껴진다.

COMPASS BOX The Peat Monster, 46% abv
콤파스박스 피트 몬스터 46%

═══ SCORE 85 ═══

NOSE ▸▸ 뿌리 느낌, 레몬제스트, 흩날리는 연기

PALATE ▸▸ 단맛이 나지만 밸런스가 좋다. 슈가프루트, 훈제청어와 바다내음

FINISH ▸▸ 중간 길이 정도의 여운, 밸런스가 좋고, 피티하다.

COMPASS BOX Vellichor, 44.6% abv
콤파스박스 벨리코어 44.6%

═══ SCORE 84 ═══

NOSE ▸▸ 절제된 느낌, 희미하게 느껴지는 따뜻한 가죽향, 창고의 퀴퀴한 냄새

PALATE ▸▸ 크리미, 섬세한 피트 스모크, 맥아, 미디엄 드라이 셰리

FINISH ▸▸ 지속적으로 남는 셰리와 피트의 여운

DOUGLAS LAING The Big Peat, 46% abv
더글라스 랭 빅피트 46%

═══ SCORE 90 ═══

NOSE ▸▸ 아일레이의 모든것, 해초, 기름진 로프, 강한 피트, 타르

PALATE ▸▸ 피트 덩어리, 바다내음, 몇몇 초록과일을 갈아 놓은 풍미, 달콤함, 공장의 화학적인 냄새

FINISH ▸▸ 꾸준하고 긴 여운, 오일리, 매우 피티하다.

DOUGLAS LAING The Epicurean, 46.2% abv
더글라스 랭 에피큐리안 46.2%

로우랜드 블렌디드 몰트 위스키

═══ SCORE 84 ═══

NOSE ▸ 향기롭다. 꽃향기, 구운 토스트 위에 올려진 버터
PALATE ▸▸ 베리류, 바닐라퍼지, 백후추
FINISH ▸▸ 중간 길이의 여운, 레몬과 벌꿀

DOUGLAS LAING The Gauldrons, 46.2% abv
더글라스 랭 더 골드론 46.2%

캠벨타운 블렌디드 몰트

═══ SCORE 84 ═══

NOSE ▸ 해양성, 부드럽고 달콤한 향신료, 피트 불씨, 가염버터
PALATE ▸▸ 감귤류, 소금물, 매우 달콤한 피트
FINISH ▸▸ 중간 길이 정도의 여운, 자몽, 라임, 스파이시한 피트

DOUGLAS LAING Rock Island, 46.8% abv
더글라스 랭 락 아일랜드 46.8%

섬지역 블렌디드 몰트

═══ SCORE 85 ═══

NOSE ▸ 신선한, 소금물, 바위 사이의 작은 웅덩이, 가벼운 피트, 레몬, 소나무
PALATE ▸ 달콤한 피트, 솔티드 캐러멜, 감귤류의 제스트, 해초
FINISH ▸▸ 다이제스티브 비스킷, 섬세한 피트, 바다소금

DOUGLAS LAING Scallywag, 46% abv
더글라스 랭 스칼리웩 46%

═══ SCORE 80 ═══

NOSE ▸ 나무 수액, 그린샐러드, 오이, 초록과일, 먼지, 버터 바른 토스트
PALATE ▸▸ 레몬과 라임, 여러 가지 베리류, 오렌지, 라임코니얼, 날카로운 후추 느낌
FINISH ▸▸ 중간 정도 길이의 여운, 과일맛, 땅콩, 기분 좋지만 특별하게 강하지는 않다.

DOUGLAS LAING Timorous Beastie, 46.8% abv
더글라스 랭 티모러스 비스티 46.8%

하이랜드 블렌디드 몰트

===== SCORE 85 =====

NOSE ▸ 꽃향기, 과일, 누가, 헤더허니, 절제된 셰리

PALATE ▸ 말린 과일, 매우 드라이한 오크, 점점 자극적인 향신료

FINISH ▸ 긴 여운, 시나몬스틱, 백후추

LOST DISTILLERY COMPANY Lossit Classic Selection, 43% abv
로스트 디스틸러리 컴퍼니 로짓 클래식 셀렉션 43%

===== SCORE 84 =====

NOSE ▸ 피트가 타는 냄새, 소금물, 바닐라, 바위 사이의 웅덩이 냄새

PALATE ▸ 달콤한 피트, 레몬, 라임, 연한 숯냄새, 그릴에 구운 고기, 점점 진해지는 향신료

FINISH ▸ 우드스모크, 호두, 백후추

LOST DISTILLERY COMPANY Towiemore Classic Selection, 43% abv
로스트 디스틸러리 컴퍼니 토위모어 클래식 셀렉션 43%

===== SCORE 82 =====

NOSE ▸ 고소함, 약간 오일리, 육두구, 건과일

PALATE ▸ 맥아, 애플파이, 브라질너트, 정향

FINISH ▸ 코코아파우더, 시나몬, 오크의 탄닌

MACNAIR Lum Reek 21-year-old, 48% abv
맥네어스 럼릭 21년 48%

올로로소 셰리, 새 오크통, 레드와인 오크통에서 숙성

═══ SCORE 88 ═══

NOSE ▸▸ 흙내음 나는 감귤류향, 우드스모크, 연하게 살짝 나는 타르

PALATE ▸▸ 부드럽고 달콤하며, 파인애플, 살구, 퍼지, 석탄의 스모크

FINISH ▸▸ 긴 여운, 향기로운 향신료

OLD PERTH Cask Strength, 58.6% abv
올드 퍼스 캐스크 스트랭스 58.6%

═══ SCORE 86 ═══

NOSE ▸▸ 흙내음, 생강, 베리, 호두, 낡은 가죽, 드라이한 셰리

PALATE ▸▸ 풀셰리, 토피, 맥아, 생강, 시나몬

FINISH ▸▸ 중간보다 더 긴 여운, 오렌지, 건포도, 파이프 담배

POIT DHUBH 8-year-old, 43% abv
포치구 8년 43%

═══ SCORE 81 ═══

NOSE ▸▸ 사과 조림, 절제된 바다소금, 피트 불꽃, 설타나, 시나몬

PALATE ▸▸ 풍부한 과수원 과일, 맥아, 점점 더 짠맛이 나며, 바탕에는 드라이한 피트의
풍미가 있다.

FINISH ▸▸ 건과일, 지속적인 스모크

THE SIX-ISLES, 43% abv
식스아일 43%

═══ SCORE 80 ═══

NOSE ▸▸   라임, 레몬, 자몽, 벌꿀, 부드러운 피트와 연기의 물결

PALATE ▸▸   코로 맡을 때보다 진한 피트와 스모크의 풍미, 약간의 과일맛

FINISH ▸▸   미디엄과 풀 바디 사이, 피트, 약간의 후추 느낌

WEMYSS MALTS Blooming Gorse, 46% abv
위미스 몰트 블루밍 고르스 46%

SCORE 82

NOSE ▸	밀크초콜릿, 벌꿀
PALATE ▸	크림맛, 감귤, 백단향, 아몬드
FINISH ▸	코코넛, 다이제스티브 비스킷, 스파이시한 오크

WEMYSS MALTS Lord Elcho, 40% abv
위미스 몰트 로드 엘초 40%

SCORE 80

NOSE ▸	스파이시함, 풀내음, 부드러운 허브, 그래니 스미스 애플
PALATE ▸	프루트너트 초콜릿, 과수원 과일의 제스트, 캐러멜, 갓 대패질한 나무
FINISH ▸	진해지는 캐러멜, 시나몬, 드라이한 오크

WEMYSS MALTS Flaming Feast, 46% abv
위미스 몰트 플레밍 피스트 46%

SCORE 82

NOSE ▸	화끈한 맛, 약간의 피트, 조린 사과
PALATE ▸	감귤류, 샤퀴테리, 테이블 소금
FINISH ▸	지속직으로 단맛이 나는 스모크, 점점 드라이해지며 스파이시한 블랙커피

WILLIAM GRANT & SONS Monkey Shoulder, 40% abv
윌리엄 그랜트 앤 선즈 몽키숄더 40%

⸺ SCORE 88 ⸺

NOSE ▸   사과, 신선하고 강한 맛, 자몽, 어린 맛

PALATE ▸   청사과, 견과류, 상쾌하고 맑은 보리, 매우 라운드하며 밸런스가 좋음

FINISH ▸   중간 길이 정도의 여운, 과일맛, 약간 늦게 수확한 과일

사라진 증류소들

다른 산업 분야와 마찬가지로 스카치위스키 산업은 확장과 축소를 반복하는 경향이 있다. '호황' 시기에는 새로운 증류소가 건설되고 기존 증류소가 확장되는 반면, '불황'의 대가는 종종 증류소 폐쇄로 이어진다. 다음 페이지에 소개될 증류소들은 대부분 1970년대 말과 1980년대 초를 특징짓는 스카치위스키 과잉 생산 시기의 피해자들이며, 디스틸러스 컴퍼니 리미티드(DCL, Distillers Company Ltd.)는 1983년과 1985년에 증류 포트폴리오를 대폭 축소해야 했다.

시간이 지남에 따라 필연적으로 이러한 DCL 몰트 위스키 원액과 다른 생산업체의 비슷한 빈티지 원액들은 점점 더 희귀해지고 가격이 높아졌으며, 주로 독립병입자를 통해 구입할 수밖에 없었다. 다음 페이지에서 아직 시중에서 구할 수 있는 몰트 위스키를 소개하고 있지만, 한정수량으로 출시되어 제한되어 있는 경우가 많고 빠르게 바뀌는 경향도 있으며 매진도 빠르다.

여기에 나열된 대부분의 폐쇄된 증류소는 블렌딩용 몰트 원액을 생산했으며, 위스키가 원하는 싱글몰트 위스키 프로파일을 가지고 있는지에 대한 문제는 발생하지 않았다. 일부 증류소는 비교적 구식이어서 효율성을 높이기 위해 상당한 투자가 필요했고, 다른 증류소는 '제조 방식'이 눈에 띄게 개성적이지 않아서 폐쇄 대상으로 선정되었다. 이러한 폐쇄된 증류소 중 상당수는 오늘날에도 쉽게 찾아볼 수 있다. 린리스고에 있는 세인트 막달레나의 일부는 숙박 시설로 개조되어 몰팅실의 파고다를 그대로 유지하고 있으며, 콜번, 콘발모어, 밀번, 포트엘렌, 로즈뱅크는 모두 위스키를 만들던 시절의 독특한 흔적을 간직하고 있다.

반면에 부동산 개발업자들은 인버네스의 글렌모어와 글렌앨빈(쇼핑몰로 개발), 스톤헤이븐의 글레누리 로얄(주택으로 개발), 브레친의 노스 포트(슈퍼마켓으로 개발)와 같은 위스키 증류소의 흔적을 지워버렸다. 가장 최근의 손실은 스페이사이드의 아벨라워 근처에 있던 임페리얼이었지만, 적어도 현재 이 부지를 차지하고 있는 시바스 브라더스의 달무나크 증류소가 들어설 수 있는 길을 열어주었다. 따라서 이 순환은 계속되어 좋은 시기에는 새로운 증류소가 생성되고, 경제 상황이 악화되면 가장 취약한 오래된 증류소가 폐쇄된다. 그러나 최근 좋은 소식은 2021년 브로라(Brora)의 부활에 이어, 폐쇄되었던 증류소인 로즈뱅크(Rosebank)와 포트엘런(Port Ellen)이 가까운 미래(역주- 로즈뱅크는 2022년 다시 설립되어 2023년 7월, 오크통에 첫 증류 원액을 담았고, 포트앨런도 2017년 시작된 재건 프로젝트를 통하여 2024년 3월부터 증류 원액을 생산하고 있다.)에 생산을 재개할 예정이라는 것이다.

COLEBURN 콜번

지역 Highlands   **지구** Speyside (Rothes)
예전 증류소 위치 Longmorn, Morayshire, IV38 8GN
설립 1897   **폐업** 1985

COLEBURN 1972, Gordon & MacPhail, 62.4% abv
콜번 1972 고든 앤 맥페일 62.4%

47년 숙성 리필 세리 펀천 2020년 병입

═══ SCORE 89 ═══

NOSE ▸▸ 왁스, 꽃향기, 바닐라, 잘 익은 복숭아, 허브향

PALATE ▸▸ 상당히 풀 바디, 스파이시한 바나나, 구아바, 벌꿀, 캐러멜, 섬세한 오크

FINISH ▸▸ 긴 여운, 희미하게 느껴지는 멘톨, 파이프 담배, 살짝 입안에서 오크의 드라이
한 느낌으로 마무리된다.

CONVALMORE 콜발모어

지역 Highlands   **지구** Speyside (Dufftown)
예전 증류소 위치 Dufftown, Banffshire, AB55 4BD
설립 1894   **폐업** 1985

CONVALMORE 32-year-old (Diageo Special Releases 2017), 48.2% abv
콘발모어 32년 디아지오 스페셜 릴리즈 2017 48.2%

SCORE 88

NOSE ▸ 처음에는 흙내음. 나중에는 페어 드롭, 벌꿀, 바닐라, 나무 수지
PALATE ▸ 익힌 배, 파인애플, 캐러멜, 바닐라 느낌이 맴돌고 왁시하고 스파이시함
FINISH ▸ 후추 느낌의 감초, 희미하게 숯내음

DALLAS DHU 달라스 듀

지역 Highlands **지구** Speyside (Findhorn)
예전 증류소 위치 Forres, Morayshire, IV3s6 2RR
설립 1899 **폐업** 1983

DALLAS DHU Gordon & MacPhail Private Collection 1969, 43.1% abv
달라스 듀 고든 앤 맥페일 프라이빗 컬렉션 1969 43.1%

▭ SCORE 84 ▭

NOSE ▸ 헝겊, 기계기름, 당밀, 매우 드라이한 셰리, 건포도
PALATE ▸ 건과일, 다크초콜릿, 스파이시한 탄닌
FINISH ▸ 긴 여운, 연한 허브, 홍차, 오크의 쓴맛

GLENURY ROYAL 글렌누리 로얄

지역 Highlands   **지구** Eastern Highlands
예전 증류소 위치 Stonehaven, Kincardineshire, AB3 2PY
설립 1825   **폐업** 1985

GLENURY ROYAL 1984, Gordon & MacPhail, 49.1% abv
글렌누리 로얄 1984 고든 앤 맥페일 49.1%

35년 숙성, 퍼스트 필 셰리 버트 2020년 병입

▭ SCORE 89 ▭

NOSE ▸ 퀴퀴한 마데이라, 란시오, 헤이즐넛, 오래된 가죽

PALATE ▸ 점성이 있지만 먼지 같은 질감, 건포도, 씹힐 것 같은 셰리향, 세비아 오렌지, 정향

FINISH ▸ 매우 긴 여운, 허브, 팔각, 지속적인 강한 셰리

LITTLEMILL 리틀밀

지역 Lowlands   지구 Western Lowlands
예전 증류소 위치 Bowling, Dunbartonshire, G60 5BG
홈페이지 www.littlemilldistillery.com
설립 1897   폐업 1985

LITTLEMILL Private Cellar Edition #3, 29-year-old (bottled 2019), 47.3% abv
리틀밀 프라이빗 셀러 에디션 #3 29년 (2019년 병입), 47.3%

▭▭ SCORE 92 ▭▭

NOSE ▸▸   향기롭다. 기름진 냄새, 망고, 라벤더, 수지, 퀴퀴한 창고냄새
PALATE ▸▸ 코로부터 오일리한 감촉이 전해져 온다. 살구 조림, 캐러멜, 캔디드 오렌지
FINISH ▸▸   매우 긴 여운. 톡 쏘는 과일맛. 탄닌 느낌이 없는 오크

LITTLEMILL Testament, 44-year-old (bottled 2020), 42.5% abv

리틀밀 테스트먼트 44년 (2020년 병입), 42.5%

⊏ SCORE 93 ⊐

NOSE ▶▶ 꽃향기, 오렌지주스, 바니쉬, 바닐라, 당밀

PALATE ▶▶ 풍부하고 오일리하다. 파인애플, 달콤한 오렌지, 바닐라, 생강

FINISH ▶▶ 긴 여운, 세비야 오렌지, 호두, 오크가루 느낌

PITTYVAICH 피티바이크

지역 Highlands   **지구** Speyside (Dufftown)
예전 증류소 위치 Dufftown, Banffshire, AB55 4BR
설립 1974   **폐업** 1993

PITTYVAICH 29-year-old (Diageo Special Releases 2019), 51.4% abv
피티바이크 29년, 디아지오 스페셜 릴리즈 2019 51.4%

═══ SCORE 92 ═══

NOSE ▸   꽃향기, 페어 드롭, 밤, 캐러멜라이즈 진저, 벌꿀, 맥아

PALATE ▸▸   부드럽고, 달콤한 셰리, 잘 익은 바나나, 다크베리, 오트밀 스타우트

FINISH ▸▸   사과, 진저브레드, 건자두, 매운맛, 긴 여운, 마시고 난 후 입안이 따뜻해진다.

PITTYVAICH 30-year-old (Diageo Special Releases 2020), 50.8% abv
피티바이크 30년, 디아지오 스페셜 릴리즈 2020 50.8%

퍼스티 필 버번 배럴에서 피니쉬 숙성

═══ SCORE 93 ═══

NOSE ▸   오일리, 열대과일, 바닐라, 누가, 희미하게 느껴지는 소나무

PALATE ▸▸   풀 바디, 풍부한 복숭아향, 가볍게 드문드문 느껴지는 백후추, 밀크초콜릿을 찍은 헤이즐넛

FINISH ▸▸   중간 길이의 여운, 캔디드 진저, 과일 느낌의 오크맛

PORT ELLEN 포트앨런

지역 Islay   **지구** South Shore
예전 증류소 위치 Port Ellen, Isle of Islay, PA42 7AH
설립 1825   **폐업** 1983

PORT ELLEN Prima & Ultima 40-year-old 1979, 51.2% abv

포트앨런 프리마 앤 울티마 40년 1979 51.2%

리필 유러피안 오크 버트(#6422)에서 숙성

═══ SCORE 93 ═══

NOSE ▸▸ 석탄을 태울 때 나는 연기, 쿰쿰한 과수원 과일, 신선한 복숭아, 귤, 희미하게
느껴지는 소금물과 불을 붙인 시가

PALATE ▸▸ 생생한 자파오렌지, 석탄, 바다소금, 홍차

FINISH ▸▸ 긴 여운, 후추, 소금물, 뜨거운 타르, 톡 쏘는 오렌지

PORT ELLEN Untold Stories 40-year-old 9 Rogue Casks, 50.9% abv

포트앨런 언톨드 스토리 40년, 9 로그캐스크 50.9%

아메리칸 오크 호그스헤드(#1469, #1680, #1747, #5176)과 유러피안 오크 셰리 버트(#4890, #4913, #4914, #6806, #6916)에서 숙성

SCORE 91

NOSE ▶ 가벼운 피트 스모크, 아마씨 오일, 오렌지, 누가, 맥아, 점점 진해지는 꽃향기

PALATE ▶ 달콤한 오렌지, 팔각, 레몬그라스, 확실하게 느껴지는 피트 스모크, 오래된 가죽과 점점 진하게 느껴지는 다크초콜릿맛

FINISH ▶ 긴 여운, 스모크, 홍차

ROSEBANK 로즈뱅크

지역 Lowlands **지구** Central Lowlands
예전 증류소 위치 Falkirk, Stirlingshire, FK1 5BW
홈페이지 www.rosebank.com
설립 1840 **폐업** 1993

ROSEBANK 30-year-old, 48.6% abvZ

로즈뱅크 30년 48.6%

═══ SCORE 88 ═══

NOSE ▸▸ 꽃향기, 초록색의 감귤류, 제조된 풀내음, 캐러멜, 연한 민트

PALATE ▸▸ 크리미하고 잘 익은 배, 복숭아 통조림, 시나몬

FINISH ▸▸ 고소하며 오렌지의 약간 쓴맛, 드라이한 오크의 여운으로 마무리

ST MAGDALENE 세인트 막달레나

지역 Lowlands   **지구** Central Lowlands
예전 증류소 위치 Linlithgow, West Lothian, EH49 6AQ
설립 1795   **폐업** 1983

ST MAGDALENE Gordon & MacPhail Private Collection 1982, 53% abv
세인트 막달레나 고든 앤 맥페일 프라이빗 컬렉션 1982 53%

SCORE 83

NOSE ▸ 레몬, 낡은 가죽향. 시간이 지나면 제비꽃 같은 꽃내음이 나고 끝에는 드문드
문 후추가 뿌려진 살구향이 난다.

PALATE ▸ 처음에는 승도복숭아맛. 나중에는 다크초콜릿의 쓴맛과 감초맛이 느껴진다.

FINISH ▸ 중간 길이의 여운, 오크의 떫은맛

스웨덴에 위치한 맥미라의 최첨단의 증류소

2011년에 지어진 친환경 증류소로 중력의 힘을 이용하여 증류소가 가동된다.

맨 위 꼭대기부터 시작하여 35미터를 내려오면서 맥아가 위스키로 바뀐다.

신세계 위스키

신세계 위스키(New World Whisky)를 정의할 때, 신세계 위스키가 무엇인지 말하는 것보다 무엇이 신세계 위스키가 아닌지 말하는 것이 더 쉬울 것이다. 이때, '크래프 트'라는 단어를 즉시 뺄 수 있다. 이 단어는 오용되고 남용되어 왔을 뿐만 아니라 고 품질과 저품질이라는 개념을 내포하고 있는데, 이는 급변하는 위스키의 세계와 어울 리지 않는다.

맥캘란과 글렌리벳이 매년 수백만 리터의 몰트 위스키를 생산하지만 그 누구도 제조 되는 증류주의 품질에 의문을 제기하지 않는 것처럼, 품질이 위스키를 정의하는 기준 이 될 수는 없다.

상업적인 이유로 대량 생산되는 대부분의 스코틀랜드 증류주는 천 년의 역사와 수많 은 미세 조정을 통해 뛰어난 품질을 자랑한다. 반대로, 은퇴한 부부가 헛간을 홈메이 드 증류소로 개조하여 위스키를 만든다고 해서 조만간 세계적인 수준의 새로운 증류 주가 될 가능성은 거의 없다.

사실 증류소의 규모는 중요하지 않다. 영국의 잉글리시위스키컴퍼니, 대만의 카발란, 스웨덴의 맥미라, 이스라엘의 밀크 앤 허니 등은 소규모 증류소와는 거리가 먼 상당 한 규모의 기업이다. 웨일스 회사인 펜더린은 신세계 위스키에 대한 전 세계의 관심 으로 큰 성공을 거두어 2022년에 세 번째 증류소를 열었다.

10년 전에는 신세계 위스키의 정의가 훨씬 더 간단했었다. 신세계 위스키 증류소는 스코틀랜드, 아일랜드, 캐나다, 일본, 미국 켄터키 등 전통적인 위스키 생산지 5곳에 속하지 않는 곳이었다. 하지만 이제는 더 이상 그렇지 않다. 이 다섯 지역에도 모두 새로운 증류소가 생겼으며, 기존 자국의 증류소보다 전 세계의 다른 나라 증류소와 더 많은 공통점을 가지고 있다.

신세계 증류소에 대한 가장 좋은 정의는 아마도 기존의 틀에서 벗어난 생각을 하는 증류소일 것이다(반드시 반체제적인 것은 아니다). 새로운 증류소는 위스키를 지배하 는 '규칙'이 정해져 있다는 것을 받아들일 준비가 되어 있지 않은 증류소이다.

새천년 초, 호주의 증류소들은 스코틀랜드에서 내려온 위스키의 '주어진 규칙'에 의 문을 제기하기 시작했었다. '왜 위스키는 10년을 숙성시켜야만 제대로 된 위스키가 될 수 있을까? 캐스크 크기를 알려주지 않는 것은 지도 좌표를 전달할 때 경도를 알 려주지 않는 것과 같지 않나? 세계 각지의 기후와 극단적인 온도와 습도가 숙성에 영 향을 미치지 않는가?'

10~15년 전만 해도 스코틀랜드의 위스키 회사들은 위스키 세계를 지배했다. 스코틀 랜드 위스키 협회(SWA)의 공동 기치 아래 150개의 증류소가 서로 밀접하게 연결되 어 있었다. 그들과 경쟁하는 미국과 아일랜드를 포함하면 기껏해야 50개 정도의 증

류소가 전 세계에 흩어져 있었으며, 서로 공통점도 거의 없고 하나로 묶을 수 있는 것도 없었다.

빠르게 변화하는 세계

세월이 지난 지금은 모든 것이 바뀌었다. 스코틀랜드에는 예전과 거의 같은 수의 증류소가 있다. 반면 다른 나라들은 수백 개, 심지어 수천 개의 증류소가 있다. 이들은 서로의 지식과 전문성을 모으고 장비 공급업체, 협동조합, 곡물 공급업체에 대한 정보를 공유하며 서로의 제품 비축에 대한 아이디어를 교환하기 시작했다. 그리고 한두 명은 몰트 위스키 공정의 구조 자체에 의문을 제기하기 시작했다. 스코틀랜드가 몰트 위스키 생산에 있어 모래 위에 선을 그었다면, 새로운 증류소들은 실제로 그 선을 넘지는 않더라도 그 선을 흐리게 할 준비가 되어 있는 것이다. 스코틀랜드와 SWA는 품질에 있어 지름길은 없으며, 전통과 역사를 보존하고, 규칙을 통해 전체 산업과 그 산업에 종사하는 모든 사람들을 보호하고 있다고 주장하고 있다. 대체로 그럴지도 모르지만, 냉소적인 시각도 커지고 있다. 새로운 위스키 생산자들에 대한 기대감과 함께 SWA가 스코틀랜드가 아닌 소규모 위스키 생산자들을 괴롭히는 방식에 분노하는 위스키 팬들이 점점 더 많아지면서 다른 동기가 작용하고 있는 것은 아닌지 의문을 제기하고 있다. 이들은 SWA가 자국내 고용을 유지하기 위해 보호주의와 불공정한 진입 장벽을 이용하고 있으며, 어느 정도의 사심이 작용하고 있는 것은 아닌지 의심하고 있다.

새로운 풍미와 오래된 방식

그동안 무슨 일이 있었든 간에 더 이상은 통하지 않는다. 전 세계에는 한계를 뛰어넘을 준비가 된 증류소가 너무 많다. 수백만 명의 새로운 위스키 애호가들이 새로운 위스키 맛의 가능성에 흥분하고 있으며, 수천 명의 위스키 제조 전문가들이 새로운 위스키를 만들 준비를 하고 있다. 아이러니하게도 스코틀랜드 출신인 고(故) 짐 스완(Jim Swan) 박사가 완성한 새로운 캐스크 처리법을 통해 신세계 위스키 제조업체들은 단 4년 만에 풍미 있고 균형 잡힌 위스키를 제조할 수 있게 되었다. 미국의 증류업자들은 곡물을 건조하는 데 피트 이외의 재료, 즉 텀블위드(회전초)와 쐐기풀을 사용하고, 홉 맥주를 사용하여 몰트 증류주를 만들어 버번 캐스크에서 숙성하고 있다. 모든 종류의 곡물이 사용되고, 다양한 곡물을 결합한 새로운 배쉬빌이 매주 등장한다. 코르시카에서는 밤으로 만든 맥주로 '위스키'를 만든다. 스위스에서는 3년 1개월 동안 숙성된 위스키가 그보다 5배나 긴 시간 동안 숙성된 위스키와 같은 맛을 낼 수 있도록 숙성 과정을 가속화하는 숙성 시스템으로 특허를 받았다.

스웨덴의 스피릿 오브 벤의 칼럼 스틸(연속식 증류기)

스피릿 오브 벤과 같은 신세계 위스키는 전통을 깨부수고, 위스키 제조 과정의 모든 단계를
실험하고, 새로운 풍미를 만들어 낸다.

신세계 위스키 증류소가 모두 미래지향적인 기술을 시도하는 것은 아니다. 일부 증류소에서는 규칙을 깨고 전통적인 위스키 제조 방식으로 돌아가고 있다. 품질은 좋았지만 생산수율은 낮아 1960~1970년대 사라졌던 곡물 품종들이 고품질의 전통적인 싱글몰트 위스키 생산을 목표로 다시 부활하고 있다. 아일랜드의 블랙워터 팀은 19세기와 20세기의 팟 스틸 레시피를 부활시키고 있는데, 이는 아일랜드 위스키 협회의 팟 스틸 위스키 레시피에 관한 규칙에 정면으로 위배되는 것이다.

그런 기술적인 문제가 중요할까? 간단히 말하면, 아니다. 이것이 바로 신세계 위스키의 핵심이다. 만약 여러분이 12년 동안 숙성시킨 몰트 위스키를 마시고 싶다면 그건 전혀 문제가 되지 않는다. 하지만 여러분이 다른 방법으로 위스키를 만들고 싶고, 사람들이 그것을 사서 마시고 싶다면, 그게 무슨 문제인가? 당신이 마시는 술을 다른 술로, 예를 들어 스카치 위스키나 아이리시 위스키로 속이지 않는다면 혁신을 장려해야 하지 않을까?

신세계 위스키가 진화하고 성숙함에 따라 이 논쟁은 더욱 격화될 것이다. 하지만 2022년 초, 디스틸러리 데 메니르(des Menhirs)가 뉴 위저드 위스키 어워드에서 올해의 중앙 유럽 증류소로 선정되면서 위스키 업계는 돌아올 수 없는 강을 건넜다. 음식과 음료가 풍부한 브르타뉴 지방에 위치한 이 증류소는 프랑스에서 가장 오래된 증류소 중 하나이다. 메밀을 원료로 다양한 위스키를 생산하는데, 이 사실을 매우 자랑스럽게 생각한다. 메밀을 뜻하는 프랑스어는 블레 누아(blé noir)로 '검은 밀'이라는 뜻이다. 물론 밀은 곡물이다. 문제는 메밀은 곡물이 아니라 콩이라는 것인데, 증류소 측은 프랑스 정부가 메밀을 곡물이라고 판결했다는 사실을 지적하지만, 곡물을 기타라고 부르며 곡을 연주할 수는 없는 법이다. 하지만 그게 중요할까?

콩이나 곡물이라고 말한 새로운 마법사들에게는 이것은 기술적인 논점일 뿐이었고, 그 범주에서 가장 맛있었던 최고의 증류주는 디스틸러리 데 메니르의 제품이었다. 이것이 바로 신세계 위스키의 본질이다.

경계를 밀어내다

이 용감한 신세계를 이해하는 열쇠는 다양한 위스키 사이에 공통분모가 없다는 것을 이해하는 것이다. 새로운 몰트 위스키가 많이 출시되고 있고, 그중 상당수는 품질이 좋지 않으며, 일부 증류소는 스코틀랜드처럼 싱글몰트 위스키를 만드는 데 열중하지만, 다른 많은 증류소는 '미투' 위스키를 만드는 데는 관심이 없고, 새롭고 흥미로운 풍미를 탐구하고 있다.

새로운 증류소들의 규모는 매우 다양하다. 일부는 지역 사회에만 공급할 수 있을 만큼의 양만 생산하고 있다. 몇몇 대형 증류소들은 이미 일반 판매에 들어가기도 전에 상당량의 새로운 위스키가 매진될 정도로 큰 인기를 누리고 있다. 이 책에 바로 그런

사례들이 있다. 이번 개정판을 준비하면서 한 증류소의 4번째 에디션 제품 이미지를 책에 넣으려고 했는데, 4번째 에디션이 이미 매진되었을 뿐만 아니라 5번째 에디션은 아직 병에 담기기도 전에 매진되었다는 소식을 들었다. 심지어 6번째 에디션을 위한 이미지 디자인까지 받을지도 모른다는 말까지 들었다. 이는 위스키의 새로운 물결이 얼마나 휘발성 있고 유동적인지 보여주는 예이다.

한때 스코틀랜드가 위스키의 세계를 지배했지만, 이제 더 이상 그렇지 않다. 점점 더 많은 증류주들이 기존 위스키 업계가 세운 깃발에 의문을 제기하고, 그 깃발을 무너뜨리고 있다. 가장 중요한 것은 스코틀랜드의 증류소에서는 위스키를 숙성시키는데 10년 또는 12년이 걸리지만, 다른 곳에서는 그렇지 않다는 것이다. 웨일스의 펜더린, 영국의 스피릿 오브 요크셔와 코츠월드, 프랑스의 디스틸러리 와렝햄, 대만의 카발란, 인도의 암릇, 이스라엘의 밀크 앤 허니에서 그 증거를 찾아볼 수 있다. 그리고 이러한 증류소의 목록은 계속 추가되고 있다.

이 모든 증류소들이 훌륭한 위스키를 생산할 뿐만 아니라, 스코틀랜드 위스키 산업은 숙성년수가 어린 NAS 싱글몰트 위스키를 출시함으로써 새로운 증류소들의 손에 놀아나고 있으며, 그중 상당수는 솔직히 말해서 출시 목적에 부합하지 않는 위스키이다. 덜 숙성되고 나무수지 냄새가 강하며 덜 익었다. 이것은 주관적인 관점이 아니다. 당신은 로스팅된 돼지고기를 좋아할 수도 있고, 나는 그릴에 구운 돼지고기 스테이크를 좋아할 수도 있다. 하지만 우리 중 누구도 날 돼지고기를 원하지는 않는다. 다들 모른척하는 문제에 대해 이야기해 볼까? 12년 이상 된 스코틀랜드산 싱글몰트 위스키에 대적할 수 있는 신세계 위스키는 극소수의 예외를 제외하고는 거의 없다. 그러나 4년산이라면? 스코틀랜드 위스키는 전 세계에서 밀려드는 많은 위스키와 겨루기 어려운 경우가 많다.

신세계 위스키 점수 매기기

여러분이 이 책의 '신세계 위스키' 섹션의 점수를 '스카치' 섹션의 점수와 비교하지 않는 것이 중요하다. 각 섹션의 위스키는 다른 작가가 점수를 주었다. 스코틀랜드 섹션의 점수는 마이클 잭슨의 점수를 바탕으로 작성되었으며, 그가 각 위스키에 부여했을 법한 점수를 반영하였다. 신세계 위스키 섹션에서는 점수가 매우 높은데 여기에는 여러 가지 이유가 있다.

첫째, 이 점수는 최고의 새로운 위스키에 수여되는 점수이다. 이 책에 포함되지 않은 수많은 위스키들이 있는데, 이 책에서 다룰만큼 충분히 훌륭하다고 여겨지지 않았기 때문이다. 아무도 맛보고 싶어 하지 않을 평범한 위스키를 이 책에 포함시킬 필요는 없지 않은가?

일본 홋카이도의 닛카의 요이치 증류소.

삼면이 산으로 둘러싸여 있는 이 지역은 스코틀랜드의 하이랜드(Highlands)와

유사하기 때문에 선택되었다. 더 혹독한 겨울에는 증류소가 온통 눈으로 덮여 있다.

두 번째로, 한 번도 맛본 적도 들어본 적도 없는 위스키에 돈을 투자하라는 것은 매우 큰 요구이다. 이 위스키에 대한 열의와 열정이 이 책에 나온 높은 점수와 결합되어 독자들의 구매를 독려할 수 있기를 희망한다.

결론적으로, 이 위스키들은 해당 카테고리 내에서 정말 뛰어난 위스키라고 보아야 한다. 물론 4년 숙성의 신세계 위스키를 라가불린 16년과 비교할 수는 없다. 하지만 이 위스키는 연구할 가치가 있으며 신세계 스타일을 대표하는 놀라운 예가 될 수 있다.

이 섹션에는 지금은 어느 정도 자리를 잡은 증류소의 위스키와 최고의 신세계 위스키를 찾으러 다녔을 때 막 병입된 위스키가 포함되어 있다. 이 목록은 포괄적이지 않으며, 또한 그렇게 의도된 것도 아니다. 여러 가지 이유로 일부 유명 위스키가 누락되었는데, 그중에는 기존의 수요를 충족시키기에 어려움을 겪고 있는 일부 증류소는 더 이상 관심 끌기를 원하지 않기 때문이기도 하다. 위스키 애호가들의 선택의 폭은 계속 넓어질 것이며, 새롭고 흥미로운 트렌드도 계속 등장할 것이다. 시간의 느린 흐름에 기반한 전통을 가진 위스키 산업은 이제 바쁘고 열광적인 분위기의 장소가 되었다. 몰트 위스키 애호가들은 행복에 취해있을 것이다. 정말 즐거운 날들이다.

ABER FALLS 애버폴스

주소 Station Road, Abergwyngregyn, North Wales, LL33 0LB, Wales
홈페이지 www.aberfallsdistillery.com   **방문자센터** 있음

애버폴스 위스키 증류소는 웨일스 지역에 있는 단 4개의 증류소 중 하나이다. 스노도니아 국립공원의 관문에 있는 유명한 애버폴스 폭포인 라에드르 포어에서 얼마 떨어져 있지 않은 이 장소는 현지의 고요한 매력만큼이나 깊은 역사를 자랑한다. 6,000 제곱미터의 건물은 19세기부터 서 있었으며, 처음에는 슬레이트 작업을 목적으로 문을 열었다. 최근에는 리버풀에 본사를 둔 음료 대기업인 헤일우드 인터내셔널의 음료 도매상 창고로 사용되었다. 헤일우드는 공간을 개조해 2017년에 재단장과 복원에 대한 계획에 착수했다.

증류, 숙성 및 증류주 병입은 모두 현장에서 이루어진다. 지역 농부들은 신선한 웨일스 물과 짝을 이루는 정통 웨일스의 맥아를 공급한다. 모든 증류는 대형 구리로 만든 5천리터 워시 스틸 및 3천6백리터 스피릿 스틸에서 일어나며, 숙성은 특별히 엄선한 미국산 오크 버번, 버진 오크 및 스페인산 셰리 우드 배럴에서 숙성되고 있다.

ABER FALLS Single Malt Welsh Whisky, 40% abv
애버폴스 싱글몰트 웨일스 위스키 40%

SCORE 83

NOSE ▶ 어리고, 약간의 나무수액 느낌이 있으며 느슨한 허브향이 있다. 43% 혹은 46%로 병입되었다면 더 좋았을 수도 있겠지만 가능성이 많은 위스키이다. 캔디드 프루트와 바닐라 믹스의 기분 좋은 달콤함을 주며 시간에 따라 잘 어우러진다.

PALATE ▶ 주된 맛은 말린 과일맛인데 블랙커런트 잼, 인스티티아 자두, 씹히는 듯한 보리, 바닐라가 여전히 섞여 있다.

FINISH ▶ 중간 길이의 여운, 셰리베리향

ADNAMS 애드남스

주소 Sole Bay Brewery, Southwold, Suffolk, IP18 6JW, England
홈페이지 www.adnams.co.uk   **방문자센터** 있음

서픽 주 사우스월드의 동부 해안에 위치한 애드남스는 700년 가까이 맥주를 만들어 온 영국 최고의 양조장 중 하나이자 가장 많은 수상 경력을 자랑하는 곳이다. 특히 양조장 근처에 여러 상점과 여러 펍, 호텔을 소유하고 있다.

몇 년 전에는 증류소를 건설하여 문을 열었고, 현재는 위스키를 비롯한 다양한 증류 주와 리큐어를 생산하고 있다. 애드남스는 같은 장소에서 맥주와 위스키를 만드는 몇 안 되는 회사 중 하나이다. 맥주 보리와 위스키 보리는 세율이 다르기 때문에 오랫동안 이 관행이 금지되어 있었고, 두 가지를 분리하면 세관원들의 일이 더 쉬워졌기 때문이다. 이 증류소는 특이한 매쉬빌과 숙성용 나무 종류들로 실험했다.

ADNAMS Copper House Single Malt, 43% abv
애드남스 쿠퍼 하우스 싱글몰트 43%

══ SCORE 85 ══

NOSE ▸▸ 맥아, 생강, 대패, 바닐라, 벌꿀
PALATE ▸▸ 풍부한 바닐라향과 오크향 그리고 후추향
FINISH ▸▸ 중간 길이 정도의 여운. 바닐라와 오크, 기분이 좋다.

AKKESHI 앗케시

주소 Kenten Jitsugyo, 4-109-2 Miyazono, Akkeshi-cho, Akkeshirt-gun, Hokkaido, Japan

홈페이지 www.akkeshi-distillery.com   **방문자센터** 있음

수년 동안 일본 위스키 산업은 2개의 거대 기업(산토리와 닛카)이 지배하고 있었으며, 새로운 플레이어가 진입할 여지가 거의 없었다. 새로운 양조장 건설에 대한 엄격한 제한과 막대한 비용으로 인해 새로운 생산 업체가 시장에 진입하는 것을 막아왔다. 지금도 우리는 일본 위스키를 장밋빛 잔을 통해 바라보고 있다. 산토리와 닛카의 명예 있고 수상 경력을 자랑하는 위스키는 이제 거의 사라지고 엄청난 가격으로 시장에 출시되고 있다. 이 두 위스키는 더 넓은 일본 시장을 대표하는 수수께끼 같은 상징이 되었다. 사실 많은 일본 위스키는 매우 평범하고 일반적인 제품이다. 그리고 이제야 앗케시와 같은 새로운 증류소들이 대형 업체들에 도전장을 내밀고 있다.

앗케시를 만든 회사는 홋카이도 앗케시의 자욱한 안개와 차가운 바다 해안선의 이점을 활용하기 위해 증류소를 건설했다. 계절에 따른 온도 변화, 습도, 바다 공기가 맛에 영향을 미친다는 믿음이 결정에 영향을 미쳤다. 증류는 2016년에 시작되었다. 2018년 2월, 버번 캐스크에서 5개월에서 14개월 동안 숙성시킨 언피트 몰트 위스키를 블렌딩한 아케시 뉴 본(Akkeshi New Born)이 첫 출시되었다. 2018년 2월에는 최초의 피티드 위스키인 아케시 뉴 본 1이 출시되었고, 2018년 7월에는 뉴 본 2가 출시되었다. 2019년 3월, 이 증류소는 매우 희귀한 미즈나라 오크통에서 숙성된 최초의 제품인 본(Born)을 출시했다.

AKKESHI Single Malt Peated, 55% abv
앗케시 싱글몰트 피티드 55%

SCORE 86

NOSE ▸ 강렬한 피트 스모크

PALATE ▸▸ 덩치가 큰 피트 위스키. 피트가 밀려오고 흐르며, 감귤향이 더해진다.

FINISH ▸▸ 가차 없이 강렬한 피트

AMRUT 암룻

주소 7th Floor, Plot No 30, Raja Rammohan Roy Road, Bengaluru, India
홈페이지 www.amrutdistilleries.com   방문자센터 있음

암룻 증류소는 1948년 암룻 레버러토리 컴퍼니로 설립되어 다양한 알코올 제품을 블렌딩하고 병입하기 시작했다. 몰트 위스키는 1980년대까지 생산되지 않았다. 인도에서 위스키 관리 규정은 매우 느슨하여 소비되는 '위스키'의 90%는 당밀로 만들어진다. 블렌디드 몰트 위스키에는 몰트 위스키가 4%만 함유되어 있을 수도 있다.

암룻은 더 나은 제품을 만들고자 했고, 그 결과 놀라운 몰트 위스키를 만드는 데 성공했다. 인도에서는 더위와 습도 때문에 숙성이 매우 빠르게 이루어진다. 증발로 인해 많은 양이 손실되지만 암룻은 스코틀랜드, 아일랜드, 일본에서 생산되는 가장 오래되고 희귀한 위스키만큼이나 특별하고 유서 깊은 6년 숙성 위스키를 만들어냈다.

AMRUT Kadhambam, 50% abv
암룻 카드함밤 50%

⸻ SCORE 92 ⸻

NOSE ▶▶ 가을의 느낌, 숲 속의 바닥, 야생화, 낙엽, 피트 가을의 베리, 약간 달콤한 향
PALATE ▶▶ 미디엄 바디, 살짝 짭조름하면서, 크림맛과 스파이시한 맛이 있음. 입안에서 매우 드라이함. 셰리맛이 강하지만 숙성에 사용된 캐스크로 인하여 약간의 반전이 있음. 살짝 럼맛과 건포도 맛이 나며, 사랑스러운 향신료와 오렌지 과일 맛이 강하다.
FINISH ▶▶ 긴 여운, 입안이 따뜻해지고 복합석이며 매우 좋다.

AMRUT Greedy Angels 10-year-old, 50% abv
암룻 그리디 엔젤스 10년 50%

═══ SCORE 94 ═══

NOSE ▸▸ 깨끗하고 신선하며 과일 맛이 뚜렷하다. 파인애플, 오렌지, 레몬, 그리고 라임의 맛이 물씬 난다. 매력적이다.

PALATE ▸▸ 풀 바디에 과일 풍미가 풍부하며, 리큐어 같은 느낌이 든다. 큰 럼토프 과일향이 느껴진다. 연한 맛이며 부정적인 뉘앙스가 전혀 없어. 숙성년수를 감안하면 놀라운 특징이다. 10년은 인도 위스키에 있어서는 매우 긴 시간이다. 위스키, 감초, 랑시오가 그 핵심에 있다.

FINISH ▸▸ 기분 좋고, 달콤한 과일, 붉은 감초의 풍미가 길고 뛰어난 여운을 만들어 낸다.

AMRUT Greedy Angels 8-year-old Chairman's Reserve, 50% abv
암룟 그리디 엔젤스 8년 체어맨스 리저브 50%

SCORE 96

NOSE ▸ 열대과일. '돌리믹스' 같은 부드러운 과일사탕과 젤리, 설탕 입힌 아몬드

PALATE ▸ 강한 붉은 감초 위스키, 시럽과 과일젤리, 체리 로젠지, 통조림 딸기, 멘톨 랑시오(Menthol rancio)가 지배적이다.

FINISH ▸ 감초의 길고 달콤한 여운. 바닐라. 버번향. 완벽한 즐거움이자 세계적 수준의 위스키이다.

AMRUT Fusion, 50% abv
암룟 퓨전 50%

SCORE 87

NOSE ▸ 레몬, 라임, 피트와 스모크의 물결, 맥아

PALATE ▸ 퓨전이라는 이름이 붙은 이유는 인도산 언피티드 맥아와 스코틀랜드산 피티드 맥아가 과일잼. 다크초콜릿 탄닌, 흙 같은 이탄 카펫, 약간의 우디 탄닌과 어우러진 풍미를 선사하기 때문이다.

FINISH ▸ 긴 여운. 설탕, 향신료, 달콤한 오렌지 과일, 축축한 숯

BAKERY HILL 베이커리 힐

주소 1/20 Gatwick Road, North Bayswater, Victoria, 3153, Australia
홈페이지 www.bakeryhill.com   **방문자센터** 있음

베이커리 힐 증류소는 1999~2000년에 설립되어 스코틀랜드 이외의 지역, 특히 호주에서도 훌륭한 싱글몰트 위스키를 만들 수 있다는 사실을 증명해 냈다. 이 증류소는 위스키 업계에서는 이례적으로 모든 위스키를 싱글 캐스크에서 병입하여 뛰어난 개성, 일관성 및 디테일을 지닌 몰트 위스키를 생산한다. 호주와 해외에서 크래프트 증류주에 대한 수요가 증가함에 따라 이 증류소는 생산량을 극대화하는 데 집중하고 있다. 안타깝게도 현지의 높은 수요로 인해, 현재는 현지 시장을 만족시키기 위해 수출량을 모두 줄였다.

BAKERY HILL Peated Malt Cask Strength, 59.8% abv
베이커리 힐 피티드 몰트 캐스크 스트랭스 59.8%

══ SCORE 92 ══

NOSE ▸ 온실. 강렬한 초록과일과 야채들. 토마토. 퍼져 나오는 피트 스모크
PALATE ▸ 달콤하고 부드럽다. 초록과일과 폭발적인 풍미. 강렬하고 파워풀한 증류소의 기본적인 피티드 위스키. 절제되지만 눈에 띠는 흙내음 나는 피트
FINISH ▸ 신선하고 매우 긴 여운. 피티하다.

BAKERY HILL Double Wood Single Malt, 46% abv
베이커리 힐 더블우드 싱글몰트 46%

⸺ SCORE 86 ⸺

NOSE ▸▸ 향기롭고. 시럽에 절인 과일통조림. 달콤한 멜론

PALATE ▸▸ 풀 바디에는 살짝 못 미치는 바디감. 맑고. 열대과일. 벌꿀. 상쾌하며 마시기 쉬운 스타일. 배 통조림

FINISH ▸▸ 중간 길이보다 살짝 더 긴 여운. 매우 부드럽고 달콤하며. 기분 좋은 여운으로 마무리된다.

BAKERY HILL Classic Single Malt, 46% abv
베이커리 힐 클래식 싱글몰트 46%

⸺ SCORE 85 ⸺

NOSE ▸▸ 맥아. 초록색과 오렌지색 과일향이 매력적이다.

PALATE ▸▸ 풀 바디의 풍부한 맛. 스페이사이드에서 생산된 몰트 위스키라고 해도 전혀 어색하지 않은 맛. 깨끗하고 균형감 있으며 즐거운 과일향이 있다.

FINISH ▸▸ 중간 길이보다 더 긴 여운. 깨끗하고 더 먹고 싶어지는 맛이다.

BAKERY HILL Classic Single Malt Cask Strength, 60.5% abv
베이커리 힐 클래식 싱글몰트 캐스크 스트랭스 60.5%

===== SCORE 90 =====

NOSE ▸▸   강렬한 봄날의 초원, 신선한 꽃, 여름철 과일

PALATE ▸▸   베이커리 클래식의 형님 버전이다. 강력하고 맥아 특유의 맛이 도는, 깨끗하고 달콤한 위스키를 기대할 수 있다. 별모양의 사탕이 든 병 같은 느낌이다.

FINISH ▸▸   길고 달콤하며, 과일맛이 나는 여운으로 마무리된다.

BAKERY HILL 3-year-old Single Malt Australian Whisky, That Boutique-y Whisky Company, 50% abv
베이커리 힐 3년 싱글몰트 오스트레일리아 위스키 더 부티크 위스키 컴퍼니 50%

===== SCORE 85 =====

NOSE ▸▸   가볍고 달콤한 아이리시 피트와 더 건고하고 뿌리 깊은 하이랜드 피트의 매혹적인 조합

PALATE ▸▸   디스틸러인 데이비스 베이커(David Baker)는 3~4년 숙성제품만 만들 수 있었던 시절부터 먼 길을 걸어왔다. 레몬, 라임, 달콤한 사과, 배의 향이 풍성한 연기와 함께 어우러진 백 투 더 퓨처 몰트이다.

FINISH ▸▸   과일맛, 중간 길이 정도의 여운

BALCONES 발콘스

주소 225 S 11th St, Waco, Texas, 76701, United States
홈페이지 www.balconesdistilling.com   **방문자센터** 있음

몰트 위스키를 만드는 역동적인 새로운 증류주들의 가장 큰 장점은 틀에 박힌 생각에서 벗어나 지역의 재료를 실험하고 흥미롭고 새로운 스타일과 풍미를 창조하려는 성향이 있다는 것이다. 미국보다 이런 성향이 더 잘 드러나는 곳은 없으며, 텍사스와 같은 주에서는 그 스타일이 당연히 크고 대담하다.

발콘스는 아메리칸 싱글몰트 위스키를 완성한 최초의 위스키 제조자 중 한 명으로 유명하지만 다소 논란의 여지가 있는 사업가인 칩 테이트(Chip Tate)가 설립한 미국의 크래프트 증류소이다. 발콘스가 위스키를 만드는 데 사용한 대부분의 오리지널 장비는 칩과 다른 발콘스 클럽 회원들이 직접 제작했다. 블루콘(blue corn)으로 만든 버번과 사나운 괴물 위스키 브림스콘(Brimstone) 등 항상 혁신적인 위스키를 선보였다. 이사회가 바뀌면서 칩도 떠났지만 발코스는 여전히 그 명성을 유지하고 있다.

BALCONES Texas Single Malt, 53% abv
발콘스 텍사스 싱글몰트 53%

═ SCORE 93 ═

NOSE ▶ 바닐라, 바위, 과일사탕, 체리, 매우 향이 풍부하고 리큐어 같다.

PALATE ▶ 강하고 부드러우며 입안에 코팅된 느낌, 자두, 사과, 강렬한 오크, 팔각, 백단향, 매우 매력적이다.

FINISH ▶ 긴 여운, 과일맛, 시나몬 향신료

THE BELGIAN OWL 벨지안 아울

주소 7 Hameau de Goreux, 4347 Fexhe-le-Haut-Clocher, Belgium
홈페이지 www.belgianwhisky.com   **방문자센터** 있음

전 세계에 부는 신세계 위스키에 대한 열정이 스코틀랜드와 아일랜드의 놀라운 위스키에 대한 존경심을 감소시키지는 않는다. 세계 최고의 위스키 생산자들은 스코틀랜드 위스키에 경의를 표하고 있으며, 스코틀랜드인들은 이를 매우 격려하고 지지해 왔다. 증류 과정을 가이드하기 위해 벨기에 아울을 여러 차례 방문한 스코틀랜드 증류의 전설 짐 맥퀴안(Jim McEwan)의 이야기가 좋은 예이다.

벨지안 아울은 작은 별채에서 시작했는데, 프리랜서 브랜디 제조자가 지역 농부들이 포도를 증류주로 만드는 것을 돕기 위해 시골을 돌아다니며 만든 낡은 이동식 증류기로 인해 대중에게 알려지게 되었다. 초창기에는 갓 증류한 증류주를 창고로 운반해 숙성시켰으며, 최근에는 스코틀랜드의 폐쇄된 캐퍼도닉 증류소의 오래된 증류기를 사용하여 제대로 된 증류소를 건설했다. 위스키는 현지 밭에서 수확한 보리를 사용하여 만들어진다. 매력적인 디저트 스타일의 위스키를 제공하기 위해 수많은 도전을 통해 회사를 이끌어 온 에티엔 부용(Etienne Bouillion)이 전체 운영의 브레인 역할을 맡고 있다.

THE BELGIAN OWL Single Malt Whisky, 46% abv
벨지안 아울 싱글몰트 위스키 46%

═══ SCORE 85 ═══

NOSE ▸▸   바닐라, 달콤한 사과, 부드러운 배

PALATE ▸▸   풍부하고 크리미하다. 시럽에 담긴 배 통조림, 스퀴지 바나나, 벌꿀, 토피, 버
           터드 도우 볼, 바닐라, 살짝 느껴지는 달콤한 향신료

FINISH ▸▸   풍부하고 가득 찬 여운, 달콤하다.

THE BELGIAN OWL Single Malt Whisky Intense 72.6% abv
더 벨지안 아울 싱글몰트 위스키 인텐스 72.6%

═══ SCORE 92 ═══

NOSE ▸▸   당신이 생각한 도수가 맞다(매우 드문 경우이다). 이는 알코올이 다른 향을 막
           고 있어 잔 안에 무엇이 들어있는지 거의 알 수 없다는 것을 의미한다.

PALATE ▸▸   이런, 우리는 더 큰 보트가 필요할 것 같다. 이 거대한 칠리 페퍼 공격으로 배,
           사과, 그리고 레몬 노트가 혼란 속에서 방향을 유지하려고 싸우고 있다. 이것
           은 잊을 수 없는 난장판 여행 같다. 바닐라와 건자두 향도 들어 있다.

FINISH ▸▸   길고 풍성하며, 사랑스러운 맛, 맥아의 강렬함, 걸작이다.

BIMBER 빔버

주소   Sunbeam Road, London, NW10 6JQ, England
홈페이지   www.bimberdistillery.co.uk   방문자센터   있음

빔버 증류소는 위스키 애호가들이 전통적인 방식으로 개성 있는 고품질 싱글몰트 위스키를 생산한다는 사명을 가지고 설립한 곳이다. 생산에 사용되는 모든 보리는 한 지역 농장에서 생산된다. 그런 다음 증류소 협동조합에서 수작업으로 만든 나무통에서 전통 방식으로 플로어 몰팅으로 맥아를 만들고 손으로 으깨어 7일 동안 천천히 발효시킨다. 증류소에서는 작은 구리 팟 스틸을 직화로 가열하고 증류주는 엄선된 캐스크에서 숙성된다. 빔버의 첫 번째 캐스크는 2016년 5월에 채워졌고, 3년 후인 2019년 9월에 첫 번째 싱글몰트 위스키(더 퍼스트)가 출시되었으며, 수작업으로 번호가 매겨진 1,000병의 한정판은 3시간 만에 매진되었다.

BIMBER The First, 54.2% abv
빔버 더 퍼스트 54.2%

SCORE 90

NOSE ▸▸ 매우 환영받는 느낌이며, 달콤한 잘 익은 과일과 향신료가 느껴진다. 벌꿀, 굽지 않은 땅콩과 건과일향이 난다.

PALATE ▸▸ 풀 바디의 풍부하고 베이킹 스파이스 느낌이 있는 리큐어, 크리미한 토피와 시럽이 뿌려진 과일샐러드

FINISH ▸▸ 중긴 길이 정도의 여운. 바닐라, 과일, 벌꿀향이 향신료로 대체된다.

BIMBER Re-charred Oak Casks, 51.9% abv
빔버 리차드 오크 캐스크 51.9%

SCORE 92

NOSE ▸   멋지고 강렬한 바닐라, 태운 나무향, 바비큐 후추, 칠리 향신료, 구운 사과

PALATE ▸   다진 고기를 곁들인 구운 사과, 과숙된 배, 토피, 토스팅된 오크, 나무의 탄닌, 균형감 있는 향신료, 라운드하고 유쾌한 맛

FINISH ▸   중간 길이 정도의 여운, 매력적으로 토스팅된 오크, 자두와 건포도

BLACK GATE 블랙 게이트

주소   72 Forrest Road, Mendooran, New South Wales 2842, Australia
홈페이지   www.blackgatedistillery.com   방문자센터   있음

블랙 게이트는 호주 뉴 사우스 웨일스 중서부 더보에서 45분 거리에 있는 멘두란에 위치하고 있으며, 부부가 2009년에 설립해 운영하는 소규모 증류소이다. 이 증류소는 시골에 자리 잡고 있으며 증류주가 빨리 숙성되는 데 도움이 되는 기후를 자랑한다. 위스키와 럼은 모두 현장에서 생산되며 연간 생산량은 위스키 약 3,000리터, 럼은 약 1,000리터이다. 이 증류소는 630리터와 300리터 용량의 직화식 구리 단식 증류기를 사용하여 풍미 스펙트럼의 더 풍부한 증류주를 생산한다. 주인장은 전통적인 방식을 고수하고 최고 품질의 재료와 통을 사용하며 방문을 독려한다고 한다.

BLACK GATE 3-year-old Batch 1, Single Malt Australian Whisky, That Boutique-y Whisky Co, 46% abv
블랙 게이트 3년 배치 1, 싱글몰트 오스트레일리안 위스키, 부티크 위스키 46%

SCORE 91

NOSE ▶   스타버스트, 산딸기, 딸기
PALATE ▶   블랙커런트와 사과 크럼블이 어우러진 진한 과일향의 완벽한 즐거움
FINISH ▶   중간 길이보다 살짝 더 긴 여운. 꽃향기, 풍부하고 세련되고 스타일리시한 느낌

BLACKWATER 블랙워터

주소 Church Road, Ballyduff Upper, Co Waterford, P51 C5C 6, Ireland
홈페이지 www.blackwaterdistillery.ie   **방문자센터** 있음

이런 책을 업데이트할 때 어려운 점 중 하나는 점점 더 많은 증류주들이 몰트 위스키라고 할 수 있는 것과 할 수 없는 것에 대한 경계를 허물고 있다는 것이다. 블랙워터의 경우, 규칙에 전혀 굴하지 않고 현대적인 정의 하에 한정된 스타일의 위스키만 허용하는 규칙을 막으려고 하며, 아이리시 위스키의 모든 정의에 따라 과거의 위스키 레시피를 받아들이려고 한다.

블랙워터는 위스키계의 헤스턴 블루멘탈(Heston Blumenthal, 요리연구가)이라고 할 수 있는 아일랜드 위스키 전문가이자 작가인 피터 멀리언(Peter Mulryan)이 설립했다. 피터와 뛰어난 재능을 가진 그의 팀원들은 아일랜드의 역사를 파헤치고 오랫동안 잊혀진 팟 스틸과 싱글몰트 레시피를 재현하고 있다. 이 증류소가 2022년에 처음 출시한 제품은 20CL 병 4개로, 각각 다른 시대의 팟 스틸 또는 싱글몰트 위스키를 담았다. 앞으로 이 증류소에서는 흥미진진한 최고급 위스키가 많이 출시될 예정이다. 각 병에는 날짜가 적혀 있는데, 이는 원래의 레시피가 기록된 연도를 나타낸다. 증류업자들은 나중에 성공적인 위스키를 재현할 수 있도록 다양한 매쉬빌을 노트에 기록해 두었다. 이 날짜들이 중요한 이유는 이러한 레시피로 아일랜드에서 팟 스틸 위스키가 만들어졌다는 것을 보여주기 때문이다. 블랙워터를 포함한 많은 이들의 생각으로는, 이런 위스키들이 현대의 아이리시 팟 스틸 위스키 정의에 하에서도 허용되어야 한다고 본다.

BLACKWATER Dirtgrain Heritage Pot Still 1838, 42% abv
블랙워터 더트그레인 헤리지티 팟 스틸 1838 42%

SCORE 86

NOSE ▶ 애플 브랜디 캐스크에서 오랜 시간 숙성된 흔적이 역력하다. 꽤 은은하지만 짜낸 사과즙과 약간의 시트러스 노트가 있다. 라운드하며 부드러운 후추향이 있다.

PALATE ▶ 오드비(Eau de vie)를 연상시킨다. 달콤한 과일향과 흙내음. 약간의 우디한 탄닌의 균형이 잘 잡혀 있다. 덜 익은 복숭아. 부정적인 맛이 하나도 없다.

FINISH ▶ 중간보다 살짝 긴 여운, 입안이 따뜻해지고, 구운 향과 향신료로 마무리된다.

BLACKWATER Dirtgrain Heritage Pot Still 1893, 42% abv
블랙워터 더트그레인 헤리티지 팟 스틸 1893 42%

SCORE 90

NOSE ▸▸ 과일너트 밀크초콜릿. 땅콩수프. 피시앤칩스 커리소스

PALATE ▸▸ 위스키 증류주 여행이다. 배로 만든 젤리가 먼저 느껴지는 사랑스럽고 풍부하며 매혹적인 맛이다. 그런 다음 향신료가 등장해 모든 것이 새콤달콤한 균형을 이룬다. 그리고 마지막으로 날카로운 칠리 향신료가 지배하기 시작한다.

FINISH ▸▸ 특이하게 달콤함과 향신료의 여운이 치열하게 경쟁한다. 훌륭한 맛이다.

BLACKWATER Dirtgrain Heritage Pot Still 1908, 42% abv
블랙워터 더트그레인 헤리티지 팟 스틸 1908 42%

SCORE 92

NOSE ▸▸ 네 가지 중 가장 쉽고 친근한 맛이다. 바닐라. 꿀. 캐러멜

PALATE ▸▸ 달콤하고 부드러운 배 멜바에 마지막에 칠리 플레이크를 곁들였다.

FINISH ▸▸ 중간 길이보다 더 긴 여운. 유쾌한 열대과일맛

BLACKWATER Dirtgrain Heritage Pot Still 1915, 42% abv
블랙워터 더트그레인 헤리티지 팟 스틸 1915 42%

SCORE 91

NOSE ▸▸ 부드러운 간장소스. 캠프 커피. 마마이트. 약간의 토피. 캐러멜

PALATE ▸▸ 처음에는 신선한 과일퓌레. 점성이 있으며 입안에 코팅된 느낌이 지배적이다. 달콤하고 잘 익은 사과향이 느껴진다.

FINISH ▸▸ 중간 길이 정도의 여운. 달콤하면서 입안이 따뜻해진다.

BLAUE MAUS 블라우어 마우스

주소   Bamberger Strasse 2, Eggolsheim-Neuses 91330, Germany

홈페이지 www.fleischmann-whisky.de   **방문자센터** 있음

블라우어 마우스는 1980년 로베르트 플라이쉬만(Robert Fleischmann)이 브랜디를 만들기 위해 설립한 회사로, 에골스하임의 부지에 가족이 운영하던 식료품 및 담배 사업장과 같은 규모로 설립되었다. 1983년에는 첫 위스키를 만들었는데, 증류소에서는 형편없었다고 말하지만 플라이쉬만은 연습이 완벽을 만든다는 견해를 가지고 있었다. 이 증류소는 25년 숙성된 위스키를 출시했는데, 그 맛이 매우 좋았기 때문에 초기 노력이 나쁘지 않았거나 숙성이 놀라운 효과를 발휘했음을 알 수 있다. 그 이후로 이 증류소는 번창하여 해양성 테마가 반영된 스피너커(Spinnaker) 위스키를 개발하였다. 1996년부터 상업적으로 위스키를 판매하기 시작했으며, 현재는 아우스라제(Austrasier)와 올드 파(old fahr)를 포함한 다양한 위스키를 생산하고 있다. 현재 아들 토마스와 며느리 페트라가 운영하는 이 증류소는 다양한 이름의 싱글 캐스크 위스키를 병입하고 있으며, 그중 다수는 완전히 새로운 맛을 선사한다.

BLAUE MAUS Elbe 1, 40% abv
블라우어 마우스 엘베 1 40%

SCORE 86

NOSE ▸ 바이올린 송진. 식용유. 견과류. 낙엽

PALATE ▸ 달콤하고 라운드하다. 라임 스타버스터 사탕. 중간은 나무 수액 느낌이. 끝부분에는 발효 중인 딸기향. 캐러멜. 헤이즐넛. 마지팬맛이 있다. 특이하다.

FINISH ▸ 입안이 따뜻해지고 부드럽고 달콤하다.

BRAUEREI LOCHER 브라우어라이 로셰

주소   Brauereiplatz 1, Appenzell 9050, Switzerland

홈페이지 www.saentismalt.com   방문자센터   있음

브라우어라이 로셰는 아펜젤러 맥주 제조로 수상 경력을 가진 양조장이다. 리히텐슈
타인 국경에서 멀지 않은 스키장 정상에 자리 잡고 있다. 로셰 가문의 역사와 양조
기술은 18세기 오베레그에서 시작되었으며, 1886년 이 가문은 아펜젤러에 있는 양조
장을 인수했다. 1999년 스위스의 곡물 증류주 생산 금지 조치가 해제된 후, 마스터
브루어인 칼 로셰(Karl Locher)는 알프슈타인의 샘물을 사용해 맥주통에서 생티스
(Säntis) 몰트 위스키를 만들기 시작했다.

SÄNTIS Malt Edition Dreifaltigkeit, 52% abv
생티스 몰트 에디션 드라이팔티그카이트 52%

════ SCORE 92 ════

NOSE ▸▸   아로마틱하며, 인센스 향을 피운 것 같고, 퀴퀴한 느낌의 스모크, 당밀과 오크향
이 있다.

PALATE ▸▸ 크런치 바, 향긋한 인센스 향 연기와 새콤달콤한 전투가 일어난다.

FINISH ▸▸ 중간 길이 정도의 여운, 짭쪼름한 느낌, 바비큐된 고기, 입안을 가득 찬 여운

SÄNTIS Himmelberg, 43% abv
생티스 힘멜베르그 43%

════ SCORE 89 ════

NOSE ▸ 마른 나무껍질, 약간의 포트우드 피니쉬 풍미, 지푸라기

PALATE ▸ 달콤한 맛과 톱밥과 흙내음이 한바탕 전투를 벌인다. 건과일향과 아로마틱한 향신료들이 경쟁을 한다. 미쳤다. 다르다. 잊지 못할 맛이다.

FINISH ▸ 쿰쿰한 느낌과 과일향, 스파이시함과 흙내음으로 마무리

BRENNE 브렌

주소 Local Infusions, New York, United States
홈페이지 www.brennewhisky.com

프랑스는 위스키를 만드는 데 있어서 언제나 독보적인 면모를 보여 왔다. 최고의 증류소 중 하나는 메밀로 위스키를 만들고, 코르시카의 한 증류소는 밤으로 만든 맥주로 위스키를 생산한다. 물론 규칙을 어겼을 수도 있지만, 와우! 맛이 정말 끝내준다! 브렌은 프랑스 위스키 목록에 추가된 또 다른 이상한 술이다. 코냑의 시골 농장에서 소량으로 만들어져 미국으로 수입되어 앨리슨 파크(Allison Parc)가 판매한다. 그 연관성이 어떻게 생겨났는지 불분명하고 앨리슨은 코냑과의 연관성에 대해 모호한 입장을 취하지만, 정기적으로 프랑스를 방문하고 있으며 그녀의 위스키가 코냑에서 만들어졌다는 것은 의심의 여지가 없다. 테루아와 증류 과정 속에 코냑 잔여물의 양이 얼마인지 하는 문제도 의미가 없다. 하지만 이보다 더 좋은 꽃향기와 향긋한 몰트 위스키를 찾기는 어려울 것이다.

전직 발레리나에서 위스키 사업가로 변신한 앨리슨 파크가 설립한 브렌은 2012년에 적은 자산으로 시작했다. 자산은 적을지언정 브렌은 싱글몰트 위스키에 테루아를 구현해낼 수 있다는 것을 보여주겠다는 큰 꿈으로 탄생한 곳이다. 그녀는 프랑스 남서부 코냑의 중심부에 위치한 가족 농장 증류소에서 3대째 코냑을 제조하는 장인과 함께 보리씨앗부터 증류주까지 브렌의 모든 것을 만들었다.

앨리슨은 2012년부터 뉴욕에서 이 위스키를 출시했으며, 맨해튼의 시티 바이크를 타고 브렌의 첫 번째 병을 직접 유통하여 뉴욕 최고의 레스토랑과 소매업체의 진열대에 제품을 배치하였다. 대표 제품인 브렌 에스테이트 캐스크는 두 달 만에 매진되었고, 앨리슨은 이후 몇 년 동안 미국 35개 주와 프랑스로 유통을 확대하였다. 2015년 10월에는 두 번째 익스프레션인 브렌 텐(Brenne Ten)을 출시했는데, 이 한정판 10년산 싱글몰트 위스키는 매년 약 300케이스만 생산된다. 현재 브렌은 모든 주요 시장과 전 세계 유명 바에서 판매되고 있다.

BRENNE Estate Cask, 40% abv
브렌 에스테이트 캐스크 40%

SCORE 90

NOSE ▸▸   코냑과 프렌치 리무진 오크에서 숙성되어 향기롭고 달콤하고 부드러운 과일 향, 바닐라 커스터드, 캐러멜, 초콜릿이 풍부하다.

PALATE ▸▸   코에서 느낀 캐러멜과 밀크초콜릿에 바나나 스플릿과 열대과일이 향긋하고 달콤한 향을 더한다.

FINISH ▸▸   중간 길이 정도의 여운, 단맛과 달콤한 과일

BRENNE 10-year-old, 48% abv
브렌 10년, 48%

SCORE 92

NOSE ▸▸   브렌의 기본이 되는 제품의 큰언니 버전을 기대한다면 딱 그 맛이다. 더 풍부하고 깊은 오렌지 과일향, 복숭아와 살구

PALATE ▸▸   커스터드와 크림이 중심이 되고, 베리류 과일향과 탄닌, 향신료, 약간의 와인 향이 느껴진다.

FINISH ▸▸   길고 풍부한 향과 과일향이 느껴진다. 퀄리티가 좋다.

BROGER 브로거

주소 Damweg 43, 6833 Klaus, Austria
홈페이지 www.broger.info

포어아를베르그의 클라우스에 위치한 브로거 증류소는 가족끼리 운영하는 곳으로, 일부는 여가 시간에 생산을 돕기도 하는 진정한 의미의 가족 기업이다. 1993년 유겐과 브루노 브로거는 아버지 월터를 따라 가족 과수원에서 과일을 증류하여 리큐어를 만들기 시작했다. 수년에 걸쳐 이 증류소는 상당한 규모의 증류소로 발전하였다. 모든 맥아와 곡물은 현장에서 직접 갈아서 으깨고 증류한다. 이 가족은 스코틀랜드와 바이에른의 곡물뿐만 아니라 포어아를베르그의 고향에서 생산된 곡물을 공급받는다. 현지 농부들과 협력하여 옥수수, 보리, 밀, 호밀, 스펠트(밀의 한 종류)를 재배하여 지속 가능한 지역 위스키를 생산하고 있다. 브로거는 흥미로운 풍미의 다양한 위스키를 만들기 위해 말라가, 마데이라, 셰리, 레드 와인 등 다양한 와인 오크통과 증류주를 담았던 캐스크를 사용한다.

BROGER Triple Cask, 42% abv
브로거 트리플 캐스크 42%

SCORE 91

NOSE ▸ 새로운 오크, 셰리, 마데이라를 숙성에 사용하였기 때문에 전형적인 조린 셰리 베리의 향. 초콜릿, 살짝 오렌지향이 난다.

PALATE ▸ 셰리와 초콜릿, 토피, 달콤한 향신료가 더해진 크고 강렬한 맛

FINISH ▸ 자두, 건포도, 대추, 헤이즐넛, 매우 긴 여운

BROGER Burn Out, 42% abv
브로거 번 아웃 42%

SCORE 94

NOSE ▸ 그들은 위스키로 장난친 것이 아니다. 아주 진지하게 만들었다. 이것은 눈물이 날 정도로 정말 강렬한 피트 향이다. 이는 강렬하며, 페놀 함량이 높고, 고무를 태우는 듯한 피트 위스키가 가장 맹렬한 상태이다.

PALATE ▸ 처음 한두 번만 마셔보면 한 가지 맛으로 끝날 것 같다고 생각할 수 있지만, 갈수록 크리미한 맛과 달콤한 캐러멜향, 구운 오크향이 느껴진다.

FINISH ▸ 피티한 긴 여운

BUSHMILLS 부쉬밀

생산자 Casa Cuervo
주소 2 Distillery Road, Bushmills, Co Antrim, BT57 8XH, Northern Ireland
홈페이지 www.bushmills.com   **방문자센터** 있음

부쉬밀은 앤트림 해안의 관광 명소인 자이언트 코즈웨이 근처에 위치한 예쁘고 유서 깊은 증류소이다. 매우 오랜 기간 현재의 트렌드를 거스르고 일반적인 블렌디드 위스키 스타일이 아닌 아이리시 싱글몰트 위스키를 생산했다는 점에서 특이한 곳이다. 또한 아일랜드에 있지는 않지만 아일랜드 증류소 그룹의 회원이기도 하다. 부쉬밀의 위스키 역사는 400년 이상 거슬러 올라간다. 지난 몇 년 동안 두 번이나 주인이 바뀌었는데, 디아지오가 아일랜드 디스틸러스로부터 인수한 후 아무것도 하지 않고 있다가 테킬라 증류소를 디아지오에 넘기는 거래를 통해 카사 쿠에르보에 넘겨주었다.

부쉬밀은 특이하게도 다른 많은 회사들처럼 달콤한 과일향이 나는 블렌디드 위스키를 만들면서, 또한 호평을 받는 싱글몰트 위스키도 생산한다. 가장 잘 알려진 블렌디드 브랜드는 부쉬밀 블랙부쉬(Black Bush)이다.

BUSHMILLS 10-year-old, 40% abv
부쉬밀 10년 40%

SCORE 84

NOSE ▸ 신선한 과일, 복숭아, 과즙이 많은 베리류, 벌꿀

PALATE ▸ 두 가지 맛으로 나뉘는데, 첫째는 달콤한 포도, 빨간 사과와 기분 좋은 과일. 그 다음은 쌉싸름한 초콜릿과 향신료가 위스키의 바디감과 모양을 만들어 준다.

FINISH ▸ 단맛과 향신료의 균형감이 좋고 라운드하며 구조감을 이룬다.

BUSHMILLS 16-year-old, 40% abv
부쉬밀 16년 40%

SCORE 86

NOSE ▸ 숙성 과정에서 빨간색과 오렌지색 과일, 맥아, 향신료의 특징을 가진 매혹적이고 향이 강한 몰트 위스키가 혼합되었다.

PALATE ▸ 포트의 영향은 분명하지만 토피가 강하고 과일 샐러드향이 풍부하다. 깨끗하고 잘 만들어졌지만 땅을 뒤흔들 정도는 아니다.

FINISH ▸ 중간 길이 정도의 여운, 과일향, 밸런스가 좋음. 무난한 맛

BUSHMILLS 21-year-old, 40% abv
부쉬밀 21년 40%

SCORE 88

NOSE ▸ 견과류와 벌꿀, 초콜릿, 여름과일향이 주를 이룬다.

PALATE ▸ 달콤한 벌꿀향은 아마 마데이라 캐스크에서 피니쉬 숙성되면서 생겨난 향일 것이다. 우아하고 밸런스가 좋으며, 과일향이 풍부하다. 오크는 과시하지 않고 부드러운 향신료와 함께 조화를 이룬다.

FINISH ▸ 긴 여운, 풍부하고 마실 만한 가치가 있다.

CARDRONA 카드로나

주소 2125 Cardrona Valley Road, Wanaka 9382, New Zealand
홈페이지 www.cardronadistillery.co.nz   **방문자센터** 있음

뉴질랜드는 태즈메이니아를 소유하고 있는 뉴질랜드 위스키 컴퍼니와 톰슨 가족기업 만이 위스키 세계에 불을 밝히고 있을 뿐, 새로운 신세계 위스키 파티에 더디게 합류해 왔다. 하지만 지금은 상황이 급변하고 있다. 카드로나 증류소는 2016년 사우스 아일랜드의 서던 알프스 기슭의 카드로나 계곡에 설립되었으며, 지역의 재료를 사용하여 아주 어린 위스키를 포함한 다양한 증류주를 생산하고 있다.

가족이 운영하는 이 기업은 투자를 아끼지 않고 있다. 전 세계에서 장비를 조달하고, 데지리 리드-휘태커(Desiree Reid-Whitaker)는 2년 반 동안 전 세계를 여행하며 전 메이커스 마크 디스틸러이자 프리랜서 위스키 컨설턴트인 고(故) 데이비드 피커렐 (David Pickerell)을 비롯한 전문가들로부터 증류 기술을 배웠다.

CARDRONA Growing Wings Mt Difficulty exPinot Noir Cask No 301, 67.4% abv
카드로나 그로잉 윙스 마운트 디피컬티 엑스피노누아 캐스크 No 301, 67.4%

═══ SCORE 94 ═══

NOSE ▸▸ 달콤하게 구운 밤, 담뱃잎, 건조하고 바삭한 숲 바닥. 토피넛 초콜릿 가을이 생각나며, 유혹적인 향이다.

PALATE ▸▸ 풍부하고 점성이 있으며 입안이 코팅되는 맛. 밤나무향이 이어지고 발효중인 과일향과 과숙된 자두향이 더해진다. 매우 달콤하고 흠이 없다.

FINISH ▸▸ 풍부하고 과일향의 여운이 길다.

CARDRONA Growing Wings 5-year-old Sherry and Bourbon Cask, 65.6% abv
카드로나 그로잉 윙스 5년 셰리 앤 버번 캐스크 65.6%

═══ SCORE 90 ═══

NOSE ▸▸ 장미 꽃잎, 라벤더, 팔마 제비꽃이 어우러진 부드러운 꽃향기

PALATE ▸▸ 블랙커런트, 셰리 베리, 꽃향기, 베리 셔벗, 부드러운 향신료가 어우러진 유쾌하고 부드러운 맛이다.

FINISH ▸▸ 중간 길이보다 더 긴 여운을 남기지만 달콤한 향과 꽃향기가 매력적이다.

CARDRONA Growing Wings Old Forester ex-Bourbon, 66.5% abv
카드로나 그로잉 윙스 올드 포레스터 엑스 버번 66.5%

═══ SCORE 91 ═══

NOSE ▸▸ 거침이 없으며 스파이시한 맛. 체리 로젠지의 활발한 향. 매우 환영할 만한 향이다.

PALATE ▸▸ 통조림 복숭아와 살구 통조림향이 풍부하고 라운드하다. 달콤한 칠리 향신료와 바닐라 슬라이스가 어우러져 있다.

FINISH ▸▸ 여운이 길며, 달콤하고, 마시고 난 후 입안이 따뜻하다. 또 다른 훌륭한 몰트 위스키다.

CHICHIBU 치치부

주소   Midorigaoka 49, Chichibu, Saitama-ken, 368-0067, Japan
홈페이지 www.one-drinks.com   방문자센터 있음

오랫동안 일본은 현지 회사인 산토리와 닛카에서 생산한 위스키에 의존해 왔고 다른
위스키는 거의 수출되지 않았다. 하지만 2011년 한유 증류소의 전 디스틸러의 손자인
아쿠토 이치로(Ichiro Akuto)가 치치부를 설립하면서 상황이 바뀌었다. 이 증류소는
도쿄에서 북서쪽으로 약 100km 떨어진 곳에 위치해 있다. 이치로는 비교적 젊지만,
품질이 점점 좋아짐에 따라 강력하고 충성도가 높은 마니아층을 구축하였다. 이치로
의 큰 성공에 힘입어 치치부는 창업 5년 만인 2019년에 새로운 증류소로 이전하였다.
새 증류소는 기존 증류소의 5배에 달하는 용량을 갖추고 있다. 그 이후로 이 증류소는
숙성을 위해 다양한 캐스크를 사용하여 다양한 위스키를 만들고 있다.

CHICHIBU The Peated 2016, 54.5% abv
치치부 더 피티드 2016, 54.5%

SCORE 85

NOSE ▸ 약 냄새. 감귤류향. 모닥불. 벌꿀과 바닐라향을 바탕으로 낯선 향이 있다.
PALATE ▸ 코에서 느껴진 피트향이 멘톨향과 여전히 느껴진다. 흥미로운 흙내음이 있다.
매우 얕다.
FINISH ▸ 중간 길이의 여운. 구운 오크맛. 그릴에 구운 파인애플의 맛이 난다.

COOLEY 쿨리

생산자 Beam Suntory
주소 Riverstown, Dundalk, Co Louth, Ireland
홈페이지 www.beamsuntory.com   **방문자센터** 있음

지금의 아이리시 위스키의 엄청난 성공을 생각하면 믿기 어렵겠지만, 50년 전만 해도 아이리시 위스키는 멸종 위기에 직면해 있었다. 스코틀랜드와의 공격적인 경쟁, 아일랜드의 금주법 준수에 따른 미국인들의 스카치 사랑, 2차 세계 대전 중 영국에 주둔한 수많은 미국인들, 영국과의 다양한 분쟁으로 인해 판매가 급감했었다. 그래서 지난 세기 중반에 남은 생산자들은 아일랜드 증류소를 설립하고 아이리시 위스키를 3회 증류(더 가볍고 과일향이 강함), 블렌디드 위스키, 피트 무첨가, 40% 알코올 도수가 특징인 스카치 라이트(Scotch Lite)의 일종으로 정의했었다.

그 상황에 광업으로 돈을 벌었던 존 틸링(John Teeling)이 등장한다. 그는 쿨리를 설립하고 아이리시 위스키의 기둥을 무너뜨리기 시작했다. 쿨리는 아일랜드 동부 해안의 쿨리 반도에 있다. 1987년 위스키 증류소로 개조되었으며, 그 이전에는 공장과 산업용 연료 공장으로 사용되었다. 존 틸링이 이끄는 이 회사는 아일랜드의 옛 증류소 이름을 되살리고, 다양한 스타일과 도수의 위스키를 생산하며, 기존 아일랜드의 흐름에 맞서 싸웠다. 껍질을 벗긴 보리를 사용한 위스키, 캐스크 스트랭스 등 특이한 도수의 위스키, 주정 강화 와인 캐스크에서 피니쉬 숙성을 비롯해 다양한 위스키가 출시되었다. 쿨리는 결국 매각되어 현재 빔 산토리 제국의 일부가 되었다.

이후 존은 그레이트 노턴(Great Northern) 증류소를 설립했고, 그의 아들인 잭과 스티븐은 가문의 이름을 이어받아 더블린에 큰 성공을 거둔 증류소인 틸링을 설립하여 수십 년 만에 아이리시 위스키 생산을 다시 수도로 가져왔다.

CONNEMARA The Original, 40% abv
코네마라 더 오리지널 40%

═══ SCORE 84 ═══

NOSE ▸▸   달콤한 사과, 복숭아 통조림, 살짝 나는 연한 스모크

PALATE ▸▸   부드러운 피트와 단맛과 신맛의 균형이 잘 잡혀 있으며, 유쾌하고 달콤한 사
            과향. 매우 부드럽다.

FINISH ▸▸   짧고 스모키하며 사과주스의 여운이 남는다.

CONNEMARA Cask Strength, 57.9% abv
코네마라 캐스크 스트랭스 57.9%

═══ SCORE 90 ═══

NOSE ▸▸   향에서는 크게 기대할 것이 없다. 향이 감춰져 있고 평범하고 약간의 꽃향기가
            있을 뿐이다.

PALATE ▸▸   훨씬 낫다. 토탄 연기가 멋지게 피어오르며 풍성하고 달콤하다. 초록사과가
            아일랜드에 와 있음을 상기시켜 준다.

FINISH ▸▸   여운이 길며, 피트하고, 매우 인상적이다.

TYRCONNELL Irish Whiskey, 43% abv
티어코넬 아이리시 위스키 43%

⸺ SCORE 86 ⸺

NOSE ▶▶ 도수를 3% 올리는 것으로 위스키에 생긴 변화가 놀랍다. 원래 40%의 도수로 병에 담겨 있던 위스키가 새로운 도수 덕분에 모든 색을 드러낸다. 뜨거운 토스트에 오렌지 마멀레이드와 꿀을 곁들인 것 같다.

PALATE ▶▶ 두툼한 바디. 아이스크림에 견과류와 토피. 살짝 바게트 맛이 있는 마시기 쉬운 위스키

FINISH ▶▶ 중간 길이의 여운. 부엌의 향신료와 토스팅된 오크

TYRCONNELL 10-year-old Madeira Cask Finish, 46% abv
티어코넬 10년 마데이라 캐스크 피니쉬 46%

⸺ SCORE 93 ⸺

NOSE ▶▶ 뛰어난 위스키이다. 신선한 이국적인 과일향과 달콤한 라임향이 놀랍다. 풍성하며 과일맛과 셔벗향이 난다.

PALATE ▶▶ 과일 통조림과 젤리를 섞어 놓은 듯한 아름다운 맛이 계속 이어진다.

FINISH ▶▶ 배 통조림 위에 과일아이스크림을 올린 맛이 지배적으로 길게 남는다.

TYRCONNELL 10-year-old Port Finish, 40% abv
티어코넬 10년 포트 피니쉬 40%

⸺ SCORE 90 ⸺

NOSE ▸ 잘게 자른 설탕 과일 절임. 자두 잼. 파인애플. 약간의 레드베리향

PALATE ▸ 풀 바디. 자두잼. 살짝 느껴지는 럼과 건포도. 포트캐스크의 풍부한 와인 향이 느껴짐.

FINISH ▸ 맛있는 과일맛이 꽤 긴 여운으로 남는다.

COTSWOLDS 코츠월드

주소   Phillip's Field, Whichford Road, Stourton, Warwickshire, CV36 5EX, England
홈페이지 www.cotswoldsdistillery.com   방문자센터 있음

코츠월드는 위스키를 만들기 위해 뉴욕, 런던, 파리에서의 경력을 포기한 금융 전문가 다니엘 소르(Daniel Szor)가 2014년에 설립한 유쾌한 증류소이다. 그와 그의 팀은 여러 가지 스타일의 위스키를 만들고 있다. 이 증류소는 지역 사회와 조화를 이루며 관광 명소가 되었다. 코츠월드는 위스키가 숙성되기를 기다리는 동안 진을 생산하여 많은 상을 수상하며 성공을 거두었다. 그 이후로 어리지만 뛰어난 싱글몰트 위스키 원액을 지속적으로 선보이고 있다. 이는 노퍽의 세인트 조지가 주도한 운동의 일환으로, 잉글랜드를 세계 최고의 싱글몰트 위스키 생산지로 만드는 데 기여하고 있다.

COTSWOLDS Reserve, 50% abv
코츠월드 리저브 50%

SCORE 89

NOSE ▸▸   벌집과 토피향이 맞이한다. 약간의 레몬향도 있다.

PALATE ▸▸   사랑스러운 입안의 감촉과 균형감. 달콤한 맥아가 복숭아, 자두, 다른 핵과류 과일과 만났다.

FINISH ▸▸   이 위스키에 단점은 없지만 너무 얌전할지도 모른다. 주목할 만한 위스키이다.

COTSWOLDS Single Malt Sherry Cask, 57.4% abv
코츠월드 싱글몰트 셰리 캐스크 57.4%

⊏ SCORE 91 ⊐

NOSE ▸▸ 견과류, 장미꽃, 부드러운 핑크 사탕, 건포도, 대추, 살짝 느껴지는 감초, 라임 코디얼, 부드럽고 우아하다.

PALATE ▸▸ 매콤한 칠리 향신료가 달콤한 사과, 바닐라, 라임 디저트와 맛있는 조합을 이룬다. 좋은 의미로 입안이 코팅되고 오일리하다.

FINISH ▸▸ 매우 긴 여운. 맑고, 스틱 오브 락(사탕) 맛이 난다.

COTSWOLDS Bourbon Cask, 59.1% abv
코츠월드 버번 캐스크 59.1%

⊏ SCORE 93 ⊐

NOSE ▸▸ 바닐라, 바나나, 캐러멜의 강렬한 조합. 전형적인 버번 캐스크의 향이다.

PALATE ▸▸ 강한 바닐라. 견과류, 바노피 파이, 스피어민트 토피의 흔적이 느껴지는 달콤하고 쫄깃한 맛. 쿰쿰한 향신료의 가벼운 터치만이 이 완벽한 여름 몰트 위스키에 살짝 변주를 더한다.

FINISH ▸▸ 강한 바닐라와 아이스크림 맛이 긴 여운으로 남는다.

COTSWOLDS Madeira Single Cask, 59.5% abv
코츠월드 마데이라 싱글 캐스크 59.5%

=== SCORE 94 ===

NOSE ▸▸ 사랑스러운 과일 셔벗, 블루베리, 블랙베리 코디얼, 활석가루, 파르마 제비꽃

PALATE ▸▸ 맛있고 깨끗하며, 신선한 과일향과 꽃향기가 난다. 처음부터 끝까지 환상적인 경험이다.

FINISH ▸▸ 긴 여운, 씹히는 듯한 과일맛이 난다.

COTSWOLDS Peated Cask, 59.6% abv
코츠월드 피티드 캐스크 59.6%

=== SCORE 91 ===

NOSE ▸▸ 흙내음, 이끼, 그리고 점점 더 산업적인 짠맛 나는 피트가 섞여 있다.

PALATE ▸▸ 예상대로 흙냄새가 나는 피트와 축축한 난로의 향이 느껴지다가, 이내 부드럽게 잘 익은 바나나와 열대과일의 향이 느껴지는 다른 길로 들어선다. 여전히 짠맛이 나지만 달콤한 맛이 더해지며, 후추의 물결이 잘 만든 위스키를 완성시켜 준다.

FINISH ▸▸ 꽤 긴 여운을 가졌다. 피트, 후추, 초록과일, 꿋꿋한 바나나의 풍미들이 한데 어우러진다.

COTSWOLDS Founder's Choice, 60.5% abv
코츠월드 파운더스 초이스 60.5%

══ SCORE 95 ══

NOSE ▸▸ 약간의 과시욕이 느껴진다. 도수가 높아 위스키의 과일향을 잘 느낄 수 있으며, STR 캐스크에서 숙성시켜 이국적인 디저트, 바닐라, 꿀향이 더해진다.

PALATE ▸▸ 럼토프, 과일, 커피, 매운 초콜릿의 향이 풍부하다. 생강향이 훌륭하다.

FINISH ▸▸ 긴 여운. 거만하지만 매우 유쾌한 위스키이다.

COTSWOLDS Single Cask Malt, 46% abv
코츠월즈 싱글 캐스크 몰트 46%

══ SCORE 88 ══

NOSE ▸▸ 강한 시골 작물향. 오렌지, 레몬, 매우 예쁘고 정갈한 향이다.

PALATE ▸▸ 균형 잡힌 맛과 좋은 식감을 자랑한다. 오렌지와 레몬은 여전히 잘 느껴지고 칠리 페퍼와 아이스크림이 추가되었다.

FINISH ▸▸ 과일향과 즐거운 풍미가 꽤 긴 여운으로 남는다.

DÀ MHÌLE 다비레이

주소 Glynhynod Farm, Llandysul, Ceredigion, SA44 5JY, Wales
홈페이지 www.damhile.co.uk   방문자센터 있음

다비레이는 카우 테이피(Caws Teifi)라는 유명한 유기농 치즈를 만드는 농장의 부업으로 시작했지만, 지금은 독립적인 증류주 사업으로 성장했다. 1981년 존과 패트리스 새비지 온츠웨더 부부가 처음 설립했으며, 위스키 이름인 다비레이는 농장의 첫 번째 위스키 프로젝트에서 따 온 것이다. 웨일스어로 '2000'이라는 의미인데, 농장이 밀레니엄 프로젝트의 일환으로 스코틀랜드의 스프링뱅크 증류소에 유기농 위스키 생산을 의뢰했던 것에서 유래했다. 오늘날 이 농장은 자체 증류소를 보유하고 있으며, 존과 패트리스의 아들인 존-제임스와 로버트가 사업을 운영하고 있다.

DÀ MHÌLE Tarian Single Malt, 46% abv
다비레이 타리안 싱글몰트 46%

=== SCORE 88 ===

NOSE ▸▸ 수상 경력을 지닌 치즈 농장에서 만들어졌지만, 치즈 느낌은 없고 특이하다.

PALATE ▸▸ 상큼한 꽃향기와 고소한 과일향이 어우러져 있다. 부드럽고 균형 잡힌 독특한 맛이다.

FINISH ▸▸ 중간보다 더 긴 여운. 초록과일과 우아한 향신료

DINGLE 딩글

주소   Dingle Distillery, Milton Roundabout, Dingle, County Kerry, V92 E7YD, Ireland
홈페이지   www.dingledistillery.ie

딩글 위스키 증류소는 올리버 휴즈(Oliver Hughes), 리암 라하트(Liam LaHart), 피터 모슬리(Peter Mosley) 세 명의 술 애호가가 함께 구상하고 만든 곳이다. 이 들은 1996년 아일랜드에서 크래프트 브루잉의 선구자 중 하나인 포터하우스 (Porterhouse) 브루잉 컴퍼니를 설립한 사람들이다. 딩글 위스키 증류소는 2012년 겨울에 탄생했다. 당시 아일랜드는 많은 사람들이 기억하는 최악의 불황에서 막 벗어 나기 시작하던 때였다. 하지만 이 팀들은 그때 마을의 회사 양철 창고에서 몰트 증류 주를 생산하고 있었다. 첫 번째 캐스크는 2012년 12월 18일에 채워졌다. 그리고 3년 하고 하루 뒤인 2015년 12월 19일, 두 번째 캐스크가 병에 담겨 출시되었다.

DINGLE Single Malt Whiskey, 46.3% abv
딩글 싱글몰트 위스키 46.3%

═══ SCORE 90 ═══

NOSE ▶▶   날카로운 사과향, 유쾌한 꽃 향기, 와인, 쐐기풀

PALATE ▶▶   기만적이다. 이 맥아의 원산지를 암시하기에 충분한 사과와 배향이 난다. 하 지만 맥아는 완전히 더 맛깔스러운 여행을 시작한다. 처음에는 가벼워 보이지 만, 섬세하고 단호하게, 그리고 활기찬, 오드비 스타일의 신시힘이 진행된다. 아이리시 위스키의 과한 단 맛에 싫증난 사람들을 위한 위스키이다.

FINISH ▶▶   중간 정도의 여운, 짠맛이 남는다.

DISTILLERIE DES MENHIRS
디스틸러리 데 메니르

주소 7 Hent Saint-Philibert, 29700 Plomelin, Bretagne, France
홈페이지 www.distillerie.bzh

프랑스는 음식과 음료에 관한 한 타의 추종을 불허할 만큼 뛰어난 국가라는 사실을 전 세계에 확신시키는 데 성공했다. 아이러니하게도 와인과 코냑이 전 세계 미식가들의 입맛을 사로잡고 있지만, 그 외에도 잘 알려지지 않은 뛰어난 음료가 있다는 사실을 간과해서는 안된다. 노르망디에 가면 사과로 못 만드는 게 없다는 것을 알게 되며, 멋진 시드르와 증류주인 칼바도스도 맛볼 수 있다.

브르타뉴의 맥주와 위스키도 마찬가지이다. 점점 더 많은 프랑스 증류주 업체들이 몰트 위스키 메이커로서 진지하게 인정받기를 원하고 있으며, 그럴 만한 이유가 있다. 디스틸러리 데 메니르는 프랑스 위스키의 선구자 중 하나이며, 그 위스키의 품질은 날로 향상되고 있다.

메니르 증류소는 가족 소유주가 메밀 위스키를 생산하는 세계 유일한 증류소라고 자랑하는데, 프랑스 정부에서 메밀을 곡물로 인정하고 메밀의 프랑스어 단어가 '검은 밀'을 의미하는 블레 누아(blé noir)라는 점에서 의문이 생긴다. 위스키는 곡물, 효모, 물로 만들어야 하기 때문이다. 물론 밀도 곡물이지만 다른 나라에서는 보통 메밀을 콩으로 간주한다. 하지만 이 증류소가 훌륭하고 독특한 증류주를 만든다는 것은 틀림없고, 위스키 애호가들이 위스키를 즐길 수 있는 플랫폼이 될 자격이 충분하다.

브르타뉴 남부의 플로멜린에서 증류주를 생산하는 사업은 1921년부터 시작하여 5대에 걸쳐 가족 기업으로 이어져 왔다. 1986년 기 르 레이(Guy le Lay)는 디스틸러리 데 메니르를 설립하여 시드르를 증류시킨 브랜디인 람빅(Lambig)과 사과 브랜디인 뽀모 드 브르타뉴(Pommeau de Bretagne)를 생산하며 획기적인 기업으로 성장시켰다. 약 10년 후, 이 가족은 새로운 모험을 시작했고 2002년에는 최초의 에두(Eddu) 위스키를 출시했다. 이 가문은 에두만의 독특한 브르타뉴어(Bretagne, 애플 브랜디) 정체성을 유지함으로써 이제 전체 켈트족 유산의 일부가 되었으며, 따라서 브르타뉴와 켈트족 국가들 사이의 강력한 연결고리가 되었다고 말한다. 메니르(Menhirs)라는 이름은 브르타뉴 전역에서 발견되는 선돌을 가리킨다.

EDDU Silver, 43% abv
에두 실버 43%

═══ SCORE 90 ═══

NOSE ▸ 젖은 숲 속의 바닥, 가을 낙엽, 발효 중인 과실, 베리류, 흙내음

PALATE ▸ 큰 놀라움. 스피어민트와 민트, 생생하고 진한 감귤류와 오렌지맛, 깨끗하며, 전체적인 맛의 모양을 잡을 충분한 탄닌이 있다.

FINISH ▸ 길고 상쾌하며 매력적인 스피어민트 향이 느껴진다.

EDDU Gold, 43% abv
에두 골드 43%

═══ SCORE 94 ═══

NOSE ▸ 삼나무, 헤이즐넛, 톱밥, 달콤한 향신료 가루, 부러진 가지

PALATE ▸ 다양한 베리류 과일과 부드러운 퓌레, 꿀, 견과류의 매혹적인 균형감을 지니고 있다.

FINISH ▸ 부드러운 과일, 꿀, 가벼운 후추, 약간의 감초와 멘톨이 어우러져 중간보다 더 긴 여운을 남기는 훌륭한 맛이다.

DISTILLERIE DES MENHIRS Ed Gwenn, 45% abv
디스틸러리 데 메니르 에드 그웬 45%

SCORE 95

NOSE ▸▸ 사과와 배의 섬세하고 매혹적인 조합. 바닐라. 꿀. 거부할 수 없는 매력을 지녔다.

PALATE ▸▸ 사과 조림을 곁들인 부드러운 배 통조림. 캐러멜 소스를 곁들인 바닐라 아이스크림. 애플 크럼블과 커스터드

FINISH ▸▸ 달고 과일맛 나는 긴 여운. 아주 매혹적이다.

EDDU Brocéliande, 43% abv
에두 브로셀리앙드 43%

SCORE 90

NOSE ▸▸ 흙내음. 잘 익은 자두와 베리류. 젖은 잎사귀. 살구 조림의 섬세한 맛

PALATE ▸▸ 매우 특이하다. 맑고 라운드하며 달콤하다. 건포도와 포도. 많은 일이 일어나고 있지만 이를 탐구하는 것은 재미있다.

FINISH ▸▸ 중간 길이 정도의 여운. 과일맛. 단맛. 약간의 흙내음 나는 피트향

EDDU Tourbé/Peated, 43% abv
에두 뚜르베 피티드 43%

⊏ SCORE 92 ⊐

NOSE ▸▸   피트가 맞다. 그런데 굉장히 섬세하다. 식힌 난로 재. 날카로운 사과향

PALATE ▸▸   와우! 대형 공장에서 나는 으르렁거리는 스모크와 과일 퓨레의 밸런스가 사랑
스럽다. 스테로이드를 첨가한 아이리시 위스키 같다.

FINISH ▸▸   중간 길이 정도의 여운. 달콤하고 계속 생각나는 맛이다.

DISTILLERIE WARENGHEM
디스틸리에 와렝햄

주소   Route de Guingamp, Boutill, 22300 Lannion, France
홈페이지   www.distillerie-warenghem.bzh

밀레니엄 시대에 접어들기 전까지 스코틀랜드를 제외하고는 싱글몰트 위스키가 거의 생산되지 않았다. 스코틀랜드 밖에서 생산되는 소수의 싱글몰트 위스키는 무시당하거나 조롱당해왔다. 오늘날에도 스코틀랜드 사람이 아니어도 위스키를 만들 수 있다는 것을 인정하지 않는 위스키 애호가들이 있다. 1990년대에는 상황이 훨씬 더 격했을 것이다. 솔직히 반대하는 의견에도 일리가 있다. 결국 스코틀랜드는 천 년의 위스키 제조 역사를 통해 완벽한 위스키를 만들 수 있었기 때문이다. 그리고 이런 정설에 도전하는 사람은 용감한 사람이라고 할 법하다.

와렝햄과 같은 증류소는 공개적으로 성장해야 했고, 실제로 그렇게 성장해 왔다. 브리타뉴 북부에 위치한 이 양조장은 1900년에 설립된 가족 경영 기업이다. 처음에는 식물성 리큐어를 만들면서 성공을 거두었다. 이 회사는 과일 리큐어를 생산하기 위해 발전했으며, 1983년에는 몰트 위스키 25%와 그레인위스키 75%를 혼합한 프랑스 최초의 위스키를 만들었다. 스코틀랜드의 원칙에 따른 싱글몰트 위스키 전용 증류소를 건설하고 1993년 프랑스 최초의 싱글몰트 위스키를 출시하였다.

아르모릭(Armorik)이라는 이름으로 출시되었던 와렝햄의 싱글몰트는 위스키 전문가이자 컨설턴트인 고(故) 짐 스완(Jim Swan) 박사를 영입하면서 챔피언십에서 프리미어리그급으로 발돋움하게 된다. 그는 전무이사 데이비드 루시에(David Roussier)의 말처럼 '몇 가지를 조정'했고 그 이후로 판매량이 급증하고 있다.

ARMORIK Classic, 46% abv
아르모릭 클래식 46%

═ SCORE 87 ═

NOSE ▸▸ 감귤류. 노란색 과일. 약간의 달콤한 열대과일

PALATE ▸▸ 셔벗. 레몬. 라임. 감귤맛 사탕. 바나나 토피

FINISH ▸▸ 중간 길이 정도의 여운. 달콤한. 감귤류. 강한 풍미

ARMORIK Double Maturation, 46% abv
아르모릭 더블 매쳐레이션 46%

═ SCORE 89 ═

NOSE ▸▸ 부드러운 과일 사탕. 레몬커드 비스킷. 델리카트슨 향신료. 향긋한 시트러스

PALATE ▸▸ 달고 깨끗하다. 스타버스트 과일맛 사탕. 단맛은 약간의 탄닌과 후추로 상쇄
된다. 설탕과 향신료 사이를 넘나드는 맥아의 롤러코스터 같은 느낌

FINISH ▸▸ 만족스럽고 더 마시고 싶은 여운이 길게 남는다.

DUBLIN LIBERTIES 더블린 리버티스

주소 The Mill, 33 Mill Street, The Liberties, Dublin 8, Ireland
홈페이지 www.thedld.com **방문자센터** 있음

더블린 리버티스 증류소는 더블린의 유서 깊은 증류소 지역인 리버티스 중심부에 자리 잡고 있다. 역사적으로 이곳은 성벽과 가까운 지역이었다. 상인들은 더블린의 영업세를 피하기 위해 이곳에 모였지만, 수세기 동안 지옥으로 알려질 정도로 무법지대이자 시끄럽고 폭력적인 장소이기도 했다. 더블린 노동자층의 삶의 터전인 이곳은 또한 다양한 계층의 사람들이 악덕을 추구하기 위해 모여들었다. 19세기 말과 20세기 초 리버티스는 창작자, 사상가, 증류업자, 양조업자들의 중심지였다.

그러나 이곳은 또한 산업적이었다. 오래된 양조장 옆에는 방직 공장, 대장간, 인쇄소, 무두질 공장, 불법 선술집 등이 있었다. 수년에 걸쳐 유행에 뒤떨어진 사업은 다른 곳으로 옮겨갔다. 하지만 지금은 더블린 리버티스, 피어스 라이온스, 틸링과 같은 증류소를 통해 위스키의 르네상스가 다시 시작되었고, 위스키가 다시 수도로 돌아왔다. 이곳은 훌륭한 투어와 케이터링 시설을 갖춘 방문하기 좋은 증류소이다.

COPPER ALLEY 10-year-old, 46% abv
쿠퍼 앨리 10년 46%

⸺ SCORE 90 ⸺

NOSE ▸ 신선하고, 과일향이 매우 많이 난다. 깨끗하고 한여름의 초원이 생각난다.
PALATE ▸ 가벼운 베리류, 리치, 풍부하고 맑은 풀 바디, 리큐어 같다.
FINISH ▸ 따뜻하고, 만족스럽다. 라운드하며 밸런스가 좋다.

MURDER LANE 13-year-old, 46% abv
머더 레인 13년 46%

⸺ SCORE 88 ⸺

NOSE ▸▸ 　바닐라, 견과류, 크림, 약간의 코코넛

PALATE ▸▸ 　달콤하고, 라임셔벗, 복숭아, 헝가리안 와인 캐스크에서 오는 풍부하고 단맛을
　　　　 지닌 질감

FINISH ▸▸ 　벌꿀, 바닐라, 아이스크림

THE DEAD RABBIT 44% abv
데드 래빗 44%

⸺ SCORE 85 ⸺

NOSE ▸▸ 　어리다, 와인, 구운 오크, 칠리 향신료, 섬세하다.

PALATE ▸▸ 　코에서 느껴지는 것보다 더 많은 바디감, 묵직하고 풀 바디, 구운 건포도 티
　　　　 케이크, 아이스 롤빵, 벌목한 나무, 바닐라 슬라이스

FINISH ▸▸ 　중간 길이 정도의 여운에 달콤하다.

EAST LONDON LIQUOR COMPANY
이스트 런던 리쿼 컴퍼니

주소 Unit GF1, 221 Grove Road, Bow Wharf, London, E3 5SN, England
홈페이지 www.eastlondonliquorcompany.com   **방문자센터** 있음

한때 공장으로 가득했던 런던 이스트 엔드의 오래된 산업 단지에 지어진 이 증류소에는 유쾌하고 보헤미안적인 분위기가 있다. 증류소는 운하와 창고로 둘러싸여 있는데, 요즘은 이 지역이 매우 유행하고 있으며 이스트 런던 주류 회사는 그 분위기와 잘 어울린다. 이곳에는 상점과 바가 있으며, 증류는 전면 유리창이 있는 방에서 이루어지므로 진행 중인 증류 작업을 볼 수 있다. 이 증류소는 2013년에 설립되었으며 위스키뿐만 아니라 보드카와 진도 제조하고 있다. 다른 신생 위스키 생산업체와 달리 3년이 지난 위스키를 출시하지 않고 2021년까지 기다렸다가 첫 몰트 위스키를 병에 담았다.

EAST LONDON LIQUOR COMPANY East London Single Malt, 48% abv
이스트 런던 리쿼 컴퍼니 이스트 런던 싱글몰트 48%

━━━ SCORE 86 ━━━

NOSE ▶▶ 퀴퀴한 느낌과 셔벗. 어린 곡물향. 블랙커런트 코디얼과 벌집이 떠오르며 안정감있게 자리를 잡는다. 아직 진행 중이지만 고무적인 신호가 많이 보인다.

PALATE ▶▶ 면도날처럼 날카롭고 깔끔하지만 약간 녹슨 흙냄새가 느껴진다. 구스베리와 크랩애플. 후추가 느껴지지만 바디감을 더 필요로 한다.

FINISH ▶▶ 중간보다 조금 더 긴 여운. 후추와 약간의 알코올 향이 느껴진다.

ENGLISH WHISKY CO
잉글리시 위스키 컴퍼니

주소 St George's Distillery, Harling Road, Roudham, Norfolk, NR16 2QW, England
홈페이지 www.englishwhisky.co.uk **방문자센터** 있음

제임스와 앤드류 넬스트롭은 100년 이상 잉글랜드의 첫 번째 위스키 제조업체가 되
기로 결심하였고, 그들의 증류소는 2006년 2월부터 11월까지 약 8개월 만에 건설되
어 가동되기 시작했다. 그 증류소는 순조롭게 시작했고, 처음에는 스카치위스키 업
계의 전설인 이안 헨더슨(Iain Henderson), 이후에는 매우 재능 있는 데이비드 피트
(David Fitt)의 지도 아래 멋진 위스키들을 출시했다. 세인트 조지스 증류소는 영국
의 동부 해안에 있는 노퍽 남부의 아름다운 지역에 위치하고 있으며, 산책하기에 좋
은 장소들이 있다. 그 이후로, 몇몇 다른 잉글랜드의 증류소들이 생겨났고, 그들 중
일부는 훌륭한 위스키를 제조하고 있다. 그러나 이 책의 점수가 보여주듯이, 세인트
조지스는 여전히 잉글랜드 위스키 혁명의 선두에 있다.

ST GEORGE'S The English Original, 43% abv
세인트 조지스 더 잉글리시 오리지널 43%

══ SCORE 95 ══

NOSE ▸▸ 핑크 사탕, 녹인 설탕이 입혀진 파인애플, 바나나, 라임맛 사탕에 올려진 밀크 초콜릿

PALATE ▸▸ 코에서 느낀 열대과일과 과일캔디들의 조합이 입안에서 이어진다. 이 몰트 위스키는 지난 에디션 이후 비약적으로 발전하여 이제 강력한 경쟁자가 되었다. 환상적이다.

FINISH ▸▸ 만족스러운 파인애플, 열대과일의 여운이 길게 남는다.

ST GEORGE'S The English 11-year-old, 46% abv
세인트 조지스 더 잉글리시 11년 46%

══ SCORE 88 ══

NOSE ▸▸ 설탕과 향신료, 새콤한 사과, 붉은 열매와 라즈베리가 섞인 흙내음과 고소함. 생각보다 나쁘지 않다.

PALATE ▸▸ 코에서 느껴지는 것보다 더 풍성하고 라운드하며, 여름의 향기가 확실히 느껴진다.

FINISH ▸▸ 끝부분에서 쿰쿰한 향, 후추의 느낌이 되돌아온다.

ST GEORGE'S Virgin Oak, 46% abv
세인트 조지스 버진 오크 46%

══ SCORE 91 ══

NOSE ▸▸ 신선한 나무 대패내음, 탄닌, 칠리 향신료, 활기찬 느낌

PALATE ▸▸ 대부분의 몰트 위스키는 나무의 화한 맛이 미묘한 몰트향을 압도하기 때문에 버진 오크통에서 숙성할 수 없다. 따라서 향신료가 많이 느껴지지만 생강, 파프리카, 바닐라, 캐러멜 등 동맹의 반격도 기대된다.

FINISH ▸▸ 중간 길이보다 더 긴 여운으로 설탕과 향신료의 희미해지는 싸움

ST GEORGE'S The English Smokey, 43% abv
세인트 조지스 더 잉글리시 스모키 43%

SCORE 90

NOSE ▶ 축축한 보트 하우스와 오래된 밧줄. 크고 못생긴 훈연된 배의 연기. 대담하고 강렬하다. 피트를 좋아하는 사람들에게 이것은 침을 흘리게 하는 향이다.

PALATE ▶ 처음에는 괴물같은 피트가 더 많다. 그러나 바비큐된 고기, 농축 레몬, 약간의 쓴 레몬이 등장하며 진정된다.

FINISH ▶ 사자처럼 들어왔다가 양처럼 떠난다. 피트 팬이라면 실망하지 않겠지만 다른 모든 사람들도 즐길 수 있는 것들을 많이 갖추고 있다.

ST GEORGE'S English Whisky Virgin Oak and Sherry Oak, 52.6% abv
세인트 조지스 잉글리시 위스키 버빈 오크 앤 셰리 오크 52.6%

SCORE 93

NOSE ▶ 병에 적힌대로 셰리 캐스크에서 얻어지는 포도, 와인. 베리 향과 버진 오크통의 날카롭고 스파이시한 맛이 잘 어우러진다. 마른 잎사귀. 후추의 향이 감돈다.

PALATE ▶ 이 증류소는 대단한 발전을 이루었다. 이렇게 캐스크를 결합하는 것은 어려운 일이며 성공하기 쉽지 않다. 알코올 도수, 강한 칠리향, 농축된 과일향이 강렬하지만 균형 잡힌 맛을 선사한다. 다크 커피, 견과류, 스파클링 향신료까지 더해져 종합격투기 대회와 동급의 위스키이다.

FINISH ▶ 긴 여운, 과일향과 스파이시한 맛이 균형감을 이룬다.

FARY LOCHAN 파리 로칸

주소 Agade 41, Farre, 7323 Give, Denmark
홈페이지 www.farylochan.dk

세계에서 가장 이상한 위스키가 지구 최북단에서 생산된다는 사실에 전혀 놀라지 않아도 될 것 같다. 공허함, 외로움, 해가 지지 않는 겨울과 여름의 24시간 동안 계속되는 백야가 모두 정신에 영향을 미쳤을 것이다. 〈인썸니아(Insomnia)〉는 그에 관한 영화이다. 스웨덴, 아이슬란드, 노르웨이, 핀란드, 덴마크에 가면 휴양지 섬, 옛 군부대, 오래된 외딴 제재소, 2층 버스가 들어갈 수 있을 만큼 큰 지하 광산의 숙성 시설에서 증류소를 발견할 수 있다. 희귀한 곡물과 멸종된 효모로 증류주를 만드는 증류소도 찾을 수 있다.

또한 쐐기풀 장작불로 보리를 말리는 파리 로칸도 볼 수 있다. 파리 로칸 증류소는 독특하고 개성 있는 풍미를 지닌 다양한 위스키를 출시하고 싶었던 덴마크인 옌스-에릭 요르겐센(Jens-Erik JØrgensen)의 아이디어로 탄생한 증류소이다. 그리고 그는 실제로 해냈다. 이 위스키들은 지구상에 존재하지 않는 맛으로 '획득된 맛'의 개념을 정의하고 있다. 덴마크 푸넨 섬에서 자란 옌스-에릭은 어머니가 쐐기풀에 구워주던 치즈에서 영감을 받았다. 그래서 실험을 거듭한 끝에 쐐기풀로 훈연한 몰트 위스키를 만들어 2009년에 출시했다. 이 위스키는 오일리, 스모키하며 짭쪼름한 맛이 나는 진정한 남성의 위스키이다.

FARY LOCHAN Bourbon Cask Batch No 1, 53.1% abv
파리 로칸 버번 캐스크 배치 No 1 53.1%

━━ SCORE 85 ━━

NOSE ▶ 잔잔하고 오일리하다. 구스베리, 초록샐러드 잎, 보리를 건조할 때 사용된 쐐기풀내음이 난다.

PALATE ▶ 지배적인 오일과 스모크한 물결이 입안을 코팅시킨다. 가을 모닥불에 구운 밤과 아몬드가 어우러진 독특한 풍미

FINISH ▶ 구스베리, 후추, 향신료, 독특한 스모크

FARY LOCHAN Distiller's Choice Batch No 3, 51% abv
파리 로칸 디스틸러스 초이스 배치 No 3 51%

⸺ SCORE 92 ⸺

NOSE ▶ 놀랍고 인상적이다. 발효 중인 자두와 복숭아. 훈제 아몬드의 미묘한 향이 강렬하고 향기로운 향신료로 진화한다. 스파이시하고 우디한 애프터쉐이브를 생각해 보라.

PALATE ▶ 미각은 완전히 다른 방향으로 바뀐다. 여전히 훈제된 아몬드가 느껴지지만, 한편으로는 잘 익은 과일과 딸기 통조림이 맛이 강해진다. 향신료가 은은하게 퍼진다. 복잡하지만 특별하다.

FINISH ▶ 칠리향과 훈제 블루치즈향이 강렬하게 긴 여운으로 남는다.

FARY LOCHAN Virtuel Edition, 60.3% abv
파리 로칸 비르튜엘 에디션 60.3%

⸺ SCORE 90 ⸺

NOSE ▶ 페놀은 여전히 부드럽고 생기가 넘치지만 일부 라이 위스키와 같은 방식으로 잘 어울린다. 또한 쌀 푸딩 껍질, 아몬드 껍질, 발효 중인 사과, 부드러운 익은 매실과 복숭아향도 있다.

PALATE ▶ 후추, 오크 탄닌, 사과 과즙의 깔끔하고 균형 잡힌 맛. 약간의 마지팬과 사과 주스. 처음에는 달콤하지만 시간이 지나면서 고소한 향이 균형을 이룬다. 매우 부드럽다.

FINISH ▶ 부드럽고 밸런스가 좋으며, 중간 길이보다 더 긴 여운을 남긴다.

FLEURIEU 플레리유

주소 1 Cutting Road, Goolwa, South Australia 5214, Australia
홈페이지 www.fleurieudistillery.com.au

새롭고 흥미로운 위스키를 만들고자 하는 사람들이 직면하는 가장 큰 문제 중 하나는 특정 배치가 증류소를 떠나기 전에 매진될 수 있다는 것이다. 호주의 소규모 증류소에서 만든 위스키가 북반구에 도착할 수 있는 기회는 제한적이기 때문에 부티크 위스키/몰트 컴퍼니가 다운 언더(Down Under)에서 희귀한 캐스크를 소싱하는 것은 매우 반가운 일이다.

플레리유 증류소는 호주의 거친 남극해가 내려다보이는 플레리유 반도에 위치한 굴와(Goolwa) 강가의 항구에 있다. 플레리유는 2016년에 첫 몰트 위스키를 출시했고, 특히 시드니 지역을 중심으로 충성도 높은 고객층을 형성하며 성공을 거두었다. 이는 위스키가 빠르게 매진되고 구하기 어렵다는 것을 의미한다. 증류소 팀은 이곳의 특별한 기후가 위스키에 메이플과 바닐라 오크향과 스파이시한 바다 공기 향이 혼합된 특별한 아로마를 선사한다고 믿는다. 또한 증류소의 로고도 흥미롭다.

FLEURIEU 3-year-old Batch 1, That Boutique-y Whisky Company, 49.5% abv
플레리유 3년 숙성 배치 1, 부티크 위스키 컴퍼니 49.5%

SCORE 92

NOSE ▸ 솔티드 캐러멜, 토피, 헤이즐넛, 로즈힙, 장미 꽃잎의 복합적인 향을 느낄 수 있다.

PALATE ▸ 정말 맛있다. 럼토프 혼합 과일, 감초 및 후추, 늦게 수확한 야생 능금과 날카로우면서 짭짤한 향신료의 풍미가 느껴진다.

FINISH ▸ 길고, 풍성한 과일향, 자꾸 생각나는 맛이다.

FLEURIEU The Bivouac, 48% abv
플레리유 더 비박 48%

SCORE 90

NOSE ▸ 토피, 베리, 만다린, 오렌지, 벌꿀, 바닐라

PALATE ▸ 셰리와인에 담가진 핵과류 과일에 드라이한 셰리가 더해졌다. 뒤에는 크리스마스 향신료의 향. 풍부하고 라운드하다.

FINISH ▸ 풍부한 오렌지 과일, 소금 그리고 후추

FOREST 포레스트

주소 The Forest Distillery, Chambers Farm, Bottom of the Oven, Macclesfield Forest, Cheshire, SK11 0AR, England
홈페이지 www.theforestdistillery.com **방문자센터** 있음

영국의 접객과 전통을 사랑하는 사람들에게 가장 우울한 이야기 중 하나는 수백 개의 전통적인 술집들이 사라졌다는 것이다. 전통적인 펍에 대한 수요가 감소한 데에는 여러 가지 이유가 있겠지만, 의심할 여지없이 시대의 흐름이 반영된 결과이다. 많은 펍이 트렌드를 따라잡지 못하고 전형적인 남성 위주의 술집과 유사한 서비스를 계속 제공했기 때문이다. 스타일 바, 커피숍, 브라세리(brasseries), 칵테일 바의 등장으로 경쟁이 치열해졌고, 홈 엔터테인먼트와 게임으로 인해 관심사가 다양해졌으며, 음주 운전 법규와 덜 마시지만 더 기분 좋게 마시려는 음주 트렌드가 펍의 생존 가능성에 변화를 가져왔다. 영국 중부의 벅스턴과 맥클스필드 위쪽의 높고 외진 곳(피크 디스트릭트와 페닌 산맥으로 유명한 지역)에 지어진 캣 앤 피들 인(The Cat and Fiddle Inn)은 경제적인 현실에 굴복해 문을 닫은 펍이었다.

하지만 한쪽 문이 닫히면 또 다른 문이 열리는 법이다. 한 지역 가족이 진을 만들기 시작했는데, 이 진이 큰 성공을 거두자 17세기에 지어진 헛간을 구입하여 본격적으로 생산하기 시작했다. 이 가족은 위스키를 추가하여 즉각적인 영향을 미쳤다. 위스키는 캣 앤 피들 인 아래의 넓은 지하실에서 숙성되며, 지역 크라우드 펀딩 캠페인과 로빈슨 양조장의 지원으로 펍이 다시 문을 열었다. 레스토랑과 상점, 다양한 투어를 통해 새로운 장이 열리고 있다. 아! 그리고 위스키도 아주 흥미로워 보인다.

FOREST WHISKY Cask No 1, 60% abv
포레스트 위스키 캐스크 No 1 60%

⟨ SCORE 88 ⟩

NOSE ▸ 활기찬 자몽향과 레몬주스향. 생강. 고수. 향수 같은 느낌이 있다.

PALATE ▸ 아직은 걸음마 단계에 불과하지만 충분히 좋아할 만하다. 귀리 40%가 함유된 매쉬빌은 부드럽고 달콤한 맛을 선사한다. 그 위에 생강, 시트러스, 파프리카가 더해진다. 여기에는 부정적인 노트가 전혀 없다. 숙성 과정에서 코냑 오크 통에서 나온 스파이시한 뒷맛이 느껴진다.

FINISH ▸ 칼처럼 긴 여운. 생강. 노란색 과일의 풍미로 마무리된다.

FOREST WHISKY Cask No 20, 56% abv
포레스트 위스키 캐스크 No 20 56%

⟨ SCORE 90 ⟩

NOSE ▸ 크리미 페퍼 소스. 과일 통조림. 돌리믹서 사탕. 과숙된 갈색 바나나. 시간이 지남에 따라 더 진한 열대 과일의 풍미가 난다.

PALATE ▸ 바나나. 토피. 밀크초콜릿. 캐러멜

FINISH ▸ 짧은 여운. 그러나 계속해서 생각나는 맛이다.

GREAT SOUTHERN
DISTILLING COMPANY
그레이트 서던 디스틸링 컴퍼니

주소 Limeburners Distillery (Albany Distillery), 252 Frenchman Bay Road, Robinson,
Western Australia 6330, Australia
홈페이지 www.distillery.com.au **방문자센터** 있음

위스키를 생산하는 여정은 몇 년 동안 수익 없이 투자만 해야 하는 사업으로 걱정과
잠 못 이루는 날들이 함께 하게 된다. 위스키 사업을 위해 다른 사람들과 수천 마일
떨어져 지내는 것을 시도할 만큼 충분히 미쳐있는 것과는 또 다른 문제이다. 태즈메
이니아 같은 섬에서는 미래의 디스틸러가 될 동료 증류주 애호가들이 넘쳐나 함께 펍
에서 한잔 걸치기가 용이하다. 이에 반해 호주 본토의 증류주 생산자들은 전혀 다른
환경을 극복하기 위해 엄청난 배짱과 근성을 보여줘야 했다. 베이커 힐의 데이비드
베이커(David Baker)가 말했듯, 증류기가 고장 나면 누구에게 도움을 청할 수 있을
까? 오직 본인뿐이다.

그레이트 서던 디스틸링 컴퍼니는 현재 그룹에 세 개의 증류소를 보유하고 있지만,
라임버너스 위스키는 알바니에 있는 원래의 증류소에서 생산된다. 이 회사는 서호주
북동부 밀 벨트의 작은 마을에서 자란 카멜론 심(Cameron Syme)의 아이디어로 탄
생한 회사이다. 스코틀랜드에 친척이 있는 그는 밀주 시대에 대한 이야기와 밀주업
자를 잡는 임무를 맡은 스코틀랜드 세관원과의 불화에 대한 이야기를 좋아했다. 그는
위스키에 관한 모든 것을 배우기 시작했고, 호주가 몰트 위스키를 만들기에 완벽한
곳이라는 것을 깨닫고 16년 동안 몰트 위스키 실험에 몰두했다.

2004년 카멜론은 가족을 이끌고 알바니로 이주해 증류주 경력을 쌓기 시작했다. 오
늘날 호주는 새로운 위스키를 생산하는 가장 흥미로운 국가 중 하나이며, 특히 태즈
메이니아에 많은 증류소가 문을 열었다. 하지만 라임버너스의 카멜론과 그의 팀은 서
호주 본토에 있음에도 불구하고 이러한 신생 업체들과 경쟁하며 호주 최고의 몰트 위
스키를 만들고 있다.

LIMEBURNERS American Oak, 43% abv
라임버너스 아메리칸 오크 43%

⊏ SCORE 88 ⊐

NOSE ▸ 밀크초콜릿, 바닐라, 목공소, 벌꿀, 여름철 초원, 매력적이다.

PALATE ▸ 레몬, 클레멘타인, 식품 저장고의 향신료, 구운 보리

FINISH ▸ 중간 길이 정도의 여운, 보리, 바닐라, 지푸라기

LIMEBURNERS Peated, 48% abv
라임버너스 피티드 48%

⊏ SCORE 90 ⊐

NOSE ▸ 부드러운 달콤한 스모크, 바비큐, 뜨거운 통조림 배로 만든 크럼블, 밀크초콜릿

PALATE ▸ 초록과일과 약간의 후추, 피트의 스모크함이 강해졌다.

FINISH ▸ 중간보다 더 긴 여운, 말린 구운 견과류, 구운 보리

HEARTWOOD 하트우드

주소 North Hobart, Tasmania ZIP, Australia
홈페이지 www.thewhiskycompany.com.au

전통적으로 호주의 증류업자들은 외부인에게 할 수 있는 일과 할 수 없는 일을 명확히 지적하고 자신들이 원하는 대로 해왔다. 그들은 증류 장비나 오크통을 어디서 구할 수 있는지와 같은 문제를 극복하기 위해 많은 기업을 활용해 왔으며, 발명과 혁신을 통해 자신들만의 위스키를 만들었고, 필요한 경우 수십 년 동안 굳건하던 규칙과 규정을 무시하기도 했다. 한편, 수천 마일 떨어진 스웨덴의 과학자들은 스코틀랜드 싱글몰트에 대한 모든 것을 알아내기 위해 열심히 연구하고 과학을 적용하여 스코틀랜드가 만들어 내는 최고의 위스키를 재현하기 시작했다.

엄밀히 말하면 호주의 하트우드와 그 자회사인 태즈메이니아 인디펜던트 보틀러스는 이 책에 포함되면 안 된다. 하트우드 회사는 독립병입자로, 위스키를 증류하지 않고 다른 증류소로부터 원액을 사서 다시 캐스크에 담거나 다른 종류의 오크통으로 피니쉬하거나 다른 증류소의 원액과 섞기도 한다. 그런 다음 마음에 드는 독특한 이름으로 병에 담는다. 하트우드의 경우에는 매우 기발하다. 위스키 업계에서 공식 증류소 병입이 음악 업계에서 새 앨범 발매와 같다면, 독립병입은 해적판으로 공식 발매 앨범과 다른 면모를 보여준다. 이는 좋은 점일 수도 있고 나쁜 점일 수도 있다. 하지만 가장 큰 문제는 많은 독립병입자 제품의 출시 수량이 매우 한정되어 있고, 우리가 구경하기도 전에 매진되는 경우가 많다는 것이다. 위 홈페이지 주소는 하트우드 위스키 제품을 판매하는 온라인 위스키 소매업체 사이트이다.

이 책에 하트우드가 포함된 이유는 두 가지가 있다. 첫째, 소유주인 팀 더켓(Tim Duckett)은 라크와 설리번스 코브가 증류를 시작할 때부터 원액을 사서 쌓아 두었고, 호주에서 가장 오래된 원액을 소유하고 있기 때문이다. 둘째, 팀과 그의 아들 루이스가 크고 화려한 싱글몰트 위스키와 블렌디드 몰트 위스키를 만드는 데 있어 경건하고 뚜렷한 호주식 접근 방식을 취해왔기 때문이다. 지난 15~20년 동안 팀과 루이스의 독특한 접근 방식은 큰 즐거움을 선사해 왔으며, 호주 위스키를 정의하고 전 세계의 주목을 받는 데 기여했다.

여기에서 리뷰한 병을 직접 여러분의 손에 넣을 수는 없지만, 이 리뷰는 하트우드가 어떤 맛의 위스키인지 알 수 있도록 하였으며 운 좋게도 향후 출시되는 제품을 발견한다면 구매하고 싶을 것이다.

HEARTWOOD Angel & the Darkness, 56.8% abv
하트우드 엔젤 앤 다크니스 56.8%

━━ SCORE 95 ━━

NOSE ▸▸ 크고. 자두향. 복합적인 향 등 이 회사 위스키에서 기대하는 풍미가 강하게 다가온다. 코를 강타하는 완전 매력적인 맛이다.

PALATE ▸▸ 풍미는 풍부하지만 일부 제품들처럼 자극적이지 않다. 부드럽고 매끄러우며 라운드한 느낌의 숙성된 풍미가 느껴진다.

FINISH ▸▸ 풍부하며 입안을 코팅하는 듯하다. 입안에 꽉 차는 느낌이며, 달콤하며 여운이 오래간다. 월드클래스다.

TASMANIAN INDEPENDENT BOTTLERS Peated Vatted Malt, 48.2% abv
태즈메이니아 인디펜던트 보틀러스 피티드 배티드 몰트 48.2%

━━ SCORE 90 ━━

NOSE ▸▸ 배티드 몰트 위스키 또는 블렌디드 몰트 위스키는 여러 증류소에서 생산된 몰트 위스키를 혼합한 것이다. 하트우드에서 출시된 이 몰트 위스키는 비교적 낮은 48.2%의 도수로 병입되지만. 다양한 방향으로 뿜어져 나오는 아로마, 과일과 피트가 혼합되어 끊임없는 변화하는 모습이 위스키의 바쁜 교차로와도 같다. 완전히 매력적이다.

PALATE ▸▸ 위스키 이름에 피트라는 단어가 들어간 데는 그럴 만한 이유가 있으며, 피트의 향이 입안 가득 퍼진다. 하지만 셰리 캐스크에서 나온 진한 과일과 달콤한 꿀과 바닐라가 곁들여져 그만한 가치가 있다.

FINISH ▸▸ 긴 여운. 복합적이고, 요란하며, 따뜻하다.

HEARTWOOD Hail Mary, 58.5% abv
하트우드 헤일 메리 58.5%

SCORE 92

NOSE ▶ 전형적인 하트우드이다. 와인향, 신선한 베리류, 다양한 과일. 히코리(나무 종류)가 중심을 담당하고 있는 일종의 향기로운 프리 재즈 세션이다.

PALATE ▶ 이름에서 알 수 있듯이 다양한 통을 섞어 그 효과를 확인했다. 그 결과 치명적이고 강렬한 몰트가 탄생했다.

FINISH ▶ 가격 대비 풍성한 맥아 맛과 끝없이 이어지는 여운

HIGH COAST 하이 코스트

주소 Sörviken 140 872 96, Bjärtrå, Sweden
홈페이지 www.highcoastdistillery.se

스웨덴보다 위스키 제조에 더 많은 정성과 관심을 기울이는 곳은 없을 것이다. 하이 코스트가 그 대표적인 예이다. 이 증류소는 스웨덴 북쪽 강둑에 있는 오래된 제재소 건물에 자리 잡고 있다. 영국 빅토리아 시대에 강을 따라 목재를 공장으로 운반하여 상자를 만들었는데, 이것이 박스 디스틸러리(Box Distillery)의 이름에 영감을 주었다. 이곳의 팀은 버진 오크와 헝가리 오크를 포함한 다양한 스타일의 오크와 피트를 사용하여 오크통 목재에 대한 실험에 몰두하고 있다. 스코틀랜드에서 몇 년 전에 사용을 중단한 효모 스타일을 사용하여 훌륭한 위스키를 만들고 있다.

HIGH COAST Hav Single Malt Whisky, 60.9% abv
하이 코스트 하브 싱글몰트 위스키 60.9%

=== SCORE 86 ===

NOSE ▶   스파이시한 맛, 짭쪼름한 페이스트리
PALATE ▶ 설탕과 향신료, 후추, 자극적인 금속 느낌
FINISH ▶ 중간 길이의 여운, 특색 있고 흥미롭다.

HIGH COAST 63, 63% abv
하이 코스트 63 63%

═══ SCORE 91 ═══

NOSE ▸ 페놀수치 63ppm에 알코올 도수 63%. 그래서 코에서 자극적인 향이 기대된다. 잼, 감귤류, 생강, 기분 좋은 스파이시함

PALATE ▸▸ 예상보다 달콤하다. 태운 당밀 토피, 나무의 탄닌, 볶지 않은 견과류와 커런트. 약간의 향신료 풍미가 균형을 맞춰 준다.

FINISH ▸ 중간 길이의 여운. 단맛과 향신료의 균형감이 좋다.

JAMES SEDGWICK 제임스 세지윅

주소 Stokers Road, Wellington 7654, South Africa
홈페이지 www.jamessedgwickdistillery.co.za   방문자센터 있음

제임스 세지윅은 부나하벤, 토버모리, 딘스톤과 같은 스코틀랜드의 양조장을 인수하며 사업을 확장하고 있는 남아프리카의 거대 음료 회사인 디스텔(Distell)에 소속되어 있다. 이 증류소는 1850년 테이블베이로 배를 타고 들어와 터를 잡은 제임스 세지윅이 설립한 곳이다. 그는 나중에 담배, 시가, 주류 공급을 목적으로 회사를 설립했다. 오늘날 이 회사는 전통적으로 수상 경력에 빛나는 그레인위스키 베인스(Bains)가 유명하지만, 숙성 기간이 길어질수록 그 맛이 더욱 좋아지고 있는 싱글몰트 위스키도 결코 뒤처지지 않는다. 이 섹션의 위스키들을 보면 디스텔이 쓰리 쉽 싱글몰트 제품 라인에 대한 흥미로운 계획을 가지고 있음을 알 수 있다. 새로운 중산층의 등장과 위스키 숍과 바의 출현은 남아공이 조만간 위스키의 주요 국가가 될 것임을 시사한다.

THREE SHIPS 10-year-old Single Malt, 46.4% abv
쓰리 쉽 10년 싱글몰트 46.4%

=== SCORE 87 ===

NOSE ▸ 크림, 버터 바른 토스트, 시간을 가지고 향을 맡으면 버번향이 강해진다.
PALATE ▸ 신선한 샐러드, 대패질한 오크, 복합적인 풍미, 바닐라, 살짝 느껴지는 레몬 셔벗
FINISH ▸ 매우 은은한 긴 여운과 입안이 따뜻해진다.

THREE SHIPS 11-year-old Cask Matured Shiraz Cask Finish, 51.4% abv
쓰리 쉽 11년 캐스크 머쳐드 쉬라 캐스크 피니쉬 51.4%

SCORE 90

NOSE ▸ 가을 느낌, 젖은 나뭇잎, 숲 속의 땅, 과즙이 많은 자두

PALATE ▸▸ 흙 내음, 피티, 파프리카, 자두주스, 짭조름하지만 굉장히 좋다.

FINISH ▸ 긴 여운, 시큼털털함, 흙내음, 즐길 만하다.

THREE SHIPS 12-year-old Cask Matured Double Wood Blend, 46.3% abv
쓰리 쉽 12년 캐스크 머쳐드 더블우드 블렌드 46.3%

SCORE 90

NOSE ▸ 짭쪼름한 향, 퀴퀴함, 밤, 아몬드껍질, 블랙커런트, 아펠슈트루델(apple strudel)

PALATE ▸▸ 블랙커런트 주스, 풍부하고 입안이 꽉차는 느낌, 구스베리 풀, 매우 짭조름함

FINISH ▸ 복숭아와 살구, 칠리 향신료

KAVALAN 카발란

주소 326, Section 2, Yuan-Shan Road, Yuan-Shan, Yi-Lan, 26444 Taiwan
홈페이지 www.kavalanwhisky.com **방문자센터** 있음

카발란처럼 시작부터 위스키 세계에 놀라운 영향을 끼친 증류소는 드물다. 현지 기후 (열과 습도), 몰트 위스키 제조에 대한 철저하게 과학적이고 학습된 접근 방식, 인접한 산의 눈 녹은 물을 비롯한 최고급 현지 재료의 조합은 설립자 티엔 차이 리(Tien-Tsai Lee)의 지휘 아래 큰 성공과 수많은 수상의 영예를 안겨주었다. 카발란은 스코틀랜드의 문제 해결사인 고(故) 짐 스완 박사의 지도를 받아 더운 나라에서 몰트 위스키를 만들 때 발생하는 결로 문제를 극복했다. 카발란은 다양한 스타일의 싱글몰트 위스키를 생산하고 있으며, 그 품질은 매우 뛰어나다. 이 이름은 증류소가 위치한 이란(Yi-Lan)의 옛 이름에서 유래했다.

KAVALAN No 2 Distillery Select, 40% abv
카발란 No 2 디스틸러리 셀렉트 40%

═══ SCORE 93 ═══

NOSE ▸ 클레멘타인, 오렌지, 레몬, 달콤한 향신료, 핑크 사탕. 매우 안락한 향

PALATE ▸ 단맛과 균형감, 입안에 코팅된 느낌 등 아름답게 만들어진 위스키이디. 오렌지 발리워터. 단맛 나는 감귤류

FINISH ▸ 중간 길이보다 긴 사랑스러운 여운. 자꾸 생각나는 맛이다.

KAVALAN No 3 Triple Sherry Cask, 40% abv
카발란 No 3 트리플 셰리 캐스크 40%

SCORE 90

NOSE ▸▸ 흙내음. 사용한 성냥. 딸기류 조린 과일

PALATE ▸▸ 말린 과일. 예상했던 강한 셰리와 더불어 강렬한 후추 풍미. 셰리 풍미가 맥아 풍미를 압도하지 않도록 균형 잡힌 절제미가 있다.

FINISH ▸▸ 오렌지 과일. 베리류. 셰리 트라이플

KAVALAN Solist Fino Sherry Cask, 57.1% abv
카발란 솔리스트 피노 셰리 캐스크 57.1%

SCORE 90

NOSE ▸▸ 달다. 풍부한 셰리. 커런트. 베리류. 커피

PALATE ▸▸ 풍부하고 가득 찬 과즙이 풍부한 자두맛. 통통한 건포도. 마지막에 가볍게 후추를 뿌렸다. 살짝 느껴지는 초록 바나나

FINISH ▸▸ 짧지만 부드러운 달콤한 여운

KAVALAN Solist Vinho Barrique, 59.2% abv
카발란 솔리스트 비노 바리끄 59.2%

SCORE 90

NOSE ▸▸ 달콤한 탄산음료. 달콤한 여름 과일. 파인애플. 딸기

PALATE ▸▸ 크리미하고 풀 바디에 대담한 풍미. 금귤 리큐어. 열대과일. 딸기. 크림. 블랙 커런트. 캔디

FINISH ▸▸ 달콤한 과일과 중동 향신료가 어우러져 풍성한 여운으로 남는다.

KILLARA 킬라라

주소 32 Ogilvie Lane, Richmond, Tasmania 7025, Australia

홈페이지 www.killaradistillery.com

부전여전. 킬라라 증류소는 호주 위스키의 전설 빌 라크(Bill Lark)의 딸인 크리스티 부스-라크(Kristy Booth-Lark)가 소유하고 운영하는 곳으로, 빌 라크는 증류소를 딸에게 양도하고 은퇴하였다. 2016년에 설립된 이 증류소는 여성이 소유하고 운영하는 전 세계 몇 안 되는 증류소 중 하나이다.

킬라라는 프리미엄 품질의 핸드크래프트 싱글몰트 위스키와 기타 프리미엄 증류주를 생산하는 부티크 증류소이다. 그리고 이 위스키들은 정말 특별하다. 오크통에 들어가는 뉴메이크 스피릿은 배치마다 600리터 구리 팟 스틸에서 생산된다. 품질에 중점을 두고 모든 제품을 수작업으로 제조하고 병에 담는다. 킬라라는 모든 재료를 지역에서 조달하고 증류기 제조와 오크통 제조 등 지역업체의 서비스를 이용하기 위해 노력한다. 소량만 생산되기 때문에 이 위스키를 구하는 것은 매우 어렵다. 하지만 무시하거나 언급하지 않기에는 너무 좋은 위스키이다.

KILLARA 2-year-old That Boutique-y Malt Company, 49% abv
킬라라 2년 부티크 몰트 컴퍼니 49%

═ SCORE 93 ═

NOSE ▸▸   장미와 꽃향기. 피트의 흔적이 느껴지는 섬세하고 예쁜 향. 다른 호주 위스키에서 발견되는 높은 비율의 피트와는 거리가 멀다.

PALATE ▸▸   2년 숙성! 세계의 많은 지역에서는 위스키로 간주되지 않는 어린 숙성년수이다. 그러나 이 제품은 놀라운 맛이다. 셔벗 과일은 복숭아와 살구로 진화한다. 숙성이 얼마 안 된 어린 흔적이 희미하게 나지만 그다지 많지는 않다. 앞으로 훌륭한 위스키로 성장할 것이다.

FINISH ▸▸   예상대로 매우 짧다. 그러나 매우 정돈된 맛이며 정중한 여운이 있다.

LA ALAZANA 라 알라자나

주소   RN40, Las Golondrinas, Chubut, Patagonia, Argentina
홈페이지   www.laalazanawhisky.com

와인 문화가 특히 도드라지는 아르헨티나에서 생산되는 위스키를 생각하면 의아함에 고개를 갸우뚱하게 될 때가 많다. 하지만 생각해 보면 완전히 그럴 듯하다. 증류소에 공급되는 숨막히게 아름다운 필트리키트론 산의 곡물과 맑은 물을 비롯한 모든 재료가 그곳에 있기 때문이다. 라 알라자나는 2011년 말에 설립되었으며 파타고니아 최초의 싱글몰트 위스키 증류소이다. 안데스 산맥 기슭에 위치한 이 증류소는 스페인어로 '제비'를 뜻하는 '라스 골론드리나스'라는 시골 지역에 위치한 세레넬리 가문 소유의 작은 농장에서 운영하고 있다.

LA ALAZANA Patagonia Single Malt, 46% abv
라 알라자나 파타고니아 싱글몰트 46%

⌐ SCORE 80 ¬

NOSE ▶   어리다. 단맛과 과일향 설탕이 입혀진 갱엿. 약간의 바닐라향. 견과류

PALATE ▶▶   입안에서 느낌은 좋지만 어린 나이로 인한 느슨한 맛이 있으며, 오렌지와 파인애플향이 느껴진다.

FINISH ▶▶   중간 정도 길이의 여운. 달콤하고, 과일향이 있다.

THE LAKES 레이크스

주소　Setmurthy, Bassenthwaite Lake, Cumbria, CA13 9SJ, England
홈페이지　www.lakesdistillery.com　방문자센터　있음

위스키 애호가들은 종종 스코틀랜드 증류소의 아름다운 장소에 대해 이야기하지만, 세계 다른 지역에도 몰트 위스키 애호가들을 위한 아름답고 경치 좋은 여행지가 많이 있다. 잉글랜드 북서부 레이크주의 목가적인 바센트화이트에 위치한 레이크스 증류소가 좋은 예이다. 증류에 사용되는 물은 샘에서 솟아나 더웬트 강을 거쳐 바센트화이트 호수로 흘러 들어간다. 이 증류소는 훌륭한 진을 생산하며 방문자센터, 상점, 바, 비스트로도 갖추고 있다. 이 위스키는 잉글랜드가 지향하는 위스키의 표준을 보여주는 좋은 예이다.

LAKES The Whiskymaker's Edition No 4, 52% abv
레이크스 더 위스키메이커 에디션 No 4 52%

═══ SCORE 92 ═══

NOSE ▸▸　매우 신선하며, 말린 베리류. 으깬 헤이즐넛, 오렌지향 등 과일향을 지녔다.

PALATE ▸▸　이 몰트 위스키는 환상적이다. 오렌지와 건과일의 덩어리가 있으며, 크리스마스 케이크 셰리 향이 점점 강해진다.

FINISH ▸▸　긴 여운과 함께 동일한 풍미가 이어지며, 약간의 향신료 풍미가 전체적인 조화에 바디감과 깊이감을 더해준다.

THE LAKES The Whiskymaker's Edition, Mosaic, 46.6% abv
레이크스 더 위스키메이커스 에디션, 모자이크, 46.6%

SCORE 90

NOSE ▸▸ 쿰쿰한 느낌과 셔벗. 희석된 블랙커런트 주스. 파르마 바이올렛 과자. 예쁘고 향기롭고 섬세하다. 나중에 노란색 과일향이 난다.

PALATE ▸▸ 사탕. 갱엿. 여전히 가늘고. 셔벗 같으며. 매우 매혹적이다.

FINISH ▸▸ 중간 길이의 여운. 은은하고 달콤하며 감귤류의 여운이 있다. 즐겁다.

LAMBAY 람베이

주소 Pembroke Hall, 7-8 Mount Street Upper, Dublin 2, Ireland
홈페이지 www.lambaywhiskey.com 방문자센터 있음

람베이 위스키는 베어링 가문과 존경받는 코냑 생산자 메종 카뮈 가문 간 파트너십의 산물이다. 카뮈는 2018년 베어링과 함께 200만 유로 이상을 투자하여 더블린 연안의 개인 소유 섬인 람베이에서 위스키를 숙성시켰다. 숙성에는 최고급 코냑 캐스크가 사용되며, 프랑스 회사의 마스터 디스틸러가 좋은 품질의 위스키를 보장한다. 이 기업은 아이리시 위스키가 호황을 누리고 있는 미국 시장을 공략하고 있다.

LAMBAY Small Batch Blend, 40% abv
람베이 스몰 배치 블렌드 40%

SCORE 83

NOSE ▶ 달콤한 감귤류, 봄날의 정원, 벌꿀, 가벼운 향신료
PALATE ▶ 살구, 복숭아 통조림, 초록 과일맛이 나는 쉽게 마실 수 있는 위스키이다.
후추의 풍미가 술 전체의 모양을 잡는다.
FINISH ▶ 향수 느낌과 꽃향기가 지속된다.

LAMBAY Malt Irish Whiskey, 43% abv
람베이 몰트 아이리시 위스키 43%

=== SCORE 88 ===

NOSE ▸▸   여러 양조장에서 나온 위스키와 다양한 캐스크 스타일로 숙성된 블렌디드 몰트이다. 결과물은 보리향이 강조된 느낌이며, 바닐라와 구운 초록 과일의 향이 나타난다.

PALATE ▸▸   건과일. 생강 견과류. 바닐라 커스터드. 기분 좋은 맛이다.

FINISH ▸▸   중간 길이보다 더 긴 여운. 대추 리큐어 같다.

LANGATUN 란가툰

주소 Eyhalde 10, 4912 Aarwangen, Switzerland
홈페이지 www.langatun.ch   방문자센터 있음

언어 장벽 때문일 수도 있고, 증류주와 리큐어가 소량 생산되기 때문일 수도 있고, 후천적인 취향 때문일 수도 있지만, 영어권 소비자들은 게르만 증류주에 대해 거의 알지 못하거나 모른다고 생각한다. 하지만 실제로는 영국의 바와 술집에 예거마이스터(Jägermeister)와 같은 향기로운 약용 술들이 구비되어 있는 경우가 많다.

내수 수요로 인해 이 지역에서는 대부분 과일 리큐어, 브랜디, 슈냅스, 제너버가 생산되고 있다. 그러나 위스키는 전통적인 스코틀랜드 싱글몰트 위스키 방식에 약간의 변형이 가미되는 경향이 있다. 증류에 특이한 곡물을 사용하거나 숙성에 특이한 통을 사용하기도 한다. 란가툰은 861년의 정착지 란겐탈의 켈트어 표현이다. 이 이름은 '란가의 요새화된 장소'라는 뜻이다. '란가'라는 단어는 물을 뜻하는 고대 유럽인의 이름이다. 따라서 란가툰 위스키의 이름은 이 지역 최초의 정착민과 양조업자에게 바치는 헌사이다.

증류소는 1616년에 지어진 오래된 콘(Korn) 하우스에 있다. 이 증류소는 원래 야콥 바움베르거(Jakob Baumberger)가 스위스 오드비와 리큐어를 만들기 위해 설립한 곳이다. 스위스의 오랜 증류주 생산 금지 조치로 인해 1989년까지 위스키 생산이 금지되면서 타격을 입었다. 2005년 야콥의 증손자 한스 바움베르거가 유산을 이어받아 란가툰을 생산하기 시작했고, 첫 출시는 2008년에 이루어졌다. 현재 란가툰은 스위스에서 가장 성공적이었던 헤비 록 밴드 세븐 씰(Seven Seals)의 뮤지션 출신 사업가가 회사를 인수했다.

LANGATUN Old Bear, 46% abv
란가툰 올드 베어 46%

==== SCORE 92 ====

NOSE ▸▸ 축축한 맥아 보리, 바다향, 거친 피트향, 그리고 신기하게도 약간의 꽃향이 재미있고 흥미롭게 어우러져 있다.

PALATE ▸▸ 우드스모키가 강하지만 사랑스러운 오크향. 나무의 탄닌. 바닐라 아이스크림의 캐러멜 소스가 연하게 느껴진다.

FINISH ▸▸ 중간 길이의 여운. 우드스모크, 노란색의 과일과 바닐라

LANGATUN Old Wolf, 46% abv
란가툰 올드 울프, 46%

⊂ SCORE 91 ⊃

NOSE ▶ 와인, 식물의 뿌리, 짭쪼름한 향, 과숙한 과수원 과일향, 자두주스, 거품이 많은 사과 조림

PALATE ▶ 흙내음 가득한 카펫 위의 달콤한 과일, 매우 부드럽고 마시기 쉬우며 약간의 향신료향이 느껴진다.

FINISH ▶ 중간 길이 정도의 여운, 균형감, 부드럽고 마시기 쉬운 위스키

LANGATUN Old Deer, 46% abv
란가툰 올드 디어 46%

⊂ SCORE 90 ⊃

NOSE ▶ 와인, 자두, 베리류, 맥아의 뿌리향, 포도, 짭쪼름한 향

PALATE ▶ 진하고 점성이 있으며 고소한 맛에 복숭아, 자두, 온주귤의 풍미가 많다. 매우 진한 흙내음이 있지만 즐거운 맛이다.

FINISH ▶ 중간 길이의 여운, 조화롭고 즐겁다.

LANGATUN Old Woodpecker 46% abv
란가툰 올드 우드펙커 46%

⸺ SCORE 88 ⸺

NOSE ▸▸ 가을 느낌. 젖은 숲 속의 과숙된 과일이 발효되는 향. 조린 과일. 민스 파이. 희미한 벌꿀향

PALATE ▸▸ 향으로 느낄 때보다 짭쪼름한 맛이 있지만 오렌지와 멜론이 섞이도록 부드러워진다. 후반부에는 감귤류와 향신료가 약간 느껴진다.

FINISH ▸▸ 부드럽고. 과일맛과 스파이시한 맛이 난다.

LANGATUN Old Crow, 46% abv
란가툰 올드 크로우 46%

⸺ SCORE 87 ⸺

NOSE ▸▸ 풍부한 과일향과 스모키향. 구운 소고기와 레드와인. 장미열매

PALATE ▸▸ 입안에서 좋은 감촉. 균형감. 깨끗하고 라운드하다. 약간 어린 느낌이 나지만 흙내음과 텃밭 야채. 배의 조합이 좋다.

FINISH ▸▸ 중간 길이의 여운. 달고 신맛이 있다. 후추와 식품창고의 향신료 풍미가 있다.

LANGATUN Cigar Malt, 45.8% abv
란가툰 시가 몰트 45.8%

▭▭ SCORE 88 ▭▭

NOSE ▸ 과일 통조림, 클레멘타인, 달콤한 오렌지, 빨간 딸기류, 모렐로 버찌

PALATE ▸▸ 첫맛은 맑고, 아삭한 감귤류 과일, 코디얼, 중간에는 과일 퓌레, 마지막에는 후추와 매운맛

FINISH ▸▸ 향신료가 지배하는 중간 길이 정도의 여운, 나중에는 로미오와 줄리엣 시가와 어울린다.

MACALONEY DISTILLERS
맥캘로니 디스틸러스

주소 761 Enterprise Crescent, Saanich, Greater Victoria, British Columbia BC V82
6P7, Canada
홈페이지 www.victoriacaledonian.com   방문자센터   있음

이 글을 쓰는 시점에서 맥캘로니 디스틸러스는 여전히 소유주이자 설립자인 그래엄
맥캘로니(Graeme Macaloney)의 이름으로 운영되고 있지만, 이 이름의 미래는 불확
실하다. 그래엄은 빅토리아 칼레도니안(Victoria Caledonian)처럼 자신의 증류소 이
름에 '칼레도니안'을 사용하기도 했다. 그래엄이 대대로 스코틀랜드에서 살아온 스코
틀랜드인이고, 심지어는 증류소 이름에 스코틀랜드 지명을 사용하지 않았음에도 불
구하고 스카치위스키 협회는 그래엄이 자신의 위스키와 스코틀랜드를 연관 짓는 것
을 좋아하지 않는다.
그와 그의 팀은 2020년부터 자랑스럽게 캐나다산 싱글몰트 증류주를 만들고 있으며,
스코틀랜드 증류소이자 전 디아지오 직원인 마이크 니콜슨(Mike Nicholson)과 함께
밴쿠버 아일랜드에서 증류하여 다양한 몰트 증류주를 만들고 있다.

MACALONEY'S ISLAND DISTILLERY Cnoc Dugall Canadian Peated Single Malt Whisky, 46% abv
맥캘로니 아일랜드 디스틸러리 크녹 두갈 캐나디언 피티드 싱글몰트 위스키 46%

SCORE 85

NOSE ▸▸ 짭조름하게 절인 고기, 바비큐로 구운 정어리, 밤, 가을의 숲
PALATE ▸▸ 가벼운 피트, 감귤향, 초록 과실 맛이 즐겁고 라운드하다. 즐겁다.
FINISH ▸▸ 중간 길이보다 살짝 더 긴 여운, 흙내음, 부드러운 마무리

MACALONEY'S ISLAND DISTILLERY Loch Skerrols Canadian Island Single Malt Whisky Single Red Wine Cask, 45% abv
맥캘로니 아일랜드 디스틸러리 로크 스케롤스 캐나디언 아일랜드 싱글몰트 위스키 싱글 레드와인 캐스크 45%

SCORE 86

NOSE ▸▸ 딸기 잼, 조린 과일, 아침식사용 시리얼, 매우 유쾌하다.
PALATE ▸▸ 잘게 썬 오렌지, 달콤한 과일샐러드, 은은한 생강, 크림커피, 맥아의 깊이를
더해 주는 흙내음 나는 카펫
FINISH ▸▸ 긴 여운, 과일맛, 마시고 난 후 입안이 따뜻해진다.

MACALONEY'S ISLAND DISTILLERY Killeigh Canadian Triple Distilled Potstill Whisky, 46% abv
맥캘로니 아일랜드 디스틸러리 킬아이키드 캐나디언 트리플 디스틸드 팟 스틸 위스키 46%

SCORE 85

NOSE ▸▸ 스코틀랜드인이 운영하는 캐나다 증류소에서 만든 아이리시 스타일 위스키?
안될 이유가 없다! 예상대로 바닐라와 달콤한 초록과일향이 코끝에 가득하며,
숙성 과정에서 깎고 구운 후 다시 숯불에 구운 STR 캐스크를 사용해 세련된
나무향과 향신료가 살짝 느껴진다.
PALATE ▸▸ 바닐라와 달콤한 사과와 배 주된 향은 계속 이어지다가 이번에는 토피로 코
팅된 배가 등장한다. 입안에서 화한 나무향이 남아 있지만 전체적인 경험은
즐겁다.
FINISH ▸▸ 향신료와 우디한 탄닌이 강하지만 기분 좋은 캐러멜향이 중간 길이보다 살짝
더 긴 여운을 남는다.

MACALONEY'S ISLAND DISTILLERY Invermallie Canadian Single Malt
Whisky Moscatel Barriques, 58% abv
맥캘로니 아일랜드 디스틸러리 인버말리 캐나디언 싱글몰트 위스키 모스카텔 바리끄 58%

===== SCORE 85 =====

NOSE ▶▶ 뾰족하고 강하다. 약간 날카롭고, 신맛나는 블랙커런트와 산딸기의 향이 섞여
있다.

PALATE ▶▶ 매우 점잖고, 부드러우며 라운드하며 달콤하고 깔끔하다. 과일향이 좋고 향신
료와 탄닌이 거의 없어 만족스러운 몰트 위스키를 망칠 염려가 없다.

FINISH ▶▶ 부드럽고, 달콤하며, 기분 좋은 여운이 중간 길이보다 살짝 더 길게 남는다.

MACALONEY'S ISLAND DISTILLERY Invernahaven, Sherry Cask
Expression, 58% abv
맥캘로니 아일랜드 디스틸러리 인버나해븐 셰리 캐스크 익스프레션 58%

===== SCORE 86 =====

NOSE ▶▶ 말린 나뭇잎, 마로니에, 가을 과일이 신기한 조합을 이룬다.

PALATE ▶▶ 부드럽고 크리미하고 라운드하며 음용성이 매우 좋다. 하지만 과일, 향신료,
오크 등 맛의 모든 부분은 매우 조화롭고 세련되었다. 맥아가 숨을 쉬도록 놔
두면 흙 같은 맛이 난다. 달콤한 주스에 과일을 담가 만든 통조림

FINISH ▶▶ 중간 길이 정도의 여운. 유쾌하고 즐겁지만 만약 위스키 메이커가 잠재력을
한껏 발휘했다면 어떤 일이 일어날지 궁금하지 않을 수 없다.

MACKMYRA 맥미라

주소 Kolonnvägen 2, 802 67 Gävle, Sweden
홈페이지 www.mackmyra.co.uk **방문자센터** 있음

맥미라는 웨일스의 펜더린, 인도의 암룻, 네덜란드의 주담(Zuidam)과 함께 밀레니엄
초기에 위스키 애호가들의 관심을 끌었던 신세계 위스키의 선구자 중 한 곳이다.
맥미라는 스키 휴가를 떠났던 친구들이 만든 위스키이다. 그들은 술을 마시던 중 왜
스웨덴은 스웨덴 몰트 위스키를 만들지 않는지 의문을 가지게 되었다. 초기 프로젝
트는 크라우드 펀딩으로 진행하여 큰 성공을 거두었다. 오래된 농장 건물에 증류소를
설립하였는데, 오늘날 이 회사는 숲이 울창한 발보 지역에 최첨단 중력식 증류소를
보유하고 있다. 증류주는 높은 건물 꼭대기에서 만들어지기 시작해 아래층에서 완성
된다. 맥미라는 또한 스톡홀름 앞바다의 섬에 있는 광대한 지하 광산과 탄약 저장 시
설 등 매우 특이한 숙성 장소도 보유하고 있다.

MACKMYRA Brukswhisky, 41.4% abv
맥미라 브룩스위스키 41.4%

⸺ SCORE 92 ⸺

NOSE ▸▸ 가볍고 섬세하다. 감귤향 나는 식전주, 백후추

PALATE ▸▸ 소금과 후추, 고기와 생선도 보관할 수 있을 것 같다. 후추맛이 강하지만 입안
에서 따뜻해진다. 향신료를 뚫고 나오는 과일향을 느낄 수 있는 전형적인 맥
미라이다.

FINISH ▸▸ 피티하고 입안이 스파이시해지는 맛. 중간 길이보다 더 긴 여운을 남긴다.

MACKMYRA Intelligens, 46.1% abv
맥미라 인텔리겐스 46.1%

SCORE 92

NOSE ▸ 단맛과 짠맛 나는 향신료의 조합. 특색 있는 청사과향. 사과향이 핵심. 부드럽지만 접근하기 쉬운 맛. 코디얼

PALATE ▸ 달콤한 과일통조림 맛이 강함. 매우 부드럽고 정제된 향신료와 오크향이 마지막까지 남아 모든 풍미가 잘 어우러진다.

FINISH ▸ 중간보다 살짝 더 긴 여운. 과일맛과 스파이시한 맛이 남는다.

MACKMYRA Stjarnrök, 46.1% abv
맥미라 새나뢱 46.1%

SCORE 88

NOSE ▸ 퀴퀴한 냄새. 스모기, 짠내, 흙내음

PALATE ▸ 날카로운 후추, 피트, 레드베리류, 블랙커런트, 약간의 밀크커피

FINISH ▸ 피트는 차분해졌지만 주방 향신료의 풍미는 더 진하게 긴 여운을 남긴다.

MACKMYRA Svensk Rök, 46.1% abv
맥미라 스벤스크 뢱 46.1%

==== SCORE 88 ====

NOSE ▶ 강한 스모키향. 타르와 석탄. 해양성 기후. 곰팡내

PALATE ▶▶ 입안을 꽉 채우는 풀 바디에 입속이 코팅된 느낌이다. 입안이 텁텁하고 공장
의 스모크함. 짠맛이 많이 느껴지고 구스베리. 칠리 향신료. 식료품 가게 냄새.
앤초비

FINISH ▶ 긴 여운. 피티하다.

MACKMYRA Moment Mareld, 52.2% abv
맥미라 모멘트 마렐드 52.2%

==== SCORE 89 ====

NOSE ▶ 캔디. 바닐라. 꿀이 가미된 버번 향이 풍부하다.

PALATE ▶▶ 큰 풍미와 강렬함. 디저트와 담배와 어울리는 위스키. 멜론. 바나나 및 바닐라
의 단맛이 한 층에서 만나고. 매운맛. 흙냄새 나는 피트의 향이 다른 층에서
느껴진다.

FINISH ▶ 비슷한 느낌이 긴 여운으로 남는다. 폭죽 같은 위스키

MILK & HONEY 밀크 앤 허니

주소 HaThiya Street, Tel Aviv-Yafo, Israel
홈페이지 www.mh-distillery.com　**방문자센터** 있음

밀크 앤 허니는 혼잡하고 세련된 분위기가 감도는 텔 아비브의 외곽에 위치한 이스라엘 위스키 양조장이다. 이 도시는 예측할 수 없을 만큼 역동적이지만 화려한 시장, 신선한 과일과 생선이 풍부하며 퓨전 요리에 영감을 받은 다양한 레스토랑이 가득하다. 텔아비브는 위스키 시장이 크게 성장하고 있는 도시로, 이 특별한 증류소에서는 특별한 몰트 위스키를 만들고 있다. 위스키 사업은 꽤 진지한 사업이다. 2012년에 설립된 이 증류소는 비용을 아끼지 않았다. 고인이 된 짐 스완 박사가 컨설턴트로 고용되어 그의 트레이드마크인 STR 캐스크를 숙성에 제공했으며, 이는 이 증류소의 몰트 위스키에서 잘 드러난다.

MILK & HONEY Classic, 46% abv
밀크 앤 허니 클래식 46%

⊂⊐ SCORE 91 ⊂⊐

NOSE ▸▸ 흠이 없고 매우 즐거운 향이다. 쿰쿰하고 향수 같다. 블랙커런트, 파르마 제비꽃

PALATE ▸▸ 매우 인상적인 참나무와 몰트 그리스트의 조화로운 혼합이 산딸기, 살구, 복숭아 향을 압축하여 맛있고 풍부한 몰트 위스키를 만들어 낸다.

FINISH ▸▸ 흙내음. 스파이시한 맛. 오크향. 긴 여운. 모든 것이 다 좋다.

MILK & HONEY Apex Dead Sea, 56.5% abv
밀크 앤 허니 아펙스 데드씨 56.5%

SCORE 94

NOSE ▸▸ 강렬하고 흙냄새가 나지만 그 위에 바닐라, 바나나, 꿀, 셔벗 가루가 어우러져 매력적인 향을 선사한다. 여기에 달콤한 나무 대패향이 더해져 독특하고 뛰어난 향을 선사한다.

PALATE ▸▸ 여전히 초콜릿과 아이들 사탕처럼 달콤하다. 약간의 감초맛과 부드러운 후추맛이 있다. 훌륭하다.

FINISH ▸▸ 달콤하며 스파이시한 느낌과 과자류의 긴 여운이 있다.

MILK & HONEY Apex Pomegranate, 57.2% abv
밀크 앤 허니 아펙스 파머그래닛 57.2%

SCORE 83

NOSE ▸▸ 매우 부드럽고 라운드하며 과일향이 나지만, 향이 거의 비눗물에 가깝다. 혼란스럽다.

PALATE ▸▸ 매우 부드럽고 라운드하며, 과일향이 나지만 파르마 제비꽃, 봄꽃 느낌이 있다. 너무 정중하고 2차원적이며 깊이가 거의 없다. 자두 주스, 희석된 사과 주스

FINISH ▸▸ 색다르지만 연하고 가볍다. 마무리가 짧고 꽃향기가 난다.

MILK & HONEY Elements Red Wine Cask, 46% abv
밀크 앤 허니 엘리멘트 레드와인 캐스크 46%

SCORE 92

NOSE ▸▸ 설탕에 절여진 파인애플 큐브. 열대과일. 가벼운 향신료. 매우 접근하기 쉽다.

PALATE ▸▸ 깨끗하고. 달며. 스파이시하다. 달콤한 감귤류와 멜론. 나중에 부드러운 파프리카의 풍미가 찾아온다. 매우 신선하고 맑다.

FINISH ▸▸ 중간 길이보다 더 긴 여운. 달고 깔끔한 마누카 벌꿀의 풍미

MILK & HONEY Elements Peat, 46% abv
밀크 앤 허니 엘리멘트 피트 46%

SCORE 89

NOSE ▸▸ 날카로운 피트. 오일리한 스모크. 쓴맛 나는 레몬. 고추

PALATE ▸▸ 피트하지만 지나치게 강하지는 않다. 사실. 아주 부드럽고 온화하다. 짭짤한 맛. 청사과. 아몬드 껍질

FINISH ▸▸ 흙내음이 깔려 있으며 피트와 후추의 여운이 중간 길이 정도로 남아 있다.

MILK & HONEY Elements Sherry, 46% abv
밀크 앤 허니 엘리멘트 셰리 46%

SCORE 88

NOSE ▸▸ 셰리통에서 숙성된 몰트 위스키로서는 이례적이다. 매우 내향적이지만 절제된 트리플 노트가 기분 좋게 다가온다. 구운 빵. 주방 향신료

PALATE ▸▸ 부드럽고 라운드하다. 달콤하다. 베리류. 바닐라. 커스터드 풍미가 여전히 절제되어 있다. 아주 쉽게 마실 수 있다.

FINISH ▸▸ 가볍고 약간의 과일향이 기분이 좋다.

NIKKA 닛카

주소   Kurokawacho 7-6, Yoichicho, Yoichi-gun, Hokkaido 046-0003, Japan
홈페이지   www.nikka.com   방문자센터   있음

일본 위스키 업체는 라이벌과 정보를 공유하지 않는다. 스카치위스키 회사들은 상호 간의 이익을 위하여 원액을 교환하여 훌륭한 블렌디드 위스키를 만들 수 있지만 산토리와 닛카에게는 그런 선택권이 없다. 따라서 닛카는 가능한 다양한 스타일의 위스키를 생산해야 하며, 이를 위해 각 증류소를 다르게 운영한다. 하지만 각 증류소에는 다양한 모양과 크기의 증류기가 있으며, 새로 만든 여러 증류원액을 나누기 위해 서로 다른 연도를 사용한다. 다양한 스타일의 캐스크에서 숙성하는 것은 새로운 스타일의 증류주를 구분하는 또 다른 방법이다.

닛카는 일본에서 두 번째로 큰 위스키 회사로 수년 동안 산토리와 함께 위스키 시장을 지배했다. 산토리에 두 개의 증류소를 설립한 후 1934년 닛카를 설립한 전설적인 위스키 개척자 다케츠루 마사타카(Masataka Taketsuru)가 설립한 회사이다. 1936년부터 증류가 시작되어 1940년에 첫 위스키가 생산되었다.

이 회사는 두 개의 증류소를 보유하고 있었지만 일본 위스키 성공으로 인한 희생양이 될 뻔했었다. 오래된 위스키에 대한 경이로운 수요로 인해 빈티지 브랜드에 공급할 젊은 몰트 위스키가 부족할 위기에 처했던 것이다. 이에 대한 해결책으로 2015년에 모든 숙성년수 표기 위스키를 단종시키고 각 증류소에서 생산한 숙성년수 미표기 제품(NAS) 싱글몰트와 두 증류소의 위스키를 혼합한 블렌디드 몰트로 대체했다.

MIYAGIKYO Single Malt, 45% abv
미야기쿄 싱글몰트 45%

═ SCORE 90 ═

NOSE ▸ 풍부하고 복합적이며, 거의 꽃과 같은 아로마와 흙냄새가 살짝 느껴진다. 약간의 나무 탄닌과 멜론과 잘 익은 바나나

PALATE ▸ 코에서 느낀 향과 비슷하지만 거기에 달콤한 구운 보리뿐만 아니라 감초 맛과 히코리의 풍미가 있다.

FINISH ▸ 향신료, 통조림 혼합 과일, 감귤류, 탄닌, 약간의 꽃 향기가 어우러진 베스트셀러 패키지이다.

TAKETSURU Pure Malt, 43% abv
다케츠루 퓨어몰트 43%

═ SCORE 91 ═

NOSE ▸ 희미하게 나는 스모크, 따뜻한 과일향과 부드러운 향신료가 느껴진다.

PALATE ▸ 닛카의 DNA를 블렌디드 몰트 올라운더로 선보이겠다는 계획은 성공적이었다. 오렌지와 감귤류 과일이 섞여 있어 마시기 좋으며, 혀에서는 코코넛과 열대과일 맛도 느껴진다.

FINISH ▸ 따뜻한 과일향이 느껴지고, 후반에는 후추향이 강해진다.

YOICHI Single Malt, 46% abv
요이치 싱글몰트 46%

═ SCORE 90 ═

NOSE ▸ 잘린 건초, 과수원 과일, 꿀, 구운 보리, 신선하고 유혹적이다.

PALATE ▸ 금귤, 멜론, 달콤한 자몽의 상큼한 맛 달콤하고 짭짤한 풍미가 서로 조화를 이루며 잘 만들어졌다.

FINISH ▸ 중간 길이의 여운과 감귤류의 새콤달콤함이 있다.

NINKASI 닌카시

주소 267 Rue Marcel Mérieux 69007, Lyon, France
홈페이지 www.ninkasi.fr   방문자센터 있음

위스키 업계 컨설턴트이자 전문가였던 고(故) 짐 스완 박사는 잠재적인 증류주 업체들을 만나 계획을 논의할 때면 열에 아홉은 '신경 쓰지 말라'라고 말하곤 했다. 왜 그랬을까? 바닥이 보이지 않는 구멍에 투자하고, 끝없는 장애물을 극복하고, 경쟁이 치열한 기존 제품들과 경쟁할 수 있는 증류주를 생산하려면 강철 같은 정신력이 필요하기 때문이다.

전통적으로 증류소들은 보드카, 진, 리큐어와 같은 단기적인 옵션으로 전환하여 위기를 극복해 왔으며, 일부는 매우 성공적인 결과를 얻었다. 예를 들어 코츠월드 증류소는 수상 경력에 빛나는 훌륭한 진을 만들어 더 이상 위스키 제조업체가 만든 진으로 인식되지 않고, 오히려 그 반대이다.

프랑스인들은 자신들이 가장 잘하는 것을 하면서도 다른 길을 택하여 바와 카페 구조를 활용하고, 고급스러운 소량 생산된 맥주, 훌륭한 버거, 라이브 음악, 자체 생산한 싱글몰트 등의 메뉴를 제공하여 젊은 위스키 애호가들을 공략하고 있다.

닌카시 양조장은 두 곳이 있지만, 여기서 말하는 닌카시는 미국 오리건주에 있는 증류소가 아니라 프랑스에 있는 증류소이다. 리옹 근처의 크래프트 증류소로, 크리스토프 파지에(Christophe Fargier)가 이끄는 젊은 팀이 라이브 음악과 맛있는 버거, 그리고 지금은 훌륭한 몰트 위스키를 홍보하고 있다. 숙성에는 종종 프랑스산 와인 통을 사용하기도 한다.

NINKASI Small Batch 2022, 50.3% abv
닌카시 스몰 배치 2022 50.3%

⸺ SCORE 91 ⸺

NOSE ▶ 과일향, 매실, 말린 과일, 딸기, 특이하게도 산사나무와 미나리향이 난다.

PALATE ▶ 블랙베리 코디얼, 설탕에 절인 보리, 오렌지 발리워터, 고수에 약간의 피트 같은 흙내음이 어우러져 균형이 잘 잡혀 있다. 좋아할 게 많다.

FINISH ▶ 비교적 짭쪼름하지만 매우 호감이 가는 맛이다. 중간 정도 길이의 여운, 식전주 위스키

NINKASI Chardonnay Cask, 46% abv
닌카시 샤르도네 캐스크 46%

══ SCORE 89 ══

NOSE ▸▸ 프랑스 웹사이트에는 살구와 꿀, 약간의 파티세리 향이 난다고 나와 있는데, 내 생각에도 맞는 것 같다. 하지만 감귤류의 흔적도 있다.

PALATE ▸▸ 노란 과일, 구운 빵. 나는 보통 샤르도네 캐스크 숙성을 좋아하지 않지만 이 제품은 훌륭하다. 약간은 어리지만 균형감과 보리의 영향이 적절하다.

FINISH ▸▸ 중간 길이 정도의 여운을 지녔지만 즐겁다. 간간히 새콤달콤한 맛이 나타나지만 섬세하고 향긋하며 매우 인상적이다.

NINKASI Single Cask 22, 49.5% abv
닌카시 싱글 캐스크 22 49.5%

══ SCORE 92 ══

NOSE ▸▸ 이 제품은 매우 훌륭히다. 이 팀은 위스키에 대해 매우 진지하게 생각하고 있다. 향기롭고 달콤하며 스파이시하고 사랑스러운 위스키 향을 기대하라.

PALATE ▸▸ 풀 바디에 풍부하고 매우 신선하고 깔끔하며 균형이 잘 잡혀 있다. 허니몰트, 파인애플, 망고의 향이 느껴진다. 과일 럼토프. 매우 달콤하다.

FINISH ▸▸ 여운이 길고 강렬하며 과일향이 풍부하고 따뜻하다.

OVEREEM 오브레임

주소 Huntingfield, Tasmania, Australia
홈페이지 www.overeemwhisky.com   **방문자센터** 있음

태즈메이니아에서 새로운 크래프트 증류소의 성장은 잘 알려져 있지만, 오브레임은 이 섬에서 가장 오래된 증류소 중 하나이다. 2012년 노르웨이 출신 케이시 오브레임 (Casey Overeem)과 그의 딸 제인이 설립한 이 증류소는 태즈메이니아의 네 번째 증류소이다. 이 회사는 셰리 캐스크 숙성 위스키의 일반 도수 제품, 캐스크 스트랭스 버전과 포트 캐스크 숙성 위스키의 일반 도수 제품, 캐스크 스트랭스 제품, 이렇게 네 가지 제품 라인을 가지고 있다. 하지만 2022년에는 일반 도수 제품 및 캐스크 스트랭스의 버번 캐스크 피니시가 출시되었다. 현재 이 증류소는 제인과 그녀의 남편 마크가 운영하고 있다.

OVEREEM Muscat Cask Matured, 48.5% abv
오브레임 머스캣 캐스크 머쳐드 48.5%

SCORE 92

NOSE ▸ 장미꽃잎, 헤이즐넛, 누가
PALATE ▸ 다크체리, 블랙베리, 블러드 오렌지의 풍부한 향과 다크초콜릿맛이 어우러져 과일 풍미가 강하다.
FINISH ▸ 길고 달콤하며 과일향이 강하고 약간의 향신료향이 느껴진다.

OVEREEM Port Cask Matured, 43% abv
오브레임 포트 캐스크 머쳐드 43%

SCORE 90

NOSE ▸▸ 통통한 건포도가 과일의 풍미를 더하고. 아이스크림 위에 캐러멜이 달콤함을
더하며. 베리류 과일이 지나치게 달거나 텁텁하지 않게 해 준다.

PALATE ▸▸ 진한 과일향과 부드러운 토피. 헤이즐넛. 바노피 파이

FINISH ▸▸ 긴 여운. 풍부하고 달고. 다이제스티브 비스킷

OVEREEM Port Cask Matured Cask Strength, 60% abv
오브레임 포트 캐스크 머쳐드 캐스크 스트랭스 60%

SCORE 95

NOSE ▸▸ 꽃향기. 구운 체리 타르트. 건포도와 다른 건과일향

PALATE ▸▸ 물을 조금 섞으면 복숭아를 비롯한 과일 통조림과 함께 놀라울 정도로 부드럽
고 풍부하며 달콤한 몰트 위스키다. 약간의 부드러운 후추향이 재미를 더한다.

FINSIH ▸▸ 비교적 여운이 짧다. 과일 위에 소금과 후추기 지배적인 풍미를 가졌다.

OVEREEM Sherry Cask Matured, 43% abv
오브레임 셰리 캐스크 머쳐드 43%

══ SCORE 91 ══

NOSE ▸▸ 건포도, 대추, 무화과 향을 이어 클래식한 크리스마스 케이크, 셰리, 계피, 정향, 견과류향이 더해진다.

PALATE ▸▸ 오렌지와 사과를 전면에 내세운 조린 과일 샐러드, 다크초콜릿, 당밀, 가벼운 향신료가 기분 좋은 몰트 위스키를 만든다.

FINISH ▸▸ 중간 길이의 여운, 풍부하며, 마시고 난 후 입안이 따뜻해진다.

OVEREEM Sherry Cask Matured, Cask Strength, 60% abv
오브레임 셰리 캐스크 머쳐드 캐스크 스트랭스 60%

══ SCORE 94 ══

NOSE ▸▸ 흙내음, 짭조름함, 우스터소스, 간장향, 자두조림의 풍미가 모두 느껴진다.

PALATE ▸▸ 사과와 배의 풍미가 아이리시 위스키를 연상시킨다. 이것은 사과와 향신료의 교환이다. 다진 고기로 가득 찬 구운 사과가 돋보이는 과일향 위스키이다.

FINISH ▸▸ 중간 길이 정도의 여운, 균형감, 과일맛, 마시고 난 후 계속 생각나는 맛이다.

PAUL JOHN 폴 존

주소 M 21, Cuncolim Industrial Area, Cuncolim, Goa-403703, India

홈페이지 www.pauljohnwhisky.com **방문자센터** 있음

존 디스틸러리는 1992년 인도 고아에 설립된 증류주 제조업체이다. 내수 시장에서 상당한 성공을 거두며 빠르게 자리를 잡았다. 1996년에는 연간 5억 리터를 생산할 수 있는 증류소에서 당밀을 원료로 한 '위스키'를 출시했었다. 하지만 폴 존 회상의 진정한 목표는 고품질 싱글몰트 위스키를 생산하는 것이었고, 2013년에 이를 달성하였다. 그 이후로 이 회사는 일반 도수 및 캐스크 스트랭스 위스키를 출시하였다.

PAUL JOHN Brilliance, 46% abv

폴 존 브릴리언스 46%

══ SCORE 90 ══

NOSE ▸▸ 달고, 강렬한 어름 과일향

PALATE ▸▸ 어린 느낌, 강한 풍미와 허브향이 강하지만 덜 숙성되었다는 느낌은 없다. 즐겁고 달콤한 바디감이 특징이다. 입안이 코팅된 느낌이다. 라임과 레몬 스타버스트 씹는 맛, 약간의 아이싱 슈거

FINISH ▸▸ 중간 길이의 여운, 열대과일, 부드러운 향신료

PAUL JOHN Edited, 46% abv
폴 존 에디티드 46%

▭ SCORE 88 ▭

NOSE ▸▸ 시나몬, 건과일, 레몬, 중간 정도의 피트

PALATE ▸▸ 달콤하고 피티하다. 풋사과 같은 강렬한 과일 풍미, 중간 정도의 그을음, 난로 연기, 허브 풍미, 살짝 느껴지는 커민과 고추, 계피의 흔적도 미각에 전해진다.

FINISH ▸▸ 풍부한 스모키한 느낌과 스파이시한 느낌으로 입안이 가득 찬다.

PAUL JOHN Peated Select Cask, 55.5% abv
폴 존 피티드 셀렉트 캐스크 55.5%

▭ SCORE 86 ▭

NOSE ▸▸ 초록과일, 크랩 애플, 희뿌연 연기

PALATE ▸▸ 미디엄 바디감에 입안에 코팅된 듯하다. 시고 날카로운 스모키가 느껴진다. 다진 고기와 구운 사과, 말린 과일, 건포도, 나중에는 달콤하고 훈연향으로 느껴진다.

FINISH ▸▸ 중간보다 살짝 더 긴 여운, 날카로운 스모크와 향기

PENDERYN 펜더린

주소   Brecon Beacons Distillery, Pontpren, Penderyn, Rhondda Cynon Taff, CF44 0SX, Wales

홈페이지 www.penderyn.wales   **방문자센터**   있음

암롯, 맥미라, 주담 등 이 책에 소개된 다른 증류소들과 마찬가지로 펜더린은 신세계 위스키의 선두에 서 있는 증류소이다. 2004년에 설립되어 처음부터 스코틀랜드 위스키와 차별화를 시도했다. 팟 스틸과 칼럼 스틸이 일부 포함된 특별한 하이브리드 스틸이 작동하고 있다. 숙성은 주로 마데이라 캐스크에서 이루어지고 버번 캐스크 또한 사용되고 있으며, 이례적으로 이전에 스코틀랜드 싱글몰트가 들어 있던 캐스크도 숙성에 사용하고 있다. 이 증류소의 몰트 위스키 일반 제품에서는 독특한 꽃향기와 향수향이 나지만, 위스키 제조업체들은 실험을 주저하지 않고 있다. 최근에는 포트 우드(Port Wood)와 아몬틸라도(Amontillado)도 캐스크 스트랭스 같은 괴물 위스키를 등장시켰다. 이 회사의 성공으로 현재 최초 증류소인 웨일스 남부의 브레콘 비컨부터 북부의 랜디드노까지 세 곳의 증류소가 있다.

PENDERYN Madeira, 46% abv
펜더린 마데이라 46%

SCORE 85

NOSE ▸▸   레몬, 라임셔벗사탕, 가벼운 토피

PALATE ▸▸   매우 가벼우면서 부드럽다. 가벼운 꽃향이 휘발되는 느낌이 있다. 어쩌면 살구의 흔적이 있을지도 모른다. 나중에는 라임 리큐어향이 나타난다. 과거에는 획기적인 술이었지만 지금은 많은 다른 제품들이 이를 모방하고 있다.

FINISH ▸▸   부드러운 스타버스트 라임 과자와 달콤한 향신료가 놀라울 정도로 긴 여운을 준다.

PENDERYN Port Wood, 60.6% abv
펜더린 포트 우드 60.6%

SCORE 94

NOSE ▸▸   와인껌, 조린 과일, 베리류

PALATE ▸▸   풍부하고 풍성하며 공격적인 맛 큰 붉은 과일과 감귤류 계피, 정향, 육두구 및 기타 향신료의 복잡한 혼합, 라즈베리와 블랙커런트, 놀라운 맛이다.

FINISH ▸▸   풍부하고 리큐어 같다.

PENDERYN Hiraeth, 46% abv
펜더린 히라이스 46%

SCORE 93

NOSE ▸▸ 깨끗하고 신선한 딸기와 복숭아 통조림

PALATE ▸▸ 풍부하고 풀 바디감에 신선하고 아름답게 균형 잡힌 맛. 허니몰트와 설탕에 절인 파인애플과 망고가 조화를 이룬다.

FINISH ▸▸ 긴 여운. 과일맛. 마시고 난 후 입안이 따뜻해진다.

PENDERYN Amontillado, 57.2% abv
펜더린 아몬틸라도 57.2%

SCORE 90

NOSE ▸▸ 활석가루. 핑크 셔벗. 블랙 포레스트 가토(초콜릿 케이크 종류). 섬세하다. 나중에 약간의 브랜디향이 난다.

PALATE ▸▸ 물을 첨가하면 복숭아시럽 통조림. 구운 배. 섬세하고 부드러우며 신선하고 깨끗하다. 황갈색 설탕. 벌꿀. 바닐라의 풍미가 있다.

FINISH ▸▸ 부드럽고. 라운드하다. 과일 젤리 맛이 난다.

PENDERYN Brandy Finish, 60% abv
펜더린 브랜디 피니쉬 60%

SCORE 91

NOSE ▸▸ 몇 년 전 펜더린은 가볍고 향긋한 몰트 위스키를 만들었는데, 지금은 이런 괴물 같은 술을 만들고 있다. 너무 일찍 개봉하지 않도록 하자. 물을 많이 넣어도 향이 잘 나지 않는다. 꿀과 대패질한 나무 외에는 아무것도 없다.

PALATE ▸▸ 표면은 차분하지만, 그 아래에는 강렬한 소용돌이와 흐름이 있다. 과일 맛이 감도는 거대하고 강렬한 파도와 초기 오렌지 과일과 암전한 후추 사이에서 균형 잡힌 전투가 벌어진다. 브랜디 오크통에서 얻어진 것은 과즙이 풍부한 포도와 리큐어 같은 특징으로 나타난다.

FINISH ▸▸ 달콤한 과일이 섞인 긴 여운

PENDERYN Ex-Tawny Port Pipe, 62.5% abv
펜더린 엑스 타우니 포트 파이프 62.5%

SCORE 93

NOSE ▶▶ 이 위스키 역시 향이 잘 나타나지 않지만 물을 첨가하면 블랙베리, 블루베리, 캠프 커피, 담뱃잎향이 있다.

PALATE ▶▶ 카푸치노 또는 차가운 커피. 다른 캐스크 스트랭스 펜더린보다 풍미가 강하지만 잘 익은 복숭아와 승도복숭아로 과일향을 더했다.

FINISH ▶▶ 부드럽고 풍부하며, 중간 길이보다 더 긴 여운이 있다. 벌꿀 같다.

PENDERYN Ex-Ruby Port Single Cask, 61.8% abv
펜더린 엑스 루비 포트 싱글캐스크 61.8%

SCORE 89

NOSE ▶▶ 물을 첨가하면 쓴 레몬, 향수 같은 느낌, 블랙커런트, 스타버스트 사탕

PALATE ▶▶ 블랙커런트와 산딸기잼의 큰 물결. 달콤하고 흠잡을 곳 없이 아름다운 맛. 체리맛은 나중에 온다.

FINISH ▶▶ 산딸기와 후추의 중간 길이 정도의 여운

PENDERYN Rum Finish, 61.1% abv
펜더린 럼 피니쉬 61.1%

SCORE 93

NOSE ▶▶ 처음부터 끝까지 품질이 뛰어나다. 럼, 건포도, 망고, 파인애플, 바닐라

PALATE ▶▶ 부드럽고 라운드하다. 바닐라, 파인애플 통조림, 과일샐러드 통조림, 매우 마시기 편하다.

FINISH ▶▶ 긴 여운. 달콤하고 열대과일맛이 있다.

PFANNER 파너

주소 Alte Landstraße 10, Lauterach 6923, Austria
홈페이지 www.pfanner-destillate.com 방문자센터 있음

'마이크로 디스틸링(Micro Distilling)'이라는 용어는 창고에 있는 쓰레기통(독일에도 하나 존재한다)에서부터 수백만 리터는 아니더라도 수천 리터의 알코올을 생산하는 최첨단 증류소까지 모든 증류주 생산을 포괄할 수 있다. 후자가 바로 파너의 경우이다. 파너는 과일 주스와 아이스티를 전문으로 하는 대형 음료 회사로, 이 중 80%가 전 세계에 판매되고 있다. 이 가족 회사는 포어아를베르크 지역 출신이지만 위스키는 라우터라흐에서 생산된다. 이 증류소는 2002년에 설립되었으며 소유주는 상당한 비용을 들여 최첨단 증류소를 건설하였다. 이 위스키는 큰 가능성을 보여주고 있다.

PFANNER Classic Whisky, 43% abv
파너 클래식 위스키 43%

SCORE 84

NOSE ▸▸   바닐라. 과일맛. 여름철의 초원. 전통적인 스카치 로우랜드 몰트 위스키 같다.
PALATE ▸▸   풍부한 과일맛. 특히 사과, 배, 딸기. 깨끗하고 달고 매우 유쾌한 위스키이다.
FINISH ▸▸   중간 길이 정도의 여운. 과일맛. 라운드하며 자꾸 생각나는 맛이다.

PFANNER X-Peated, 46% abv
파너 엑스-피티드 46%

SCORE 86

NOSE ▸▸   공격적인 석탄과 발효 중인 과일과 배향
PALATE ▸▸   코에서 느껴졌던 만큼의 공격적인 피트는 아니다. 사실 부드럽고. 흙내음이 나며 소박한 매력이 있다. 여름철 초원의 맛이 여기에 있다.
FINISH ▸▸   중간 길이의 여운. 부드럽고 밸런스가 좋다

PFANNER Redwood, 43% abv
파너 레드우드 43%

SCORE 83

NOSE ▸ 레드와인 캐스크에서 숙성되어 대담한 와인 향을 기대할 수 있다. 약간의 오일리한 향도 있으며, 약간의 시트러스와 아몬드도 느껴진다.

PALATE ▸ 레드베리류, 복숭아의 과일향과 거친 흙내음도 느낄 수 있다.

FINISH ▸ 중간 길이의 여운. 기분이 좋고 과일향이 난다.

PICCADILY 피카딜리

주소 G-17, Ground Floor, JMD Pacific Square, Sector - 15 Parts, Gurugram
(Gurgaon) - 122 002 (HR), India
홈페이지 www.piccadily.com   방문자센터 있음

피카딜리는 인도 음료와 스피릿의 주요 공급자이자 제조업체이며, 2021년에는 인드리 인디언 싱글몰트로 국제 시장에 뛰어들었다. 인드리는 전통적인 6줄짜리 인도 보리로 만들어졌다. 보리를 손으로 수확하고, 맥아를 위한 보리도 수작업으로 선별하였다. 위스키의 이름인 인드리(Indri)는 오감의 개념이란 의미로, 히말라야 산기슭 아래 야무나강의 집수 구역에 있는 증류소가 위치한 장소의 이름이기도 하다.

INDRI Indian Single Malt, 46% abv
인드리 인디아 싱글몰트 46%

⊏ SCORE 94 ⊐

NOSE ▶▶ 과일향이 매우 강하다. 파인애플향, 감귤향이 처음부터 계속 지속된다.

PALATE ▶▶ 순수하고 완전한 즐거움이다. 열대과일과 노란 과일, 캐러멜과 슬라이스된 사과가 어우러져 있고, 흙이 깔린 카펫과 소금의 흔적까지 느껴진다. 뛰어나다.

FINISH ▶▶ 긴 여운, 풍부하고 과일 맛이 난다.

PUNI 푸니

주소　Via Mühlbach 2, 39020 Glorenza (BZ), Italy
홈페이지　www.puni.com　　방문자센터　있음

푸니는 이탈리아 증류소인데, 사실 이탈리아가 몰트 위스키 하면 떠오르는 나라는 아니다. 하지만 화창한 휴양지와 아름다운 해변 외에도 이탈리아 북부의 알프스 산기슭에는 커다란 호수가 있다. 알토 아디제 지방의 볼차노 지방은 몰트 위스키를 만드는 데 이상적인 수자원과 변화무쌍한 기후를 자랑한다. 겨울은 혹독하게 춥고 여름은 찌는 것처럼 덥다. 이 지역은 독일과 오스트리아의 영향이 강하며, 증류소를 운영하는 사람들의 이름을 보면 일반적으로 이탈리아 사람이 아닌 경우가 많다. 만약 당신이 증류소의 설립 의도를 알고 싶다면, 증류소 건물 자체를 보는 것보다 더 좋은 것은 없다. 위스키 세계에서 본 적 없는 거대한 정육면체 건물이다. 푸니의 이름은 증류소가 위치한 계곡을 흐르는 강에서 따온 것이다.

PUNI Gold, 43% abv
푸니 골드 43%

⊂ SCORE 87 ⊃

NOSE ▸▸ 또다른 증류소가 기량을 점점 끌어올리고 있다. 풀향이 사라지고 그 자리에 진한 바닐라, 바나나, 오크 풍미의 향신료가 느껴진다.

PALATE ▸▸ 깔끔하고 달콤하며 우아하며, 달콤한 몰트 하트와 바닐라와 오크향이 더 많이 느껴진다. 샌달우드향이 감돈다.

FINISH ▸▸ 중간 길이의 여운. 여름 과일과 크림이 상쾌하고 사랑스럽게 어우러져 있다.

RAMPUR 람푸르

주소 Bareilly Road, Rampur, 244901 Uttar Pradesh, India
홈페이지 www.rampursinglemalt.com

람푸르는 인도에서 가장 큰 주류 생산업체 중 하나이다. 100에이커가 넘는 부지를 보유하고 있으며 주로 당밀로 증류주를 만들어 인도 현지 시장에 판매한다. 싱글몰트 위스키는 시간을 거슬러 올라가 1943년부터 인도에서 가장 오래된 단식 증류기에서 증류되고 있다. 히말라야 산기슭에 위치하여 겨울과 여름의 온도 차이가 극심해서 숙성 기간이 매우 빠르며 최대 6년까지 숙성을 시킨다. 2020년에 싱글몰트를 출시하였다.

RAMPUR Asava Cabernet Sauvignon, 45% abv
람푸르 아사바 카베르네 쇼비뇽 45%

SCORE 90

NOSE ▶ 부드러운 자두향. 빨간 젤리. 핑크와 노란색의 터키쉬 딜라이트. 감귤향과 셔벗향

PALATE ▶ 고소한 터키시 딜라이트. 마카롱. 부드러운 과일 젤리가 어우러져 달콤하다.

FINISH ▶ 과일젤리의 풍미가 강해지지만 후추의 물결이 질리지 않도록 해준다.

RAMPUR Double Cask, 45% abv
람푸르 더블 캐스크 45%

⊏ SCORE 92 ⊐

NOSE ▸ 셰리와 버번의 영향은 서로를 튕겨낸다. 건포도는 열대과일과 싸우고, 오크향의 탄닌은 바닐라와, 벌꿀향은 각종 향신료와 싸운다.

PALATE ▸▸ 과즙이 풍부한 포도와 베리가 첫 향을 지배하고 바닐라, 새 나무, 노란색과 주황색 과일향이 이어진다.

FINISH ▸▸ 긴 여운. 과일맛. 스파이시한 맛. 그리고 계속 마시고 싶은 맛이다.

RIVERBOURNE 리버본

주소   986 Wild Cattle Flat Road, Jingera via Captains Flat, NSW 2623, Australia
홈페이지   www.riverbournedistillery.com

호주 증류소들의 새로운 물결은 빠르게 변화하고 있다. 새로운 맛과 스타일을 기꺼이 탐구하는 새롭고 흥미로운 증류소는 계속해서 생겨난다. 리버본은 뉴 사우스 웨일스에 있는 부부가 운영하는 증류소이다. 파이스 부부는 2015년에 이 증류소를 설립했는데, 남편 마틴은 다양한 부티크 위스키와 럼의 매싱, 발효, 증류, 숙성을 담당하고 아내 에일린은 병입, 라벨링, 서류 작업 및 유통을 담당하고 있다. 이 부부는 천연 샘물, 기후, 산악 환경이 이 지역 특유의 독특한 풍미를 지닌 증류주를 생산한다고 설명한다. 현재 이 증류소에는 8,000리터 이상의 럼과 위스키가 프랑스산과 미국산 오크통에서 숙성되고 있다.

RIVERBOURNE 3-year-old Batch 1 That Boutique-y Whisky Company, 50% abv
리버본 3년 배치 1 부티크 위스키 컴퍼니 50%

═══ SCORE 82 ═══

NOSE ▸▸ 아직 여리고 후류(feinty)의 향이 있지만, 약간의 매력적이고 달콤한 향신료와 꽃향기는 언젠가 시간이 지나면 꽃이 활짝 필 것을 약속하는 듯하다.

PALATE ▸▸ 꽃향기가 지속되며, 샐러드(차이브?) 풍미와 포도, 건포도의 맛이 추가된다.

FINISH ▸▸ 중간 길이 정도의 여운에 혼합 샐러드 잎의 가벼운 풍미가 남는다.

ST GEORGE 세인트 조지

주소 2601 Monarch Street, Alameda, California 94501, United States
홈페이지 www.stgeorgespirits.com　　**방문자센터** 있음

신세계의 많은 마이크로 증류소들이 비교적 최근에 등장했지만, 이 증류소는 2022년에 창립 40주년을 맞이하였다. 40년 동안 이 증류소는 훌륭한 위스키를 만들겠다는 일념으로 천천히 성장해 왔다. 세인트 조지는 혼자서 증류소를 운영하고 증류주를 만드는 1인 기업으로 출발했다. 현재는 열정적인 직원들과 함께 번창하는 기업으로 성장하였다. 이 증류소는 꾸준히 품질 좋은 싱글몰트 위스키를 출시함으로써 충성도 높은 마니아층을 형성하고 있다. 오랜 세월 동안 거의 혼자서 운영하다가 비교적 짧은 기간에 말 그대로 수천 개의 다른 크래프트 증류소와 합류하는 것이 이상하게 느껴질 것이다. 세인트 조지의 직원들은 작든 크든, 새롭든 오래됐든 상관없이 좋은 것이 더 좋다고 말하며 새로운 사람들을 환영하고 있다.

ST GEORGE Single Malt, 46% abv
세인트 조지 싱글몰트 46%

SCORE 93

NOSE ▶ 숙성에 사용된 다양한 캐스크의 복합적인 조합으로 코앞에 스모가스보드 (smorgasbord, 서서 먹는 스칸디나비아식 뷔페 요리)를 선사한다.

PALATE ▶ 과일, 견과류 밀크초콜릿, 달콤한 바닐라 요거트, 마누카 벌꿀

FINISH ▶ 긴 여운. 복합적이고 유쾌하다. 시작부터 끝까지 만족스럽다.

SEVEN SEALS 세븐 씰

주소   Stansstaderstrasse 90, 6370 Stans, Switzerland
홈페이지   www.7sealswhisky.com

'시간은 중요하지 않고 맛이 중요하다'는 스위스 회사 세븐 씰의 모토를 바탕으로, 의심이 가는 사람에게는 직접 시음 테스트를 진행하여 그 맛을 검증한다. 돌프 스톡하우젠(Dolf Stockhausen) 박사와 그의 팀은 위스키 피니쉬 기술을 다른 차원으로 끌어올려 숙성을 가속화하고 풀 바디의 균형 잡힌 훌륭한 맛의 몰트 위스키를 생산하기 위한 새로운 특허 기술을 개발하였다. 이 새로운 공법을 통해 세븐 씰은 아주 어린 싱글몰트 위스키를 가지고 위스키의 네 가지 핵심인 색과 향의 추가, 부정적인 화합물의 제거, 산화, 나무와 증류주의 결합을 가속화하여 새로운 풍미를 만들어낸다. 이 과정은 몇 년이 아닌 몇 주가 걸리며 위스키의 종류와 도수에 따라 달라진다.

SEVEN SEALS The Age of Virgo, 49.7% abv
세븐 씰 더 에이지 오브 버고 49.7%

══ SCORE 92 ══

NOSE ▸ 버진 오크에서 풍기는 와인 향과 아로마. 우디 스파이스가 강렬하지는 않지만 달콤한 와인향에 압도당한다. 레드베리와 블랙커런트가 과일향과 꽃향을 만들어낸다.

PALATE ▸▸ 상호보완적인 꽃향기와 과일향의 조합. 베리류의 향은 여전하지만 부드러운 진한 풍미와 감귤류가 새롭게 추가되었다. 장미 열매와 꽃잎. 조화롭고 세련되었다.

FINISH ▸ 부드럽고 중간 길이의 여운. 부드럽고 매우 예쁘다. 이 회사가 생산한 가장 가볍고 섬세한 위스키이다.

SEVEN SEALS The Age of Aquarius, 49.7% abv
세븐 씰 더 에이지 오브 아쿠아리우스 49.7%

══ SCORE 94 ══

NOSE ▸ 다크초콜릿. 구운 밤. 화학공장 냄새. 벽난로 스모크

PALATE ▸▸ 밀크초콜릿을 깨물었는데, 초콜릿 안에 매운 고추가 들어가 있다는 사실을 너무 늦게 깨달은 것 같다. 이 몰트 위스키는 매우 당황스러운 위스키이며. 스코틀랜드 아일레이의 브룩라디 옥토모어(Octomore)를 연상시킨다. 숯의 그을림. 흙내음. 피티함. 정말 맛있다. 하지만 초콜릿 같은 부드러움은 남아있다. 미각을 자극시키는 맛

FINISH ▸ 긴 여운. 소용돌이치는 스모크

SEVEN SEALS The Age of Scorpio, 49.7% abv
세븐 씰 더 에이지 오브 스콜피온 49.7%

══ SCORE 93 ══

NOSE ▸ 모든 사람들은 과일과 견과류 초콜릿 바를 좋아한다. 거기에 바닐라를 던져주면 당신의 코가 매우 즐거워할 것이다.

PALATE ▸▸ 더 많은 과일과 많은 맛과 향들. 약간의 오렌지 과일과 약간의 후추 크림에 구운 배. 토피 사과

FINSIH ▸ 과일향과 스파이시한 맛이 길게 남는다.

SEVEN SEALS The Age of Leo, 49.7% abv
세븐 씰 더 에이지 오크 레오 49.7%

═══ SCORE 95 ═══

NOSE ▸▸   레드와 블랙 베리, 오렌지 과일, 대추와 자두를 곁들인 셰리몹(mob). 세계 타이틀을 위한 헤비급 복싱 경기이다. 유혹적이다.

PALATE ▸▸   균형 잡히고 풍부하며 입안을 감싸는 맛. 강력하지만 공격적이지 않고 매우 복합적이다. 나무 부스러기, 다크초콜릿, 후추향이 느껴진다.

FINISH ▸▸   긴 여운. 입안에서 불꽃놀이가 펼쳐진 듯하다.

SEVEN SEALS Port Wood, 46% abv
세븐 씰 포트 우드 46%

═══ SCORE 94 ═══

NOSE ▸   포트와인, 그리고 블랙커피, 불에 탄 당밀, 레드베리류

PALATE ▸▸   한 층은 달콤한 과일로 풍성하고 풀 바디의 감촉과 입안을 따뜻하게 하고, 다른 층은 후반부의 칠리 향신료로 몰트 위스키의 모양과 구조를 만들어낸다.

FINISH ▸▸   매우 긴 여운. 짭쪼름하면서 향신료의 맛이 남는다.

SEVEN SEALS Sherry Wood Finish, 46% abv

세븐 씰 셰리 우드 피니쉬 46%

═ SCORE 93 ═

NOSE ▸ 대담한 와인향이 느껴지지만 예상한 만큼의 셰리 맛은 아니다. 오히려 은은한 과일 럼토프향이 코끝을 감싼다.

PALATE ▸ 확실히 셰리 노트가 많이 느껴지지만, 조린 과일의 향이 흙 묻은 카펫 느낌과 약간의 우디한 탄닌과 조화를 이룬다. 부드럽고 균형 잡힌 맛, 매우 매력적이다.

FINISH ▸ 중간 길이 정도의 여운, 흙내음, 과일맛, 균형감

SLANE CASTLE 슬레인 캐슬

소유자   Brown-Forman
주소   Slane Castle, Slane, County Meath, Ireland
홈페이지   www.slaneirishwhiskey.com   방문자센터   있음

슬레인성은 오랫동안 아일랜드의 관광 명소로 자리 잡아 왔다. 더블린 공항에서 약 35분 거리에 위치한 이 성에는 다양한 즐길 거리, 레스토랑, 숙박시설이 있으며 결혼식 등 각종 행사를 위한 대관도 가능하다. 40년 동안 이 성에서는 R.E.M.과 아일랜드의 전설적인 밴드 Thin Lizzy, U2 등 세계 최고의 뮤지션들의 록 공연도 열렸다. 위스키는 사실 인상적인 레퍼토리에 새롭게 추가된 항목이다. 이 증류소는 2015년 18세기 마구간 건물에 지어졌고, 3년 후 첫 위스키가 출시되었다.

SLANE Triple Casked Irish Whiskey, 40% abv
슬레인 트리플 캐스크트 아이리시 위스키 40%

⊏ SCORE 84 ⊐

NOSE ▸   전형적인 아이리시 위스키에 캐스크의 향들이 추가되었다. 토피, 토스팅된 오크, 부드러운 향신료

PALATE ▸▸   구운 번, 산딸기 잼, 코티드 크림과 토피향이 있는 진정한 가성비 위스키

FINISH ▸▸   중간 길이 보다 살짝 더 긴 여운, 구운 크로스 번, 시나몬, 향신료

SMÖGEN 스뫼겐

주소 Stålerörd Ljungliden 1, 456 93 Hunnebostrand, Sweden
홈페이지 www.smogenwhisky.se

스웨덴은 음식과 음료에 대한 특별한 애정을 가지고 있는데, 주요 도시 간에는 어느 정도의 경쟁이 있을 정도다. 실제로 위스키 증류소인 맥미라는 현지인들이 스톡홀름 근처로 위스키 통을 사러 가지 않을 것을 우려해 일부 숙성 시설을 최고급 바와 레스토랑이 많은 예테보리 근처에 마련할 수밖에 없었을 정도였다.

스웨덴은 주변의 차가운 바다에 해산물이 풍부하기 때문에 낚시, 해산물 레스토랑, 세계에서 가장 열성적인 위스키 애호가 중 한 명이 운영하는 소규모 증류소의 조합은 천생연분처럼 보인다. 스뫼겐은 스웨덴 서해안에 있는 작은 섬으로 본토에 있는 같은 이름의 증류소에서 약 7km 정도 떨어져 있다. 변호사이자 위스키 애호가인 파르 칼덴비(Pär Caldenby)가 2009년에 설립했으며, 첫 번째 위스키는 2013년에 출시되었고 1년 후 진을 출시했다.

SMÖGEN 100 Proof, 57.1% abv
스뫼겐 100 프루프 57.1%

==== SCORE 86 ====

NOSE ▶▶ 피트 연기, 라즈베리 잼, 구운 나무 부스러기, 매운맛의 매력적인 조합이다.

PALATE ▶▶ 두 개의 트랙이 있는 몰트다. 한쪽은 피트와 매운맛, 다른 트랙은 고소한 바닐라, 건과일이 있다.

FINISH ▶▶ 중간 정도의 여운이 있으며 바닐라향과 향신료향이 더 진해진다.

SPIRIT OF HVEN 스피릿 오브 벤

주소 Norreborgsvägen, Sankt lbb, SE-26195, Sweden
홈페이지 www.hven.com

스피릿 오브 벤 증류소는 스웨덴의 한 섬에 있는데, 실제로는 스웨덴보다 덴마크 해
안선에 더 가깝다. 이 섬은 정말 작지만 인기 있는 관광지이며, 증류소를 소유한 몰
린 가문은 4성급 호텔과 회의 시설도 소유하고 있다. 이 매력적인 위스키를 만드는
사람은 헨릭 몰린(Henric Molin)으로, 고도로 과학적인 접근 방식을 취하는 방법으
로 위스키를 만든다. 헨릭은 정기적으로 실험을 하고, 허투루 만드는 것을 거부하며,
현지에서 생산된 최고급 재료를 사용한다. 이 증류소의 최신 위스키는 1572년 초신
성을 발견한 유명한 천문학자 티코 브라헤(Tycho Brahe)의 이름을 따서 명명되었는
데, 그는 16세기 후반에 이 섬에 살았다. 스피릿 오브 벤은 적어도 10년 동안 최고 품
질의 몰트 위스키를 가장 일관되게 생산해 온 곳 중 한 곳이다.

SPIRIT OF HVEN Tycho's Star, 41.8% abv
스피릿 오브 벤 티코스 스타 41.8%

▭ SCORE 94 ▭

NOSE ▸ 잘 익은 사과와 배, 설탕에 절인 생강과 우드 스모키의 훌륭한 아로마. 깔끔하
고 달콤하다.

PALATE ▸ 흙내음 나는 피트와 파프리카 향신료. 달콤한 막대 사탕과 중간을 가로지르는
과일 통조림의 맛이 균형감이 있다.

FINISH ▸ 길고 풍부한 여운. 과일향과 지속적으로 남는 향신료의 여운이 있다.

SPIRIT OF YORKSHIRE
스피릿 오브 요크셔

주소 Unit 1, Hunmanby Industrial Estate, Hunmanby, North Yorkshire, YO14 0PH, England
홈페이지 www.spiritofyorkshire.com **방문자센터** 있음

영국 북부에 위치한 이 증류소는 세계 위스키 업계에서 가장 흥미로운 앞날을 가진 곳 중 하나이다. 초기 병입된 모든 위스키는 최고 수준이다. 이 증류소는 고(故) 짐 스완 박사가 고안한 STR 캐스크를 사용하는 증류소 그룹 중 하나로, 몰트 위스키에 매력적인 바닐라, 꿀, 열대과일의 향을 선사한다. 이곳은 2016년에 절친한 친구인 농부 톰 멜러(Tom Mellor)와 마케팅 전문가 데이비드 톰슨(David Thompson)이 비밀리에 설립하였다. 이들은 위스키의 품질을 향상하는 혁신적인 공정인 칼럼 스틸과 대형 팟 스틸을 연결하였다. 물론 지금까지의 결과는 매우 인상적이다.

FILEY BAY Flagship, 46% abv
필리 베이 플래그쉽 46%

═══ SCORE 91 ═══

NOSE ▸ 바나나 스피릿, 바닐라, 부드러운 토피

PALATE ▸ 진한 바나나 스플릿, 아이스크림에 초콜릿 소스와 아몬드 가루가 뿌려진 맛.
부드러운 후추향이 있지만 여전히 달콤하다. 매우 마실 만하다. 흑설탕

FINISH ▸ 중간 길이 정도의 여운. 달콤하고 부드러운 찬장의 향신료, 가루설탕

FILEY BAY Moscatel Finish, 46% abv
필리 베이 모스카텔 피니쉬 46%

═══ SCORE 90 ═══

NOSE ▸ 블랙커런트 코디얼, 복숭아 통조림, 셔벗, 봄날의 꽃들, 스타버스트 사탕

PALATE ▸ 점잖고 부드럽고 라운드하다. 순한 후추향이 느껴지지만 여전히 달다. 딸기
통조림, 거부할 수 없는 맛

FINISH ▸ 긴 여운. 달고 부드러운 후추맛

FILEY BAY STR Finish, 46% abv
필리 베이 STR 피니쉬 46%

═══ SCORE 93 ═══

NOSE ▸ 토피, 바닐라, 부드러운 향신료가 가미된 가벼운 맛. STR 캐스크는 달콤한 나
무향과 약간의 우디한 탄닌향을 더한다.

PALATE ▸ 열대과일, 과일 젤리, 부드러운 과자 등 모든 종류의 달콤한 향과 함께 균형
잡히고 부드럽다. 정말 훌륭하다. 마지막에 후추가 모든 것을 마무리한다.

FINISH ▸ 맑고, 달콤하며, 과일맛과 거부할 수 없는 맛이다.

FILEY BAY Peated Finish, 46% abv
필리 베이 피티드 피니쉬 46%

══ SCORE 89 ══

NOSE ▶ 처음에는 피트보다 과일과 후추가 더 많지만 잠시 후 피트 연기가 그 존재감
을 드러낸다.

PALATE ▶ 코보다 입안에서 훨씬 더 많은 피트가 느껴지며 향신료와 피트가 앞쪽에 있
다. 하지만 과일향이 다시 살아난다. 피트, 향신료, 과일이 흥미로운 전투를 벌
이고 있다.

FINISH ▶ 매우 길다. 후추, 초록 과일. 소용돌이치는 스모키

FILEY BAY IPA Finish, 46% abv
필리 베이 IPA 피니쉬 46%

══ SCORE 93 ══

NOSE ▶ IPA(인디아 페일 에일)는 매우 유행하는 맥주 스타일이지만 보통 위스키 숙성
과는 다소 거리가 있는 맥주이다. 하지만 여기서는 그렇지 않다. 부드러운 과
일 통조림. 설탕에 절인 셔벗. 추잉 껌. 따뜻하게 맞이하는 느낌

PALATE ▶ 과일 셔벗, 약간의 향신료, 복숭아, 멜론. 풍성하고 균형 잡힌 입안 느낌. 블랙
커런트

FINISH ▶ 중간 정도의 긴 여운을 남기지만 향신료보다 깔끔하고 달콤한 과일이 지배적
이다.

FILEY BAY STR (USA Specific), 48% abv
필리 베이 STR 48%

⊏ SCORE 92 ⊐

NOSE ▸ 아이들 간식 느낌. 바닐라. 생강. 과일 셔벗

PALATE ▸ 앞의 위스키와 비슷하지만 설탕에 절인 과일. 바닐라. 향신료가 첨가되어 있다. 흠잡을 데가 없다. 아주 잘 만들어지고 균형 잡히고 라운드하다. 절묘하다.

FINISH ▸ 긴 여운. 깨끗하다. 과일맛이 많고 사랑스럽다. 훌륭한 위스키이다.

STARWARD 스타워드

주소 50 Bertie Street, Port Melbourne, Victoria 3207, Australia
홈페이지 www.starward.com.au

스타워드는 그 자체로 전 세계에 알려졌지만, 사실 이 위스키는 2004년에 시작된 신세계 위스키 증류소의 대표 브랜드이다. 이 증류소는 위스키에 푹 빠진 데이비드 비탈레(David Vitale)가 설립한 곳이다. 이 증류소는 호주의 음식 수도로 꼽히는 멜버른에 위치하고 있으며, 데이비드는 음식에 대한 열정을 가진 이탈리아 대가족 출신이다. 품질에 대한 그의 헌신을 위스키에서도 찾아볼 수 있다. 위스키에는 숙성년수가 표시되어 있지 않지만 다양한 도수의 위스키가 병에 담겨 있다.

STARWARD Left-Field, 40% abv
스타워드 레프트 필드 40%

SCORE 87

NOSE ▸ 코코아, 마지팬, 오렌지 마멀레이드, 솜털이 난 어린 사과, 후추, 감초
PALATE ▸ 대담하고, 입안이 코팅된 느낌, 핵과류 과실과 포도, 사과, 배, 진해지는 감초
FINISH ▸ 입안에 남는 과일 타르트와 달콤한 과일 콩포트

STARWARD Nova, 41%
스타워드 노바 41%

SCORE 90

NOSE ▸ 레드와인 캐스크에서 숙성 거의 리큐어 같은 강한 향이 있으며, 레드베리류와
커피와 같은 언더카펫(undercarpet)향
PALATE ▸ 풍부하고 입안을 감싸는 레드와인 향이 더해졌다, 견과류와 탄닌, 향신료의
풍미, 관대하고 고급스러운 맛
FINISH ▸ 블랙 체리, 레드베리, 톡 쏘는 향신료가 어우러진 긴 맛이다. 풍성하다.

STAUNING 스터닝

주소   Stauningvej 38, 6900 Skjern, Denmark
홈페이지   www.stauningwhisky.dk

맥미라(Mackmyra)처럼, 위스키 애호가들이 훌륭한 위스키를 만드는 데 집중하고
열심히 노력하면 어떤 결과를 얻을 수 있는지 보여주는 좋은 예가 바로 스터닝이다.
9명의 친구가 아드벡 스타일의 피티드 위스키를 만들기 시작했다. 스터닝의 초기 생
산은 웨스트 유틀랜드의 스키에르(Skjern) 근처에 있는 마을의 도축장이었던 건물
에서 이루어졌다. 2006년에 증류가 시작되었고, 1년 후 소유주는 작은 농장을 구입
했다. 이후 성공과 수상 경력에 힘입어 2015년 신생 증류주 양조장에 자금, 전문성,
마케팅을 지원하는 회사인 디스틸 벤처스(Distill Ventures)에 인수되었다. 이 회사
에 스터닝이 더 큰 규모의 증류소를 건설하고 새로운 수출 시장에 진출할 수 있도록
1,000만 파운드를 투자했다. 이 위스키들의 도전을 기대해 보자. 기존 스카치와는 거
리가 멀다. 대담하고 개성 넘치는 위스키다.

STAUNING Kaos, 46% abv
스터닝 카오스 46%

SCORE 84

NOSE ▸ 이상하고 색다르다. 거의 소독제 같은 소나무향이 난다. 잊을 수 없을 정도로 독특하다.

PALATE ▸ 독창적인 덴마크 위스키의 세계에 온 걸 환영한다. 미각은 무수히 다양한 방향으로 흐르며 스카치를 마시는 사람에게는 어필하지 못할 것이다. 위스키계의 벨기에 람빅 맥주와 같고, 다듬는 작업이 필요하다. 달콤하고 발랄한 맛과 향이 있지만 꿀과 시트러스 향이 그 모든 것을 덮어버린다.

FINISH ▸ 와인 느낌, 스파이시함. 야채. 중간 길이보다 살짝 더 긴 여운

STAUNING Smoke, 47% abv
스터닝 스모크 47%

SCORE 85

NOSE ▸ 직설적으로 말하면, 물론 스모키하지만 오일리하거나 피티하지 않다. 스터닝 카오스보다 더 퀴퀴하고, 고급스러우며, 더 달콤하다. 인센스향 같다.

PALATE ▸ 후추와 함께 날카롭고 일반적으로 피트향이 나며 고소한 향이 많이 난다. 무, 뿌리, 와인 맛. 매우 특이하다. 스터닝은 위스키를 새롭고 흥미로운 여정으로 이끌고 있다. 위스키가 음악이라면 스터닝은 프리 재즈를 연주하고 있으며, 이는 자주 마셔야 익숙해지는 맛이다.

FINISH ▸ 매우 긴 여운을 지녔다. 유칼립투스, 피트 그리고 매운 맛

SUNTORY 산토리

생산자 Beam Suntory

주소 5-2-1 Yamazaki Shimamoto-cho, Mishima-gun, Osaka, Japan

홈페이지 www.beamsuntory.com **방문자센터** 있음

산토리는 일본 위스키에 대한 집념이 시작된 곳이라고 주장할 수 있다. 산토리의 설립자 토리이 신지로(Shinjirō Torii)는 1923년 일본 최초의 제대로 된 위스키 증류소인 야마자키를 설립했다. 이곳에서 생산된 위스키는 이후 한 세기 동안 일본 국내 시장을 지배했다. 사실 산토리는 일본 특유의 직장 문화의 중심에 있었다. 주로 남성이던 회사원들은 퇴근 후 술집에 가서 상사에게 자신의 생각을 자유롭게 이야기하고 걱정과 우려를 털어놓는 것이 일반적이었다. 산토리는 이를 수용하기 위해 토리이 바(Torii bars)를 열었다.

최근 몇 년 동안 더 많은 여성이 일하는 세상에 적응하면서 이러한 관행은 흐려졌다. 산토리는 12년 산 야마자키와 소다 또는 진저에일, 커다란 얼음을 섞어 만든 하이볼을 홍보하며 이러한 트렌드에 대응했다. 그리고 새로운 밀레니엄이 도래하면서 하이볼은 세계적으로 인정받기 시작했다. 야마자키는 수많은 상을 수상하고 위스키 작가들, 특히 이 책의 원작자인 마이클 잭슨의 관심을 받으며 일본 위스키 붐의 발판을 마련하였다. 엄청난 수요로 인해 양질의 일본 위스키를 구하기는 어렵지만, 산토리는 이제 빔 산토리 글로벌 제국의 일원이 되었으며 향후 소비를 위해 대량의 재고를 숙성하고 있다.

YAMAZAKI 12-year-old, 43% abv
야마자키 12년 43%

SCORE 88

NOSE ▸▸ 얼음과 물을 넣은 위스키 하이볼에 주로 사용된다. 그 이유를 알 수 있다. 꽃과 가벼운 과일향이 깨끗하고 달콤하며 '여름'이라고 외치는 것 같다.

PALATE ▸▸ 파인애플과 망고의 풍부하고 상큼한 과일향. 식감이 좋다.

FINISH ▸▸ 중간 길이 정도의 여운. 열대과일의 강한 풍미

YAMAZAKI Distiller's Reserve, 43% abv
야마자키 디스틸러스 리저브 43%

SCORE 90

NOSE ▸▸ 보르도 와인 캐스크에서 숙성된 레드베리향. 셰리 캐스크에서 숙성된 자두와 베리향. 일본 미즈나라 나무의 아로마 향이 어우러진 복합적인 풍미

PALATE ▸▸ 위의 풍미에 열대과일향과 후추의 흔적이 더해졌다.

FINISH ▸▸ 긴 여운. 매우 만족스럽다.

TEELING 틸링

주소 13-17 Newmarket, The Liberties, Dublin 8, Ireland
홈페이지 www.teelingwhiskey.com **방문자센터** 있음

틸링이라는 이름은 아일랜드 위스키의 역사에서 전설적인 지위를 누리고 있다. 그동안 아이리시 증류업계도 훌륭한 업적을 남겼지만, 존, 잭, 스티븐 등 세 명의 가족 구성원은 아이리시 위스키를 변화시켰고, 그중 전통적인 도수 40%의 3회 증류 블렌디드 위스키와 피트를 사용하지 않는 위스키라는 기존의 아이리시 위스키 기본틀을 벗어던진 건 독단적인 독립 사업가 존 틸링(John Teeling)이었다. 그는 피티한 위스키, 다양한 도수의 위스키, 강화 와인과 럼 통에서 완성한 위스키를 출시하였다. 또한 티르코넬, 로크스, 코네마라 등 문을 닫은 여러 증류소의 이름들을 인수하여 아일랜드의 위스키 시장에 활기를 불어넣었다. 존의 아들인 잭과 스티븐은 글로벌 기업의 러브콜이 이어지자 크래프트 위스키 제조로 돌아가기로 결심하고 더블린에 틸링 증류소를 설립했다. 이들은 뛰어난 재능을 지닌 디스틸러인 알렉스 차스코(Alex Chasko)와 협력하여 아일랜드 위스키의 영광을 되찾는 데 큰 역할을 하고 있다.

틸링이 더블린의 리버티에서 위스키 증류주를 생산하기 전에는 더블린에는 운영 중인 증류소가 없었고, 위스키 애호가들은 올드 제임슨(Old Jameson) 증류소 박물관을 이용해야만 했다. 더블린뿐만이 아니었다. 한때 아일랜드에서는 운영 중인 증류소를 방문하는 것이 불가능했지만, 방문객들은 조용한 올드 미들턴과 킬베건 증류소에서 아일랜드 위스키의 역사를 체험할 수 있다.

리버티스는 한때 더블린의 산업 중심지였으며 오래된 성벽 옆에 자리 잡고 있었다. 이곳에서 거래하면 더블린 세금을 피할 수 있었기 때문에 농부들과 다른 상인들이 사업을 하러 왔었다. 그러나 동시에 매춘 업소와 술집이 뒤섞여 소란스럽고 술에 취해 방탕한 분위기가 가득했으며, 활기와 위험이 동시에 넘치는 곳이기도 했다. 최근에는 매우 인상적인 기네스 방문자센터만 남아 있지만, 다른 증류소들이 틸링과 함께 더블린 위스키 공급에 초점을 맞추면서 이 지역은 다시 부활하고 있다.

TEELING Single Malt, 46% abv
틸링 싱글몰트 46%

⸺ SCORE 84 ⸺

NOSE ▸▸ 종류가 다른 5가지 와인 캐스크를 이용하여 숙성했다. 그 덕분에 와인에 관련
된 향이 많이 나고 거기에 바닐라, 토피, 초콜릿향이 첨가되었다.

PALATE ▸▸ 균형 잡힌 과일향, 후추, 사과, 배, 봄날의 초원

FINISH ▸▸ 과일 샐러드 통조림, 중간 길이보다 살짝 더 긴 여운

TEELING 18-year-old Renaissance No 4 Bottling, 46% abv
틸링 18년 르네상스 No 4 보틀링 46%

⸺ SCORE 88 ⸺

NOSE ▸▸ 코냑과 주정강화 와인을 담았던 오크통으로 숙성시켰기 때문에 포도, 바닐라
향이 풍부하고 오크의 탄닌과 칠리 향신료를 느낄 수 있다.

PALATE ▸▸ 자몽, 레모네이드, 바닐라, 토스팅된 오크향이 어우러져 탄산에 가까운 상쾌함
을 선사한다.

FINISH ▸▸ 중간 길이의 여운, 크리스마스 향신료, 우디한 탄산

TEERENPELI 티렌펠리

주소 Rautatienkatu 13 B7 15110, Lahti, Finland
홈페이지 www.teerenpeli.com 방문자센터 있음

티렌펠리 증류소는 안시 파이싱(Anssi Pyysing)이 설립한 곳으로 1994년 헬싱키에서 약 1시간 거리에 있는 라티에서 레스토랑 사업으로 시작했다. 1년 후 증류소가 추가되었고 밀레니엄이 시작될 무렵에는 레스토랑 지하실에 증류소가 지어졌다. 지금까지 큰 성공을 거두고 있다. 라티시 외곽에 원래 증류소보다 더 큰 증류소가 지어졌고 현재 두 증류소 모두 운영되고 있다. 새로운 방문자센터와 상점도 있다. 이 증류소는 핀란드 전역에 7개의 바를 소유하고 있으며, 각 바는 위스키를 마시는 경험을 향상하기 위해 음식과 엔터테인먼트를 제공하고 있다.

TEERENPELI 3-year-old That Boutique-y Whisky Company, 47.6% abv
티렌펠리 3년 댓 부티크 위스키 컴퍼니 47.6%

⊏ SCORE 82 ⊐

NOSE ▶	레몬, 라임, 모닥불연기, 젖은 가을 숲
PALATE ▶	레몬, 신선한 자몽, 모닥불 연기, 열대의 향
FINISH ▶	중간 길이의 여운, 후추 향신료, 점점 진해지는 레몬의 맛

TIN SHED 틴 쉐드

주소 2/154 Frederick Street, Welland, South Australia 5007, Australia
홈페이지 www.tinsheddistillingco.com.au 방문자센터 있음

틴 쉐드는 남호주의 재료를 이용하여 훌륭한 위스키 만들기에 앞장서는 사우스 코스트 디스틸러스의 빅 올로우(Vic Orlow)와 이안 슈미트(Ian Schmidt)가 이끄는 남호주의 증류업자 그룹이다. 이들은 2013년부터 증류를 시작하여 럼과 보드카를 만들어 큰 성공을 거두었다. 하지만 그들이 하고 싶었던 것은 결국 위스키였고, 2016년에 첫 번째 위스키가 출시되었다.

이 증류소의 위스키 브랜드는 이니퀴티(Iniquity)이다. 불사조 모양의 로고는 남호주 국기에서 따온 것으로, 과거를 돌아보고 미래를 포용하는 것을 상징한다. 이 증류소는 파장을 일으키고 있으며 주목해야 할 증류소이다. 틴 셔드는 다양한 위스키를 생산하고 있으며, 대부분 호주 국내 시장에서 프라이빗 캐스크를 판매하고 있다. 호주에서는 양질의 캐스크를 구하기가 매우 어렵고 비용도 천문학적인 경우가 많다. 하지만 양질의 오크는 필수적이다. 이 몰트 위스키는 두 개의 작은 토니 포트 캐스크에서 숙성된 후 화이트 와인 캐스크에서 숙성되었다.

TIN SHED 3-year-old That Boutique-y Whisky Company, 48% abv
틴 쉐드 3년 댓 부티크 컴퍼니 48%

NOSE ▶▶ 가능성으로 가득하다. 체리. 과숙한 사과. 밀크초콜릿

PALATE ▶▶ 가슴 벅차고 신난다. 스타버스트 캔디. 허니몰트. 과일 트라이플 케이크

FINISH ▶▶ 거의 완벽하다.

WESTLAND 웨스트랜드

주소 2931 First Avenue South, Suite B, Seattle, Washington State 98134, United States
홈페이지 www.westlanddistillery.com   **방문자센터** 있음

웨스트랜드 증류소는 2010년 매트 호프만(Matt Hofman)과 에머슨 램(Emerson Lamb)이 설립했지만, 에머슨은 이듬해에 회사를 떠났다. 전통적인 방식과 비슷한 발효 시간, 전통적인 팟 스틸을 사용하여 맥아 보리만으로 위스키를 만드는 스코틀랜드식 위스키를 만드는 동시에, 아메리칸 싱글몰트 위스키를 하나의 카테고리로 확립한 선구자적인 곳이기도 하다. 이는 숙성 과정에서 새로운 종류의 오크인 쿼르쿠스 가리아나를 사용한 최초의 증류소라는 점에서 가장 잘 드러난다. 또한 이 증류소는 비교적 잘 알려지지 않은 소규모 맥주 양조장과 같은 특이한 장소에서 오크통을 공급받아 독특한 풍미를 지닌 위스키를 만든다.

WESTLAND American Oak, 46% abv
웨스트랜드 아메리칸 오크 46%
⸺ SCORE 90 ⸺

NOSE ▸ 바닐라 아이스크림, 레드베리 크럼블, 빵 굽는 냄새
PALATE ▸ 토피, 진해지는 바닐라맛, 부드러운 대패 냄새
FINISH ▸ 오크의 탄닌, 인스타티아 자두, 중간 길이의 여운

WESTLAND Peated, 46% abv
웨스트랜드 피티드 46%
⸺ SCORE 88 ⸺

NOSE ▸ 레몬, 라인, 온주귤, 나중에 스모키한 피트향, 정말 좋다.
PALATE ▸ 독특하게 변형된 스모키향과 피트향, 욕실 수납장의 냄새, 젖은 나무껍질 맛
FINISH ▸ 중간 정도의 여운, 탄닌 향신료, 피트

WESTLAND Garryana 6th Edition, 50% abv
웨스트랜드 가리아나 6번째 에디션 50%

⸻ SCORE 92 ⸻

NOSE ▸ 가리아나는 오크의 일종으로 이곳에서 사용되는 캐스크에는 이전에 브랜디와 칼바도스가 담겨 있었다. 그 결과 달콤한 풍미의 과일 그릇이 탄생했다. 포도, 부드럽게 잘 익은 사과, 배 통조림이 섞여 있다.

PALATE ▸ 과수원 과일, 달콤한 향신료, 맥아 느낌의 오크가 크고 대담하며, 달콤하고 맛있다.

FINISH ▸ 다진 고기로 채워 구운 사과, 달콤한 후추, 갓 깎은 나무 풍미가 긴 여운으로 남는다.

WESTWARD 웨스트워드

주소 65 SE Washington St, Portland, Oregon 97214, United States
홈페이지 www.westwardwhiskey.com **방문자센터** 있음

웨스트워드는 2004년에 설립된 개인 소유의 증류소지만, 디아지오의 디스틸 벤처스가 투자하고 조언과 마케팅 및 유통 지원을 제공하고 있다. 포틀랜드는 훌륭한 술을 만드는 기준이 높다. 학생들이 주도하는 독특한 술 문화는 세계 최고의 양조장에 의해 촉진되고 있으며, 포틀랜드에는 오랫동안 강력한 수제 맥주 운동이 있었다. 따라서 웨스트워드의 위스키는 당연히 맛있어야 하고, 실제로도 훌륭하다. 이 증류소에는 시음실이 있으며 칵테일 만들기 클래스를 포함한 개인 맞춤형 투어와 클래스를 제공하고 있다. 또한 출시 즉시 매진되는 특별 한정판으로 많은 인기를 끌고 있다.

WESTWARD American Single Malt, 45% abv
웨스트워드 아메리칸 싱글몰트 45%

=== SCORE 92 ===

NOSE ▶▶ 유쾌하고 유혹적인 설탕에 절인 과일향. 말린 과수원 과일향. 매우 깨끗하고 흠잡을 데 없다.

PALATE ▶▶ 아메리칸 오크에서 숙성된 바닐라. 광택이 나는 나무. 시가 담배의 풍미와 스파이시한 느낌의 탄닌이 느껴진다.

FINISH ▶▶ 중간 길이의 여운. 오크 탄닌. 바닐라 아이스크림. 시가담배향으로 마무리된다.

WHITE PEAK 화이트 피크

주소 The Wire Works, Matlock Road, Ambergate, Derbyshire, DE56 2HE, England
홈페이지 www.whitepeakdistillery.co.uk   **방문자센터** 있음

2016년만 해도 화이트 피크 증류소는 맥스와 클레어 본(Max and Claire Vaughan)의 머릿속에서만 반짝반짝 빛났을 뿐이다. 지금은 영국 중부의 더비셔에서 몰트 증류주 제조에 대한 꿈을 실현하고 있다. 이 증류소는 피크 디스트릭트라고 알려진 지역의 오래된 전선 공장과 고대 삼림지대의 강가에 자리 잡고 있다. 놀라운 역사를 간직한 이 지역은 세계문화유산으로 지정되어 있으며, 증류소가 위치한 숲은 한때 왕실의 사냥터였다. 2022년 2월에 5,016개의 넘버링된 병을 처음 출시한 이 증류소는 방대한 아이디어를 가진 새로운 영국 증류소이다. 이 증류소는 피티드 몰트와 언피티드 몰트를 모두 사용하며 셰리 캐스크 원액과 STR 캐스크를 사용한다. 그들의 에너지와 열정에 관한 모든 것들은 이것이 매우 특별한 여정의 시작임을 암시하고 있다.

WIRE WORKS 1st Release, 50.3% abv
와이어 워크 1st 릴리즈 50.3%

═══ SCORE 85 ═══

NOSE ▸ 솔티드 캐러멜, 아몬드가 올려진 과일 케이크, 커피
PALATE ▸ 칠리 맛 초콜릿, 다진 고기를 곁들인 구운 사과, 바닐라, 광택이 나는 오크, 피트가 부드럽게 섞여 있다. 아직 개선할 부분이 있지만 잘 다듬어지고 있다.
FINISH ▸ 중간 길이의 여운, 더 진한 다크 칠리 초콜릿, 희미한 스모크

ZUIDAM 주담

주소   Smederijstraat 5, 5111PT Baarle-Nassau, The Netherlands
홈페이지 www.zuidam.nl   방문자센터 있음

벨기에 국경의 바를러나사우에 위치한 주담 증류소는 수백 가지의 음료를 생산하며 높은 수준의 품질을 인정받은 가족 회사이다. 숙성된 쥬네버(genevers)는 아주 특별하며, 위스키도 마찬가지이다. 대표이사인 패트릭 반 주담(Patrick Van Zuidam)은 네덜란드 싱글몰트 위스키 생산의 초기 챔피언으로, 새로운 밀레니엄 때부터 다양한 실험과 개선을 거듭해 왔다. 그는 피트 몰트 위스키, 인상적인 셰리밤(bomb) 몰트 위스키, 100% 라이 위스키와 함께 셰리 캐스크에서 숙성시킨 위스키를 성공적으로 만들었다. 위스키 제조에서 피트와 셰리의 조합은 망치기 쉽지만 주담은 그렇지 않았다. 세계 최고의 증류소 중 하나라고 할 수 있다.

MILLSTONE 12-year-old Sherry Cask, 46% abv
밀스톤 12년 셰리 캐스크 46%

SCORE 90

NOSE ▸ 주담은 수년 전에 이와 같은 위스키 제조 기술을 완성시켰다. 이 위스키는 최고의 스코틀랜드 싱글몰트 위스키와 견줄 만하다. 풍부한 과일향, 베리류, 그리고 향신료가 행복한 균형감을 이룬다.

PALATE ▸ 자두 조림과 베리류, 크리스마스 케이크, 초콜릿, 오렌지 풍미가 완벽하게 균형감을 이룬다.

FINISH ▸ 중간 길이보다 더 살짝 더 긴 여운. 과일향과 향신료향이 풍부하다.

MILLSTONE Peated PX Pedro Ximénez, 46% abv
밀스톤 피티드 페드로 히메네즈 46%

SCORE 92

NOSE ▶▶ 어울리지 않을 것 같지만 실제로는 잘 어울린다. 말린 과일이 드라이한 피트 스모크와 충돌하지만, 캐러멜과 라임이 칠리맛 초콜릿으로 상쇄되어 이 조합은 잘 어울린다.

PALATE ▶▶ 부드럽고 달콤한 과일향은 폭풍 전의 고요함이다. 그런 다음 공장의 느낌이 나는 몰트 위스키, 흙냄새가 나는 피트, 셰리 향이 쓰나미처럼 밀려온다.

FINISH ▶▶ 크고 오일리하고 강력하며, 입안에서 지속적으로 여운이 남는다.

MILLSTONE Oloroso Sherry, 46% abv
밀스톤 올로로소 셰리 46%

SCORE 92

NOSE ▶▶ 달콤한 셰리향, 대추, 건자두, 살구 조림, 매혹적이다.

PALATE ▶▶ 과즙이 풍부한 포도와 달콤한 오렌지의 완벽한 균형감. 그리고 클레멘타인, 팬트리 향신료, 밀크초콜릿

FINISH ▶▶ 자두와 자두 주스 등 달콤하고 향긋한 과일향이 긴 여운으로 남는다.

MILLSTONE Special No 16 Double Sherry Cask Oloroso & PX, 46% abv
밀스톤 스페셜 No 16 더블 셰리 캐스크 올로로소 앤 페드로 히메네즈 46%

▭ SCORE 90 ▭

NOSE ▸▸ 클래식한 셰리 노트. 특히 건포도와 대추의 훌륭한 조합이 돋보인다. 오렌지 향도 좋다.

PALATE ▸▸ 주시하고 풀 바디에 유쾌하다. 깔끔하고 달콤하며, 과일의 풍미와 후추로 모든 것을 돋보이게 해 준다.

FINISH ▸▸ 긴 여운. 과일과 스파이시한 맛

MILLSTONE Special No 19 Peated Amarone Cask, 46% abv
밀스톤 스페셜 No 19 피티드 아마로네 캐스크 46%

▭ SCORE 90 ▭

NOSE ▸▸ 대부분의 밀스톤 피트 또는 셰리 위스키와는 다른 길을 걸어가며. 아이오딘 피트. 어린 흙내음. 대추. 신맛나는 자두와 산딸기의 향이 난다.

PALATE ▸▸ 그고 풍부하고 오일리함. 과일 조림과 말린 과일. 특히 베리와 복숭아가 킹력한 피트의 파도와 싸우고 있다. 도전적이고 많은 새미가 있다.

FINISH ▸▸ 중간 길이 정도의 여운. 활발하고 세련되었다.

참고 자료

도서

1001 Whiskies You Must Try Before You Die, Dominic Roskrow (ed), Cassell, 2012
(updated 2021)

A–Z of Whisky, Gavin D Smith, NWP, (3rd edition), 2009

Collins Gems: Whiskies, Dominic Roskrow, Harper Collins, 2009

Discovering Scottish Distilleries, Gavin D Smith, GW Publishing, 2010

Everything You Need to Know About Whisky, Dr Nick Morgan, The Whisky Exchange, 2021

Eyewitness Companion to Whisky, Editor-in-Chief Charles MacLean, Dorling Kindersley, 2008

Great Whiskies: 500 of the Best from Around the World, Charles MacLean (ed), Dorling Kindersley

The Malt Whisky Yearbook, Editor: Ingvar Ronde, MagDig Media, published annually

Need To Know? Whiskies: from Confused to Connoisseur, Dominic Roskrow, Harper Collins, 2008

The Philosophy of Whisky, Billy Abbot, British Library, 2021

Scotland and its Whiskies, Michael Jackson, Duncan Baird, 2001 (Photography: Harry Cory Wright)

Stillhouse Stories, Tunroom Tales, Gavin D Smith, NWP, 2013

The Whisky Bible, Jim Murray, Dram Good Books, published annually

Whisky: The Definitive World Guide, Michael Jackson, Dorling Kindersley, 2005, revised edition 2017

The Whisky Distilleries of the United Kingdom, Alfred Barnard, (1887 classic, reprinted 2008)

The Whisky Opus, Dominic Roskrow and Gavin D Smith, Dorling Kindersley, 2012

Whisky: What to Drink Next, Dominic Roskrow, Sterling Epicure, 2015

Whiskypedia, Charles MacLean, Skyhorse Publishing, 2016

The World Atlas of Whisky, Dave Broom, Mitchell Beazley, 2014

The World's Best Whiskies, Dominic Roskrow, Stewart, Tabori and Chang, 2010

The World Guide to Whisky, Michael Jackson, Dorling Kindersley, 1987, reprinted 2005 (Scotch, Japanese, US and Irish whiskies)

World Whisky, Charles MacLean (ed), Dorling Kindersley, 2016

The World of Whisky, Neil Ridley, Gavin D Smith, David Wishart, Pavilion, 2019

잡지

Whisky Magazine (published eight times a year in the United Kingdom) www.whiskymag.com

Whiskeria (published quarterly by The Whisky Shop) www.whiskyshop.com

Whisky Advocate (published four times a year in the United States) www.maltadvocate.com

Allt om Whisky (published in Sweden) www.alltomwhisky.se

Dom Roskrow's Stills Crazy, published at www.newwizards.co.uk

웹사이트

Blog.thewhiskyexchange.com

Edinburghwhiskybllog.com

Masterofmalt.com/blog

Scotchmaltwhisky.co.uk

Thewhiskeywash.com

Thewhiskywire.com

Whiskyboys.com

Whiskycast.com

Whiskyforeveryone.blogspot.com

Whiskyfun.com

Whisky-news.com

Whiskynotes.be

영국의 몰트 전문 업체

Arkwrights, Highworth, Wiltshire www.whiskyandwines.com

Cadenhead's Whisky Shop, Campbeltown and Edinburgh www.cadenhead.scot

Gordon & MacPhail, Elgin www.gordonandmacphail.com

Hard To Find Whisky www.htfw.com

House of Malt, Carlisle www.houseofmalt.co.uk

The Islay Whisky Shop, Bowmore www.islaywhiskyshop.com

The Lincoln Whisky Shop, www.lincolnwhiskyshop.co.uk

Loch Fyne Whiskies, Inveraray www.lfw.co.uk

Master of Malt www.masterofmalt.com

Milroy's of Soho, Greek Street, London www.milroys.co.uk

Robert Graham Ltd, Edinburgh, Glasgow and Cambridge
www.robertgraham1874.com

Robertsons of Pitlochry www.robertsonsofpitlochry.co.uk

Royal Mile Whiskies, London and Edinburgh www.royalmilewhiskies.com

The Scotch Whisky Experience, Edinburgh www.scotchwhiskyexperience.
co.uk

The Vintage House, Old Compton Street, London www.vintagehouse.london

The Wee Dram, Bakewell, Derbyshire www.weedram.co.uk

The Whisky Exchange www.thewhiskyexchange.com

The Whisky Shop, 15 outlets across England and Scotland www.whiskyshop.
com

The Whisky Shop, Dufftown www.thewsd.co.uk

역자의 글

이 책의 번역은 제게는 어쩌면 운명 같은 일이라 할 수 있습니다. 2000년대 초반 위스키의 매력에 빠져 위스키에 대해 알고자 하여도 단편적인 자료만 있을 뿐 제대로 된 자료가 전무한 상황에 우연히 이 책의 존재를 알게 되었고, 아마존을 통해 난생 처음으로 해외배송에 도전해 구입했던 책이 바로 〈마이클 잭슨의 몰트 위스키 컴패니언(원제는 Michael Jackson's Complete Guide to Single Malt Scotch)〉이었습니다.

〈마이클 잭슨의 몰트위스키 컴패니언〉은 싱글몰트 위스키에 대해 처음으로 체계적으로 정리된 책이며, 또한 와인의 평점체계를 반영해 위스키에도 평점을 부여했던 책입니다. 단순히 위스키를 마신다는 차원을 넘어 위스키의 맛을 분석하여 점수를 매긴다는 사실에 흥미를 느껴 그때부터 위스키 테이스팅 방법과 위스키 평가에 관한 시스템을 공부하기 시작하였고, 덕분에 이런 노력이 차곡차곡 누적되어 현재는 국내 굵직한 증류주 품평회를 비롯하여 해외 유명 증류주 품평회의 심사위원으로 활동할 수 있는 계기를 마련해 준 책이기도 합니다. 비어헌터라는 또 다른 별명으로 맥주계와 위스키계에 큰 업적으로 이루었던 마이클 잭슨의 사망 이후 다시 만나지 못할 것 같았던 이 책을 도미닉 로스크로우와 개빈 스미스라는, 위스키 업계에서 유명한 작가들에 의해 계속해서 이어간다는 소식을 듣게 되었을 때, 어쩌면 다행이라고 생각했습니다.

그리고 우연히 해외 3대 증류주 품평회인 스피릿 셀렉션(Spirits Section)에서 도미닉 로스크로우를 만나게 되었고, 그와 우정을 나누게 되었습니다. 도미닉 로스크로우는 〈죽기 전에 마셔야 할 1001가지 위스키(1001 Whiskies You Must Taste Before You Die)〉를 비롯해 〈Whisky Opus〉, 미국 위스키를 다룬 〈Whiskey America〉, 일본 위스키를 이야기하는 〈Whisky Japan〉이라는 책까지 위스키에 관련된 수십 권의 저서를 남긴 위스키 업계의 가장 유명한 작가이자 증류주 심사위원이었습니다. 그는 굉장히 밝은 성격의 소유자로 언제든지 주변사람들을 웃게 만들 수 있는 재치를 지녔으며, 증류주 심사위원으로 활약할 때는 매우 날카로운 잣대를 지닌 사람이었습니다.

그러던 그가 2022년 11월 61세의 나이로 사망을 하였습니다. 아직 젊은 나이였으며, 5개월 전만 해도 캐리비안의 과들루프라는 나라에서 같이 럼을 마시고 농담을 주고 받으며 다정함을 나누었던 친구가 허망하게 세상을 등졌다는 소식에 깜짝 놀랄 수밖에 없었습니다. 친구를 떠나보내고 다시 찾은 스피릿 셀렉션 품평회 대회장에서 그의 다소 허스키했던 목소리가 들리는 듯도 하였습니다.

그러던 중 출판사 영진닷컴에서 이 책에 대한 번역 의뢰를 해주었습니다.

제게 위스키에 대한 영감을 주었던 마이클 잭슨과 제 친구 도미닉의 유작을 번역한다는 건 운명이라고밖에 말할 수 없을 것 같습니다. 시답지 않은 영국식 유머를 번역할 때마다 도미닉의 목소리가 자동으로 재생되는 듯하였습니다.

위스키 업계 두 거두의 유작을 번역하는 동안, 그들의 영혼(spirit)들이 제가 번역 작업 중에 마셨던 한 잔의 위스키(spirit) 속에 함께 하기를 기원했습니다.

끝으로 이 책에 나온 위스키 평점들은 절대적인 점수는 아니지만, 같은 심사위원으로서 판단할 때 매우 설득력을 지닌 점수이며 동시에 수긍이 가는 점수이기도 합니다.

이 책이 독자와 소비자분들께 위스키 구매 가이드로써의 역할을 충분히 수행할 거라 생각됩니다.

감사합니다.

유성운

유성운
〈싱글 몰트 위스키 바이블〉의 저자. 한국 위스키협회 사무국장이며 네이버 위스키 코냑 동호회의 운영자이다. 위스키 전문 칼럼니스트로 활동하며 사설 아카데미에서 위스키 클래스도 진행 중이다.

마이클 잭슨의 몰트 위스키 컴패니언

1판 1쇄 발행 2025년 5월 15일

저　　자 | Michael Jackson, Dominic Roskrow,
　　　　　Gavin D. Smith
역　　자 | 유성운
발 행 인 | 김길수
발 행 처 | ㈜영진닷컴
주　　소 | ㈜08512 서울특별시 금천구 디지털로9길 32
　　　　　갑을그레이트밸리 B동 10층
등　　록 | 2007. 4. 27. 제16-4189호

©2025. ㈜영진닷컴

ISBN | 978-89-314-6938-7